凝聚态物理学丛书·典藏版

半导体物理学

李名復 著

科学出版社
北京

内 容 简 介

本书介绍近代半导体物理学中比较活跃的几个领域的基本成就和新的发展. 全书共五章: 第一章论述完整晶体的能带理论, 其中包括 LCAO 方法, 赝势方法, ***k·p*** 方法和自旋轨道耦合; 第二章论述半导体中的缺陷态, 重点介绍深能级的理论和实验; 第三章介绍半导体的光学性质, 包括光吸收、激子、发光和拉曼散射; 第四章论述半导体表面, 重点讨论清洁的外表面; 第五章简单介绍异质结、量子阱、超晶格及 Hall 效应. 每章末尾均附有参考文献, 书末还附有读者必备的基础知识和常用数据等三个附录.

本书是一部大专院校半导体物理专业研究生和高年级学生的教科书, 同时也是凝聚态物理及其他有关领域的科研人员及研究生的参考书.

图书在版编目(CIP)数据

半导体物理学/李名復著. —北京: 科学出版社, 1991.2 (2017.1 重印)

(凝聚态物理学丛书 : 典藏版)

ISBN 978-7-03-002397-1

Ⅰ. ①半… Ⅱ. ①李… Ⅲ. ①半导体物理学 Ⅳ. ①O47

中国版本图书馆 CIP 数据核字(2017)第 002225 号

科 学 出 版 社 出版

北京东黄城根北街 16 号

邮政编码: 100717

http://www.sciencep.com

北京厚诚则铭印刷科技有限公司印刷

科学出版社发行 各地新华书店经销

*

1991 年 2 月第 一 版 开本: 850×1168 1/32

2017 年 1 月印 刷 印张: 12 1/8

字数: 316 000

定价: 128.00 元

(如有印装质量问题, 我社负责调换)

《凝聚态物理学丛书》出版说明

以固体物理学为主干的凝聚态物理学，通过半个世纪以来的迅速发展，已经成为当今物理学中内容最丰富、应用最广泛、集中人力最多的分支学科．从历史的发展来看，凝聚态物理学无非是固体物理学的向外延拓．由于近年来固体物理学的基本概念和实验技术在许多非固体材料中的应用也卓有成效，所以人们乐于采用范围更加广泛的“凝聚态物理学”这一名称．

凝聚态物理学是研究凝聚态物质的微观结构、运动状态、物理性质及其相互关系的科学．诸如晶体学、金属物理学、半导体物理学、磁学、电介质物理学、低温物理学、高压物理学、发光学以及近期发展起来的表面物理学、非晶态物理学、液晶物理学、高分子物理学及低维固体物理学等都是属于它的分支学科，而且新的分支尚在不断迸发．还有，凝聚态物理学的概念、方法和技术还在向相邻的学科渗透，有力地促进了材料科学、化学物理学、生物物理学和地球物理学等学科的发展．

研究凝聚态物质本身的性质和它在各种外界条件（如力、热、光、气、电、磁、各种微观粒子束的辐照乃至各种极端条件）下发生的变化，常常可以发现多种多样的物理现象和效应，揭示出新的规律，形成新的概念，彼此层出不穷，内容丰富多彩，这些既体现了多粒子体系的复杂性，又反映了物质结构概念上的统一性．所有这一切不仅对人们的智力提出了强有力的挑战，更重要的是，这些规律往往和生产实践有着密切的联系，在应用、开发上富有潜力，有可能开辟出新的技术领域，为新材料、元件、器件的研制和发展，提供牢固的物理基础．凝聚态物理学的发展，导致了一系列重要的技术突破和变革，对社会和科学技术的发展将发生深远的影响．

为了适应世界正在兴起的新技术革命的需要，促进凝聚态物理学的发展，并为这一领域的科技人员提供必要的参考书，我们特组织了这套《凝聚态物理学丛书》，希望它的出版将有助于推动我国凝聚态物理学的发展，为我国的四化建设做出贡献.

主　编　葛庭燧
副主编　冯　端

序　　言

随着我国半导体研究工作日益深入的发展，我越来越感到十分需要有一部能切实有助于我国研究人员加强理论基础、提高科学水平的半导体物理书籍．为此，大约在十年前，我曾答应科学出版社的编辑，我将努力在半导体研究所讲课的基础上，尝试写出一部适应这种需要的专著．但是，由于我当时担负一定的行政工作，又必须花较多的精力才能把自己的研究工作抓起来，以致已经开始的讲课也停顿了下来．尝试写书的打算自然也就落空了．后来，我有幸看到李名復教授在中国科技大学研究生院的一部分半导体物理讲义．读后，它给我留下深刻的印象．我深感讲义中所写的题材和讲解的风格，都有不同于已出版的几种半导体物理教学用书的特色，更加切合研究工作的需要，我当时曾表示，希望这本讲义能够成书出版．

现在我高兴地看到，李名復教授已在他讲课的基础上，经过几年的努力，在繁重的教学和科研工作之余，完成了本书的写作．我认为该书最大的特色是着眼于当代半导体物理研究发展的前沿．书中各章包括了大部分近年来研究最活跃的领域．本书对各个领域中研究工作所依据的主要理论以及采用的研究方法，都作了相当全面、具体的介绍．鉴于半导体研究发展特别迅速的特点，李名復教授还尽力使全书内容能反映各领域的最新进展．

由于本书在相当广的面上，涉及许多深入的、专门的问题，所以不可能像一般教科书那样，对所有问题都作详尽的讲解．李名復教授为此特别提供了可以作进一步了解和钻研的文献．

我深切希望科学出版社能克服困难，使本书早日出版．我相信，该书的出版必将受到广大半导体研究人员的欢迎，并对我国培养青年科技人才和半导体事业的发展作出重要的贡献.

黄 昆

于 北 京

目　录

* 左上角标有"*"号的这些章节，对于不熟悉群论、固体理论的读者和学生在第一次阅读时可以跳过不看。

第一章　完整晶体的能带理论

§1.1　预 备 知 识

本章目的如下:

（一）介绍几种常用的半导体能带计算方法和概念。

（二）用这些方法和概念,对某些重要半导体作具体讨论，给出一些重要结果.

通过本章的学习,对一些重要半导体(如 Si,Ge,III-V 族，II-VI 族等化合物半导体)的能带结构有进一步的了解，为学习半导体物理的其它内容提供一个比较好的基础. 也为进一步学习和研究有关能带的问题提供一个有益的入门参考材料。

现在,我们首先复习下述一些的重要关系[1-5]:

（一）设晶体的正格基矢为 $\boldsymbol{a}_i, i = 1, 2, 3$，倒格基矢为 $\boldsymbol{b}_i$，$i = 1,2,3$。它们的关系为

$$\boldsymbol{b}_1 = \frac{2\pi(\boldsymbol{a}_2 \times \boldsymbol{a}_3)}{\boldsymbol{a}_1 \cdot (\boldsymbol{a}_2 \times \boldsymbol{a}_3)},$$

$$\boldsymbol{b}_2 = \frac{2\pi(\boldsymbol{a}_3 \times \boldsymbol{a}_1)}{\boldsymbol{a}_1 \cdot (\boldsymbol{a}_2 \times \boldsymbol{a}_3)},$$

$$\boldsymbol{b}_3 = \frac{2\pi(\boldsymbol{a}_1 \times \boldsymbol{a}_2)}{\boldsymbol{a}_1 \cdot (\boldsymbol{a}_2 \times \boldsymbol{a}_3)}, \tag{1.1.1}$$

其中 $|\boldsymbol{a}_1 \cdot (\boldsymbol{a}_2 \times \boldsymbol{a}_3)| = \Omega$ 为正格原胞体积. 格点

$$\boldsymbol{r}_n = \sum_{i=1}^{3} n_i \boldsymbol{a}_i \quad (n_i \text{ 为任意整数}) \tag{1.1.2}$$

的全体组成正格的布喇菲（Bravais）格子。格点

$$\boldsymbol{G} = \sum_{i=1}^{3} g_i \boldsymbol{b}_i \quad (g_i \text{ 为任意整数}) \tag{1.1.3}$$

的全体组成倒格的布喇菲格子。 倒格原胞体积为 $(2\pi)^3/\Omega$。 满足晶体对称性的倒格原胞称为布里渊区（Brillouin zone，简写为 B.Z.)。正格和倒格基矢满足

$$\boldsymbol{a}_i \cdot \boldsymbol{b}_j = 2\pi\delta_{ij}。 \tag{1.1.4}$$

可证 $\boldsymbol{a}_i$ 和 $\boldsymbol{b}_j$ 互为倒格矢。

（二）设晶体由三个边为 $N_i\boldsymbol{a}_i(i=1,2,3)$ 的原胞所组成，共有 $N=N_1N_2N_3$ 个原胞。引入平面波

$$\langle \boldsymbol{r}|PW,\boldsymbol{k}\rangle = \frac{1}{\sqrt{N\Omega}} e^{i\boldsymbol{k}\cdot\boldsymbol{r}}。 \tag{1.1.5}$$

其中

$$\boldsymbol{k} = \sum_{i=1}^{3} \frac{n_i}{N_i} \boldsymbol{b}_i \quad (n_i \text{ 为整数})。 \tag{1.1.6}$$

式(1.1.5)组成晶体中满足周期边界条件的完备正一系，即

$$\langle PW,\boldsymbol{k}|PW,\boldsymbol{k}'\rangle = \delta_{\boldsymbol{k},\boldsymbol{k}'}, \tag{1.1.7}$$

$$\sum_{\boldsymbol{k}} |PW,\boldsymbol{k}\rangle\langle PW,\boldsymbol{k}| = I。 \tag{1.1.8}$$

由式 (1.1.7)，(1.1.8) 可知，对满足周期性边界条件的任意函数 $\psi(\boldsymbol{r})$ 可展开为

$$\psi(\boldsymbol{r}) = \langle \boldsymbol{r}|\psi\rangle = \sum_{\boldsymbol{k}} \langle \boldsymbol{r}|PW,\boldsymbol{k}\rangle\langle PW,\boldsymbol{k}|\psi\rangle, \tag{1.1.9}$$

其中

$$\langle PW,\boldsymbol{k}|\psi\rangle = \int_{N\Omega} \langle PW,\boldsymbol{k}|\boldsymbol{r}\rangle\langle \boldsymbol{r}|\psi\rangle d\boldsymbol{r}。 \tag{1.1.10}$$

另外，由式(1.1.5)，(1.1.7)可推得下式：

$$\sum_{\text{全体晶格 } \boldsymbol{r}_n} e^{i(\boldsymbol{k}-\boldsymbol{k}')\cdot\boldsymbol{r}_n} = N\delta_{\boldsymbol{k},\boldsymbol{k}'}。 \tag{1.1.11}$$

（三）对于与晶格有同样周期性的函数 $u(\boldsymbol{r})$

$$u(\boldsymbol{r}) = u(\boldsymbol{r}+\boldsymbol{r}_n) \tag{1.1.12}$$

可展开成

$$u(\boldsymbol{r}) = \langle \boldsymbol{r}|u\rangle = \sum_{\boldsymbol{G}} u_{\boldsymbol{G}} \langle \boldsymbol{r}|PW,\boldsymbol{G}\rangle, \tag{1.1.13}$$

$\mathbf{G}$ 为式(1.1.3)所定倒格矢，而

$$u_{\mathbf{G}} = \langle PW, \mathbf{G}|u\rangle = \int_{N\Omega} \langle \boldsymbol{r}|u\rangle\langle PW, \mathbf{G}|\boldsymbol{r}\rangle d\boldsymbol{r}。\quad (1.1.14)$$

（四）由式(1.1.6)可知，可取的 $\boldsymbol{k}$ 在 $\boldsymbol{k}$ 空间形成密度 $\dfrac{N\Omega}{(2\pi)^3}$ 的点。在$N\to\infty$时，对 $\boldsymbol{k}$ 求和可代以积分

$$\sum_{\boldsymbol{k}} \to \frac{N\Omega}{(2\pi)^3}\int d\boldsymbol{k}。\quad (1.1.15)$$

（五）由固体物理可知，晶体中电子能量和波函数可归结为下列单电子薛定谔方程的解：

$$\hat{H}\Psi = E\Psi,$$

$$\hat{H} = \frac{P^2}{2m} + V(\boldsymbol{r}),\quad (1.1.16)$$

$V(\boldsymbol{r})$ 为晶格周期函数，即满足式(1.1.11)。式(1.1.16)对应的本征函数

$$\Psi_{n\boldsymbol{k}}(\boldsymbol{r}) = e^{i\boldsymbol{k}\cdot\boldsymbol{r}}u_{n\boldsymbol{k}}(\boldsymbol{r})\quad (1.1.17)$$

称为 Bloch 函数，其中 $u_{n\boldsymbol{k}}(\boldsymbol{r})$ 为 $\boldsymbol{r}$ 的晶格周期函数

$$u_{n\boldsymbol{k}}(\boldsymbol{r} + \boldsymbol{r}_i) = u_{n\boldsymbol{k}}(\boldsymbol{r}),\quad (1.1.18)$$

而 $\boldsymbol{k}$ 取式(1.1.6)。对应本征能量 $E_{n\boldsymbol{k}}$，指标 n 为能带指标，$\boldsymbol{k}$ 为波矢。$\Psi_{n\boldsymbol{k}}(\boldsymbol{r})$ 构成晶体满足周期边界条件的完备正一系。记 $\Psi_{n\boldsymbol{k}}$ 为 $|n\boldsymbol{k}\rangle$，则

$$\langle n\boldsymbol{k}|n'\boldsymbol{k}'\rangle = \delta_{nn'}\delta_{\boldsymbol{k}\boldsymbol{k}'},\quad (1.1.19)$$

$$\sum_{n,\boldsymbol{k}} |n\boldsymbol{k}\rangle\langle n\boldsymbol{k}| = I。\quad (1.1.19a)$$

（六）引入晶体格点 $\boldsymbol{r}_i$ 处的 Wanier 函数

$$a_n(\boldsymbol{r} - \boldsymbol{r}_i) = \frac{1}{\sqrt{N}}\sum_{\boldsymbol{k}} e^{-i\boldsymbol{k}\cdot\boldsymbol{r}_i}\Psi_{n\boldsymbol{k}}(\boldsymbol{r}),\quad (1.1.20)$$

可证它局域于 $\boldsymbol{r}_i$ 附近。记 $a_n(\boldsymbol{r} - \boldsymbol{r}_i)$ 为$|nj\rangle$，可证它具有下列性质：

$$\langle n'j'|nj\rangle = \delta_{nn'}\delta_{jj'},\quad (1.1.21)$$

$|nj\rangle$ 亦为满足周期性边界条件的晶体内完备正一系. 而且

$$|n\boldsymbol{k}\rangle=\frac{1}{\sqrt{N}}\sum_{j}e^{i\boldsymbol{k}\cdot\boldsymbol{r}_j}|nj\rangle, \quad (1.1.22)$$

$$\langle n\boldsymbol{k}|n'j\rangle=\frac{1}{\sqrt{N}}e^{-i\boldsymbol{k}\cdot\boldsymbol{r}_j}\delta_{nn'}. \quad (1.1.23)$$

(七) 金刚石和闪锌矿 (zincblende) 结构. 半导体中最重要的晶体具有金刚石 (Ge,Si) 或闪锌矿(III-V 族,II-VI 族化合物半导体)结构.它们是由两个晶格常数相同的面心立方布喇菲格子平行套构而成(图 1.1.1),这两个格子分别记作 A 和 B 格. 设取 A 格某格点为原点,x,y,z 轴沿立方体三个边. 面心立方边长 a (称晶格常数),则 B 格点与 A 格点的两个面心立方体平行,且错开 $(a/4)(1,1,1)$.如 A 和 B 格点为同类原子,则称为金刚石结构[晶体只由一类原子组成的,称同极 (homopolar)晶体]. 如 A 和 B 格点为异类原子,则称为闪锌矿结构[晶体由两类不同原子组成的, 称异极 (heteropolar) 晶体]. 通常这两类原子连结成晶体后带有正、负电性, 由该两种原子的电负性 (electronegativity) 的相对强度而定. 带正电的称 cation, 带负电的称 anion. 比如 III-V 族化合物 GaAs, 三族 Ga 原子为 cation,五族 As 原子为 anion.

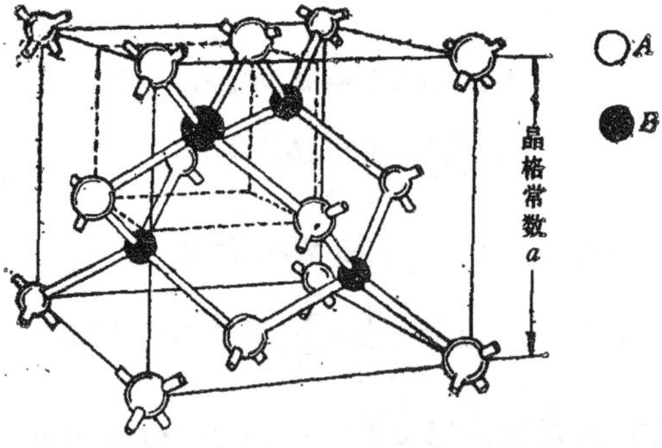

图 1.1.1 金刚石或闪锌矿的结构. A 类或 B 类格点分别为晶格常数相同的面心立方格点. 两类面心立方相互平行而错开 $(a/4)(1,1,1)$. 对金刚石结构, A 和 B 为同类原子. 对闪锌矿结构, A 和 B 为异类原子.

面心立方的倒格矢构成体心立方布喇菲格子．布里渊区为此体心立方格子的 Wigner-Seitz 原胞．以某倒格点为中心，作所有与周围格点的联线，在每一联线正中作一垂直于联线之平面，此类平面就构成以倒格点为中心的原胞，即 Wigner-Seitz 原胞，其形状和对称性见图 A.3。

如将面心立方布喇菲格子(附录A)的三个基矢取为

$$\boldsymbol{a}_1 = \frac{a}{2}(1,1,0),$$

$$\boldsymbol{a}_2 = \frac{a}{2}(0,1,1),$$

$$\boldsymbol{a}_3 = \frac{a}{2}(1,\bar{1},0), \tag{1.1.24}$$

则利用式(1.1.1)可证三个倒格基矢为

$$\boldsymbol{b}_1 = \frac{2\pi}{a}(1,1,\bar{1}),$$

$$\boldsymbol{b}_2 = \frac{2\pi}{a}(0,0,2), \tag{1.1.25}$$

$$\boldsymbol{b}_3 = \frac{2\pi}{a}(1,\bar{1},1),$$

而正格原胞的体积 Ω 为 $a^3/4$。为方便起见，下面列出面心立方的三个基矢的另一种取法：

$$\boldsymbol{a}_1 = \frac{a}{2}(1,1,0),$$

$$\boldsymbol{a}_2 = \frac{a}{2}(0,1,1), \tag{1.1.24a}$$

$$\boldsymbol{a}_3 = \frac{a}{2}(1,0,1),$$

以及其倒格基矢

$$\boldsymbol{b}_1 = \frac{2\pi}{a}(1,1,\bar{1}),$$

$$b_2 = \frac{2\pi}{a}(\bar{1}, 1, 1), \tag{1.1.25a}$$

$$b_3 = \frac{2\pi}{a}(1, \bar{1}, 1).$$

表 1.1.1 所列的是常见半导体的晶格常数 a 的值。

表 1.1.1　几种半导体的面心立方晶格常数[6]

晶　体	结　构	晶格常数(Å)
C	金刚石	3.56
Si	金刚石	5.43
Ge	金刚石	5.66
Sn	金刚石	6.49
GaP	闪锌矿	5.44
GaAs	闪锌矿	5.64
AlSb	闪锌矿	6.13
InP	闪锌矿	5.86
GaSb	闪锌矿	6.12
InAs	闪锌矿	6.04
InSb	闪锌矿	6.48
ZnS	闪锌矿	5.41
ZnSe	闪锌矿	5.65
ZnTe	闪锌矿	6.07
CdTe	闪锌矿	6.41

§1.2　正交化平面波 (OPW) 和赝势 (pseudopotential) 方法

首先，我们来说明一下为什么初等固体物理教科书中所介绍的平面波方法[1]不适用于真正固体的能带计算.

从原则上来说，我们总可以把晶体中的波函数用平面波展开.根据 Bloch 定理，晶体波函数可写成下列波矢为 $\boldsymbol{k}$ 的 Bloch 波形式:

$$\langle \boldsymbol{r}|\psi_{\boldsymbol{k}}\rangle = e^{i\boldsymbol{k}\cdot\boldsymbol{r}}u_{\boldsymbol{k}}(\boldsymbol{r}), \tag{1.2.1}$$

其中 $u_{\boldsymbol{k}}(\boldsymbol{r})$ 为满足下列条件的晶格周期函数:

$$u_{\boldsymbol{k}}(\boldsymbol{r}+\boldsymbol{r}_i) = u_{\boldsymbol{k}}(\boldsymbol{r}), \tag{1.2.2}$$

$\boldsymbol{r}_i$ 为晶体中任一格矢。根据式(1.2.1)和式 (1.1.13),可得 $|\psi_{\boldsymbol{k}}\rangle$ 按平面波的展开为

$$|\psi_{\boldsymbol{k}}\rangle = \sum_{\boldsymbol{G}} b_{\boldsymbol{G}+\boldsymbol{k}}|PW,\boldsymbol{G}+\boldsymbol{k}\rangle, \tag{1.2.3}$$

代入晶体电子的薛定谔方程

$$\hat{H}|\psi_{\boldsymbol{k}}\rangle = E_{\boldsymbol{k}}|\psi_{\boldsymbol{k}}\rangle, \tag{1.2.4}$$

其中

$$H = \frac{P^2}{2m} + V(\boldsymbol{r}), \tag{1.2.5}$$

$V(\boldsymbol{r})$ 为晶格周期性势场. 将式(1.2.3)代入式(1.2.4),左乘$\langle PW,\boldsymbol{G}+\boldsymbol{k}|$,得到

$$\sum_{\boldsymbol{G}'}\left\{\left[\frac{\hbar^2(\boldsymbol{k}+\boldsymbol{G})^2}{2m} - E_{\boldsymbol{k}}\right]\delta_{\boldsymbol{G}\boldsymbol{G}'} + \langle PW,\boldsymbol{G}|V|PW,\boldsymbol{G}'\rangle\right\}b_{\boldsymbol{G}'+\boldsymbol{k}} = 0。 \tag{1.2.6}$$

如果把晶体势场 $V(\boldsymbol{r})$ 写成诸格点原子势的叠加

$$V(\boldsymbol{r}) = \sum_i U(\boldsymbol{r}-\boldsymbol{r}_i), \tag{1.2.7}$$

则

$$\langle PW,\boldsymbol{G}|V|PW,\boldsymbol{G}'\rangle = \frac{1}{\Omega}\int_{晶体} U(\boldsymbol{r})e^{-i(\boldsymbol{G}-\boldsymbol{G}')\cdot\boldsymbol{r}}d\boldsymbol{r} = U_{\boldsymbol{G}-\boldsymbol{G}'}, \tag{1.2.8}$$

其中, $\Omega = V/N$ 为原胞体积, N 为原胞数目, V 为晶体体积. 因此, 上式实际上是一个原子势 $U(\boldsymbol{r})$ 在晶体体积中的 $\boldsymbol{G}-\boldsymbol{G}'$ 傅里叶分量的 $(N/\sqrt{V})$倍,记作 $U_{\boldsymbol{G}-\boldsymbol{G}'}$。 线性方程组(1.2.6)有解的条件为

$$\det\left|\left[\frac{\hbar^2(\boldsymbol{k}+\boldsymbol{G})^2}{2m} - E_{\boldsymbol{k}}\right]\delta_{\boldsymbol{G}\boldsymbol{G}'} + \langle PW,\boldsymbol{G}|V|PW,\boldsymbol{G}'\rangle\right| = 0。 \tag{1.2.9}$$

由式(1.2.6)和(1.2.9)可求得波函数和能量 E_k，具体地求解必须在式(1.2.3)平面波展开中截取有限个 $\boldsymbol{G}$ 值，设为M个，于是式(1.2.9)为M阶行列式.以上方法存在下列问题:

$|\psi_k\rangle$ 在动量空间占极宽的范围. 在两原子中间,由于原子核被电子有效地屏蔽,势能很浅，变化很平坦，$|\psi_k\rangle$ 很接近动量为 $\hbar\boldsymbol{k}$ 的平面波. 但在紧靠每个原子核处，有很深、且变化很陡的负势,见图 1.2.2. 在此处,电子具有很大的动量(波函数很快振荡).因此，在式(1.2.3)中需要取很多项,既要反映接近于 $\hbar\boldsymbol{k}$ 的波($\boldsymbol{G}$ 很小),又要反映大动量的波成分($\boldsymbol{G}$ 很大). 换一句话说，用式(1.2.3)展开，收敛很慢. Heine[2] 等人对Al晶体的情况作了估计，大约需要 $M = 10^{16}$ 才能正确反映 $|\psi_k\rangle$. 在实际上这显然是无法实现的,即使用了 $M = 10^{16}$ 个平面波展开,其收敛所得到的基态能量也只是原子的基态能量. 比如对 Al，用式(1.2.9)求得的最低能量为 $1s$,其次为 $2s, 2p_x, 2p_y, 2p_z$，再往上面才对应 Al 价带电子能量.

针对以上暴露的问题，有人早就提出了两种有效的解决办法.一种是正交化平面波法 (orthogonalized plane wave，简记为 OPW)[3,4]; 另一种是缀加平面波法 (augmented plane wave,简记为 APW)[5-7],其想法都可归结如下: 展开基函数不用单纯波矢为 $\boldsymbol{k}+\boldsymbol{G}$ 的平面波，而是在此之上加进一点含有原子核附近具有大动量的孤立原子波函数成分. 这样,对于一个基函数,就同时反映了原子核附近的大动量成分以及两原子中间的 $\boldsymbol{k}$ 波矢成分，收敛将大大加快. 这两种方法都可归结到用赝势的观点去分析[2]. 下面,我们仅介绍 OPW 方法.

晶体电子的基态和较低态相当于诸孤立原子的内层电子态.展宽了的能带相当于在此之上的能量状态,从变分原理来看,对于体系的高态，变分函数必须附加下列条件: 与所有比它低的本征函数正交[10]. 如果我们取式(1.2.3)有限项作为变分函数求能带,根据上述正交条件,令其正交于所有原子的内层电子波函数 $|\psi_c\rangle$,设式(1.2.4)具有完备的本征函数 $|\psi_k\rangle, |\psi_c\rangle$

$$H|\psi_k\rangle = E_k|\psi_k\rangle, \tag{1.2.10}$$

$$H|\psi_c\rangle = E_c|\psi_c\rangle, \tag{1.2.11}$$

其中 $|\psi_c\rangle$ 为原子内层波函数，为简单起见，设只有一种能量 E_c，$|\psi_k\rangle$ 为能带波函数，它们相互正交归一，且组成完备系

$$\sum_k |\psi_k\rangle\langle\psi_k| + \sum_c |\psi_c\rangle\langle\psi_c| = \hat{I}, \tag{1.2.12}$$

其中 $\hat{I}$ 为么正算符．求和号 $\sum_c$ 表示对所有格点上的原子内层波函数 $|\psi_c\rangle$ 求和。定义下列投影算符：

$$\hat{P}_c = \sum_c |\psi_c\rangle\langle\psi_c|. \tag{1.2.13}$$

定义正交化平面波

$$\begin{aligned}|\mathrm{OPW}, \boldsymbol{G}+\boldsymbol{k}\rangle &= (\hat{I} - \hat{P}_c)|PW, \boldsymbol{G}+\boldsymbol{k}\rangle \\ &= |PW, \boldsymbol{G}+\boldsymbol{k}\rangle - \sum_c |\psi_c\rangle\langle\psi_c|PW, \boldsymbol{G}+\boldsymbol{k}\rangle.\end{aligned} \tag{1.2.14}$$

式(1.2.14)说明，正交化平面波是平面波扣去其在内层电子态的投影，它与诸 $|\psi_c\rangle$ 正交。对于式(1.2.14)，等式右边第一项反映了两原子中间的波函数情况，第二项反映了紧靠原子核附近的情况，为原子内层波函数，包含大动量。用 $|\mathrm{OPW}\rangle$ 代替式 (1.2.3) 中的 $|PW\rangle$ 对 $|\psi_k\rangle$ 展开

$$|\psi_k\rangle = \sum_G a_{k+G}|\mathrm{OPW}, \boldsymbol{G}+\boldsymbol{k}\rangle, \tag{1.2.15}$$

用来计算具体的能带结构，只要很少几项就可得到满意的结果，收敛大大加快。图 1.2.1 所示出的是 Stuckel 等[11]用 OPW 方法计算 Si 能带结构的较近期的结果。

对 OPW 的详细讨论可参考上列有关文献。我们的目的是要由此引入赝势的概念和方法。为此我们将晶体中的 Bloch 波函数满足的薛定谔方程(1.2.4)用式(1.2.15)代入，并利用式(1.2.11)和式(1.2.14)，经整理得到

$$[\hat{T}+\hat{V}+(E_{\boldsymbol{k}}-E_c)\hat{P}_c]\cdot\sum_{\boldsymbol{G}}a_{\boldsymbol{k}+\boldsymbol{G}}|PW,\boldsymbol{G}+\boldsymbol{k}\rangle$$

$$=E_{\boldsymbol{k}}\sum_{\boldsymbol{G}}a_{\boldsymbol{k}+\boldsymbol{G}}|PW,\boldsymbol{G}+\boldsymbol{k}\rangle。\tag{1.2.16}$$

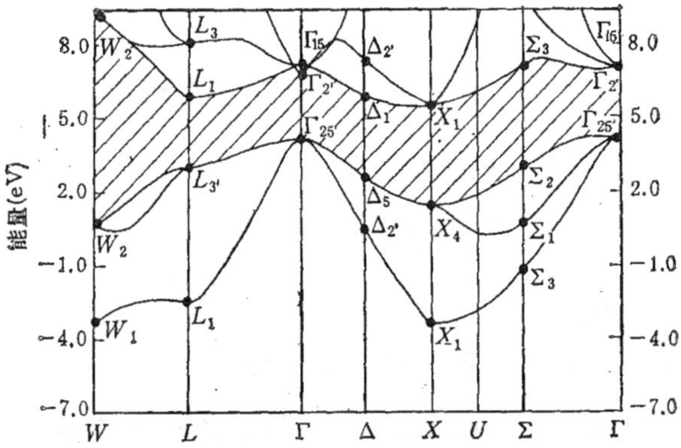

图 1.2.1　在文献[11]中所记载的用 OPW 计算的 Si 能带结构。图中所用 Γ,X,L 等记号为群表示记号. 见图 A.3 的说明.

我们形式地引入所谓赝势 $\hat{V}^{PS[2,12,13]}$

$$\hat{V}^{PS}=\hat{V}+(E_{\boldsymbol{k}}-E_c)\hat{P}_c\tag{1.2.17}$$

以及赝波函数

$$|\psi_{\boldsymbol{k}}^{PS}\rangle=\sum_{\boldsymbol{G}}a_{\boldsymbol{k}+\boldsymbol{G}}|PW,\boldsymbol{G}+\boldsymbol{k}\rangle,\tag{1.2.18}$$

代入式(1.2.16)得到

$$[\hat{T}+\hat{V}^{PS}]|\psi_{\boldsymbol{k}}^{PS}\rangle=E_{\boldsymbol{k}}|\psi_{\boldsymbol{k}}^{PS}\rangle。\tag{1.2.19}$$

求解式(1.2.18)，(1.2.19)所得到的本征值 $E_{\boldsymbol{k}}$ 和本征矢 $a_{\boldsymbol{k}+\boldsymbol{G}}$ 与求解前面的式(1.2.3)，(1.2.4)所得到的是完全一样的，仅仅前面的 $\hat{V}$ 换以 $\hat{V}^{PS}$。因此，可直接写下类似于式(1.2.6)，(1.2.9)的公式

$$\sum_{\boldsymbol{G}'}\left\{\left[\frac{\hbar^2(\boldsymbol{k}+\boldsymbol{G}')^2}{2m}-E_{\boldsymbol{k}}\right]\delta_{GG'}\right.$$

$$\left.+\langle PW,\boldsymbol{G}|\hat{V}^{PS}|PW,\boldsymbol{G}'\rangle\right\}a_{\boldsymbol{G}'+\boldsymbol{k}}=0。\tag{1.2.20}$$

能量 E_k 可由下式求得:

$$\det\left|\left[\frac{\hbar^2}{2m}(\boldsymbol{k}+\boldsymbol{G})^2-E_k\right]\delta_{GG'}+\langle PW,\boldsymbol{G}|\hat{V}^{PS}|PW,\boldsymbol{G}'\rangle\right|=0。\tag{1.2.21}$$

上面分析说明,求晶体能带 E_k 和波函数 $|\psi_k\rangle$ 的问题，可转化为求一个赝系统的能量和波函数,该赝系统具有赝势式(1.2.17)，其能量与真实系统相同,都为 E_k(仅限于能带 E_k,并不包括 E_c)，其赝波函数的平面波展开系数等于真实系统的 |OPW⟩ 波展开系数 a_{k+G},所以求得赝系统的能量 E_k 和波函数就等于求得真实系统的能量和波函数. 显而易见,赝系统用于计算真实固体电子能带,用平面波式(1.2.18)展开，收敛很快,只要取少数几项. 下面我们再分几点进一步说明.

(一) 具体写出赝势,根据式(1.2.17)

$$\hat{V}^{PS}=V(r)+(E_k-E_c)\sum_c|\phi_c\rangle\langle\phi_c|。$$

对于真实势，采用式(1.2.7),而原子内层电子态是$|\phi_c\rangle$.为易于计算,假定位于格点 r_j 处只有一个态 $|\phi_j\rangle$，于是上式可写成下式:

$$\hat{V}^{PS}=\sum_j[U(r-r_j)+(E_k-E_c)|\phi_j\rangle\langle\phi_j|]。\tag{1.2.22}$$

将式(1.2.22)代入式(1.2.21)，但在计算上存在两方面的困难. 其一是式(1.2.22)中的赝势本身包含了 E_k，而 E_k 是待求的本征能量。通常作这样的近似,即(E_k-E_c)的值比起所求诸 E_k 的范围来说是比较大的,故可取一个平均值作为常数而与 E_k 无关[17]. 第二个困难是,式(1.2.22)右边第二项为非局域势. 就是说，作用到函数 $\phi(r)$ 上,不仅与 r 处的 ϕ 有关，而且与其他地方的 ϕ 有关.这就给计算式(1.2.21)中的矩阵元带来困难. 如果没有式(1.2.22)中第二项,则根据式(1.2.8),矩阵元$\langle PW,\boldsymbol{G}|V|PW,\boldsymbol{G}'\rangle$仅为原子势 U 的($\boldsymbol{G}-\boldsymbol{G}'$)傅里叶分量,也就是说,只与($\boldsymbol{G}-\boldsymbol{G}'$)有关. 计入式(1.2.22)中第二项，可以证明 $\langle PW,\ \boldsymbol{G}|V|PW,\boldsymbol{G}'\rangle$ 不仅与($\boldsymbol{G}-\boldsymbol{G}'$) 有关，而且分别与 $|\boldsymbol{G}|$，$|\boldsymbol{G}'|$ 有关. 通常作所谓费米

球近似[2]，其效果相当于把非局域势近似为局域势，式(1.2.22)近似为

$$\hat{V}^{PS}=\sum_{j}U^{PS}(\boldsymbol{r}-\boldsymbol{r}_j),\qquad(1.2.22a)$$

其中 $U^{PS}(\boldsymbol{r})$ 为原子的局域赝势。

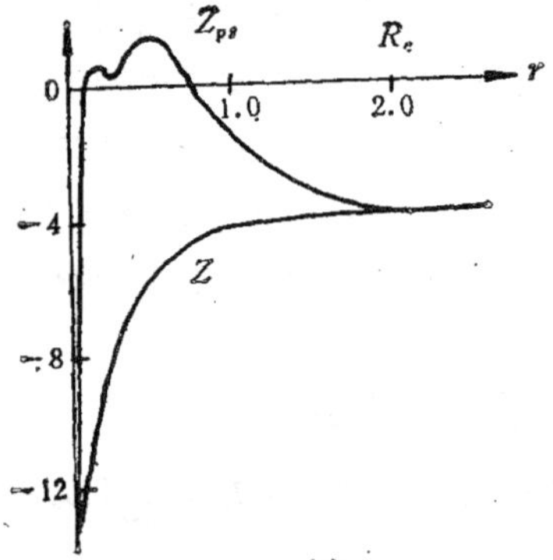

(a)

图 1.2.2(a) Si^{4+} 离子势 $U(r)=Z(r)/r$. 以及赝势 $U^{PS}(r)=Z^{PS}(r)/r$ (对应角动量 $l=0$ 部分)[2]。

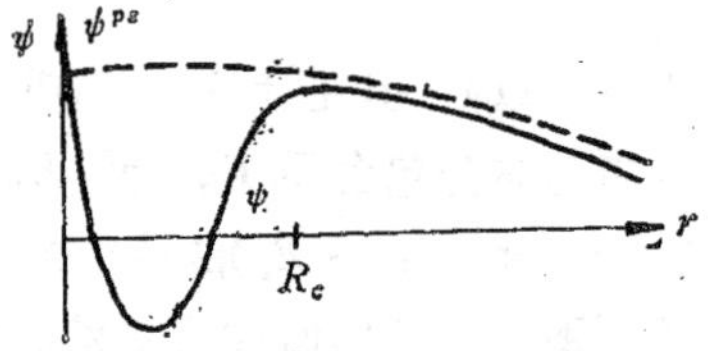

(b)

图 1.2.2(b) 波函数径向部分. ψ 为真实波函数，而 ψ^{PS} 为赝波函数.

(二) 为什么引进赝势以后可以用很少几项平面波展开来求解呢？ 其物理原因如下： 图 1.2.2(a) 示出 Si^{4+} 原子核附近的真实势 $U(r)$ 和赝势 $U^{PS}(r)$ 的径向部分[2,3]. 图 1.2.2(b) 示出原子核附近真实波函数 ψ_k 和赝波函数 ψ_k^{PS} 的径向部分。 从前面的讨

论中知道，能带波函数要求正交于内层电子波函数。这相当于一种排斥作用，这种排斥作用部分抵消了靠近原子核处的强吸引，而使等效的赝势在靠近原子核处变得较为平坦。这种现象称为抵消（cancellation）现象。这种抵消作用明显地示出在图 1.2.2 中。与此对应，赝波函数在原子核附近没有快振荡的大动量部分，因此也较平坦。但在图 1.2.2 中的 R_c 以外，赝势与真实势趋于一致。赝波函数与真实波函数形状趋于一致，但可能相差一个幅度因子（见 §1.3）。这就是为什么只要用少数几项平面波描写赝波函数的原因。

（三）上述赝势的引入，并不是唯一的方法。比如前述的 APW 方法同样可以归结为赝势[2]。Austin 等[14]和 Harrison[15] 对赝势引入的任意性作了很普遍的论证。我们的目的在于选取一个最好的赝势，它在紧靠原子核处尽可能平坦而浅。在两原子中间地区趋近真实势。这样用很少几个平面波展开便可求得好的结果。

在作了上述几点关于赝势的基本说明之后，我们回过来讨论能带计算的具体问题。对于具体的晶体，位于一个格点 $\boldsymbol{r}_j$ 的原胞中包含几个原子。它们相对于原胞零点 $\boldsymbol{r}_j$ 的坐标为 $\boldsymbol{\tau}$。每个原子对应的局域赝势记作 $U_\tau^{PS}(\boldsymbol{r})$，则晶体的赝势可写作

$$\hat{V}^{PS}=\sum_j\sum_\tau U_\tau^{PS}(\boldsymbol{r}-\boldsymbol{r}_j-\boldsymbol{\tau})。\qquad(1.2.23)$$

将式(1.2.23)代入式(1.2.21)，求矩阵元

$$\begin{aligned}&\langle PW,\mathbf{G}|\hat{V}^{PS}|PW,\mathbf{G}'\rangle\\&=\frac{1}{N\Omega}\int_{N\Omega}V^{PS}(\boldsymbol{r})e^{-i(\mathbf{G}-\mathbf{G}')\cdot\boldsymbol{r}}d\boldsymbol{r}\\&=\sum_\tau e^{-i(\mathbf{G}-\mathbf{G}')\cdot\boldsymbol{\tau}}\frac{1}{\Omega}\int_{N\Omega}U^{PS}(\boldsymbol{r})e^{-i(\mathbf{G}-\mathbf{G}')\cdot\boldsymbol{r}}d\boldsymbol{r}。\end{aligned}$$

记 $U_\tau^{PS}(\boldsymbol{r})$ 的傅里叶变换的$(N/\sqrt{V})$ 倍为 $U_\tau^{PS}(\mathbf{G})$

$$U_\tau^{PS}(\mathbf{G})=\frac{1}{\Omega}\int_{N\Omega}U_\tau^{PS}(\boldsymbol{r})e^{-i\mathbf{G}\cdot\boldsymbol{r}}d\boldsymbol{r}。\qquad(1.2.24)$$

前式写成

$$
\begin{aligned}
&\langle PW, \mathbf{G} | \hat{V}^{PS} | PW, \mathbf{G}' \rangle \\
&\quad = V^{PS}(\mathbf{G} - \mathbf{G}') \\
&\quad = \sum_{\tau} e^{-i(\mathbf{G}-\mathbf{G}')\cdot\tau} U_{\tau}^{PS}(\mathbf{G} - \mathbf{G}'). \qquad (1.2.25)
\end{aligned}
$$

对于原胞中原子相同的情况，略去下标 τ，上式可写成

$$\langle PW, \mathbf{G} | \hat{V}^{PS} | PW, \mathbf{G}' \rangle = S(\mathbf{G} - \mathbf{G}') U^{PS}(\mathbf{G} - \mathbf{G}'), \qquad (1.2.26)$$

其中

$$S(\mathbf{G}) = \sum_{\tau} e^{-i\mathbf{G}\cdot\tau} \qquad (1.2.27)$$

为原胞的结构因子，在X射线衍射问题遇到过[1]. $U^{PS}(\mathbf{G})$ 为原子赝势的傅里叶变换的$(N/\sqrt{V})$倍，在这里我们称为形式因子(form factor). 对于选取得好的赝势，由于赝势很平坦，只有动量很小的傅里叶分量才不等于零. 对应式 (1.2.25), (1.2.26) 中很少几个参数 $U_{\tau}^{PS}(\mathbf{G} - \mathbf{G}')$, 可以不从第一性原理去计算这些参数，而只根据能带在某些特殊点的实验值来拟合，便可得到这些参数. 使用这些参数解方程式 (1.2.21) 得到的能带结构在这些点上与实验值一致. 这种方法称为经验赝势法 (empirical pseudopotential method, 简记为 EPM). 这类方法已得到很成功的发展[17-19].

我们以金刚石或闪锌矿结构为例作具体说明. 该类晶体为面心立方，一个原胞有两个原子，取两原子联线中点为原胞零点，于是两个 $\boldsymbol{\tau}$ 分别为

$$\boldsymbol{\tau}_1 = a\left(\frac{1}{8}, \frac{1}{8}, \frac{1}{8}\right) \quad (\text{以下记作 } \boldsymbol{\tau}),$$

$$\boldsymbol{\tau}_2 = a\left(-\frac{1}{8}, -\frac{1}{8}, -\frac{1}{8}\right) \quad (\text{以下记作} -\boldsymbol{\tau}),$$

a 为面心立方边长，记为

$$\begin{cases} U^S(\mathbf{G}) = U_{\tau}^{PS}(\mathbf{G}) + U_{-\tau}^{PS}(\mathbf{G}), \\ U^A(\mathbf{G}) = U_{\tau}^{PS}(\mathbf{G}) - U_{-\tau}^{PS}(\mathbf{G}). \end{cases} \qquad (1.2.28)$$

$U^S(\mathbf{G})$ 表示对称部分，$U^A(\mathbf{G})$ 表示反对称部分. 对于金刚石结构，$U_{\tau}^{PS}(\mathbf{G}) = U_{\tau}^{PS}(\mathbf{G}), U^A(\mathbf{G}) = 0, U^S(\mathbf{G}) = 2U_{\tau}^{PS}(\mathbf{G})$; 对于闪

锌矿结构，两个原子的离子性越强，$U^A(\mathbf{G})$ 就越大。式(1.2.28)代入式(1.2.25)，得到

$$\langle PW,\mathbf{G}|\hat{V}^{PS}|PW,\mathbf{G}'\rangle = S^S(\mathbf{G}-\mathbf{G}')U^S(\mathbf{G}-\mathbf{G}') + iS^A(\mathbf{G}-\mathbf{G}')U^A(\mathbf{G}-\mathbf{G}'), \tag{1.2.29}$$

其中

$$\begin{cases} S^S(\mathbf{G}) = \cos \mathbf{G}\cdot\boldsymbol{\tau}, \\ S^A(\mathbf{G}) = \sin \mathbf{G}\cdot\boldsymbol{\tau}, \end{cases} \tag{1.2.30}$$

这里 $S^S(\mathbf{G})$, $S^A(\mathbf{G})$ 为结构因子的对称和反对称部分。$U^S(\mathbf{G})$, $U^A(\mathbf{G})$ 为形式因子的对称和反对称部分。文献 [19] 中记载了用 EPM 方法所确定的 14 种金刚石和闪锌矿半导体的能带结构。用实验数据定出 $U^S(\mathbf{G})$ 和 $U^A(\mathbf{G})$ 的值，由式(1.2.23) 至式(1.2.30) 所表示的赝势可写成

$$\hat{V}^{PS}(\boldsymbol{r}) = \sum_{\mathbf{G}}[S^S(\mathbf{G})U^S(\mathbf{G}) + iS^A(\mathbf{G})U^A(\mathbf{G})]e^{i\mathbf{G}\cdot\boldsymbol{r}} \tag{1.2.31}$$

由于赝势很平坦，所以上式中大动量部分可以忽略。比如只取 $G^2 = 0, 3, 4, 8, 11$ 五个壳层的 $\mathbf{G}$ 矢$\left(\mathbf{G}\text{ 长度单位为 } \frac{2\pi}{a}\right)$。由于赝势应具有 T_d 对称性，可以证明，这五层的 $U^S(\mathbf{G})$ 和 $U^A(\mathbf{G})$ 仅决定于 $\mathbf{G}$ 的长度而与其方向无关。记作 $U^S_{G^2}$, $U^A_{G^2}$，由式(1.2.30)可证，$G^2 = 4$ 时，$S^S(\mathbf{G}) = 0$，$G^2 = 0$ 或当 $G^2 = 8$ 时，$S^A(\mathbf{G}) = 0$。另外，选取能量零点使 $V^S_0 = 0$，最后只剩下三个 $U^S_{G^2}$ 和三个 $U^A_{G^2}$ 共六个参数需要确定。对于金刚石结构，所有 $U^A_{G^2} = 0$，只需要定三个参数，表 1.2.1 所列出的数据为根据文献 [19] 给出的几种半导体的形式因子。图 1.2.3 示出将表 1.2.1 所列数据代入式(1.2.21)，(1.2.29)时用计算机所算得的能带结构，图中的记号参考(附录 A) 图 A.3。通常，这样的平面波展开赝势能带计算，在式(1.2.18) 中只要取几十个平面波就可以得到收敛的结果。

（四）利用赝势法所算出的能带结构不仅与实验结果符合得相当好，而且其算出的赝波函数，除了紧靠原子核处与真实波函数

表 1.2.1 赝势形式因子 (单位：ryd)[19]

	U_3^S	U_8^S	U_{11}^S	U_3^A	U_4^A	U_{11}^A
Si	−0.21	+0.04	+0.08	0	0	0
Ge	−0.23	+0.01	+0.06	0	0	0
Sn	−0.20	0.00	+0.04	0	0	0
GaP	−0.22	+0.03	+0.07	+0.12	+0.07	+0.02
GaAs	−0.23	+0.01	+0.06	+0.07	+0.05	+0.01
AlSb	−0.21	+0.02	+0.06	+0.06	+0.04	+0.02
InP	−0.23	+0.01	+0.06	+0.07	+0.05	+0.01
GaSb	−0.22	0.00	+0.05	+0.06	+0.05	+0.01
InAs	−0.22	0.00	+0.05	+0.08	+0.05	+0.03
InSb	−0.20	0.00	+0.04	+0.06	+0.05	+0.01
ZnS	−0.22	+0.03	+0.07	+0.24	+0.14	+0.04
ZnSe	−0.23	+0.01	+0.06	+0.18	+0.12	+0.03
ZnTe	−0.22	0.00	+0.05	+0.13	+0.10	+0.01
CdTe	−0.20	0.00	+0.04	+0.15	+0.09	+0.04

不符外，其他大部分区域，与真实波函数也是极符合的. 因此，用赝波函数计算跃迁矩阵元往往可获得很好的结果. 除此之外，用 EPM 求得的赝势还具有良好的“转移性”. 比如在 InSb 半导体中，用 EPM 方法求得 In 和 Sb 的赝势，用来计算金属 In 和半金属 Sb，都获得与实验符合良好的结果[20].

Cohen 等[21]后来又对 EPM 方法作了改进. 他们把赝势的非局域性和与能量有关的这两点都考虑进去，并考虑了自旋轨道耦合的影响（见 § 1.6). 这样的赝势与实验数据配合便可定出一些经验参数. 用改进了的方法算出的能带结构和波函数，与实验符合得更好，被认为是迄今为止最可信的能带计算结果.

图 1.2.4 所示出的是用赝势计算 Si 电子态密度和实验结果的比较. 实验结果为光电子谱所得[22]（见第四章). 图 1.2.5 示出的是 GaAs 光反射谱的计算与实验结果的比较[23]（见第三章). 图 1.2.6 示出 Si 中价电子的电荷密度分布图. 赝势计算的结果与用 X 衍射实验得到的电荷分布[24]也符合得相当好，说明赝波函数计算的可靠性. 实验和理论的电荷分布都说明，在两个 Si 原子连线

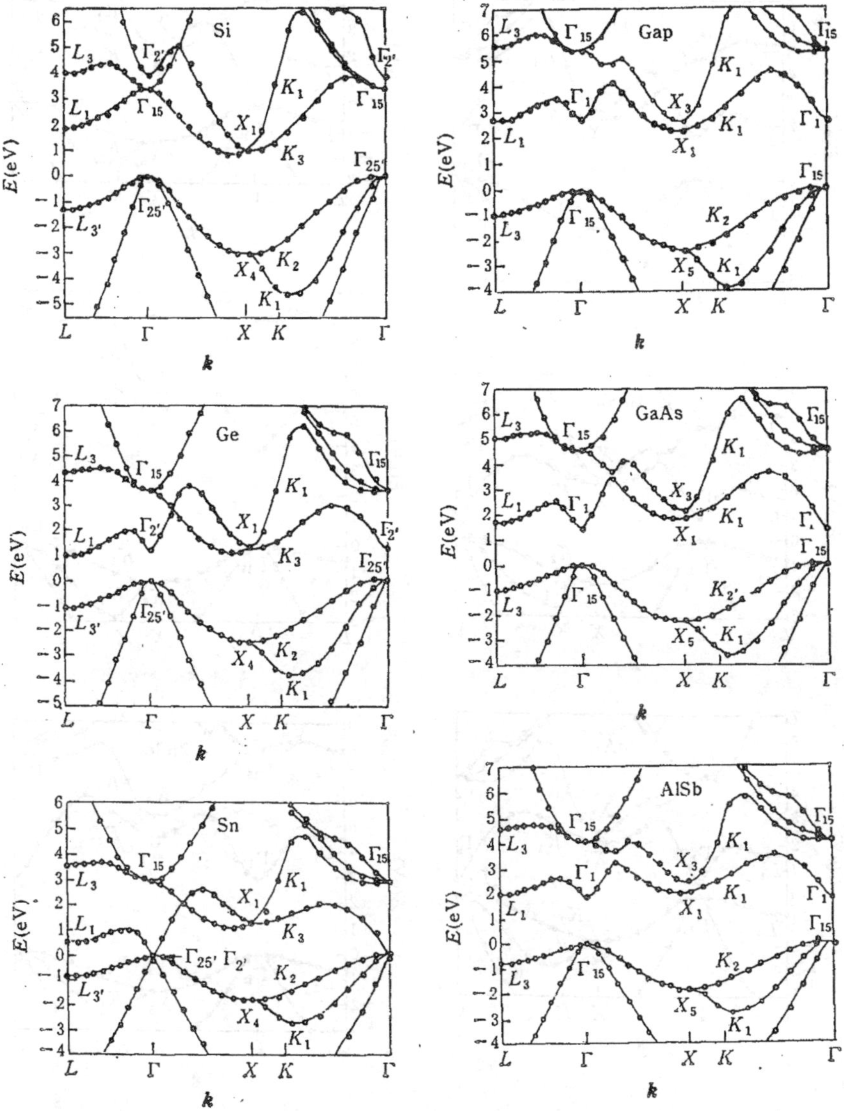
Si
Ge
Sn
Gap
GaAs
AlSb
E(eV)
k
L
Γ
X
K

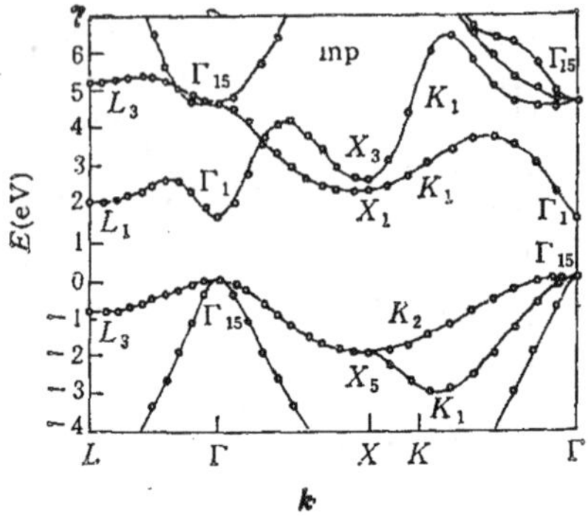
inp
E(eV)
k
L Γ X K Γ
Γ15 L3 L1 Γ1 X3 X1 K1 K2 X5

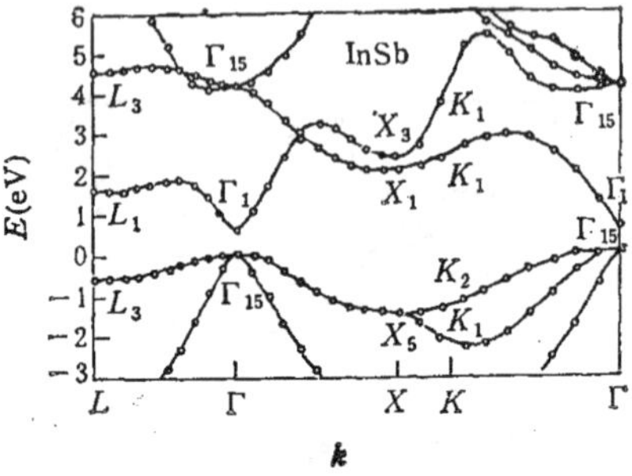
InSb
E(eV)
k
L Γ X K Γ
Γ15 L3 L1 Γ1 X3 X1 K1 K2 X5

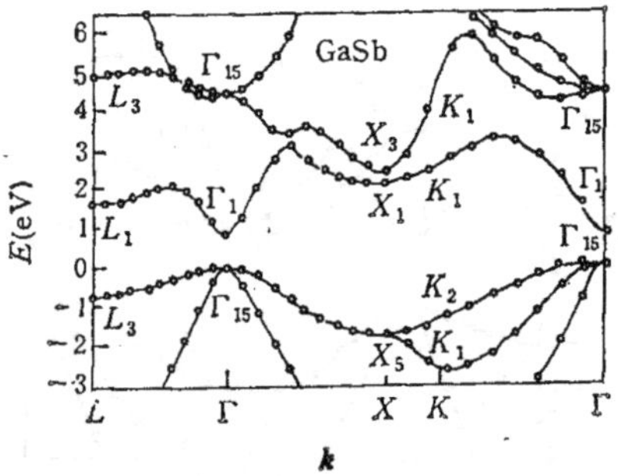
GaSb
E(eV)
k
L Γ X K Γ
Γ15 L3 L1 Γ1 X3 X1 K1 K2 X5

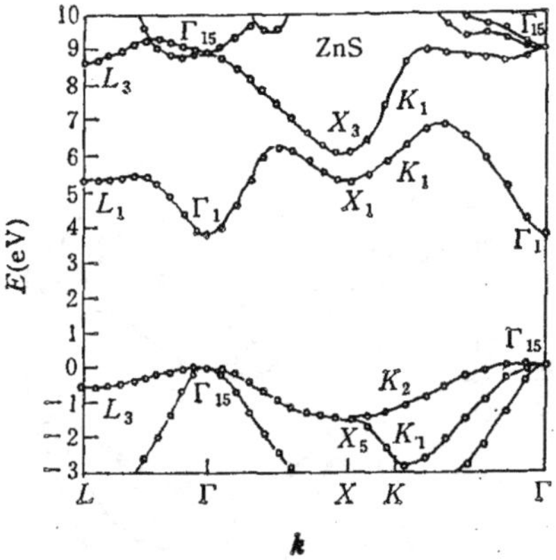
ZnS
E(eV)
k
L Γ X K Γ
Γ15 L3 L1 Γ1 X3 X1 K1 K2 X5

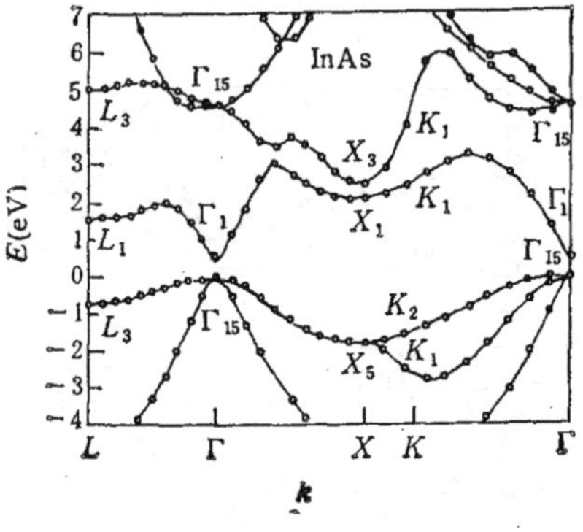
InAs
E(eV)
k
L Γ X K Γ
Γ15 L3 L1 Γ1 X3 X1 K1 K2 X5

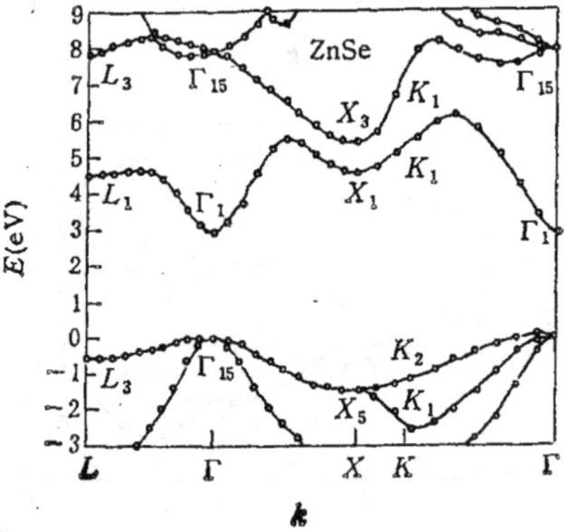
ZnSe
E(eV)
k
L Γ X K Γ
Γ15 L3 L1 Γ1 X3 X1 K1 K2 X5

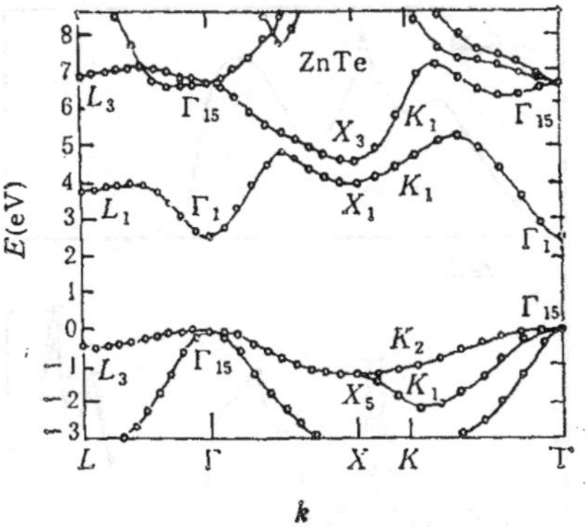

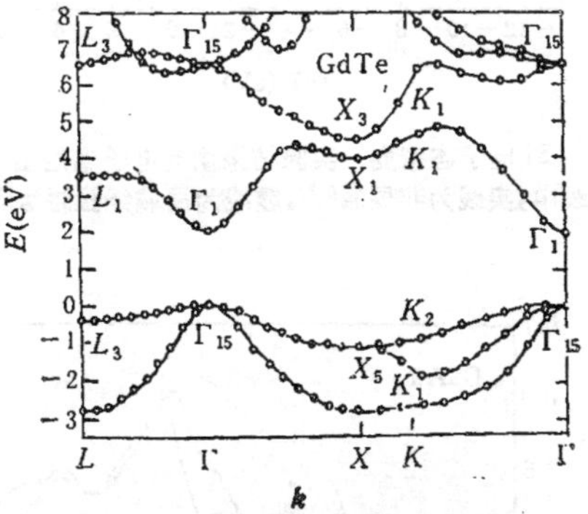

图 1.2.3 用经验赝势法算出的 14 种半导体能带结构[19]。
图中记号参看(附录 A)图 A.3.

的中点，聚集了很密的电子电荷。也就是说，在两个 Si 原子形成的共价键中心，有一强的电子电荷。关于这一事实，以前 Phillips[25] 在分析晶体中的共价键时曾经指出过，它在晶体的结构稳定性和晶格振动问题中都起重要作用[26]，称为键电荷模型（bond charge model）。

小结

（一）用平面波展开计算能带结构的困难在于，晶体势场 $V(\boldsymbol{r})$ 在靠近单个原子核附近时有很强的吸引势，因此波函数具有

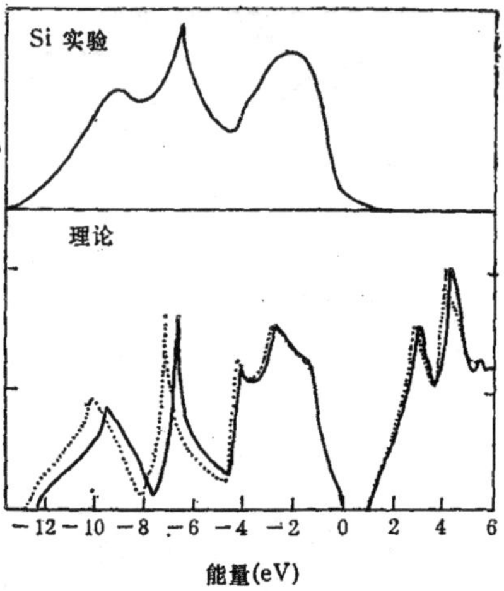

图 1.2.4　Si 电子态密度．实验结果由光电子谱给出[22]；在理论曲线中，实线为非局域[21]，虚线为局域经验赝势[19]。

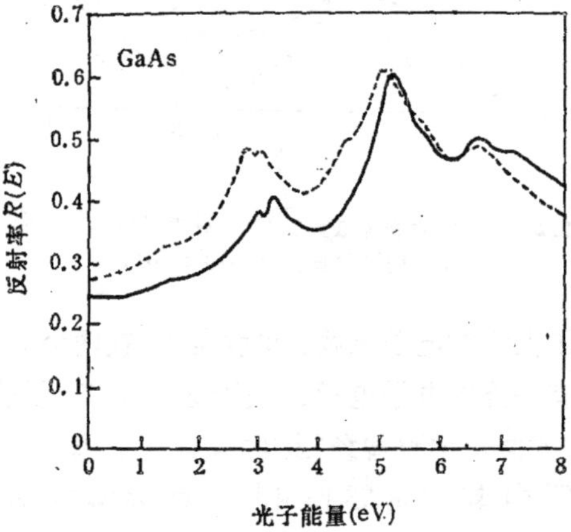

图 1.2.5　GaAs 的反射光谱．实线为非局域经验赝势计算曲线[21]，虚线为实验曲线[23]．

很大的动量．对应平面波展开需要很多项．赝势方法是一种数学变换，用赝势 $V^{PS}(\boldsymbol{r})$ 代替真实势 $V(\boldsymbol{r})$，而保持系统的能量不变．

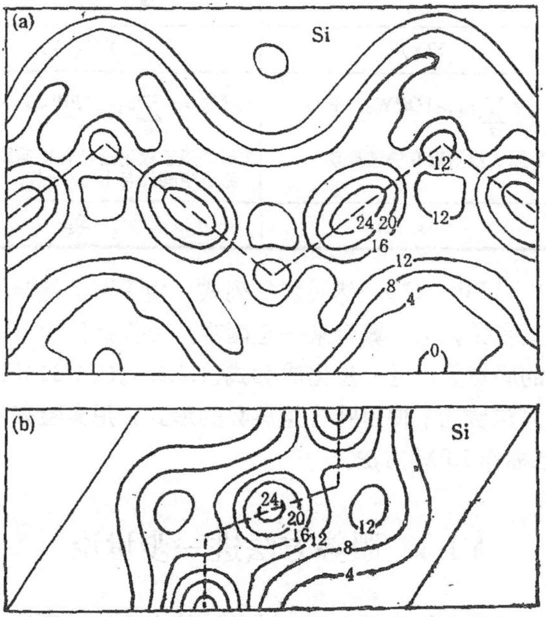

图 1.2.6 Si 中价电子云的空间分布. (a)为X线实验测定[24];(b)为非局域赝势计算. 图中等密度线所标数字单位为 e/原胞.

选用适当的赝势,它靠近单个原子核附近时没有很强的吸引势,而在两个原子核中间与真实势相一致. 对应的赝波函数在整个晶体空间没有快速的振荡, 在两个原子核中间与真实波函数一致. 因而赝波函数只需用很少几项平面波来近似即可. 用赝势方法求解的公式归结于式(1.2.18)—(1.2.21). 还要指出的是, 赝势方法有其直接的物理解释. 由于能带波函数与原子内层波函数正交, 这相当于核附近对能带电子的排斥, 部分抵消了核附近对能带电子强烈的负势能,从而等效的赝势变得较为平坦.

(二) 赝势的引入不是唯一的. 正交化平面波法相当于一种引入赝势的办法. 赝势形式如式(1.2.13), (1.2.17)所示. 可以从两种不同的角度来理解正交化平面波法,如下表所说明.

(三) 用赝势法求解能带归结为计算式 (1.2.21) 中矩阵元

	真实系统	赝系统
势	$V(r)$	$V^{PS}(r)$
波函数	$\|\psi_k\rangle=\sum_G a_{k+G}\|OPW,k+G\rangle$ 在单个原子核附近有快速振动	$\|\psi_k^{PS}\rangle=\sum_G a_{k+G}\|PW,G+k\rangle$ 在单个原子核附近没有快速振动．在两原子中间处与 $\|\psi_k\rangle$ 一样．
能量	E_k	E_k

$\langle PW,G|V^{PS}|PW,G'\rangle$，然后解行列式．由于赝势是非局域化势而且与能量有关，给计算带来一定困难．可作近似使 V^{PS} 化成与能量无关的局域势，进一步化成如式(1.2.25)，(1.2.31)所表示的，最后变成只包含几个傅里叶分量参数的形式，用实验来定这几个势参数，这称作 EPM 方法．

§1.3 赝势方法进一步讨论

目前，赝势方法已被人们公认为计算半导体电子结构的最可靠方法．它的计算与实验结果在定量上往往符合得很好．本节进一步讨论与近代赝势理论有关的重要问题，其主要内容包括：(一)密度泛函理论 (density functional theory,DFT)；(二)规范保持赝势；(三)自洽赝势计算和激发准粒子；(四)系统总能和晶体结构参数等．(在与文献比较时，要注意文献中常用的两种不同原子单位：采用 ryd 单位时，$\hbar=1$，电子质量 $m=\frac{1}{2}$，$e^2=2$，e 为电子电荷．采用 Hartree 原子单位时，$\hbar=1, m=1, e^2=1$.)

1.3.1 密度泛函理论

晶体中的单电子薛定谔方程 (1.2.4)，(1.2.5)，虽已沿用了几十年，但其严格的理论基础却是近期才发展起来的，即Hohenberg-Kohn-Sham 的密度泛函理论[1,2]，简称 DFT．这个理论不但建立了将多电子问题化为单电子方程的理论基础，同时也给出了单电

子势 $V(\boldsymbol{r})$ 如何计算的理论依据。对 DFT 的一个简单精辟的介绍可参阅文献[3]，这里仅将其结果作一些说明。

DFT 的基本点如下：

（一）外势场 $V_{ext}(\boldsymbol{r})$ 中相互作用的多电子系统，电子密度分布 $n(\boldsymbol{r})$ 是决定系统基态物理性质的基本变量。具体地说，写出如下 N 个电子薛定谔方程：

$$\left\{-\frac{\hbar^2}{2m}\sum_i \nabla_i^2 + \sum_i V_{ext}(\boldsymbol{r}_i) + \frac{1}{2}\sum_{i,j}\frac{e^2}{|\boldsymbol{r}_i - \boldsymbol{r}_j|} - E\right\}\Psi(\boldsymbol{r}_1\cdots\boldsymbol{r}_N) = 0。\qquad (1.3.1)$$

设两个 N 粒子系统的基态电子密度分布分别为 $n(\boldsymbol{r})$ 和 $n'(\boldsymbol{r})$，外势场分别为 $V_{ext}(\boldsymbol{r})$ 和 $V'_{ext}(\boldsymbol{r})$。可以证明，如果 $n'(\boldsymbol{r}) = n(\boldsymbol{r})$，则 $V'_{ext}(\boldsymbol{r}) = V_{ext}(\boldsymbol{r}) +$ 常数。从而两个系统的哈密顿量相同。

（二）系统的能量泛函可写作

$$E[n'(\boldsymbol{r})] = \int V_{ext}(\boldsymbol{r})n'(\boldsymbol{r})d\boldsymbol{r} + T[n'(\boldsymbol{r})] + \frac{e^2}{2}\int\frac{n'(\boldsymbol{r})n'(\boldsymbol{r})}{|\boldsymbol{r}-\boldsymbol{r}'|}d\boldsymbol{r}d\boldsymbol{r}' + E_{xc}[n'(\boldsymbol{r})], \qquad (1.3.2)$$

其中等式右边第一项为电子在外势场的势能，第二项为动能，第三项为电子间库仑作用能，第四项为交换和关联能。DFT 证明，当 $n'(\boldsymbol{r})$ 为基态对应的电子密度 $n(\boldsymbol{r})$ 时，能量泛函 $E[n'(\boldsymbol{r})]$ 达到极小值，且等于基态能量。

（三）如果将系统电子密度写为

$$n(\boldsymbol{r}) = \sum_{i=1}^{N}|\phi_i(\boldsymbol{r})|^2, \qquad (1.3.3)$$

其中 $\phi_i(\boldsymbol{r})$ 为单电子波函数，则将 ϕ_i 代入式(1.3.2)，求变分极小值，将导致下列方程：

$$\left[-\frac{\hbar^2}{2m}\nabla^2 + V_{eff}(\boldsymbol{r})\right]\phi_i = \varepsilon_i\phi_i, \qquad (1.3.4)$$

$$V_{\text{eff}}(\boldsymbol{r}) = V_{\text{ext}}(\boldsymbol{r}) + e^2\int \frac{n(\boldsymbol{r}')}{|\boldsymbol{r}-\boldsymbol{r}'|}d\boldsymbol{r}' + V_{xc}(\boldsymbol{r}), \quad (1.3.5)$$

$$V_{xc}(\boldsymbol{r}) = \frac{\delta E_{xc}[n(\boldsymbol{r})]}{\delta n(\boldsymbol{r})}。 \quad (1.3.6)$$

满足式(1.3.4)对应的系统基态能量为

$$E[n(\boldsymbol{r})] = \sum_i \int \psi_i^*(\boldsymbol{r})\left(-\frac{\hbar^2}{2m}\nabla^2\right)\psi_i(\boldsymbol{r})d\boldsymbol{r} + \sum_i \int \psi_i^*(\boldsymbol{r})V_{\text{ext}}(\boldsymbol{r})\psi_i(\boldsymbol{r})d\boldsymbol{r} + \frac{e^2}{2}\int \frac{n(\boldsymbol{r})n(\boldsymbol{r}')}{|\boldsymbol{r}-\boldsymbol{r}'|}d\boldsymbol{r}' + E_{xc}[n(\boldsymbol{r})]. \quad (1.3.7)$$

式(1.3.4)—(1.3.7)为 DFT 的基本关系式。式(1.3.4)称为 Kohn-Sham 方程，它决定系统基态的单电子波函数 ψ_i。式(1.3.5)右边第一项为外势场，第二项为电子间库仑作用势，即 Hartree 势 V_H [这两项代入式(1.3.4)，即为过去的 Hartree 单电子方程]，第三项 V_{xc} 为交换和关联势。由式(1.3.6)可知，它是密度 $n(\boldsymbol{r})$ 的泛函 $E_{xc}[n(\boldsymbol{r})]$ 对 $n(\boldsymbol{r})$ 的变分导数(关于泛函及变分导数的简单概念可参阅文献[4])。其中 $E_{xc}[n(\boldsymbol{r})]$ 为电子间交换和关联能，其具体形式从未从 DFT 理论给出，通常可通过采用各种近似方法来求得。一旦确定了式(1.3.6)的具体形式，式(1.3.3)—(1.3.6)就构成 $\psi_i(\boldsymbol{r})$ 和 $n(\boldsymbol{r})$ 的联立方程，可用自洽计算方法求解，然后再代入式(1.3.7)便可求得系统的基态能量。[(二)、(三)限于基态为非简并的情况。而式(1.3.7)中对 i 的求和可理解为从式(1.3.4)求出的 N 个最低态的求和。此时 N 个电子占据在此 N 个最低态。]

1.3.2 自洽赝势计算和规范保持（norm-conserving）赝势

由上述可知，式(1.3.3)—(1.3.6)联立方程组可用自洽方法求解。也就是说，先根据某些物理依据产生一个试验的 V_{eff}，代入式(1.3.4)，解得诸 $\psi_i(\boldsymbol{r})$，再代入式(1.3.3)，得到 $n(\boldsymbol{r})$。再代入式(1.3.5)，(1.3.6)，得一新的 V_{eff}。用此，将新的 V_{eff} 代入式(1.3.4)，按上述步骤重做。每循环一次得一新的 $n(\boldsymbol{r})$，一直到收敛。目前

固体问题有两种自洽计算。一种是式(1.3.5)中 $V_{ext}(\boldsymbol{r})$ 取原子核产生的势。而式(1.3.3)中 $n(\boldsymbol{r})$ 对所有电子求和。这种方法称为全电子计算 (all electron calculation)；另一种自洽赝势计算，$V_{ext}(\boldsymbol{r})$ 取原子核和内层电子联合产生的赝势，即离子赝势。而式(1.3.3) 中 $n(\boldsymbol{r})$ 仅对价电子求和。半导体中常采用的是后一种计算。下面我们对离子赝势的产生作进一步解说。通常，原子核和内层电子联合产生的势，在原子核附近有很深和一定宽度的势阱。引起如§1.2 开头所述的，可用平面波解收敛极慢的问题，即可用一个赝势来代替真实势以克服这个困难。赝势产生的一种方法是§1.2 所介绍的 OPW 方法.这种方法产生的赝势用于自洽计算存在如下困难：图 1.2.2(b) 所示出的赝波函数和真实波函数相比，在 R_c 以外，形状虽然相似，但差一幅度因子。或者说，R_c 以内和以外的两个子空间，电子波函数的占据几率的比例，对于真实波函数和赝波函数是不同的。所以，用这样的赝势，不能得到正确的电荷密度分布，因而不适合作自洽计算。 我们在 §1.2 中已经叙述过，引入赝势的要点在于赝势对应的薛定谔方程与真实势薛定谔方程具有同样的能量本征值，而引入赝势的方法不是唯一的. Haman-Schluter-Chiang 以及后来的 Kirker 提出了一种新的产生赝势的具体方法[5]。这种方法产生的赝势所对应的波函数，不仅与真实势对应的波函数具有同样的能量本征值，而且在 R_c 以外，与真实波函数形状和幅度都相同(赝波函数和真实波函数在 R_c 球内或球外的占据几率相同)。另外，赝波函数在 R_c 以内变化缓慢，没有大动量。他们把具有以上特点的赝势称为规范保持赝势，这种赝波函数能产生正确的电荷密度。

Haman 等所用方法大致可归结为如下步骤：

(一) 首先用已经比较成熟的全电子自洽计算原子势 $V(\boldsymbol{r})$和波函数 $U_l(\boldsymbol{r})$ 以及对应的能量 ε_l。具体方法可参考 Herman 等[6]的专著。

(二) 从 $V(\boldsymbol{r})$ 构造一过渡的原子赝势 $V_{1l}^{PS}(\boldsymbol{r})$ (与角动量 l 有关)。$V_{1l}^{PS}(\boldsymbol{r})$ 在 $r > R_c$ 时，与 $V(\boldsymbol{r})$ 相一致，在 $r < R_c$ 时，变

化平坦。因此，对应的过渡赝波函数 $w_{1l}(\boldsymbol{r})$ 在 $r < R_c$ 时也比较平坦，没有节点，没有大的动量。$V_{1l}^{PS}(\boldsymbol{r})$ 包含一参数 C_l，调整 C_l，使 $w_{1l}(\boldsymbol{r})$ 对应的能量 ε_{1l} 等于 ε_l。在 $r > R_c$ 时，$w_{1l}(\boldsymbol{r})$ 和 $U_l(\boldsymbol{r})$ 形状相似，但不满足规范保持，即

$$\gamma_l w_{1l}(\boldsymbol{r}) \xrightarrow[r>R_c]{} U_l(\boldsymbol{r}), \tag{1.3.8}$$

其中 γ_l 为一个不等于零的常数。

（三）为了满足规范保持，将过渡赝波函数 $w_{1l}(\boldsymbol{r})$ 在 $r < R_m$ 的形状再改造一下

$$w_{2l}(\boldsymbol{r}) = \gamma_l[w_{1l}(\boldsymbol{r}) + \delta_l g_l(\boldsymbol{r})], \tag{1.3.9}$$

其中 $g_l(\boldsymbol{r})$ 只在 $r < R_c$ 时不等于零。δ_l 是调整参数，以保证 $w_{2l}(\boldsymbol{r})$ 在全空间归一。于是，$w_{2l}(\boldsymbol{r})$ 与 $U_l(\boldsymbol{r})$ 规范保持。

（四）由 $w_{2l}(\boldsymbol{r})$ 可唯一地反演出原子赝势 $V_{2l}^{S,P}(\boldsymbol{r})$，在 $V_{2l}^{S,P}(\boldsymbol{r})$ 中再扣除价电子的贡献，得到离子赝势。

目前，普遍采用将规范保持赝势代入式(1.3.5)中的 V_{ext} 来进行半导体的自洽赝势计算。因为这种方法是从原子势算起，并不引入任何实验参数，所以又称从头算起的赝势方法（ab initio pseudopotential calculation），Cohen 等[7]采用这种方法，不仅计算了半导体能带结构和电荷密度分布，还将此方法应用于声子谱、结构相变、表面等领域，有关这方面内容可参阅他的评论性文章。

1.3.3 交换和关联作用局域密度近似（LDA）和准粒子

前面的讨论，有一个问题没有交待清楚，即式(1.3.4)中的电子间的交换、关联能量，这种能量到底是什么形式。在 DFT 中并没有给出答案。在具体计算中通常作局域密度近似 LDA（local density approximation）。当 $n(\boldsymbol{r})$ 变化较慢时，在每一局部 $d\boldsymbol{r}$ 内，可看作是均匀的，而它的交换、关联能量可看作为均匀电子气的交换、关联能量 $E_{xc}(n(\boldsymbol{r}))n(\boldsymbol{r})d\boldsymbol{r}$，而整个系统的交换关联能量为

$$E_{xc}^{LDA}[n(\boldsymbol{r})] = \int \mathscr{E}_{xc}(n(\boldsymbol{r}))n(\boldsymbol{r})d\boldsymbol{r}. \tag{1.3.10}$$

在 LDA 下，式(1.3.6)中的 V_{xc} 仅为 $n(r)$ 的函数。以前，人们早已得到过各种近似形式[8]，如 Wigner[9] 很早就得到下列近似：

$$V_{xc}=-\left(\frac{3}{\pi}\right)^{\frac{1}{3}}n^{\frac{1}{3}}-\frac{0.944+8.9n^{\frac{1}{3}}}{(1.0+12.57n^{\frac{1}{3}})^2}n^{\frac{1}{3}}。\qquad(1.3.11)$$

Hedin-Lundquist[10] 得到另一近似

$$V_{xc}=-\left(\frac{3}{\pi}\right)^{\frac{1}{3}}n^{\frac{1}{3}}-0.0225\ln(1+33.85n^{\frac{1}{3}})。\qquad(1.3.12)$$

用各种形式的 LDA 给出的 V_{xc}，并结合式(1.3.3)—(1.3.7)进行自洽计算时都得到了与实验符合很好的半导体价带结构、电荷密度分布以及总能量。但也遇到一个严重的困难，即由式(1.3.4)给出的导带底能量(或者禁带宽度 E_g)与实验不能很好符合。通常算出的 E_g 比实验值的要小 1/3—1/2。当计入价带顶的自旋轨道分裂后，情况更为严重。理论算出的 E_g 有时接近于零（如 Ge)[11]，甚至是负值(如 InSb)[12]。理论和实验的分歧被认为有两种可能：(一)DFT 给出的式 (1.3.4) 中的 ε_i，原则上可以正确给出价带和导带的能量。问题在于 LDA 近似不够好。(二)DFT 只说明式(1.3.4) 中的 ψ_i 系统基态的单电子波函数。ε_i 的意义并未给出。本来就不能期望算出的 ε_i 谱与实验中的激发态能量有很好的对应。最近，Hybertsen 和 Louie 的工作很好地解决了这个问题[14]。他们先在 DFT 形式下抛开 LDA 近似，用了更仔细的办法来计算 V_{xc}，代入式 (1.3.4) 中进行自洽计算表明，E_g 虽然比 LDA 近似算得的要大一些，但还是比实验值要小，所以他们决定抛开 DFT，采用 Landau 在费米液体研究中所引入的准粒子(quasi particle) 概念。从这个概念出发来理解半导体中的能隙，相当于一个相互作用的电子气中准粒子的元激发(elementary excitation) 所需克服的能量。对于电子气的准粒子概念，过去人们已经有过相当多的研究。一个有关的评论可见文献[13]。根据这个理论，准粒子的能量 E_{nk} 和波函数 ψ_{nk} 可由下式决定：

$$(T+V_{ext}+V_H)\psi_{nk}+\int dr'\Sigma(r,r';E_{nk})\psi_{nk}(r')$$

$$= E_{nk}\psi_{nk}(\boldsymbol{r}), \tag{1.3.13}$$

其中T为动能，V_{ext}为外势，V_H为 Hartree 势．$\sum$为电子自能算符，它是由电子间的交换和关联所引起的． 将式(1.3.13)与式(1.3.4)—(1.3.6)相比时可看出，这些公式在形式上是很相似的，只是将式(1.3.6)替代式(1.3.13)中的电子自能项，但在实际上它们之间具有很重要的区别．因为式(1.3.13)中的E_{nk}具有明确的物理意义，即为准粒子激发能量。对应半导体中电子从价带激发到导带所克服的能量，即能隙。自能算符$\sum$是一个非局域的、且与能量有关的非厄密算符。由于非厄密性，E_{nk}可能具有虚部，对应于准粒子的寿命。

式(1.3.13)的电子自能部分，Hybertsen 等采用 GW 近似[屏蔽库仑势和重整格林（Green）函数][13]，可写成如下形式：

$$\sum(\boldsymbol{r},\boldsymbol{r}';E) = i\int\frac{dw}{2\pi}e^{-i\delta w}G(\boldsymbol{r},\boldsymbol{r}';E-w)W(\boldsymbol{r},\boldsymbol{r}';w). \tag{1.3.14}$$

δ是一正的无穷小量，其中重整格林函数

$$G(\boldsymbol{r},\boldsymbol{r}';E) = \sum_{nk}\frac{\psi_{nk}(\boldsymbol{r})\psi^*_{nk}(\boldsymbol{r}')}{E-E_{nk}-i\delta_{nk}}, \tag{1.3.15}$$

δ_{nk}也是正的无穷小量。屏蔽库仑作用W为

$$W(\boldsymbol{r},\boldsymbol{r}';w) = \Omega^{-1}\int d^3\boldsymbol{r}''\varepsilon^{-1}(\boldsymbol{r},\boldsymbol{r}'';w)V_c(\boldsymbol{r}''-\boldsymbol{r}'), \tag{1.3.16}$$

V_c是库仑作用，ε是时间编序介电矩阵元[14]。

对准粒子理论以及式(1.3.13)—(1.3.16)的确切了解需要多体理论为基础，这可参阅文献[13,14]．现在，我们仅从问题的物理意义上作简单的说明。准粒子理论的关键在于比以前的理论更准确地考虑了电子间的相互作用．根据历史的回溯，通常把相互作用的多电子系统化为单电子式(1.3.4)的形式。其中，单电子有效势V_{eff}除外势场V_{ext}外，还包括其他电子的相互作用。 在最早的 Hartree 方程中，其他电子的作用仅考虑库仑作用

$$V_H = e^2 \int \frac{n(\boldsymbol{r}')}{|\boldsymbol{r}-\boldsymbol{r}'|} d\boldsymbol{r}'。\tag{1.3.17}$$

此式表示由处在 $\boldsymbol{r}'$ 处的、具有密度 $n(\boldsymbol{r}')$ 的其他电子在 $\boldsymbol{r}$ 处所产生的库仑势

$$V_C(\boldsymbol{r},\boldsymbol{r}') = \frac{e^2}{|\boldsymbol{r}-\boldsymbol{r}'|}\tag{1.3.18}$$

引起。式(1.3.17)相当于式(1.3.5)中只考虑前两项的 Hartree 方程。在后来的 Fock 方程中[15]，考虑了电子的关联效应。就是说，如果在 $\boldsymbol{r}$ 处已占据了一个电子，那么，$\boldsymbol{r}'$ 处的电子密度就不再是由式(1.3.3)所决定的 $n(\boldsymbol{r}')$，而应比这更少一点的密度。或者说，除 $n(\boldsymbol{r}')$ 以外，还应加上一点带正电的空穴(称为关联空穴)。但电子间的相互作用仍为式(1.3.18)所示的库仑作用。在准粒子理论中，在 Fock 方程的基础上把电子间的相互作用改为屏蔽库仑作用 W，如式(1.3.16)所示。屏蔽作用体现在介电矩阵 ε。它与频率 ω 有关，因此是一种动力学的屏蔽。Hybertsen 和 Louie 讨论了式(1.3.13)中的自能项Σ的物理意义。他们把Σ写成两项

$$\Sigma = \Sigma_{sex} + \Sigma_{coh},\tag{1.3.19}$$

其中 Σ_{sex} 相当于 Fock 方程中的交换项。但库仑作用 V_C 换上屏蔽库仑作用 W。因此，称为屏蔽交换项 (screened exchange)。Σ_{coh} 相当于一种局域相互作用，包括因子 $V_C - W$，即屏蔽前后相互作用之差。屏蔽效应也相当于等效的空穴效应，称为库仑空穴。因此，Σ_{coh} 称为库仑空穴项 (Coulomb hole)。由此可见，把准粒子方程中的屏蔽库仑势W代以库仑势 V_c，就变成 Fock 方程。

近年来，人们对相互作用电子气元激发理论已经进行了一系列的研究工作[10,14,16,17]。Hybertsen 和 Louie 把这套理论和已经很成熟的半导体中赝势计算结合起来进行自洽计算[14]。具体地说，即利用式(1.3.14)—(1.3.16)算得自能Σ代入式(1.3.13)，便可计算准粒子能量 $E_{n\boldsymbol{k}}$。这样算得的 $E_{n\boldsymbol{k}}$，不仅价带与实验结果符合很好，而且导带与实验结果也符合很好。从而解决了过去采用 LDA 计算能隙 E_g 比实验值小的问题。表 1.3.1 列出用准粒子 GW 近

似和用 DFT-LDA 近似对几种半导体能隙进行计算所得到的结果与实验值的比较.显然,GW 近似有极大改进. Hybertsen 等人的工作还表明,用 DFT-LDA 算得的导带能量虽偏小,但其波函数与用 GW 近似计算所得结果十分近似. 幸好这样,式(1.3.15)中的波函数可以直接用 LDA 的结果而不必逐次迭代. 简单地说,对于用 DFT-LDA 所算得的能带,可将导带上移,价带下移,将 E_g 调整到与实验相符,其整个能带结构和波函数大致比较好地描述了半导体的实际电子结构.

表 1.3.1 利用准粒子 GW 近似,DFT-LDA 近似自洽计算所得几种半导体能隙值和实验比较(eV)[11]

	DFT-LDA 近似	准粒子 GW 近似	实　验
金刚石	3.9	5.6	5.48
Si	0.52	1.29	1.17
Ge	<0	0.75	0.744
LiCl	6.0	9.1	9.4

1.3.4 晶体系统总能量和结构参数[19]

近代半导体赝势理论的另一重要成就是用来研究半导体结构参数. 上述我们都是在晶体原子核的几何排列结构固定的前提下来讨论电子的性质. 现在,我们从更根本的观点,即从原子核也是可以运动的(也纳入运动方程)观点出发来讨论. 在没有外场情况下,晶体系统的哈密顿可写为

$$\left.\begin{aligned}\hat{H} &= \hat{H}_n + \hat{H}_e,\\ \hat{H}_n &= -\sum_{\alpha}\frac{\hbar^2}{2M_\alpha}\nabla_\alpha^2 + V_{nn},\\ \hat{H}_e &= -\sum_{i}\frac{\hbar^2}{2m}\nabla_i^2 + V_{ne} + V_{ee},\end{aligned}\right\}\tag{1.3.20}$$

其中,$\hat{H}_n$ 为原子核的哈密顿部分.$\hat{H}_n$ 中第一项为原子核动能,第 α 个核质量为 M_α,位置为 $\boldsymbol{R}_\alpha$,第二项为原子核之间库仑相互作用

能 V_{nn} · $\hat{H}_e$ 为与电子有关的哈密顿部分。$\hat{H}_e$ 中第一项为电子动能．电子质量为 m．第 i 个电子坐标为 $\boldsymbol{r}_i$，第二项 V_{ne} 为电子和核的相互作用，第三项 V_{ee} 为电子间的相互作用。 由于 M_α 比 m 大三个量级，所以通常采用 Born-Oppenheimer 绝热近似[15]，即系统 $\hat{H}$ 对应的薛定谔方程

$$\hat{H}\Psi = E\Psi$$

可以近似写成

$$\left.\begin{aligned}&\Psi = \Psi_e(\{\boldsymbol{R}_\alpha\},\{\boldsymbol{r}_i\})\Psi_n(\{\boldsymbol{R}_\alpha\}),\\&\hat{H}_e(\{\boldsymbol{R}_\alpha\},\{\boldsymbol{r}_i\})\Psi_e(\{\boldsymbol{R}_\alpha\},\{\boldsymbol{r}_i\}) = E_e(\{\boldsymbol{R}_\alpha\})\Psi_e(\{\boldsymbol{R}_\alpha\},\{\boldsymbol{r}_i\}),\\&[H_n(\{\boldsymbol{R}_\alpha\}) + E_e(\{\boldsymbol{R}_\alpha\})]\Psi_n(\{\boldsymbol{R}_\alpha\}) = E\Psi_n(\{\boldsymbol{R}_\alpha\}),\end{aligned}\right\}\tag{1.3.21}$$

这里，$\{\boldsymbol{R}_\alpha\}$ 表示多原子核坐标组，$\{\boldsymbol{r}_i\}$ 表示多电子坐标组。上式表示，电子看到某瞬时原子核在位置 $\{\boldsymbol{R}_\alpha\}$ 时，对应的电子波函数为 $\Psi_e(\{\boldsymbol{R}_\alpha\},\{\boldsymbol{r}_i\})$，电子能量为 $E_e(\{\boldsymbol{R}_\alpha\})$。而核的运动，在 H_n 对应的动能和核相互作用势能之外，还加上一项等效势能 $E_e(\{\boldsymbol{R}_\alpha\})$，这是由电子和核的互作用引起的。 将式(1.3.20)的第二式代入式(1.3.21)的第三式，得到

$$\left[-\sum_\alpha \frac{\hbar^2}{2M_\alpha}\nabla_\alpha^2 + E_{\text{tot}}(\{\boldsymbol{R}_\alpha\})\right]\Psi_n(\{\boldsymbol{R}_n\}) = E\Psi_n(\{\boldsymbol{R}_n\}),\tag{1.3.22}$$

其中

$$E_{\text{tot}}(\{\boldsymbol{R}_\alpha\}) = E_e(\{\boldsymbol{R}_\alpha\}) + V_{nn}。\tag{1.3.23}$$

$E_{\text{tot}}(\{\boldsymbol{R}_\alpha\})$ 在一些文献中被称为电子晶格系统总能，其实它并未包括核的动能部分。在 DFT 中，已经给出了多电子系统的基态能量作为电子密度 $n(\boldsymbol{r})$ 的函数形式，即由式(1.3.7)给出。而 $n(\boldsymbol{r})$ 与核坐标 $\boldsymbol{R}_\alpha$ 有关。因此，$E_0(\boldsymbol{R}_\alpha) = E[n(\boldsymbol{r},\{\boldsymbol{R}_\alpha\})]$。在赝势的计算中，把系统总能分成两部分，一部分是原子核与内层电子组成的离子所具有的能量。 这部分能量大约为 -10^3ryd/原子，而且与 $\boldsymbol{R}_\alpha$ 无关。也就是说，它是一常数。赝势计算把这一能量常数置为零。剩下另一部分是离子和价电子相互作用、离子间互作用以及

价电子间互作用对应的总能。或者说，就是晶体总能和离子总能之差。它大约为 -10ryd/原子，而且与 $\boldsymbol{R}_\alpha$ 有关。赝势方法精确地计算这一部分总能。在此意义下，并考虑式 (1.3.7),(1.3.23),(1.3.3),可将系统总能写成

$$
\begin{aligned}
E_{tot}(\{\boldsymbol{R}_\alpha\}) = & \sum_i^{\text{价电子}} \int \psi_i^*(\boldsymbol{r},\{\boldsymbol{R}_\alpha\})\left(\frac{-\hbar^2}{2m}\nabla^2\right)\psi(\boldsymbol{r},\{\boldsymbol{R}_\alpha\})d\boldsymbol{r} \\
& + \sum_i^{\text{价电子}} \int \psi_i^*(\boldsymbol{r},\{\boldsymbol{R}_\alpha\})V^{P\cdot S}\psi_i(\boldsymbol{r},\{\boldsymbol{R}_\alpha\})d\boldsymbol{r} \\
& + \frac{e^2}{2}\int \frac{n(\boldsymbol{r},\{\boldsymbol{R}_\alpha\})n(\boldsymbol{r}',\{\boldsymbol{R}_\alpha\})}{|\boldsymbol{r}-\boldsymbol{r}'|}d\boldsymbol{r}d\boldsymbol{r}' \\
& + E_{xc}[n(\boldsymbol{r},\{\boldsymbol{R}_\alpha\})] \\
& + \frac{e^2}{2}\sum_{\alpha\neq\beta}\frac{Z_\alpha Z_\beta}{|\boldsymbol{R}_\alpha-\boldsymbol{R}_\beta|}。
\end{aligned}
\tag{1.3.24}
$$

上式第一项为对应价电子动能，第二项为对应价电子和离子赝势 V^{PS} 相互作用能，第三项为价电子相互作用库仑能，第四项为价电子关联交换能，通常用 LDA 作近似计算。第五项为离子间库仑作用能。Z_α 为 $\boldsymbol{R}_\alpha$ 处原子核的价电子数目。在作实际计算时，根据式(1.3.4)和式 (1.3.5)，E_{xc} 取近似 $E_{xc}(\boldsymbol{r})=3/4n(\boldsymbol{r})V_{xc}(\boldsymbol{r})$,可将式(1.3.24)写成更有用形式[19]

$$
\begin{aligned}
E_{tot}(\{\boldsymbol{R}_\alpha\}) = & \sum_i^{\text{价电子}} \varepsilon_i - \frac{e^2}{2}\int\frac{n(\boldsymbol{r},\{\boldsymbol{R}_\alpha\})n(\boldsymbol{r},\{\boldsymbol{R}_\alpha\})}{|\boldsymbol{r}-\boldsymbol{r}'|}d\boldsymbol{r}d\boldsymbol{r}' \\
& - \frac{1}{4}\int V_{xc}(\boldsymbol{r},\{\boldsymbol{R}_\alpha\})n(\boldsymbol{r},\{\boldsymbol{R}_\alpha\})d\boldsymbol{r} \\
& + \frac{e^2}{2}\sum_{\alpha\neq\beta}\frac{Z_\alpha Z_\beta}{|\boldsymbol{R}_\alpha-\boldsymbol{R}_\beta|}。
\end{aligned}
\tag{1.3.25}
$$

在式(1.3.25)中，ε_i 为式(1.3.4)所定义的单电子能量，目前这只对价电子而言。由式(1.3.4)，(1.3.5)可知，ε_i 包含电子动能、电子和离子赝势作用能、电子和电子作用能(库仑和交换关联)。当 ε_i 对 i 求和时，每一价电子对的作用能计算了两次.因此，在式(1.3.25)中的第 2，3 项把重复计算的扣除。所以可把式(1.3.25)写成简洁

形式

$$E_{tot} = \sum_{i}^{\text{价电子}} \varepsilon_i - E_{ee} + E_{II}, \tag{1.3.26}$$

其中

$$E_{ee} = \frac{e^2}{2}\int \frac{n(\boldsymbol{r},\{\boldsymbol{R}_\alpha\})n(\boldsymbol{r}',\{\boldsymbol{R}_\alpha\})}{|\boldsymbol{r}-\boldsymbol{r}'|} d\boldsymbol{r}d\boldsymbol{r}'$$

$$+\frac{1}{2}\int V_{xc}(\boldsymbol{r},\{\boldsymbol{R}_\alpha\})n(\boldsymbol{r},\{\boldsymbol{R}_\alpha\})d\boldsymbol{r} \tag{1.3.27}$$

为价电子间相互作用能。而

$$E_{II} = \frac{e^2}{2}\sum_{\alpha\neq\beta} \frac{Z_\alpha Z_\beta}{|\boldsymbol{R}_\alpha - \boldsymbol{R}_\beta|} \tag{1.3.28}$$

为离子相互作用能。E_{II} 可用 Ewald 方法求得[18]。

自洽赝势的方法对于一定的原子核位形 $\{\boldsymbol{R}_\alpha\}$,原则上可以算出 $E_{tot}(\{\boldsymbol{R}_\alpha\})$ 作为 $\{\boldsymbol{R}_\alpha\}$ 的函数。由于离子总能（-10^3ryd/原子)部分不包括在内,真正计算的是与 $\boldsymbol{R}_\alpha$ 有关的式(1.3.25)所表示的价电子和离子系统相互作用能，约为-10ryd/原子，所以在同样数值计算精度情况下，赝势方法所能计算的绝对精度比全电子方法的要高得多。利用上述的赝势计算，已经对半导体的许多结构参数进行了成功的计算。该方面的评论性文章可参阅文献[7, 19]。下面我们进行简单的介绍。

（一）静态结构参数 根据已知的晶格结构，改变晶格常数 a,便可算出对应的总能 $E_{tot}(a)$。在平衡时 E_{tot} 有一极小值，对应的晶格常数记作 a_0。表 1.3.2 列出从头算赝势计算得到的各种半导体 a_0 值以及实验值。Cohen 等[20]并用此方法研究压力相变的问题。考虑不同的结构相，分别计算总能作为晶胞体积 V 的函数。Si 的计算结果示于图 1.3.1 之中。当在大气压下晶胞体积为 1(归一到实验值来度量) 附近 E_{tot} 在金刚石结构时有一能量极小值,且比其他结构的能量都低。但当增加压力而体积缩小时,其他相的 E_{tot} 可能比金刚石结构的能量要低,从而将发生相变。从图

表 1.3.2 几种半导体结构参数赝势从头计算所得到的理论值和实验值[7,19,20]

		Si	Ge	C	GaAs	GaP	AlAs	AlP
晶格常数 a_0(Å)	理论	5.45	5.66	3.60	5.57	5.34	5.64	5.42
	实验	5.43	5.65	3.57	5.65	5.45	5.66	5.45
晶体结合能 (eV)	理论	4.67	4.02	7.57				
	实验	4.63	3.85	7.37				
体弹性模量 (Mbar)	理论	0.98	0.73	4.41				
	实验	0.99	0.77	4.43				
TO(Γ)声子频率(THz)	理论	15.16			7.8			
	实验	15.53			8.19			
TO(Γ) 声子 Grüneisen 参数	理论	0.92						
	实验	0.98						

1.3.1 中可看出，体积常数小于 0.9—0.8 时，Si 将从金刚石相向 β-tin 相过渡。理论与实验定量地符合得很好。表 1.3.2 中还列出晶体的结合能，从中可看出，理论和实验也符合很好。另外，总能随晶格位置 $\boldsymbol{R}_\alpha$ 的变化，$\nabla_{\boldsymbol{R}_\alpha} E_{tot}(\{\boldsymbol{R}_\alpha\})$ 相当于作用在晶格上的力。由此可讨论晶体的弹性系数。这些结果也列在表 1.3.2 之中。具体的讨论见文献[7,19,20]。

（二）*声子谱的从头计算*　目前已用“冻结声子”(frozen phonon) 的办法对很多半导体的声子谱作赝势从头计算，获得与实验符合得十分好的结果。它的思想大致如下：对于一定结构的半导体和一定的声子模式(声子波矢 $\boldsymbol{q}$，横向光学 TO，横向声学 TA，纵向光学 LO，纵向声学 LA 等振动模式)，晶格振动的具体形式是一定的。对于振动过程中的某一瞬间，设想用快速照相机拍下晶格的瞬时位置，记作 $\{\boldsymbol{R}_\alpha^0 + \Delta\boldsymbol{R}_\alpha\}$。其中 $\boldsymbol{R}_\alpha^0$ 为没有晶格振动时的平衡位置，$\Delta\boldsymbol{R}_\alpha$ 为由于晶格振动而引起的位置偏离。即使偏离以后，晶格仍旧具有一定的空间周期性。可以算出对应的总

能 $E_{tot}[\{\boldsymbol{R}_a^0+\Delta\boldsymbol{R}_a\}]$。取 E_{tot} 到 $\Delta\boldsymbol{R}_a$ 的两次项展开，就可以算出声子振动的弹性常数，从而得到声子频率。图 1.3.2 所示出的是 Kunc 等[21]对 Ge 所作的从头算声子谱和实验的比较。除 TA 声子在波矢较大时因长程力作用未计及而与实验有所偏离外，其他 LA，TO 和 LO 声子的理论值与实验值都符合得十分好。表

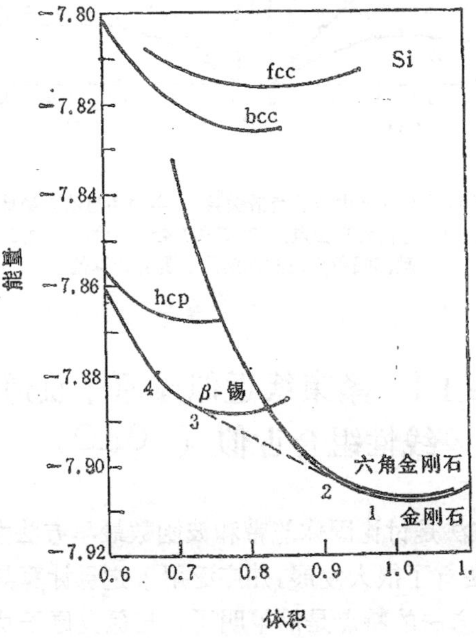

图 1.3.1 Si 总能与体积参数 V 的关系。用从头赝势计算金刚石，β-tin, hcp, bcc, fcc 诸结构。参数 V 归一到实验值[20]。

3.1.2 还列出了 Cohen 等[7] 对 Si 和 GaAs 等的 TO(Γ)声子的计算值和理论值的比较，同时列出声子频率随压力变化的 Grüneisen 参数 γ。γ 的具体定义如下：

$$\gamma=-\frac{\partial\ln\omega}{\partial\ln V},\tag{1.3.29}$$

ω 为声子频率，V 为体积。

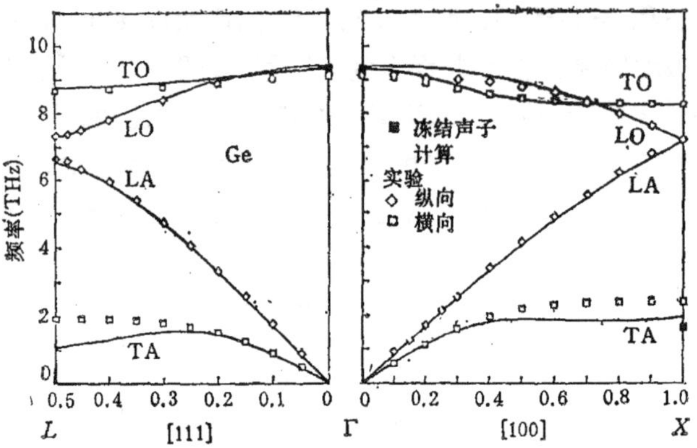

图 1.3.2 Ge 中声子色散关系．实线为自洽赝势计算[21]．方格为实验点．在 Γ 和 X 处三个黑方格为文献[20]所介绍的冻结声子赝势计算值．

§1.4 紧束缚近似或原子轨道线性组合近似（LCAO）

LCAO 方法是讨论固体能带和波函数最早方法之一[1-8]．近年来，这种方法有了很大发展，并广泛用于定量计算具体的晶体能带结构．这种方法的特点是简单明了，与孤立原子状态对应关系明确．它形象地阐明了孤立原子对应的能级，在原子相互靠近形成晶体时展宽成能带．不过，孤立原子的能级和固体能带并非一一对应．因为在能带展宽过程中，不同能带相互交叠，其对应的状态重新组合．

下面给出该方法的要点，有关该方法的细节问题可参阅文献[4—6]．

首先考虑位于 $\boldsymbol{r}=0$ 处的孤立原子．设其哈密顿 $\hat{H}^A(\boldsymbol{r})$，分立能量和波函数为 $E_m^A, |\phi_m\rangle$，$m=1,2,3,\cdots$．于是有

$$\hat{H}^A|\phi_m\rangle = E_m^A|\phi_m\rangle。\tag{1.4.1}$$

设想N个孤立原子相互靠近而形成晶体，而且晶格常数与某些ϕ_m的平均半径相比而言时是很大的，因而最近邻原子间的ϕ_m交叠很小，他们引起的E_m^A的能量扰动比之E_m^A与所有其他$E_{m'}^A$的能量差要小。我们暂时略去脚标m，则可以用下列线性变分函数作为晶体电子波函数：

$$\psi(\boldsymbol{r}) = \sum_i C_i \phi(\boldsymbol{r} - \boldsymbol{r}_i), \tag{1.4.2}$$

其中$\boldsymbol{r}_i$为晶体的格点位置，并对晶体所有布喇菲格点求和。式(1.4.2)相当于简并微扰的情况[2]。为简单起见，我们先考虑一个原胞中只有一个原子的情况。初等固体物理教科书中已经证明，当将式(1.4.2)代入周期势场的晶体薛定谔方程，便可求得下列形式的C_i解[2]：$C^i = C_{\boldsymbol{k}} e^{i\boldsymbol{k}\cdot\boldsymbol{r}_i}$，代入式(1.4.2)，得到

$$\psi_{\boldsymbol{k}}(\boldsymbol{r}) = \sum_i C_{\boldsymbol{k}} e^{i\boldsymbol{k}\cdot\boldsymbol{r}_i} \phi(\boldsymbol{r} - \boldsymbol{r}_i), \tag{1.4.3}$$

其中$C_{\boldsymbol{k}}$为任意常数。对比式(1.4.3)和 Wannier 函数式(1.1.20)，(1.1.22) 可知，在这里可用原子轨道来近似替代 Wannier 函数$a(\boldsymbol{r} - \boldsymbol{r}_i)$。从更一般的角度来看，一个试解的波函数可以用各种不同波矢$\boldsymbol{k}$的式(1.4.3)所对应的$\psi_{\boldsymbol{k}}(\boldsymbol{r})$来组合。由于周期性势，不同波矢$\boldsymbol{k}$的$\psi_{\boldsymbol{k}}$不相耦合。因此，单一波矢的$\psi_{\boldsymbol{k}}$就是薛定谔方程的解。显然，式(1.4.3)满足 Bloch 函数式(1.1.17)，(1.1.18)的形式。

常数$C_{\boldsymbol{k}}$可由波函数在晶体中归一的条件来决定。按习惯记号$C_{\boldsymbol{k}} = (\sqrt{S_{\boldsymbol{k}} N})^{-1}$，由$\langle \psi_{\boldsymbol{k}} | \psi_{\boldsymbol{k}} \rangle = 1$，并将式(1.4.3)代入，得到

$$S_{\boldsymbol{k}} = \sum_i e^{i\boldsymbol{k}\cdot\boldsymbol{r}_i} \langle \phi(\boldsymbol{r}) | \phi(\boldsymbol{r} - \boldsymbol{r}_i) \rangle. \tag{1.4.4}$$

因此，$S_{\boldsymbol{k}}$对应不同格点ϕ的交叠情况。当不同格点的ϕ相互正交时，$S_{\boldsymbol{k}} = 1$。引用上述记号后，归一的 LCAO 波函数为

$$|\psi_{\boldsymbol{k}}\rangle = \sum_i \frac{e^{i\boldsymbol{k}\cdot\boldsymbol{r}_i}}{\sqrt{S_{\boldsymbol{k}} N}} |\phi(\boldsymbol{r} - \boldsymbol{r}_i)\rangle. \tag{1.4.5}$$

$|\psi_{\boldsymbol{k}}\rangle$对应能量$E_{\boldsymbol{k}}$可由下法求得：由

$$\hat{H}|\psi_{\boldsymbol{k}}\rangle = E_{\boldsymbol{k}}|\psi_{\boldsymbol{k}}\rangle, \tag{1.4.6}$$

用式(1.4.2)代入上式，左乘 $\langle\phi(\boldsymbol{r})|$，得到

$$\sum_i (H^i - E_{\boldsymbol{k}} S^i) C_{\boldsymbol{k}}^i = 0,$$

其中

$$H^i = \langle\phi(\boldsymbol{r})|H|\phi(\boldsymbol{r}-\boldsymbol{r}_i)\rangle,$$
$$S_i = \langle\phi(\boldsymbol{r})|\phi(\boldsymbol{r}-\boldsymbol{r}_i)\rangle, \tag{1.4.7}$$

或者写成

$$E_{\boldsymbol{k}} = \frac{\sum_i H^i C_{\boldsymbol{k}}^i}{\sum_i S^i C_{\boldsymbol{k}}^i}. \tag{1.4.8}$$

为写出它的显式，我们将固体的H写为

$$H = H^A + V', \tag{1.4.9}$$

其中 V' 为晶体势场与位于 0 点的孤立原子势场的差． 于是由式(1.4 2)可得

$$\langle\phi(\boldsymbol{r})|\hat{H}|\phi(\boldsymbol{r}-\boldsymbol{r}_i)\rangle = E_0 S^i + \langle\phi(\boldsymbol{r})|V'|\phi(\boldsymbol{r}-\boldsymbol{r}')\rangle,$$

其中 E_0 为孤立原子 ϕ 所对应的能级． 将上式及式(1.4.7)代入式(1.4.8)，并经整理可写成

$$E_{\boldsymbol{k}} = E_0 + \frac{\sum_i e^{i\boldsymbol{k}\cdot\boldsymbol{r}_i}\langle\phi(\boldsymbol{r})|V'|\phi(\boldsymbol{r}-\boldsymbol{r}_i)\rangle}{\sum_i \langle\phi(\boldsymbol{r})|\phi(\boldsymbol{r}-\boldsymbol{r}_i)\rangle e^{i\boldsymbol{k}\cdot\boldsymbol{r}_i}}. \tag{1.4.10}$$

上式说明，一个孤立原子轨道 ϕ 对应的能级 E_0，现在可展成一个能带，其宽度可由式(1.4.10)第二项来决定．如原子间距足够大，诸格点 ϕ 基本上不交叠，则第二项变成 $\langle\phi(\boldsymbol{r})|V'|\phi(\boldsymbol{r})\rangle$，它与 $\boldsymbol{k}$ 无关．因此，孤立原子能级并不展宽成能带，晶体中原子的内层电子属于此类情形．

下面考虑较复杂的情况，即对应一个布喇菲原胞有好几个原子轨道．这来源于两方面，一方面对于同一格点原子的好几个状

态 $|\phi_m\rangle$，其相互能量差小于每个能级对应的能带展宽式(1.4.10)所表示的。另一方面对于一个布喇菲原胞，可以有几个原子。比如对于 Si，有两个 Si 原子，对于 GaAs，有一个 Ga 原子和一个 As 原子等。因此，我们再用一指标 $\boldsymbol{\tau}$ 标明同一原胞但不同格点位，而第 j 个原胞中第 $\boldsymbol{\tau}$ 个格点位位矢可记作

$$\boldsymbol{r}_j^\tau = \boldsymbol{r}_j + \boldsymbol{\tau}. \tag{1.4.11}$$

$|\phi_m^\tau(\boldsymbol{r} - \boldsymbol{r}_j^\tau)\rangle$ 表示格点位 $\boldsymbol{r}_j^\tau$ 处第 m 个原子的轨道。我们将式(1.4.2)代以下列线性变分函数作为电子的晶体波函数

$$|\phi(\boldsymbol{r})\rangle = \sum_{m,j,\tau} C_{mj}^\tau |\phi_m^\tau(\boldsymbol{r} - \boldsymbol{r}_j^\tau)\rangle,$$

其中，j 对全体布喇菲格点求和，m 对同一格点不同原子轨道求和，τ 对原胞中不同格点求和。考虑到 $|\phi(\boldsymbol{r})\rangle$ 应满足式(1.4.3)，上式可写成

$$|\phi_{\boldsymbol{k}}(\boldsymbol{r})\rangle = \sum_{m,\tau} C_m^\tau(\boldsymbol{k}) |\phi_{m\boldsymbol{k}}^\tau(\boldsymbol{r})\rangle, \tag{1.4.12}$$

其中

$$|\phi_{m\boldsymbol{k}}^\tau(\boldsymbol{r})\rangle = \sum_j \frac{e^{i\boldsymbol{k}\cdot\boldsymbol{r}_j^\tau}}{\sqrt{S_{km}^\tau N}} |\phi_m^\tau(\boldsymbol{r} - \boldsymbol{r}_j^\tau)\rangle, \tag{1.4.13}$$

其中[1)]

$$S_{km}^\tau = \sum_j e^{i\boldsymbol{k}\cdot\boldsymbol{r}_j^\tau} \langle \phi_m^\tau(\boldsymbol{r}) | \phi_m^\tau(\boldsymbol{r} - \boldsymbol{r}_j^\tau)\rangle$$

为归一化常数，代入式(1.4.6)，并乘 $\langle \phi_{m'\boldsymbol{k}}^{\tau'}|$，得到

$$\sum_{m'\tau'} [H(\boldsymbol{k})_{m\tau,m'\tau'} - E_{\boldsymbol{k}} S(\boldsymbol{k})_{m\tau,m'\tau'}] \cdot C_{m'\tau'}(\boldsymbol{k}) = 0, \tag{1.4.14}$$

其中

$$\begin{cases} H(\boldsymbol{k})_{m\tau,m'\tau'} = \langle \phi_{m\boldsymbol{k}}^\tau | \hat{H} | \phi_{m'\boldsymbol{k}}^{\tau'}\rangle, \\ S(\boldsymbol{k})_{m\tau,m'\tau'} = \langle \phi_{m\boldsymbol{k}}^\tau | \phi_{m'\boldsymbol{k}}^{\tau'}\rangle. \end{cases} \tag{1.4.15}$$

考虑到 H 的周期性，有

---

1) S 的上、下脚标代表不同的物理常数，但它们都与不同格点原子轨道交叠积分有关。

$$\langle \phi_m^\tau(\boldsymbol{r}-\boldsymbol{r}_j^\tau)|H|\phi_{m'}^{\tau'}(\boldsymbol{r}-\boldsymbol{r}_{j'}^{\tau'})\rangle$$
$$=\langle \phi_m^\tau(\boldsymbol{r}-\boldsymbol{\tau})|H|\phi_{m'}^{\tau'}(\boldsymbol{r}-(\boldsymbol{r}_{j'}-\boldsymbol{r}_j)-\boldsymbol{\tau}')\rangle,$$
$$\langle \phi_m^\tau(\boldsymbol{r}-\boldsymbol{r}_j^\tau)|\phi_{m'}^{\tau'}(\boldsymbol{r}-\boldsymbol{r}_j^{\tau'})\rangle$$
$$=\langle \phi_m^\tau(\boldsymbol{r}-\boldsymbol{\tau})|\phi_{m'}^{\tau'}(\boldsymbol{r}-(\boldsymbol{r}_{j'}-\boldsymbol{r}_j)-\boldsymbol{\tau}')\rangle,$$

将式(1.4.13)代入式(1.4.15)，并利用以上关系可把式(1.4.15)写成

$$H_{m\tau,m'\tau'}(\boldsymbol{k})$$
$$=\sum_j \frac{e^{i\boldsymbol{k}\cdot[\boldsymbol{r}_j+(\boldsymbol{\tau}'-\boldsymbol{\tau})]}}{\sqrt{S_{km}^\tau S_{km'}^{\tau'}}}\langle \phi_m^\tau(\boldsymbol{r}-\boldsymbol{\tau})|H|\phi_{m'}^{\tau'}(\boldsymbol{r}-\boldsymbol{r}_j^{\tau'})\rangle, \quad (1.4.16)$$

$$S_{m\tau,m'\tau'}(\boldsymbol{k})$$
$$=\sum_j \frac{e^{i\boldsymbol{k}\cdot[\boldsymbol{r}_j+(\boldsymbol{\tau}'-\boldsymbol{\tau})]}}{\sqrt{S_{km}^\tau S_{km'}^{\tau'}}}\langle \phi_m^\tau(\boldsymbol{r}-\boldsymbol{\tau})|\phi_{m'}^{\tau'}(\boldsymbol{r}-\boldsymbol{r}_j^{\tau'})\rangle。 \quad (1.4.17)$$

式(1.4.14)有解，归结为

$$\det|H_{m\tau,m'\tau'}(\boldsymbol{k})-E_{\boldsymbol{k}}S_{m\tau,m'\tau'}(\boldsymbol{k})|=0, \quad (1.4.18)$$

由此求得能量 $E_{\boldsymbol{k}}$. 如果我们选取 L 个原子轨道，则式(1.4.18)为 L 阶行列式。 一个 k 对应的就有 L 个能量。 我们记 $E_{n,\boldsymbol{k}}(n=1,2,\cdots,L)$，每一个 n 对应一个能带，一共有 L 个能带。

下面我们举一具体例子说明 LCAO 方法[8]. 考虑金刚石或闪锌矿晶体，其晶格结构如图 1.1.1 所示. 比如对于 GaAs 晶体，其中 V 族 As 原子格点处为 Anion，记作 A 类格点。 III 族 Ga 原子格点处为 Cation，记作 B 类格点。对于这些原子的内层轨道，都假定与孤立原子的相同，相当于式(1.4.10)第二项，与 k 无关. 取所有原子最外层的一个 s 轨道和三个 p 轨道作 ϕ_m^τ. 因一个原胞中有两个原子，对应 τ 取两个值，所以一共有 8 个轨道，记作 S_A, X_A, Y_A, Z_A, S_B, X_B, Y_B, Z_B. 我们知道，对于同一格点上的不同原子轨道，它们是相互正交的. 但不同格点上的轨道，由于有交叠，一般不正交。但可以采取所谓 Löwdin 变换[9]的办法，把它们重新组合成 8 个新的轨道，它们仍具有 s 和 p 对称性，但相互正交. 我们记

$$\langle \phi_m^\tau(\boldsymbol{r}-\boldsymbol{r}_j^\tau)|\phi_{m'}^{\tau'}(\boldsymbol{r}-\boldsymbol{r}_{j'}^{\tau'})\rangle=\delta_{mm'}\delta_{\tau\tau'}\delta_{jj'}, \quad (1.4.19)$$

于是式(1.4.17)可简化成

$$S_{km}^{\tau}=1,$$

$$S(\boldsymbol{k})_{m\tau,m'\tau'}=\delta_{mm'}\delta_{\tau\tau'}。\tag{1.4.20}$$

进一步简化来自式(1.4.16)。如果取所谓最近邻近似[6]，就是说式(1.4.16)右边诸项，只有最近邻项不等于零。此时分如下两种情形：

（一）$\tau=\tau'$。由于τ格点周围除它自身之外没有最近邻的同类格点（Anion 格点的四个最近邻为 Cation 格点），因此，式(1.4.16)对j求和只存在$\boldsymbol{r}_j=0$这一项。

$$H_{m\tau,m'\tau}(\boldsymbol{k})=\langle\phi_m^{\tau}(\boldsymbol{r}-\boldsymbol{\tau})|H|\phi_{m'}^{\tau}(\boldsymbol{r}-\boldsymbol{\tau})\rangle,$$

由附录A（III）群论分析定理八可知，只有在$m=m'$时上列矩阵元才不等于零，于是可写作

$$H_{m\tau,m'\tau}(\boldsymbol{k})=E_m^{\tau}\delta_{mm'}。\tag{1.4.16a}$$

（二）$\tau\neq\tau'$。此时，式(1.4.16)中对j求和只有四项，相当于最近邻四个异类格点。如我们把坐标原点取在τ处，则式(1.4.16)可简化成

$$H_{m\tau,m'\tau'}(\boldsymbol{k})=\sum_{j=1,2,3,4}e^{i\cdot\boldsymbol{k}\cdot\boldsymbol{r}_j^{\tau'}}\langle\phi_m^{\tau}(\boldsymbol{r})|H|\phi_{m'}^{\tau'}(\boldsymbol{r}-\boldsymbol{r}_j^{\tau'})\rangle,$$

其中四个最近邻的异类格矢$\boldsymbol{r}_j^{\tau'}$可写成

$$\begin{aligned}\boldsymbol{r}_1^{\tau'}&=\boldsymbol{d}_1=\frac{a}{4}(1,1,1),\\ \boldsymbol{r}_2^{\tau'}&=\boldsymbol{d}_2=\frac{a}{4}(1,\bar{1},1),\\ \boldsymbol{r}_3^{\tau'}&=\boldsymbol{d}_3=\frac{a}{4}(\bar{1},1,\bar{1}),\\ \boldsymbol{r}_4^{\tau'}&=\boldsymbol{d}_4=\frac{a}{4}(\bar{1},\bar{1},1)。\end{aligned}\tag{1.4.21}$$

另外,根据对称性分析可证,这四个格点位对应的矩阵元

$$\langle \phi_m^{\tau}(\boldsymbol{r}) | H | \phi_{m'}^{\tau'}(\boldsymbol{r} - \boldsymbol{r}_j^{\tau'}) \rangle$$

具有同样的绝对值。于是,可进一步写出

$$H_{m\tau,m'\tau'}(\boldsymbol{k}) = \frac{V_{m\tau,m'\tau'}}{4} \sum_{j=1,2,3,4} (\pm) e^{i\cdot\boldsymbol{k}\cdot\boldsymbol{d}_j}, \qquad (1.4.16b)$$

其中(±)号可根据具体的m和m'作对称分析而定。我们不在此具体分析,而仅将结果写下[5]。对于$m = m'$的情况,则有

$$\begin{aligned}
&\frac{1}{4}\sum_{j=1,2,3,4}(\pm)e^{i\cdot\boldsymbol{k}\cdot\boldsymbol{d}_j} \\
&= \frac{1}{4}(e^{i\cdot\boldsymbol{k}\cdot\boldsymbol{d}_1} + e^{i\cdot\boldsymbol{k}\cdot\boldsymbol{d}_2} + e^{i\cdot\boldsymbol{k}\cdot\boldsymbol{d}_3} + e^{i\cdot\boldsymbol{k}\cdot\boldsymbol{d}_4}) \\
&= \cos\left(\pi\frac{k_1}{2}\right)\cos\left(\pi\frac{k_2}{2}\right)\cos\left(\pi\frac{k_3}{2}\right) \\
&\quad - i\sin\left(\pi\frac{k_1}{2}\right)\sin\left(\pi\frac{k_2}{2}\right)\sin\left(\pi\frac{k_3}{2}\right) \\
&= g_0(\boldsymbol{k}),
\end{aligned} \qquad (1.4.22a)$$

其中

$$k = \frac{2\pi}{a}(k_1, k_2, k_3). \qquad (1.4.23)$$

对于 $m = S, m' = X$;或者 $m = Y, m' = Z$ 的情况,则有

$$\begin{aligned}
&\frac{1}{4}\sum_{j=1,2,3,4}(\pm)e^{i\cdot\boldsymbol{k}\cdot\boldsymbol{d}_j} \\
&= \frac{1}{4}(e^{i\cdot\boldsymbol{k}\cdot\boldsymbol{d}_1} + e^{i\cdot\boldsymbol{k}\cdot\boldsymbol{d}_2} - e^{i\cdot\boldsymbol{k}\cdot\boldsymbol{d}_3} - e^{i\cdot\boldsymbol{k}\cdot\boldsymbol{d}_4}) \\
&= -\cos\left(\pi\frac{k_1}{2}\right)\sin\left(\pi\frac{k_2}{2}\right)\sin\left(\pi\frac{k_3}{2}\right)
\end{aligned}$$

$$+ i\sin\left(\pi\frac{k_1}{2}\right)\cos\left(\pi\frac{k_2}{2}\right)\cos\left(\pi\frac{k_3}{2}\right)$$

$$= g_1(\boldsymbol{k})。 \tag{1.4.22b}$$

对于 $m = S, m' = Y$;或者 $m = X, m' = Z$ 的情况,有

$$\frac{1}{4}\sum_{j=1,2,3,4}(\pm)e^{i\cdot\boldsymbol{k}\cdot\boldsymbol{d}_j}$$

$$= \frac{1}{4}(e^{i\cdot\boldsymbol{k}\cdot\boldsymbol{d}_1} - e^{i\cdot\boldsymbol{k}\cdot\boldsymbol{d}_2} + e^{i\cdot\boldsymbol{k}\cdot\boldsymbol{d}_3} - e^{i\cdot\boldsymbol{k}\cdot\boldsymbol{d}_4})$$

$$= -\sin\left(\pi\frac{k_1}{2}\right)\cos\left(\pi\frac{k_2}{2}\right)\sin\left(\pi\frac{k_3}{2}\right)$$

$$+ i\cos\left(\pi\frac{k_1}{2}\right)\sin\left(\pi\frac{k_2}{2}\right)\cos\left(\pi\frac{k_3}{2}\right)$$

$$= g_2(\boldsymbol{k})。 \tag{1.4.22c}$$

对于 $m = S, m' = Z$;或者 $m = X, m' = Y$ 的情况,有

$$\frac{1}{4}\sum_{j=1,2,3,4}(\pm)e^{i\cdot\boldsymbol{k}\cdot\boldsymbol{d}_j}$$

$$= \frac{1}{4}(e^{i\cdot\boldsymbol{k}\cdot\boldsymbol{d}_1} - e^{i\cdot\boldsymbol{k}\cdot\boldsymbol{d}_2} - e^{i\cdot\boldsymbol{k}\cdot\boldsymbol{d}_3} + e^{i\cdot\boldsymbol{k}\cdot\boldsymbol{d}_4})$$

$$= -\sin\left(\pi\frac{k_1}{2}\right)\sin\left(\pi\frac{k_2}{2}\right)\cos\left(\pi\frac{k_3}{2}\right)$$

$$+ i\cos\left(\pi\frac{k_1}{2}\right)\cos\left(\pi\frac{k_2}{2}\right)\sin\left(\pi\frac{k_3}{2}\right)$$

$$= g_3(\boldsymbol{k})。 \tag{1.4.22d}$$

将上述关系代入式 (1.4.16a),(1.4.16b), 然后再代入式(1.4.18), 便可整理成以下常用的关系式(坐标原点取在 A 类格点上):

$$
\begin{array}{c|cccccccc|}
 & S_A & S_B & X_A & Y_A & Z_A & X_B & Y_B & Z_B \\
\hline
S_A & [E_{S_A}-E(\boldsymbol{k})] & V_{SS}g_0 & 0 & 0 & 0 & V_{S_AP}g_1 & V_{S_AP}g_2 & V_{S_AP}g_3 \\
S_B & V_{SS}g_0^* & [E_{S_B}-E(\boldsymbol{k})] & -V_{S_BP}g_1^* & -V_{S_BP}g_2^* & -V_{S_BP}g_3^* & 0 & 0 & 0 \\
X_A & 0 & -V_{S_BP}g_1 & [E_{P_A}-E(\boldsymbol{k})] & 0 & 0 & V_{XX}g_0 & V_{XY}g_3 & V_{XY}g_2 \\
Y_A & 0 & -V_{S_BP}g_2 & 0 & [E_{P_A}-E(\boldsymbol{k})] & 0 & V_{XY}g_3 & V_{XX}g_0 & V_{XY}g_1 \\
Z_A & 0 & -V_{S_BP}g_3 & 0 & 0 & [E_{P_A}-E(\boldsymbol{k})] & V_{XY}g_2 & V_{XY}g_1 & V_{XX}g_0 \\
X_B & V_{S_AP}g_1^* & 0 & V_{XX}g_0^* & V_{XY}g_3^* & V_{XY}g_2^* & [E_{P_B}-E(\boldsymbol{k})] & 0 & 0 \\
Y_B & V_{S_AP}g_2^* & 0 & V_{XY}g_3^* & V_{XX}g_0^* & V_{XY}g_1^* & 0 & [E_{P_B}-E(\boldsymbol{k})] & 0 \\
Z_B & V_{S_AP}g_3^* & 0 & V_{XY}g_2^* & V_{XY}g_1^* & V_{XX}g_0^* & 0 & 0 & [E_{P_B}-E(\boldsymbol{k})]
\end{array} = 0
\tag{1.4.24}
$$

仔细察看式(1.4.24)便可知道，全部矩阵元归结为一些参数和$g(\boldsymbol{k})$因子。这些参数通常用两个方法来确定：第一种方法包括确定晶体势场V和原子轨道函数$\phi_m(\boldsymbol{r})$，然后用计算机计算矩阵

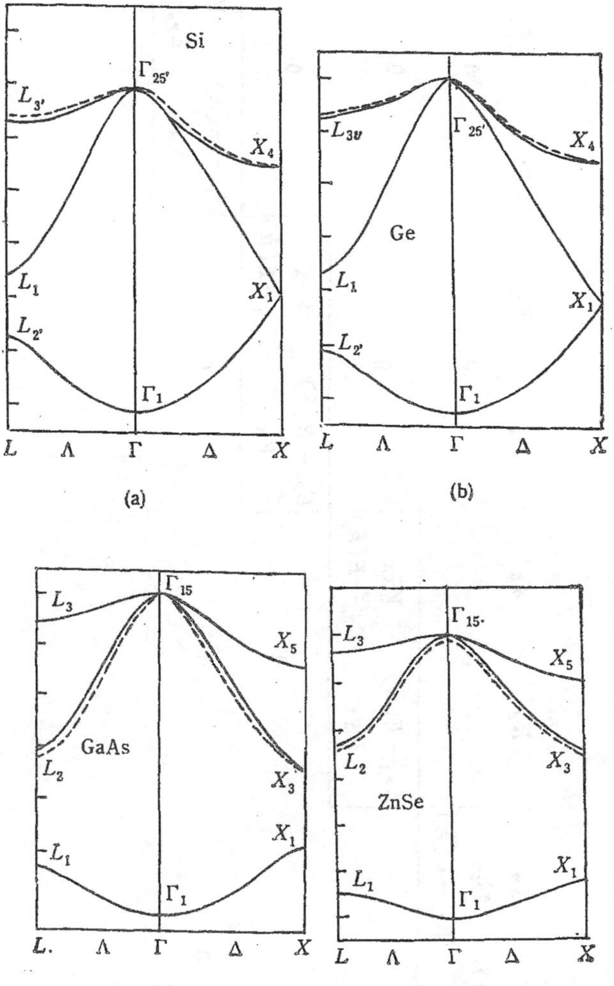

图1.4.1 用经验 LCAO 方法算出的几种半导体价带．虚线为 EPM 方法所算得的[8]。

$$
\begin{array}{c|cc:cc:cc:cc|}
 & S_A & S_B & X_A & X_B & Y_A & Y_B & Z_A & Z_B \\
S_A & E_{s_A}-E(\boldsymbol{k}) & V_{ss} & & 0 & & 0 & & 0 \\
S_B & V_{ss} & E_{s_B}-E(\boldsymbol{k}) & & & & & & \\
\hdashline
X_A & & 0 & E_{p_A}-E(\boldsymbol{k}) & V_{xx} & & 0 & & 0 \\
X_B & & & V_{xx} & E_{p_B}-E(\boldsymbol{k}) & & & & \\
\hdashline
Y_A & & & & & E_{p_A}-E(\boldsymbol{k}) & V_{xx} & & 0 \\
Y_B & & 0 & & 0 & V_{xx} & E_{p_B}-E(\boldsymbol{k}) & & \\
\hdashline
Z_A & & & & & & & E_{p_A}-E(\boldsymbol{k}) & V_{xx} \\
Z_B & & 0 & & 0 & & 0 & V_{xx} & E_{p_B}-E(\boldsymbol{k})
\end{array} = 0。
\tag{1.4.25}
$$

元 $\langle \phi_m^\tau(\boldsymbol{r})|H|\phi_{m'}^{\tau'}(\boldsymbol{r}-\boldsymbol{r}_j^{\tau'})\rangle$[11,12,14]。第二种方法是将这些参数作为待定参数，在布里渊区某些特殊 $\boldsymbol{k}$ 点或由式(1.4.24)写出 $E_{\boldsymbol{k}}$ 作为这些参数的解析函数。由实验得知 $E_{\boldsymbol{k}}$ 值，反过来定出参数，再用式(1.4.24)在计算机上求出全部布里渊区的 $E_{\boldsymbol{k}}$ 值[6-8,10,13]。显然，对于金刚石结构来说，$E_{SA}=E_{SB}$，$E_{PA}=E_{PB}$，$V_{SA}=V_{SB}$，我们可把脚标 A 和 B 略去。

图 1.4.1(a) 示出[8]用上述第二种方法算得的 Si 价带结构。在图 1.4.1(a) 中，虚线为用更可靠的 EPM 算得的价带(见 §1.2)。由此可见，理论值和实验值符合得相当好。用 LCAO 方法算得的导带结构，其正确性一般比价带差。

现在，我们分析在 $\boldsymbol{k}=0$ 处(Γ 点)的情况。此时，式(1.4.24)所有包含 $g_1(\boldsymbol{k})$，$g_2(\boldsymbol{k})$，$g_3(\boldsymbol{k})$ 项等于零，而 $g_0(\boldsymbol{k})=1$，所以式(1.4.24)可简约为

由式(1.4.25)可知，在 Γ 点处，s 态和诸 p 态可以分开考虑。下面以金刚石结构为例，把脚标 A 和 B 略去。此时，能量由下式决定：

$$\begin{vmatrix} E_S-E & V_{SS} \\ V_{SS} & E_S-E \end{vmatrix}=0. \tag{1.4.26}$$

令 E 的两个根为 E_{S^+} 和 E_{S^-}，则由式(1.4.26)可得

$$E_{S\pm}=E_S\pm|V_{SS}|, \tag{1.4.27}$$

其中 E_S 为原子轨道 s 态的能级，相应的本征态波函数由式(1.4.14)决定。此时有

$$(E_S-E_{S\pm})C_{SA}+V_{SS}C_{SB}=0, \tag{1.4.28}$$

其解为

$$\left(\frac{C_{SB}}{C_{SA}}\right)_\pm=\pm\frac{|V_{SS}|}{V_{SS}}.$$

其它 C_m 都为零，其中 $V_{SS}=\langle\phi_S(\boldsymbol{r}-\boldsymbol{r}_{AB})|H|\phi_S(\boldsymbol{r})\rangle$ 为负值($\boldsymbol{r}_{AB}$ 为从格点 A 到最近邻 B 格点矢量)这是因为 ϕ_S 是球对称的，交叠部分符号一致，而势能是负的。因此，有

$$\left(\frac{C_{SB}}{C_{SA}}\right)=\mp1.$$

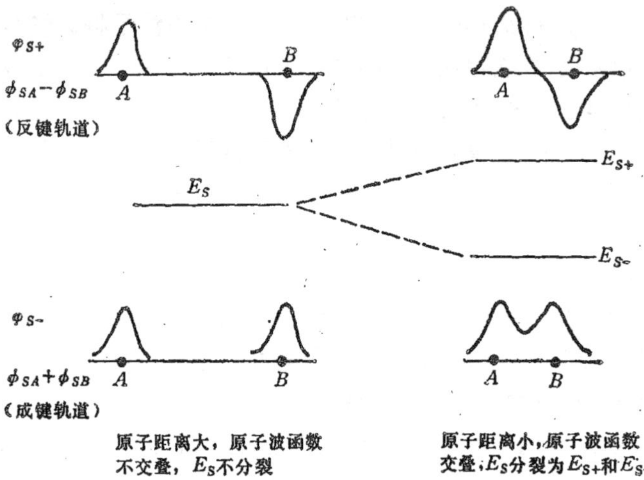

图 1.4.2　成键和反键组合轨道的电子云分布和 S 轨道情形.

将上式代入式(1.4.12)和式(1.4.13)，得到

$$|\phi_{S\pm}\rangle = \frac{1}{\sqrt{N}}\sum\frac{1}{\zeta}\{|\phi_S(\boldsymbol{r}-\boldsymbol{r}_i)\rangle \mp |\phi_S[\boldsymbol{r}-(\boldsymbol{r}_i+\boldsymbol{r}_{AB})]\rangle\},\tag{1.4.29}$$

其中 ζ 为归一化常数，在这里，$\zeta=\frac{1}{\sqrt{2}}$。从式(1.4.29)中可看出，晶体波函数由下列方式组成，对每一个原胞中的 A 格点和 B 格点，分别有一个 ϕ_S 轨道。它们的电子云分布如图 1.4.2 所示。对于 ϕ_{S^+} 态，如图 1.4.2 中的上半部分所示，两格点中间处波函数相互抵消而为零，这种状态称反键态 (antibonding)。它所对应的能量比孤立原子态的能量为高.对于 ϕ_{S^-}态，如图 1.4.2 中下半部所示，在两格点中间处波函数相互加强而不为零，这种状态称为成键态 (bonding)。它所对应的能量比孤立原子态的能量为低.这个原因在于，在两原子中间处有负势场，波函数在该点将降低势能。或者用量子力学语言来说，一般节点多的态比节点少的态能量要高.图 1.4.1 中，在 $\boldsymbol{k}=0$ 处，对于 Ge，Si 的情况，ϕ_{S^-}所对应的能量 E_{s-}，相当于价带中 Γ_1 点，而 ϕ_{S+} 对应于能量 E_{S^+}，相当于导带中 Γ_2'

点。这在图 1.4.1 中并没有画出来，可以参阅图 1.2.1。如果我们对照表 A.5 便可知，Γ_1 和 Γ_2' 表示都是一维的。它们的基函数确实有 S 函数的变换对称性。

对于 P 态的分析与此类似。P 态共有三个相同的 2×2 矩阵，表示能级是三度简并的。式(1.4.25)可写成

$$\begin{vmatrix} E_P - E & V_{XX} \\ V_{XX} & E_P - E \end{vmatrix} = 0。\qquad (1.4.30)$$

与式(1.4.26)相比，只要把 $E_S \to E_P$，$V_{SS} \to V_{XX}$ 即可。但现在的 V_{XX} 是正的。因为 X 波函数对于原点反对称，交叠部分符号相反，因此，有

$$E_{P\pm} = E_P \pm |V_{XX}|,$$

$$\left(\frac{C_{PB}}{C_{PA}}\right)_\pm = \pm 1,$$

其中 P 可写成 X 或 Y 或 Z。代入式(1.4.12)，(1.4.13)，得到

$$|\phi_{P\pm}\rangle = \frac{1}{\sqrt{N}}\sum_i \frac{1}{\sqrt{2}}[|\phi_P(\boldsymbol{r}-\boldsymbol{r}_i)\rangle \pm |\phi_P(\boldsymbol{r}-(\boldsymbol{r}_i+\boldsymbol{r}_{AB}))\rangle] \qquad (1.4.31)$$

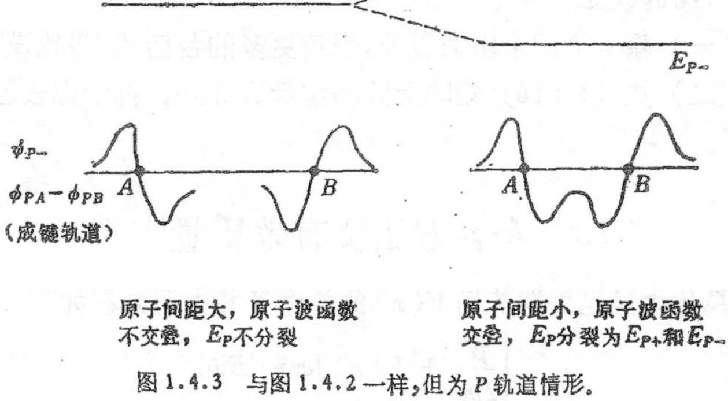

图 1.4.3　与图 1.4.2 一样，但为 P 轨道情形。

图 1.4.3 示出 p 轨道成键态和反键态。注意，现在的反键态是对称组合 $\phi_P(\boldsymbol{r}-\boldsymbol{r}_j)+\phi_P(\boldsymbol{r}-(\boldsymbol{r}_j+\boldsymbol{r}_{AB}))$，成键态是反对称组合 $\phi_P(\boldsymbol{r}-\boldsymbol{r}_j)-\phi_P(\boldsymbol{r}-(\boldsymbol{r}_j+\boldsymbol{r}_{AB}))$。不过由于 p 函数的对称性质，它在每个原子中心的值为零，而两边符号相反，所以反键态在两个原子中点处恰恰仍旧相消而为零。导致反键态能量为高态 $E_P+|V_{PP}|$，成键态能量仍为低态 $E_P-|V_{PP}|$．在图 1.4.1 中，对于 Ge，Si 在 $\boldsymbol{k}=0$ 处，E_P-成键态能量对应 $\Gamma_{25'}$ 点，即价带顶。对反键态，相当于图 1.2.1 中导带的 Γ_{15} 处。如果我们对照（附录A）表 A.5 便可知，Γ_{15} 和 $\Gamma_{25'}$ 表示都是三维的。它们的基函数有 p 函数的变换性质。

小结

LCAO 方法是目前常用来计算固体能带的一种方法。其有关公式归纳于式(1.4.11)—(1.4.24)。LCAO 的优点是，可以把孤立原子的波函数和固体能带波函数对应起来。比如，对于 Si 价带顶的 $\Gamma_{25'}$，它是由原子的外层 p 态的成键组合三重简并态，对于导带中的 $\Gamma_{2'}$ 处，它是由原子外层 s 态的反键组合的一重简并态．对于布里渊区中任意一个 $\boldsymbol{k}$ 点，由式(1.4.12)决定的 $C_m^r(\boldsymbol{k})$ 值给出能带波函数中包含多少 s 态成分和多少 p 态成分。LCAO 方法的缺点是，它对于价带以上的态和能量，有时不能给出很好的结果．这一缺点正随着 LCAO 方法的改进而逐步有所改善．通常采取下列两方面的改进：

（一）除 s，p 四个轨道以外，采用更多的包括 d，f 等轨道[10-12]。

（二）式（1.4.16）矩阵元除考虑最近邻外，再考虑较远的近邻[7,13]。

§1.5 $\boldsymbol{k}\cdot\boldsymbol{p}$ 方法及有效质量[1-5]

晶体中满足周期势场 $V(\boldsymbol{r})$ 的单电子薛定谔方程如下：

$$\left[\frac{\boldsymbol{p}^2}{2m}+V(\boldsymbol{r})\right]\phi=E\phi, \tag{1.5.1a}$$

其解为 Bloch 函数 ψ_{nk} 及能量 E_{nk}，其中

$$\psi_{nk}(\boldsymbol{r}) = e^{i\boldsymbol{k}\cdot\boldsymbol{r}} u_{nk}(\boldsymbol{r}).$$

$u_{nk}(\boldsymbol{r})$ 具有与 $V(\boldsymbol{r})$ 同样的周期性。$\boldsymbol{k}$ 限于布里渊区，而 n 为不同能带指数。u_{nk} 满足方程

$$\left(\frac{p^2}{2m} + \frac{\hbar}{m}\boldsymbol{k}\cdot\boldsymbol{p} + \frac{\hbar^2 k^2}{2m} + V(\boldsymbol{r})\right)u_{nk}(\boldsymbol{r}) = E_{nk}u_{nk}(\boldsymbol{r}). \tag{1.5.1b}$$

对于任意一个 $\boldsymbol{k}_0$ 来说，u_{nk_0} 为周期函数的完备系，也就是说，具有晶体势周期的函数可以用 u_{nk_0} 展开。将 u_{nk} 用 u_{nk_0} 展开，得到

$$u_{nk}(\boldsymbol{r}) = \sum_{n'} C_{nn'}(\boldsymbol{k},\boldsymbol{k}_0)u_{n'k_0}(\boldsymbol{r}),$$

而 ψ_{nk} 可写为

$$\psi_{nk}(\boldsymbol{r}) = \sum_{n'} C_{nn'}(\boldsymbol{k},\boldsymbol{k}_0)\chi_{n'k}(\boldsymbol{r}),$$

$$\chi_{n'k}(\boldsymbol{r}) = e^{i\boldsymbol{k}\cdot\boldsymbol{r}}u_{n'k_0}(\boldsymbol{r}).$$

上述的做法，称为 $\boldsymbol{k}_0$ 表象[4]。

常用的 $\boldsymbol{k}\cdot\boldsymbol{p}$ 微扰方法如下： 如已知 $\boldsymbol{k}_0$ 处的全体 $u_{n'k_0}$ 及 $E_{n'k_0}$，求 $\boldsymbol{k}_0$ 附近的 $\boldsymbol{k} = \boldsymbol{k}_0 + \Delta\boldsymbol{k}$ 处的 Bloch 函数 ψ_{nk} 以及能量 E_{nk}。在 $\boldsymbol{k}_0$ 表象中，用微扰的办法求逐级近似项。这种办法最早是由 Seitz[1] 和 Bardeen[2] 在处理 Na 晶体的能带时所提出，后来把此方法应用到求半导体能量极值附近的能带结构时得到进一步的发展[3-5]。根据以上思想，可将式(1.5.1b)重写成

$$\left[\left(\frac{p^2}{2m} + V(\boldsymbol{r}) + \frac{\hbar\boldsymbol{k}_0\cdot\boldsymbol{p}}{2m}\right) + V'\right]u_{nk}(\boldsymbol{r})$$
$$= E'_{nk}u_{nk}(\boldsymbol{r}), \tag{1.5.1}$$

$$E'_{nk} = E_{nk} - \frac{\hbar^2 k^2}{2m}, \tag{1.5.2}$$

$$\hat{V}' = \frac{\hbar}{m}\Delta\boldsymbol{k}\cdot\boldsymbol{p},\ \Delta\boldsymbol{k} = \boldsymbol{k} - \boldsymbol{k}_0. \tag{1.5.3}$$

当 $\Delta\boldsymbol{k}$ 很小时，可把 $\hat{V}'$ 看作微扰。用微扰公式求能量 E'_{nk} 和波函数 u_{nk}，并写出

$$E'_{nk} = E'^{(0)}_{nk} + E'^{(1)}_{nk} + E'^{(2)}_{nk} + \cdots. \tag{1.5.4}$$

下面我们分几种情况进行讨论:

(一) 非简并,能量不是极值. 根据微扰公式[6]

$$E'^{(1)}_{nk} = \langle n\boldsymbol{k}_0 | V' | n\boldsymbol{k}_0 \rangle$$

$$= \frac{\hbar}{m} \Delta \boldsymbol{k} \langle n\boldsymbol{k}_0 | \boldsymbol{p} | n\boldsymbol{k}_0 \rangle,$$

其中 $|n\boldsymbol{k}\rangle$ 表示 $u_{n\boldsymbol{k}}$. 代入式 (1.5.2), (1.5.4), 得出准确到一级 ($\Delta \boldsymbol{k}$ 一次项)的能量

$$E_{n\boldsymbol{k}} = E_{n\boldsymbol{k}_0} + \frac{\hbar^2(\Delta \boldsymbol{k} \cdot \boldsymbol{k}_0)}{m} + \frac{\hbar}{m} \Delta \boldsymbol{k} \cdot \langle n\boldsymbol{k}_0 | \boldsymbol{p} | n\boldsymbol{k}_0 \rangle, \tag{1.5.5}$$

对应的波函数为

$$u_{n\boldsymbol{k}} = u_{n\boldsymbol{k}_0} + \frac{\hbar}{m} \Delta \boldsymbol{k} \cdot \sum_{n'}{}' \frac{\langle n'\boldsymbol{k}_0 | \boldsymbol{p} | n\boldsymbol{k}_0 \rangle}{E_{n\boldsymbol{k}_0} - E_{n'\boldsymbol{k}_0}} u_{n'\boldsymbol{k}_0}, \tag{1.5.6}$$

$\sum_{n'}{}'$ 取除 n 以外的所有能带。

(二) 非简并, 能量极值。 求 Si, Ge 等半导体能带极小值附近能量分布相当于这种情况。 已知 Si(Ge) 导带有6(8)个相同能量的极小值 $\boldsymbol{k}_0^i$,对称分布于布里渊区。考察其中一个,记作 $\boldsymbol{k}_0$。此时由一级微扰引起的能量变动为零。由式(1.5.5)可得到

$$\hbar \boldsymbol{k}_0 + \langle n\boldsymbol{k}_0 | \boldsymbol{p} | n\boldsymbol{k}_0 \rangle = 0, \tag{1.5.7a}$$

其中 n 对应于导带,所以应算到二级能量微扰,将

$$E'^{(2)}_{nk} = \sum_{n'}{}' \frac{|\langle n\boldsymbol{k}_0 | V' | n'\boldsymbol{k}_0 \rangle|^2}{E_{n\boldsymbol{k}_0} - E_{n'\boldsymbol{k}_0}}$$

代入式(1.5.2)—(1.5.4)可得准确到二级的能量

$$E_{n\boldsymbol{k}} = E_{n\boldsymbol{k}_0} + \frac{(\hbar \Delta \boldsymbol{k})^2}{2m} + \frac{\hbar^2}{m^2}$$

$$\times \sum_{n'}{}' \frac{\langle n\boldsymbol{k}_0 | \boldsymbol{p} \cdot \Delta \boldsymbol{k} | n'\boldsymbol{k}_0 \rangle \langle n'\boldsymbol{k}_0 | \boldsymbol{p} \cdot \Delta \boldsymbol{k} | n\boldsymbol{k}_0 \rangle}{E_{n\boldsymbol{k}_0} - E_{n'\boldsymbol{k}_0}}, \tag{1.5.7}$$

而波函数仍可用一级波函数式(1.5.6),引入 n 带, 在 $\boldsymbol{k}_0$ 处的有效质量张量为

$$\left(\frac{1}{m^*}\right)_{\mu\nu} = \frac{1}{\hbar^2} \frac{\partial^2 E_{n\boldsymbol{k}}}{\partial \boldsymbol{k}_\mu \cdot \partial \boldsymbol{k}_\nu}\bigg|_{\boldsymbol{k}_0} \quad (\mu, \nu = 1, 2, 3), \tag{1.5.8}$$

能量可写成

$$E_{n\boldsymbol{k}} = E_{n\boldsymbol{k}_0} + \frac{\hbar^2}{2} \sum_{\mu,\nu} \left(\frac{1}{m^*}\right)_{\mu\nu} \Delta \boldsymbol{k}_\mu \cdot \Delta \boldsymbol{k}_\nu. \tag{1.5.9}$$

对照式(1.5.7)—(1.5.9)，可得导带底有效质量张量

$$\left(\frac{m}{m^*}\right)_{\mu\nu} = \delta_{\mu\nu} + \frac{2}{m} \cdot \sum_{n'}{}' \frac{\langle n\boldsymbol{k}_0 | \boldsymbol{p}_\mu | n'\boldsymbol{k}_0 \rangle \langle n'\boldsymbol{k}_0 | \boldsymbol{p}_\nu | n\boldsymbol{k}_0 \rangle}{E_{n\boldsymbol{k}_0} - E_{n'\boldsymbol{k}_0}}。 \tag{1.5.10}$$

$m^*_{\mu\nu}$ 张量的三个主轴方向的值，对一些重要半导体来说，具有如表1.5.1 所列的值。其中 m^*_l 为纵向有效质量，m^*_t 为两个相等的横向有效质量。 表中 Si，Ge 由可靠的回旋共振实验测定有效质量值。对化合物半导体来说，可用光学方法得到有效质量平均值。其中GaP 的值由赝势法算得。

表 1.5.1　几种重要半导体导带底电子有效质量值及导带极值位置

元素	导带底电子有效质量 $\frac{m^*_t}{m}$	$\frac{m^*_l}{m}$	导带底极值 k_0 位置$\left(单位\frac{2\pi}{a}\right)$
Si[9]	0.1905	0.9163	0.85(1,0,0)及其他 5 个对称点。
Ge[10]	0.082	1.6	$\frac{1}{2}$(1,1,1)及其他 7 个对称点
GaAs[12]	0.068		(0,0,0)
GaP[11]	0.25	1.49	(1,0,0)及其他 5 个对称点[注]
InSb[12]	0.013		(0,0,0)
InP[12]	0.07		(0,0,0)

［注］GaP 有所谓驼峰结构的导带底 (camel back) 极值 $\boldsymbol{k}_0$ 不在布里渊区边界面上，而稍稍沿(1,0,0)$\boldsymbol{k}$ 方向朝里。

（三）能量极值，简并态。这相当于求 Si，Ge 等半导体价带极大值的情况。由 § 1.4 已知，该点在 $\boldsymbol{k}_0=0$ 处，而且是三重简并的（自旋轨道耦合的情况见 § 1.6）。此时需用简并微扰理论。$n=1,2,3$ 为价带在 $\boldsymbol{k}_0=0$ 处的三重简并态，其余的带记作 l。在 $\boldsymbol{k}=\Delta\boldsymbol{k}$ 处的零级波函数可写成

$$u_{\boldsymbol{k}}=\sum_{n=1}^{3}C_n^{(0)}u_{n0}, \tag{1.5.11}$$

此时需用简并，且一级微扰矩阵元都为零的情况的微扰公式.[6] 零级波函数系数 $C_n^{(0)}$ 由下式求得：

$$\sum_{n'=1}^{3}\left\{\frac{\hbar^2}{m^2}\sum_l{}'\frac{\langle n0|\boldsymbol{k}\cdot\boldsymbol{p}|l0\rangle\langle l0|\boldsymbol{k}\cdot\boldsymbol{p}|n'0\rangle}{E_{n0}-E_{l0}}-E_{\boldsymbol{k}}'^{(2)}\delta_{nn'}\right\}C_{n'}^{(0)}=0\qquad(n=1,2,3), \tag{1.5.12}$$

其中 $\sum_l{}'$ 表示对所有 $E_{n0}-E_{l0}\neq 0$ 的 $|l0\rangle$ 态求和。对应能量 $E_{\boldsymbol{k}}'^{(2)}$ 由下式求得：

$$\det\left|\frac{\hbar^2}{m^2}\sum_l{}'\frac{\langle n0|\boldsymbol{k}\cdot\boldsymbol{p}|l0\rangle\langle l0|\boldsymbol{k}\cdot\boldsymbol{p}|n'0\rangle}{E_{n0}-E_{l0}}-E_{\boldsymbol{k}}'^{(2)}\delta_{nn'}\right|=0. \tag{1.5.13}$$

由上面三阶行列式可求得三个分裂后的能量 $E_{\boldsymbol{k}}'^{(2)}$，然后再由式(1.5.12)，便可求得三组波函数 $C_n^{(0)}$。

利用群论可以将式(1.5.13)化简。比如对于金刚石结构的半导体，具有 O_h 对称点群，考虑式(1.5.13)中矩阵元 $\langle n0|\boldsymbol{p}|l0\rangle$，已知价带顶点的 $|n0\rangle$ 按 O_h 群的 $\Gamma_{25'}$ 表示变换，$\boldsymbol{p}$（向量）按 Γ_{15} 表示变换，所以 $\boldsymbol{p}|n0\rangle$ 按 $\Gamma_{25'}\times\Gamma_{15}$ 表示变换。根据群论分析可得

$$\Gamma_{25'}\times\Gamma_{15}=\Gamma_{25}+\Gamma_{15}+\Gamma_{12}+\Gamma_{2}. \tag{1.5.14}$$

因此，只有当 $|l0\rangle$ 属于式(1.5.14)等式右边四种表示的一种，且与 $|p_\mu|n0\rangle$ 属于同一表示的同一分量时，矩阵元 $\langle n0|p_\mu|l0\rangle$ 才不为零。我们不准备在这里给出详细的推导(一个不用群论的讨论见文献[5])，仅给出下列结果。当取 X,Y,Z 为立方晶体三个立方轴时，则式(1.5.13)可简化为

$$
\begin{vmatrix}
Lk_x^2+M(k_y^2+k_z^2)-E_k'^{(2)} & Nk_xk_y & Nk_xk_z \\
Nk_xk_y & Lk_y^2+M(k_x^2+k_z^2)-E_k'^{(2)} & Nk_yk_z \\
Nk_xk_z & Nk_yk_z & Lk_z^2+M(k_x^2+k_y^2)-E_k'^{(2)}
\end{vmatrix}
= 0, \tag{1.5.15}
$$

其中

$$
\begin{cases}
L = \dfrac{\hbar^2}{m^2}\sum\limits_l \dfrac{\langle 1+|p_x|l0\rangle\langle l0|p_x|1+\rangle}{E_{n0}-E_{l0}}, \\
M = \dfrac{\hbar^2}{m^2}\sum\limits_l \dfrac{\langle 1+|p_y|l0\rangle\langle l0|p_y|1+\rangle}{E_{n0}-E_{l0}}, \\
N = \dfrac{\hbar^2}{m^2} \\
\quad \times \sum\limits_l \dfrac{\langle 1+|p_x|l0\rangle\langle l0|p_y|2+\rangle+\langle 1+|p_y|l0\rangle\langle l0|p_x|2+\rangle}{E_{n0}-E_{l0}},
\end{cases} \tag{1.5.16}
$$

其中我们采用[7]的记号1)，把价带顶处三个简并的 u_{n0} 记作 $|1+\rangle$，$|2+\rangle$，$|3+\rangle$，其变换性质相当于 $\Gamma_{25'}$ 表示的三个基函数 YZ，ZX,XY（见文献[8]中附录 12 的表 14）。对于 GaAs 等闪锌矿半导体，亦有式（1.5.15），(1.5.16)，仅仅基函数为 T_d 群的表示(见文献[4])。通过式(1.5.15)求出三个二级微扰能量 $E_{nk}'^{(2)}$，代入式(1.5.4)，(1.5.2)，得到

$$
E_{nk} = E_{n0} + \frac{\hbar^2k^2}{2m} + E_{nk}'^{(2)}. \tag{1.5.17}
$$

由前面分析可知，只要知道了极值 $\boldsymbol{k}_0$ 处的各能带的能量 $E_{l\boldsymbol{k}_0}$ 以及波函数 $u_{l\boldsymbol{k}_0}$(及它们所属的对称表示)，就可以知道 $\boldsymbol{k}_0$ 周围的

---

1) 不同文献中的记号有些混乱，在有些文献中(如本节文献[5])，在对角项 L 和 M 中还多出一项 $\dfrac{\hbar^2}{2m^2}$，但此时出现在式(1.5.15)中的 $E_{nk}'^{(2)}$ 应代之以式(1.5.17)中的 $E_{nk}-E_{n0}$。

$\boldsymbol{k}$ 所对应的导带(或价带)的能量和波函数及有效质量等情况。不过，注意由式 (1.5.15) 求出的 $E_{nk}'^{(2)}$ 并没有得到一个简单的解析式，因此不能直接用式(1.5.8)求出有效质量张量的解析式。这个问题留到下一节再讨论。图 1.5.1 示出锗的 $\boldsymbol{k}_0 = 0$ 处诸能带相对价带极值对应的能量以及对称性质。

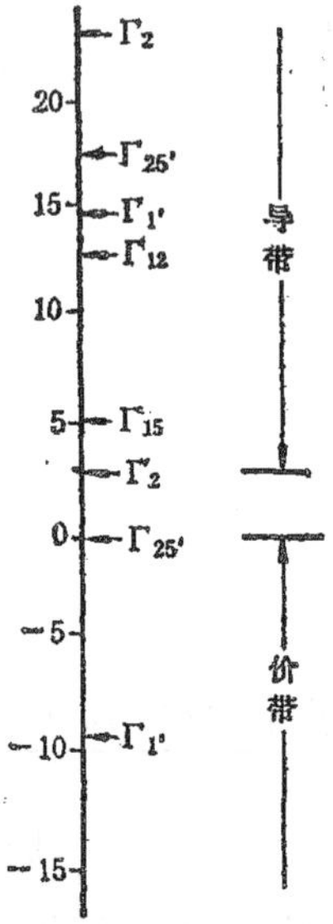

图 1.5.1 锗 $k_0 = 0$ 处的能带相对应的对称性质[10]。

§ 1.6 自旋轨道耦合和由此引起的简并态的分裂

由前面诸节可知，Ge，Si 等金刚石结构半导体，其价带顶在 $\boldsymbol{k} = 0$ 处，且三度简并，如果考虑每一态有两个自旋态，则为六度简并。本节将指出，如果考虑自旋-轨道耦合效应，六度简并将分裂成四度简并和两度简并。分裂能量记作 Δ，如图 1.6.1 所示，并讨论分裂以后的价带顶结构(同时参考附录A的时间反演对称一节)。

本节首先讨论用群论分析自旋轨道耦合所引起能量的分裂(有关群论知识的讨论见附录 A)。考虑电子自旋以后，波函数为一旋量 (spinor)。若不考虑自旋和轨道互作用，波函数的轨道部分和自旋部分可以分开。哈密顿 $\hat{H}$ 只包含轨道部分。自旋与 $\hat{H}$ 对易，自旋守恒。波函数可写成

$$\psi(x, y, z, \sigma) = \psi(x, y, z)\phi_\sigma, \qquad (1.6.1)$$

其中 $\psi(x, y, z)$ 为轨道部分波函数，ϕ_σ 为自旋部分波函数，σ 只取 $\pm\frac{\hbar}{2}$ 两个分裂值。当坐标作一转动 R 时，ϕ_σ 按旋量变换

$$\phi_\sigma = \sum_{\sigma'} D^{(\frac{1}{2})}_{\sigma\sigma'}(R)\phi_{\sigma'}, \tag{1.6.2}$$

其中 $D^{(\frac{1}{2})}_{\sigma\sigma'}(R)$ 为转动 R 对应的双值表示矩阵[1,2]。$D^{(\frac{1}{2})}$本身构成 SU_2 群。 它准同构（isomorphic）于转动群，称作转动群的双群（double group）。

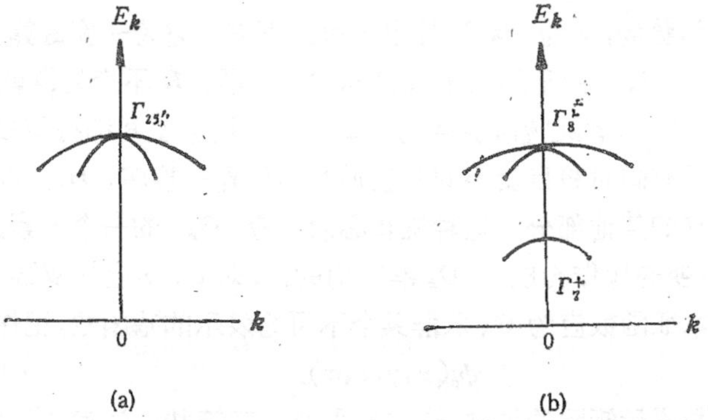

图 1.6.1(a) 不考虑自旋轨道作用，价带顶处为 $\Gamma_{25'}$ 三度简并.

图 1.6.1(b) 考虑自旋轨道作用，价带顶处为 Γ_8^+ 四度简并和 Γ_7^+ 二度简并，分裂能量值 Δ.

现考虑 §1.5 中 Ge 或 Si 价带顶处三个轨道函数 $\phi_\alpha(x, y, z)$，$\alpha = 1,2,3$，它们构成 O_h 群的 $\Gamma_{25'}$ 表示基函数，且为晶体单电子 $\hat{H}$ 的本征函数，其能量为 E_v。考虑自旋部分以后，写成

$$\phi_\alpha(x,y,z)\phi_\sigma \tag{1.6.3}$$

共六个波函数，当施以坐标转动操作 R，R 为 O_h 群中一个元素时，由于 ϕ_d 按 $\Gamma_{25'}$ 不可约表示变换，ϕ_σ 按 $D^{(\frac{1}{2})}$不可约表示变换，它们的积按 $\Gamma_{25'} \times D^{\frac{1}{2}}$ 表示变换. 由于 $\hat{H}$ 不包含自旋部分，故对于自旋空间旋转具有不变性（本节所有旋转将包括反射（reflection）操作在内）。我们记单单自旋空间的旋转，这种操作构成的群为 S，另外，$\hat{H}$ 具有轨道空间的某些旋转不变性，其操作构成 O_h 群。 这两种操作是独立的，合起来构成一个直接积群（direct product group）记作 $O_h \times S$，式 (1.6.3) 构成该群的双群的不可

约表示 $\Gamma_{25'} \times D^{\frac{1}{2}}$ 的基函数，而且仍旧为 $\hat{H}$ 的本征函数，其能量为 E_v。

现在考虑轨道-自旋耦合作用，相当于在H中加入一项相对论效应项

$$\hat{H}_{so} = \frac{\hbar}{4m^2c^2}[\nabla V \times \boldsymbol{p}] \cdot \boldsymbol{\sigma}, \tag{1.6.4}$$

其中V为势场，σ 为 Pauli 的电子自旋算符．它为一旋量算符[见式 (A. 30)]． 由于加入了式(1.6.4)这一项，$\hat{H}$ 不变的群就不是 $O_h \times S$ 了，单单旋转自旋空间或单独旋转轨道空间都将使H发生变化，只有同时将自旋空间和轨道空间作同一旋转，H_{so} 才不变．考虑到H的其他部分，这种旋转必须对应 O_h 的一个元素． 因此，H不变的操作构成与 O_h 准同构的群，即 O_h 对应的双群． 这时H的本征函数应为 $\hat{O}_h$ 双群某个不可约表示的基函数，记作

$$\psi_\beta(x, y, z, \sigma). \tag{1.6.5}$$

β 的个数表示矩阵的维数．这些波函数相互简并．注意，式(1.6.5)中的能量本征函数已不能一般地写成轨道变量和自旋变量分离的形式，如式(1.6.1)．或者说，σ 不是本征值．因为此时 σ 与H已不对易(这时候的自旋轨道总角动量为本征值)。

如果仍以式(1.6.3)的函数作为基，构成 O_h 双群的一种表示，不过是可约的，则一般可写出

$$\Gamma_{25'} \times D^{\frac{1}{2}} = \sum_i \alpha_i \Gamma_i, \tag{1.6.6}$$

其中，等式右边的 Γ_i 为各种 O_h 双群不可约表示，α_i 为系数。只要知道 $\Gamma_{25'}$ 的迹表 (character table)，$D^{\frac{1}{2}}$ 的迹表以及 O_h 双群不可约表示 Γ_i 的迹表[3,4]，则可用群论方法求出诸 α_i 值。具体计算表明(见附录 A，例一)

$$\Gamma_{25'} \times D^{\frac{1}{2}} = \Gamma_7^+ + \Gamma_8^+, \tag{1.6.7}$$

其中，Γ_7^+，Γ_8^+ 分别为二维和四维 O_h 双群不可约表示[3]。因此我们可得出结论，在考虑自旋轨道耦合以后，价带顶 $\boldsymbol{k}=0$ 处原来六度简并的态可能分裂成四度简并和二度简并。倒底如何分裂要通

过具体计算。下面作简单介绍。

作法与 §1.5 中所述不考虑自旋轨道耦合的价带顶简并 $\boldsymbol{k}\cdot\boldsymbol{p}$ 微扰的作法是类似的。这两种作法的区别如下：

（一）在 §1.5 中未微扰的零级波函数三度简并。考虑自旋之后为六度简并。

（二）在 §1.5 中微扰来自 $\boldsymbol{k}\neq 0$ 的 $\boldsymbol{k}\cdot\boldsymbol{p}$ 项。现在除此之外，再加上 H_{so} 作为微扰项。

（三）在 §1.5 中未微扰的零级波函数，即式（1.5.11）中的 u_{n0}，如考虑自旋部分以后，其形式则为式(1.6.3)。此类波函数分别为轨道部分角动量在 Z 轴投影和自旋部分角动量在 Z 轴投影的本征函数。轨道部分三个函数组成 O_h 群的 $\Gamma_{25'}$ 表示的基函数。它们为 X, Y, Z。自旋部分两个函数记作↑和↓。波函数用这样的零级波函数展开，记作 $e_i m_s$ 表象。考虑自旋轨道耦合以后，我们采取的零级波函数为自旋轨道总角动量和它们在 Z 轴投影的本征函数，波函数用这样的零级波函数展开，记作 J, m_j 表象。这些波函数构成 O_h 双群的 Γ_8^+ 和 Γ_7^+ 表示的基函数，具体可写成[5,6]

$\lvert J, m_j\rangle$	ψ_{jm}	$E(k=0)$	
$\left\lvert\frac{3}{2}, \frac{3}{2}\right\rangle$	$[(x+iy)/\sqrt{2}]\uparrow$	E_v	Γ_8^+
$\left\lvert\frac{3}{2}, \frac{1}{2}\right\rangle$	$-\sqrt{\frac{2}{3}}z\uparrow+\frac{1}{\sqrt{6}}(x+iy)\downarrow$	E_v	Γ_8^+
$\left\lvert\frac{3}{2}, -\frac{1}{2}\right\rangle$	$-\frac{1}{\sqrt{6}}(x-iy)\uparrow-\sqrt{\frac{2}{3}}z\downarrow$	E_v	Γ_8^+
$\left\lvert\frac{3}{2}, -\frac{3}{2}\right\rangle$	$\frac{1}{\sqrt{3}}(x-iy)\downarrow$	E_v	Γ_8^+
$\left\lvert\frac{1}{2}, \frac{1}{2}\right\rangle$	$\frac{1}{\sqrt{3}}(x+iy)\downarrow+\frac{1}{\sqrt{3}}z\uparrow$	$E_v-\Delta$	Γ_7^+。
$\left\lvert\frac{1}{2}, -\frac{1}{2}\right\rangle$	$-\frac{1}{\sqrt{3}}(x-iy)\uparrow+\frac{1}{\sqrt{3}}z\downarrow$	$E_v-\Delta$	Γ_7^+。

如果仅考虑以上第 1 点的修改，在 $s_i m_s$ 表象中，式(1.5.15)可改写成

$$\det\begin{vmatrix} Y & 0 \\ 0 & Y \end{vmatrix} = 0, \tag{1.6.8}$$

其中 Y 为式(1.5.15)中| |部分。式(1.6.8)得到的根 $E_k'^{(2)}$ 与式(1.5.15) 的一样，每一个 $E_k'^{(2)}$ 仅为两度简并，对应±两个自旋方向。

考虑第 2 点的修改，此时式(1.5.1a)应加上式(1.6.4)一项，此时 u_{nk} 所满足的方程可写成

$$\left[\frac{p^2}{2m} + V(r) + \hbar k_0 \cdot \left(\frac{p}{m} + \frac{\hbar}{4m^2c^2}\sigma \times \nabla V\right) + \hat{V}'\right]u_{nk}$$

$$= E'_{nk}u_{nk}, \tag{1.6.9}$$

其中

$$E'_{nk} = E_{nk} - \frac{\hbar^2 k^2}{2m}, \tag{1.6.10}$$

$$\hat{V}' = \frac{\hbar}{m}\Delta k \cdot \frac{p}{m} + \frac{\hbar}{4m^2c^2}(\nabla V \times p)\cdot \sigma$$

$$+ \frac{\hbar^2}{4m^2c^2}(\nabla V \times \Delta k)\cdot \sigma. \tag{1.6.11}$$

现在，我们讨论 $k_0 = 0$ 的价带顶情况，所以式(1.6.9)中与 k_0 有关的一项为零，而 $\Delta k_0 = k$。将式(1.6.9)—(1.6.11)与式(1.5.1)—(1.5.3)相比时可看出，这两套公式完全一样，仅仅式(1.6.11)的 $\hat{V}'$ 多了两项由自旋轨道耦合引起的项，其中最后一项正比于 Bloch 电子的准动量 k，一般比较小。前面一项自旋轨道耦合项正比于动量算符 p 矩阵元，即正比于 u_k 的动量。特别是对于重原子来说，当电子走近核时被强烈吸引而具有很大动量。因此，这一项可能相当大，引起很大的自旋轨道分裂。此时不能用普通的一级微扰来处理。Kane[6,7] 和 Kip 等[8]曾指出，此时式(1.6.11)中第一、二项交错引起的二级微扰项也是不可忽略的。

最后，把第 3 点考虑进去。即零级波函数改为 J, m_j 表象。微扰为式(1.6.11)，此时，式(1.6.8)应改为[4,5]

$$
\begin{array}{lcccccc}
(J) & \frac{3}{2} & \frac{3}{2} & \frac{3}{2} & \frac{3}{2} & \frac{1}{2} & \frac{1}{2} \\
(m_j) & \frac{3}{2} & \frac{1}{2} & -\frac{1}{2} & -\frac{3}{2} & \frac{1}{2} & -\frac{1}{2}
\end{array}
$$

$$
\left|\begin{array}{cccc:cc}
\frac{1}{2}P-E_k'^{(2)} & R & T & 0 & iR/\sqrt{2} & -i\sqrt{2}T \\
R^* & \frac{1}{6}P+\frac{2}{3}Q-E_k'^{(2)} & 0 & T & -i(P-2Q)/3\sqrt{2} & i\sqrt{3}R/\sqrt{2} \\
T^* & 0 & \frac{1}{6}P+\frac{2}{3}Q-E_k'^{(2)} & -R & -i\sqrt{3}R^*/\sqrt{2} & -i(P-2Q)/3\sqrt{2} \\
0 & T^* & -R^* & \frac{1}{2}P-E_k'^{(2)} & -i\sqrt{2}T^* & -iR^*/\sqrt{2} \\
\hdashline
-iR^*/\sqrt{2} & i(P-2Q)/3\sqrt{2} & i\sqrt{3}R/\sqrt{2} & i\sqrt{2}T & \frac{1}{3}(P+Q)-\Delta-E_k'^{(2)} & 0 \\
-i\sqrt{2}T^* & -i\sqrt{3}R^*/\sqrt{2} & -i(P-2Q)/3\sqrt{2} & iR/\sqrt{2} & 0 & \frac{1}{3}(P+Q)-\Delta-E_k'^{(2)}
\end{array}\right| = 0, \tag{1.6.12}
$$

其中

$$P(k)=(L+M)(k_x^2+k_y^2)+2Mk_z^2,$$

$$Q(k)=M(k_x^2+k_y^2)+Lk_z^2,$$

$$R(k)=-\frac{iN}{\sqrt{3}}(k_x-ik_y)k_z, \tag{1.6.13}$$

$$T(k)=[(L-M)(k_x^2-k_y^2)-2iNk_xk_y]/\sqrt{12},$$

L,M,N 由式(1.5.16)定义，而

$$\Delta=-\frac{i3\hbar}{4m^2c^2}\langle 1+|(\nabla V\times \boldsymbol{p})_r|3+\rangle$$

$$=-\frac{3\hbar^2}{4m^2c^2}\left\langle 1+\left|\frac{\partial V}{\partial Z}\frac{\partial}{\partial X}-\frac{\partial}{\partial X}\frac{\partial}{\partial Z}\right|3+\right\rangle. \tag{1.6.14}$$

式(1.6.12)可写成下列简洁形式：

$$\det|D_{jj'}^{\alpha\beta}k_\alpha k_\beta-\Delta\varepsilon_j\delta_{jj'}-E_{\boldsymbol{k}}'^{(2)}\delta_{jj'}|=0\quad (j,j'=1,2,\cdots,6), \tag{1.6.15}$$

其中 α,β 取 X,Y,Z，且重复指标对 X,Y,Z 求和，而 ε_j 为

$$\varepsilon_j=\begin{cases}0 & j=1,2,3,4\\ 1 & j=5,6。\end{cases} \tag{1.6.16}$$

对于波函数，与式(1.5.11)一样，写下

$$u_{\boldsymbol{k}}=\sum_{j=1}^{6}c_j^{(0)}u_{j0}, \tag{1.6.17}$$

其中 u_{j0} 为 J,m_j 取本征值。系数 $c_j^{(0)}$ 由下列方程确定：

$$\sum_{j'=1}^{6}\{D_{jj'}^{\alpha\beta}k_\alpha k_\beta-\Delta\cdot\varepsilon_j\delta_{jj'}-E_{\boldsymbol{k}}'^{(2)}\}c_{j'}^{(0)}=0, \tag{1.6.18}$$

对应六个能量 $E_{\boldsymbol{k}}'^{(2)}$ 可求得六个波函数 $u_{\boldsymbol{k}}$。

对式(1.6.12)求解时作下列近似：式(1.6.12)中矩阵中用虚线划成四个子矩阵。由式(1.6.13)，诸 P,Q,R,T 正比于 $\boldsymbol{k}^2$。因此，当 $\boldsymbol{k}\to 0$ 时，右下角矩阵元趋向有限的 $\Delta+E_k'^{(2)}$，左上角矩阵元趋向有限的 $E_{\boldsymbol{k}}'^{(2)}$，而左下角，右上角两个矩阵元以 $k^2\to 0$。因

此，如将式(1.6.12)矩阵中左下角 2×4 矩阵长条和右上角 4×2 矩阵长条中的所有矩阵元换以零，则解出的根 $E_k'^{(2)}$ 的绝对误差为 (k^4/Δ) 数量级。在这样的近似下，此时的行列式可分解成两个行列式之积。左上角四阶行列式解出四个根 $E_k'^{(2)}$，代入式(1.5.2)，(1.5.4)后，可得 E_k。这里仅写如下结果[8,9]：

$$E_{k\pm}=E_v-\frac{\hbar^2}{2m}Ak^2\pm\frac{\hbar^2}{2m}[B^2k^4+C^2(k_x^2k_y^2+k_y^2k_z^2+k_z^2k_x^2)]^{\frac{1}{2}},\qquad(1.6.19)$$

其中 E_v 为价带顶

$$\begin{aligned}-\frac{\hbar^2}{2m}A&=\frac{1}{3}(L+2M)+\frac{\hbar^2}{2m},\\ \frac{\hbar^2}{2m}B&=\frac{1}{3}|(L-M)|,\\ \frac{\hbar^2}{2m}C^2&=\frac{1}{3}[N^2-(L-M)^2].\end{aligned}\qquad(1.6.20)$$

式(1.6.19)中每个能量值为二度简并，共两个二度简并的能带，此二度简并来源于金刚石结构的反射对称元（inversion symmetry）。对于闪锌矿结构，如 III-V 或 II-VI 族半导体，此类简并不存在（见附录 A，时间反演对称一节）。

式(1.6.12)右下角二阶行列式对应的两个根为[9]

$$E(k)=E_v-\Delta-\frac{\hbar^2}{2m}Ak^2.\qquad(1.6.21)$$

红外吸收实验测定的Δ值为

$$\text{Si}:\ \Delta=0.044\text{eV},$$

$$\text{Ge}:\ \Delta=0.30\text{eV}.$$

由此可知，价带顶处原来六度简并的态，在考虑自旋轨道耦合以后分裂为四度和二度简并。分裂能量为 Δ，四度简并态在上面。越重的元素，Δ 分裂越大。

式(1.6.19)中，A，B，C 皆为无量纲的量，它们的值可以由实验测定，表1.6.1列出的是用回旋共振法测得的 Ge，Si 的数据。

表 1.6.1　根据回旋共振实验得的 Si,Ge 价带顶有关常数

	A	B	C
Ge	13.0	8.3	12.5
Si	4.0	1.1	4.1

根据表 1.6.1 和式(1.6.19)可计算出某个 k 方向上的有效质量。

（一）$\boldsymbol{k}=[k,0,0]$ 方向：由式(1.6.19)，可得到

$$E_{k\pm}=E_v-\frac{\hbar^2}{2m}(A\mp B)k^2, \tag{1.6.22}$$

相应的有效质量为

$$m_{\pm}^*=\frac{m}{A\mp B}。 \tag{1.6.23}$$

将表 1.6.1 有关数据代入，便可得 Ge，Si 价带顶沿附近[100]方向有效质量，见表 1.6.2。

表　1.6.2

	m_+^*(对应 E_+)	m_-^*(对应 E_-)
Ge	$-0.21m$	$-0.045m$
Si	$-0.34m$	$-0.20m$

上述是电子的有效质量，而对应的空穴有效质量为其负值，所以是正的。

图 1.6.2 示出 $\boldsymbol{k}$ 沿[100]方向 Ge 的价带顶处结构. $E_+(\boldsymbol{k})$ 和 $E_-(\boldsymbol{k})$ 都是两度简并。E_+ 对应的带称为重空穴带，E_- 对应的带称为轻空穴带。

（二）$\boldsymbol{k}=(k,k,k)$ 方向：由式(1.6.19)，可得到

$$E_{k\pm}=E_v-\frac{\hbar^2}{2m}\left\{A\mp\sqrt{B^2+\frac{C^2}{3}}\right\}k^2。 \tag{1.6.24}$$

对应的 m^* 为

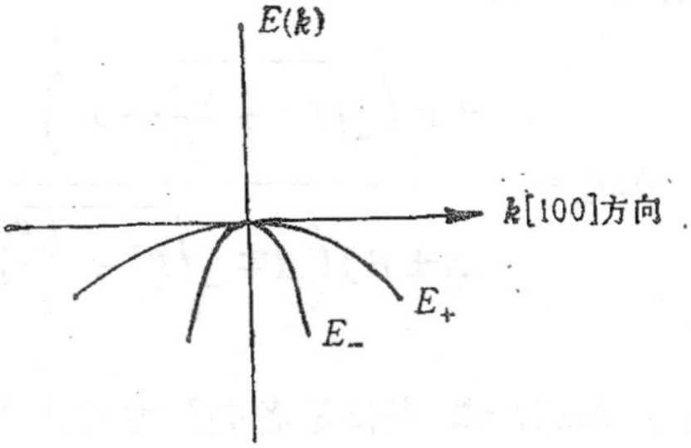

图 1.6.2 Ge 价带顶沿[100]方向的能带结构，E_+ 为重空穴支，E_- 为轻空穴支。

$$m_{\pm}^{*}=\frac{m}{A\mp\sqrt{B^{2}+\frac{C^{2}}{3}}}。\tag{1.6.25}$$

表 1.6.3

	m_{+}^{*}	m_{-}^{*}
Ge	0.5m	0.04m
Si	0.71m	0.15m

根据表 1.6.1 所求得 Ge，Si 价带顶沿 [111] 方向有效质量列于表 1.6.3 之中。

比较表 1.6.2和表 1.6.3可发现，有效质量是各向异性的，而且重空穴的各向异性比较严重，轻空穴接近各向同性。图 1.6.3 示出 k 空间(100)面等能面图（Ge 和 Si 的等能面图大致一样）。从图 1.6.3 中可看出，E_- 对应的轻空穴，等能面接近于球面，近似于各向同性，而 E_+ 等能面有相当大的曲面。各向异性的来源主要来自式(1.6.20)中 C 项。根

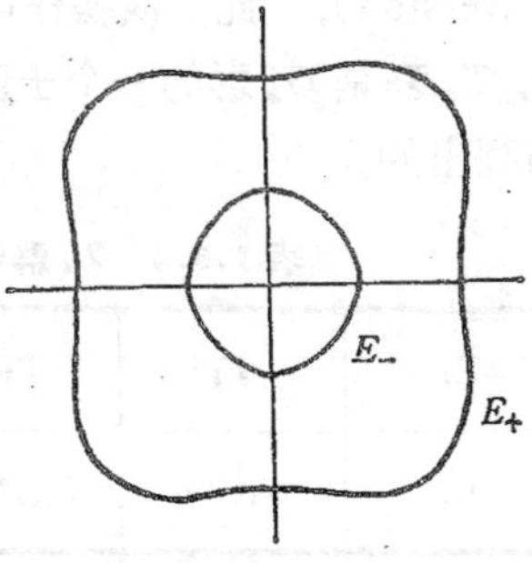

图 1.6.3 Ge 或 Sik空间(100)面在价带顶附近的等能面图。E_-，E_+ 对应轻、重两支空穴。

据式(1.6.23)，(1.6.25)来分析[111]方向和[100]方向空穴有效质量，得到它们的差 $\Delta m_{\pm}^{*}$ 为

$$\Delta m_{\pm}^{*}=\frac{\pm m\left(\sqrt{B^{2}+\frac{C^{2}}{3}}-B\right)}{(A\pm B)\left(A\mp\sqrt{B^{2}+\frac{C^{2}}{3}}\right)}. \tag{1.6.26}$$

比较合理的是以 $\Delta m_{\pm}^{*}/m_{\pm}^{*}$ 来衡量各向异性的大小，其中 $m_{\pm}^{*}$ 取[100]方向值，于是

$$\frac{\Delta m_{\pm}^{*}}{m_{\pm}^{*}}=\frac{\pm\left(\sqrt{B^{2}+\frac{C^{2}}{3}}-B\right)}{A\mp\sqrt{B^{2}+\frac{C^{2}}{3}}}. \tag{1.6.27}$$

可见，当 $C=0$ 时，$\Delta m_{\pm}^{*}=0$。

前面主要是针对 Si，Ge 等金刚石结构来说的。下面简单介绍闪锌矿结构（III-II 族或 II-VI 族）半导体的价带附近能带结构[6,7,11]。从对称性的角度来看，闪锌矿结构对应的对称点群为 T_d（正四面体全对称群），而金刚石结构对应的对称点群为 O_h（正立方体全对称群）。两者差别在于 T_d 比 O_h 缺少反演操作元素(inversion)。此反演操作中心在 A，B 两格点联线的中心处。因此，T_d 群是 O_h 群的一个子群。两者的不可约表象关系如表 1.6.4 所列出的。

表 1.6.4　T_d 群和 O_h 群不可约表示对应关系

T_d	Γ_1	Γ_{15}	Γ_{25}	Γ_{12}	Γ_2
O_h	$\Gamma_1, \Gamma_{2'}$	$\Gamma_{15}, \Gamma_{25'}$	$\Gamma_{15'} \Gamma_{25}$	$\Gamma_{12}, \Gamma_{12'}$	$\Gamma_{1'}, \Gamma_2$

由表 1.6.4 可知，T_d 群的 Γ_{15} 表示对应 O_h 群的 Γ_{15} 和 $\Gamma_{25'}$ 两种表示。这两种表示的差别只反映在 T_d 群的 24 个操作以外的操

作。对 T_d 的操作来说，Γ_{15} 和 $\Gamma_{25'}$ 表象没有区别，都对应 T_d 的同一表象 Γ_{15}。对于闪锌矿价带顶处，当不考虑自旋轨道分裂效应时，波函数为 T_d 群的 Γ_{15} 对称表示，三度简并。Diresselhause[11] 早就指出，由于闪锌矿结构没有反演对称性，当计入自旋轨道耦合后，同一能带的 $E(\boldsymbol{k})$ 可能不等于 $E(-\boldsymbol{k})$。因此，在 $\boldsymbol{k}=0$ 的价带顶处原则上存在 k 的奇次项.他并对 InSb 半导体作了很粗略的估计，指出 k 线性项虽很小，但仍在某些效应中不可忽略。一个有趣的事实是，如果存在线性项，那么 $\boldsymbol{k}=0$ 处将不是能量极值。也就是说，真正的价带顶不在 $\boldsymbol{k}=0$ 处，而是有所偏离。约为布里渊区线度的 10^{-3}—10^{-4}，见图 1.6.4。这已经为实验所证实[12]。

还要指出的是，前面分析中的零级波函数仅取价带顶处三个简并态波函数。如果算得的简并分裂值 Δ 比三个简并态和其他能带在 $\boldsymbol{k}=0$ 处的能量差别并不很小时，则这样的做法从微扰论的角度来看显然是不合理。以 InSb 为例，Δ 高达 0.9eV，而 $\boldsymbol{k}=0$ 处的导带能量与价带顶差（直接禁带）仅为 0.2eV。针对这种情况，修改了前面的理论分析办法(见文献[6,7])打破了原来价带顶简并态作为零级波函数的框框，把所有能量比较接近的状态分在一个组，称 A 组。把其他能量的状态称作 B 组。求 A 组能量的步骤归结为使 A 组矩阵元对角化。B 组的影响则作微扰处理。

最近，Cardona 等[13]采用 LMTO 方法（linear-muffin-tin-orbital）和 Louie 等[14,15]采用自洽赝势方法都对闪锌矿结构半导体中价带顶自旋轨道耦合引起的价带分裂以及奇次项的问题进行了讨论。Louie 等的方法利用 Kleinman 等[16]提出的相对论规范保持赝势，赝势的从头计算自动导出自旋轨道耦合项 $\hat{H}_{so}$。他们并不用 $\boldsymbol{k}\cdot\boldsymbol{p}$ 微扰方法，而是通过严格求解（包含 $\hat{H}_{so}$）以后哈密顿的本征值。他们所得的结果，包括自旋轨道分裂值 Δ（Ge，GaAs，InSb）[14,15] 以及闪锌矿结构的 $\boldsymbol{k}=0$ 处奇次项[15](GaAs，InSb）与现有的实验都定量地符合得很好，这些进一步说明了自洽赝势计算的可靠性。图 1.6.4 示出 GaAs 价带顶的计算结果。表 1.6.5 所列出的数据是理论和实验值的比较情况。

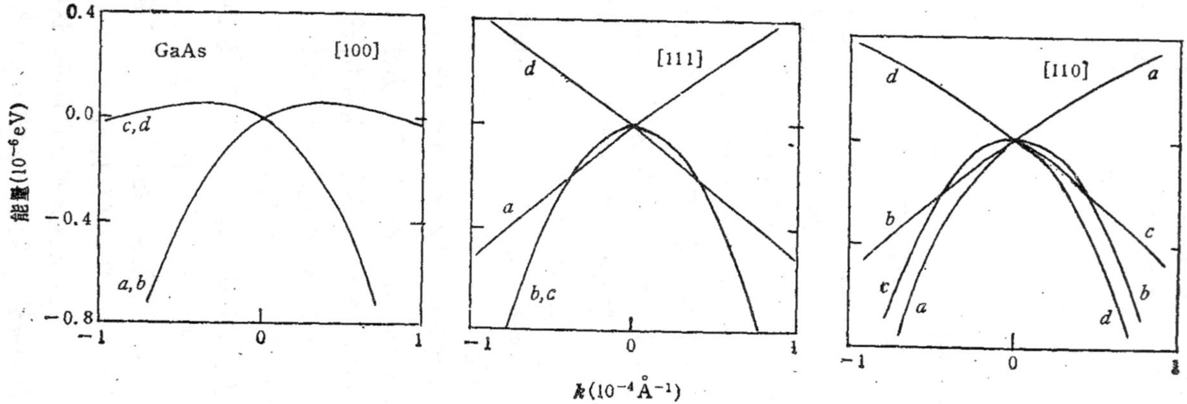

图 1.6.4　用相对论赝势算出的 GaAs 价带顶结构．由于线性项的存在，价带顶不在 Γ 点[15]。

表 1.6.5 GaAs 和 InSb 价带顶自旋轨道分裂值和线性项[15]

	GaAs		InSb	
	理论	实验	理论	实验
$\Gamma_{7v}\to\Gamma_{8v}$ 自旋轨道分裂值 (eV)	0.345	0.341 (a) 0.350 (b)	0.758	0.81(c)(1.5K) 0.803 (d)(4K)
线性项 C(eV Å)	3.42×10^{-3}		9.85×10^{-3}	9.3×10^{-3}(c)

(a) D. E. Aspnes, A. A. Studna, *Phys. Rev.*, **B7**, 4605(1973).
(b) T. Nishino, M. O. Kuyama, Y. Hamakawa, *J. Phys. Chem, Solids*, **30**, 2671(1969).
(c) C. R. Pidgeon, S. H. Grove, J. Feinleib, *Solid State comm*, **5**, 677 (1969).
(d) R. L. Aggarwal, in Semiconductors and semimetals, **9**, ed. R. K. Willardson and A. C. Beer, Academic, 151(1972).

小结

$\boldsymbol{k}\cdot\boldsymbol{p}$ 微扰方法是讨论半导体导带底和价带顶极值附近能带结构的一种有效方法。如已知极值 $\boldsymbol{k}_0$ 处的 Bloch 函数 $\psi_{n\boldsymbol{k}_0}$ 以及能量 $E_{n\boldsymbol{k}_0}$，求 $\boldsymbol{k}_0$ 附近 $\boldsymbol{k}=\boldsymbol{k}_0+\Delta\boldsymbol{k}$ 处的 Bloch 函数 $\psi_{n\boldsymbol{k}}$ 以及能量 $E_{n\boldsymbol{k}}$，$\boldsymbol{k}$ 与 $\boldsymbol{k}_0$ 处的差别用微扰的办法来处理。$E_{n\boldsymbol{k}}$ 写成以 $E_{n\boldsymbol{k}_0}$ 按$\boldsymbol{k}$ 的泰勒级数展开的形式。对应的二次项系数可归结为有效质量张量。

对于金刚石结构的 Si，Ge 以及闪锌矿结构的化合物半导体，其导带极值 $\boldsymbol{k}_0$ 或者在 $\boldsymbol{k}_0=0$ 处、或者在 $\boldsymbol{k}_0\neq0$ 处的几个对称点(前一类称为直接禁带半导体，后一类称为间接禁带半导体)。$E_{n\boldsymbol{k}}$ 的结构由式(1.5.8)—(1.5.10)来决定，归结为一个有效质量张量，其中有两个参数：m_t^* (横向有效质量)和 m_l^* (纵向有效质量)。

上述半导体的价带极值都在 $\boldsymbol{k}_0=0$ 处。如果不考虑自旋轨道分裂时，则价带在 $\boldsymbol{k}_0=0$ 处六度简并(包括自旋)。如果考虑自旋轨道分裂时，则价带在 $\boldsymbol{k}_0=0$ 处分裂为四度和二度简并，四度简并态在上，附近等能面为扭曲面。有效质量与方向有关，且分成两支，一支对应轻空穴，一支对应重空穴．二度简并态在四度简并态以下Δ处称为自旋轨道分裂值．原子越重，Δ越大．对于金刚石结构，由于具有空间反射对称，$\boldsymbol{k}=0$ 处为价带顶极值．当考虑自旋轨道分裂作用后，每一支能带仍是二度简并的．对于闪锌矿结构，没有空间反射对称，$\boldsymbol{k}=0$ 处具有 $E(\boldsymbol{k})$ 的线性项．因此不是价带顶，价带顶偏离 $\boldsymbol{k}=0$ 处约 10^{-3}—10^{-4} 布里渊区线度，而且能带可能没有两度简并。

参 考 文 献

§1.1

[1] 方俊鑫,陆栋,固体物理学,上海科学技术出版社(1980);黄昆,固体物理学,杨顺华等译,人民教育出版社(1966).

[2] C. Kittel, Introduction to Solid State Physics, John Wiley (1976). 中译本: C. 基泰尔著,固体物理导论,科学出版社(1979).

[3] N. W. Ashcroft and N. D. Mermin, Solid State Physics, Holt, Rinehalt and Winston (1976).

[4] 李正中,固体理论,高等教育出版社(1985).

[5] W. A. Harrison, Solid State Theory, McGraw-Hill (1970).

[6] M. L. Cohen and T. K. Bergstresser, *Phys. Rev.*, **141**, 789(1966).

§1.2

[1] 谢希德,方俊鑫,固体物理学,上海科学技术出版社(1961);方俊鑫,陆栋,固体物理学,上海科学技术出版社(1980).

[2] V. Heine, Solid State Physics, **24**, eds., H. Ehrenreich et al., Academic Press, 37(1970).

[3] C. Herring, *Phys. Rev.*, **57**, 119(1940); C. Herring and A. G. Hill, *Phys Rev.*, **58**, 152(1940).

[4] T. O. Woodruff, Solid State Physics, **4**, eds., F. Seitz et al., Academic Press, 367(1957).

[5] J. C. Slater, *Phys. Rev.*, **51**, 846(1937).

[6] J. C. Slater, Quantum Theory of Molecules and Solids, **2**, Symmetry and Energy Bands in crystals, McGraw-Hill (1965).

[7] T. L. Loucks, The Augmented Plane Wave method, Benjamin(1967).

[8] L. F. Mathiese et al., Methods in Computational Physics, eds., B. Adller et al., Academic Press, 64(1968).

[9] J. O. Demmock, Solid State Physics, **26**, eds., H. Ehrenreich et al., Academic Press, 103(1971).

[10] F. Seitz, The Modern Theory of Solids, McGraw-Hill(1940).

[11] D. J. Stuckel and R. N. Euwema, *Phys. Rev.*, **B1**, 1635(1970).

[12] J. C, Phillips, *Phys. Rev.*, **112**, 685(1958).

[13] J. C. Phillips and L. Kleinman, *Phys. Rev.*, **116**, 28(1959).

[14] B. J. Austin, V. Heine and L. J. Sham, *Phys. Rev.*, **12**, 276(1962).

[15] W.Harrison, Pseudopotentials in the Theory of Metals, Benjamin(1966).

[16] J. Callaway, Quantum Theory of the Solid State, Academic Press(1976).

[17] M. L. Cohen and V. Heine, *Solid State Physics*, **24**, eds., H. Ehrenreich

et al., Academic Press, 138(1970).
[18] M. L. Cohen, *Physics Today*, July, 40(1979).
[19] M. L. Cohen and T. K. Bergstresser, *Phys. Rev.*, **141**, 789(1966).
[20] M. L. Cohen and J. R. Chelikowsky, Handbook on Semiconductors, 1, Chap. 4B, ed., W. Paul, North-Holland (1982).
[21] J. R. Chelikowsky and M. L. Cohen, *Phys. Rev.*, **B14**, 556(1976);M. L. Cohen, J. R. Chelikowsky, Electronic Structure and Opticale Properties of Semiconductors, Springer-Verlag (1989).
[22] R. Pollak, L. Ley, S. Kowalcyzk, D. A. Shirley, J. Joannopoulos, D. J. Chadi and M. L. Cohen, *Phys. Rev. Lett.*, **29**, 1103(1973).
[23] H. R. Philipp and H. Ehrenreich, *Phys. Rev.*, **129**, 1550(1963).
[24] Y. W. Yang and P. Coppens, *Solid State Commun.*, **15**, 1555(1974).
[25] J. C. Phillips, *Phys. Rev.*, **166**, 832 (1968); Covalent Bonding in Crystals and Molecules, University of Chicago Press(1969).
[26] R. M. Martin, *Phys. Rev.*, **186**, 871(1969).

§ 1.3

[1] P. Hohenberg and W. Kohn, *Phys. Rev.*, B**136**, 864 (1964).
[2] W. Kohn and L. J. Sham, *Phys. Rev.*, A**140**, 1133(1964).
[3] W. Kohn, in Highlights of Condensed Matter Theory, eds., F. Bassani, F. Fumi and M. P. Tosi, North Holland, 1(1985).
[4] 郝柏林，于渌等，统计物理学进展(§1.1),科学出版社(1981)。
[5] D. R. Hamann, M. Schluter and C. Chiang, *Phys. Rev. Lett.*, **43**, 1494(1979); G. P. Kerker, *J. Phys. C*, **13**, L189(1980).
[6] F. Herman and S. Skillman, Atomic Structure Calculation, Prentice-Hall(1963).
[7] M. L. Cohen, Highlights of Condensed Matter Theory, eds., F. Bassani, F. Fumi and M. P. Tosi, North Holland, 16(1985).
[8] S. Lundquist and N. H. March, eds., Theory of the Inhomogeneous Electron Gas, Plenum (1983).
[9] E. Wigner, *Phys. Rev.*, **46**. 1002(1934).
[10] L. Hedin and B. L. Lundquist, *J. Phys. C*, **4**, 2064(1971).
[11] M. S. Hybertsen and S. G. Louie, *Phys. Rev.*, **B34**, 2920(1986).
[12] M. F. Li, M. P. Surh, S. G. Louie, Proc. 19th Int. Conf. Phys. Semiconductors, Warsaw, 857(1988).
[13] L. Hedin and S. Lundquist, *Solid State Physics*, **23**, eds., H. Ehrenreich et al., Academic Press, 1(1969).
[14] M. S. Hybertsen and S. G. Louie, *Phys. Rev. Lett.*, **55**, 1418 (1985); *Phys. Rev.*, **B32**, 7005(1985); *Phys. Rev.*, **B34**, 5390(1986).
[15] F. Seitz, The Morden Theory of Solids, McGraw-Hill(1940).
[16] R. W. Goodby, M. Schluter and L. J. Sham, *Phys. Rev. Lett.*, **56**, 2415 (1986); *Phys. Rev.*, **B35**, 4170 (1987).
[17] M. S. Hybertsen and S. G. Louie, *Phys. Rev.*, **B37**, 2733(1988).

[18] M. Born and K. Huang, Dynamical Theory of Crystal Lattices, Oxford University Press(1954).
[19] M. L. Cohen, Physica Scripta, **T1**, 5(1982); J. Ihm, A. Zunger and M. L. Cohen, *J. Phys. C, Solid State Phys.*, **12**, 4409 (1979).
[20] M. T. Yin and M. L. Cohen, *Phys. Rev. Lett.*, **45**, 1004(1980).
[21] K. Kunc and P. Gomes Dacosta, *Phys. Rev.*, **B32**, 2010(1985).
[22] J. T. Devreese, V. E. Van Doren and P. E. Van Camp, AB Initio Calculation of Phonon Spectra, Plenum Press(1983).
[23] K. Kunc, Proc. 2nd Int. Conf. Phonon Physics-Budapest 1985, ed. by J. Kollar, N. Kroo, N. Menyhard, T. Siklos, World Scientific Publishing Co., 137—141(1985).

§1.4

[1] 黄昆，谢希德，半导体物理学，科学出版社 (1958)；方俊鑫，陆栋，固体物理学，上海科学技术出版社(1980)；刘文明，半导体物理学，吉林科学技术出版社(1982).
[2] 黄昆，固体物理学，人民教育出版社(1966).
[3] 叶良修，半导体物理学，高等教育出版社(1985).
[4] A. Nussbaum, *Solid State Phys.*, **18**, 165(1966).
[5] J. C. Slater and G. F. Koster, *Phys. Rev.*, **94**, 1498(1954).
[6] C. C. Lin et al., Computational Methods in Band Theory, ed. P. M. Marcus et al., Plenum Press(1971).
[7] K. C. Pandey and J. C. Phillips, *Phys. Rev.*, **B13**, 150(1976).
[8] D. J. Chadi and M. L. Cohen, *Phys. Stat. Sol.*, **B68**, 405(1975).
[9] W. A, Harrison, Electronic Structure and the Properties of Solids, W. H. Freeman and Company (1980).
[10] P. Vogl, H. P. Hjalmarson and J. D. Dow, *J. Phys. Chem. Solids*, **44**, 365(1983).
[11] E. O. Kane, *Phys. Rev.*, **B13**, 3478(1976).
[12] D. J. Chadi, *Phys. Rev.*, **B16**, 3572 (1977).
[13] W. Y, Ching and C. C. Lin, *Phys. Rev.*, **B12**, 5536(1975).
[14] J. R. Chelikowsky and S. G. Louie, *Phys. Rev.*, **B29**, 3470(1984).

§1.5

[1] F. Seitz, *Phys. Rev.*, **47**, 400(1935); F. Seitz, The Modern Theory of Solids, Mc Graw-Hill, 78(1940).
[2] J. Bardeen, *J. Chem. Phys.*, **6**, 367(1938).
[3] E. O. Kane, *J. Phys. Chem. Solids*, **6**, 236(1958).
[4] E. O. Kane, Semiconductors and Semimetals, **1**, eds., R. K. Willardson and A. C. Beer, Academic Press, 75 (1966); E. O. Kane, Hand Book on Semiconductors, **1**, Chap4A, ed. by W. Paul, North Holland (1982); J. M. Luttinger and W. Kohn, *Phys. Rev.*,

97, 869 (1955); M. Cardona and F. H. Pollak, *Phys. Rev.*, **142**, 530 (1966).
[5] I. M. Tsidilkovski, Band Structure of Semiconductors, Pergamon (1982).
[6] L. D. Landau and E. M. Lifshitz, Quantum Mechanics, Pergamon Press, Oxford, Chap. 38, 39(1958).
[7] G. Dresselhaus, A. F. Kip and C. Kittle, *Phys. Rev.*, **98**, 368 (1955).
[8] J. C. Slater, Quantum Theory of Molecules and Solids, **1**, McGraw-Hill, New York (1963).
[9] J. C. Hensel, H. Hasegawa and M. Nakayama, *Phys. Rev.*, **138**, A225 (1965).
[10] B. W. Levinger and D. R. Frankel, *J. Phys. Chem. Solids*, **20**, 291 (1961).
[11] R. A. Faulkner, *Phys. Rev.*, **175**, 991(1968).

§ 1.6

[1] L. D.Landau and E. M. Lifshitz, Quantum Mechanics, Pergamon Press, Chap. 56, 57(1958).
[2] E. Wigner, Group Theory and It's Applications to the Quantum Mechanics of Atomic Spectra, Academic Press(1959).
[3] G. F. Koster, Solid State Physics, eds., H. Ehrenreich et al., **5**, Academic Press, 174(1957).
[4] R. J. Elliot, *Phys. Rev.*, **96**, 266(1954).
[5] J. M. Luttinger and W. Kohn, *Phys. Rev.*, **97**, 869(1955).
[6] E. O. Kane, Handbook on Semiconductors, **1**, ed., W. Paul, North Holland, Chap. 4a(1932).
[7] E. O. Kane, in Semiconductors and Semimetals, **1**, eds., R. K. Willardson and A. C. Beer, Academic Press, 75(1966).
[8] G. Dresselhause, A. F. Kip and C. Kittel, *Phys. Rev.*, **98**, 368(1955).
[9] I. M. Tsidilkovski, Band Structure of Semiconductors, Pergamon Press(1982).
[10] G. B. Bachelet and M. Schluter, *Phys. Rev.*, **25**, 2103 (1982).
[11] G. Diresselhause, *Phys. Rev.*, **100**, 580 (1955).
[12] C. R. Pidgeon and S. H. Groves. *Phys. Rev.*, **186**, 824(1969).
[13] M. Cardona, N. E. Christensen and G. Fasol, *Phys. Rev. Lett.*, **56**, 2831(1986).
[14] M. S. Hybertsen and S, G. Louie, *Phys. Rev.*, **B34**, 2920(1986).
[15] M. F. Li, M. P. Surh and S. G. Louie, Proc. 19th Int. Conf. Phys. Semiconductors, Warsaw, 857 (1988); M. P. Surh, M. F. Li, S. G. Lovie, *Phys. Rev.*, **B43**, 4286 (1991).
[16] L. Kleinman, *Phys. Rev.*, **B21**, 2630(1980).

第二章　半导体中的缺陷态

§2.1　引　　言

半导体中的杂质或其他缺陷的引入，对于半导体材料的很多物理性能起着决定性的作用[1]. 当代半导体技术的发展，在相当程度上决定于半导体中杂质或缺陷的控制技术的发展. 目前，在半导体中研究得最多最重要的是点缺陷，至于线缺陷(位错，dislocation)和面缺陷(stacking faults)虽也可能对半导体性能产生显著影响，但目前还缺少系统深入的研究. 在本章中我们仅限于讨论点缺陷.

下面我们先引入一些名词和进行必要的分类:

本征缺陷(intrinsic defects)　由于理想晶体中某处晶格局部地破坏周期性排列，最常见的如空位(vacancy)，即某格点缺少应有的原子而产生空格；反位(antisite)，即在两种或多种原子组成的晶体中，应由 *A* 类原子占据的格点被 *B* 类原子所占. 例如，在 GaAs 半导体中，在某个应被 Ga 原子占据的格点上出现 As 原子.

非本征缺陷(extrinsic defects)　不属于晶体原子的其他种原子占据在晶体中某处，称为非本征缺陷，即杂质(impurities). 它可分成两类，当杂质原子代替晶体原子所占某格点时，称为替代式(substitutional impurities)，当杂质原子位于格点间隙时，称为间隙式(interstitial impurities).

以上仅举出最重要形式的点缺陷，其它如自间隙(self-interstitial). 缺陷对(pairs)和其他形式的点缺陷复合体等等，不一一详述.

关于分类，可以从另外各种不同角度对缺陷进行分类.

对于杂质来说，可以按杂质原子的电子和晶体原子的电子数目的比较来分类。如两者的价电子数目相同(属于周期表同族)称为等价电子杂质 (isovalent impurities) 或简称等电子杂质。例如N占据 GaP 中 P位。如两者的内层电子 (core electrons) 结构相同(属于周期表同一行)称为等内层电子杂质(isocoric impurities),比如 Si 中的 P。

缺陷的另一种分类是所谓浅能级 (shallow levels) 和深能级 (deep levels)。从历史上来说,缺陷能级的深浅之分是根据它在半导体禁带内的位置。如缺陷能级 E_T 十分靠近导带 E_c 或价带 E_v,或者说,$E_1 \ll E_c - E_v$,其中 $E_1 = E_T - E_v$ 或 $E_c - E_T$(称电离能),则称 E_T 为浅能级。反之,称为深能级。近年来的深入研究表明,这样的区分并不恰当。本书采用近年来流行的更合理的分法:当禁带中 E_T 是由长程库仑势引起的,称为浅能级,将在 § 2.3 中详细讨论其性能。当 E_T 是由短程缺陷势引起的,称为深能级,将在 § 2.4 中讨论。文献[2]中图 1.2 以及文献[3]中图 2.8、图 2.9 示出各种杂质在 Si、Ge 和 GaAs 中引入的禁带束缚能级位置。

另一种禁带束缚态的分类是所谓施主态 (donors) 或受主态 (acceptors)。如该态被一个电子占据时呈电中性,不被电子占据时呈正电性 q,其中 q 为电子电荷绝对值,称为施主态。如果该态被一电子占据时呈负电性 $-q$,不被电子占据时呈中心,称受主态。举例来说,Au 在 Si 中引入一个施主态 E_d 和一个受主态 E_a,如图 2.1.1 所示。图中最左边的情况,费米能级 E_F 在 E_d 和 E_a 之下,此时 E_a 和 E_d 都不占电子,E_d 呈正电性 q,E_a 呈中性,整个 Au 中心呈正电性 q。图中中间的情况相当于 E_F 在 E_d 和 E_a 之间。此时 E_a 不占电子,呈中性,E_d 占一电子,呈中性。因此,整个 Au 中心为电中性。图中右边情况相当于 E_F 在 E_a 和 E_d 以上.此时 E_a 占一电子,呈负电性 $-q$,E_d 占一电子,呈电中性。整个 Au 中心呈负电性 $-q$。

我们在下面列举缺陷对半导体性能影响的几个重要例子。归结起来,都是由于缺陷在半导体禁带中引入能级。

（一）某些杂质在半导体中产生电离能十分小的受主或施主浅能级。在室温下，它们全部电离。故意引入适量的此类杂质（如 Si 中引入 p 施主或 B 受主），以控制半导体中载流子类型和浓度[1]，这是半导体工艺中的基本技术问题。

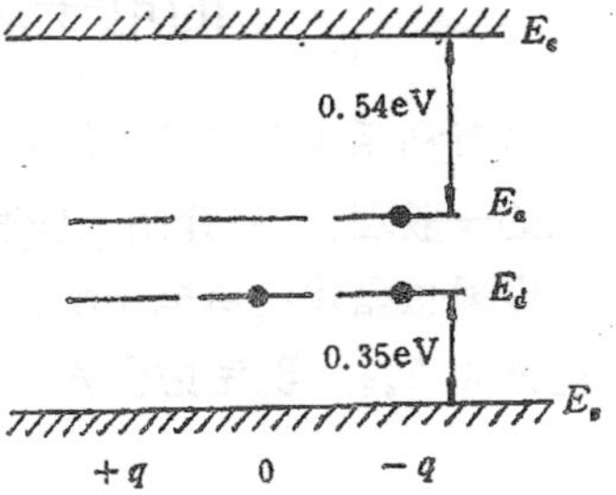

图 2.1.1 Au 在 Si 中产生一个施主态 E_d 和一个受主态 E_a。三种不同的荷电状态.

（二）很多半导体电子器件的工作决定于非平衡载流子[1]。非平衡载流子的寿命将决定器件的一些重要参数。深能级的引入为电子从导带至价带的交换提供一个通道（复合中心），对非平衡载流子的寿命将起决定作用（将在 § 2.5 中详述）。对于高速开关晶体管，希望有极短寿命，故意引入 Au 或其他缺陷深能级，以降低非平衡载流子寿命[2]。相反，对于很多高增益晶体管和高效率光电池，希望有尽可能长的寿命，需要严格控制可能产生复合中心的深能级引入。

（三）深能级在发光器件中亦占有特殊的重要地位。发光器件由于注入非平衡载流子以后，电子从导带跃入价带而放出光子。深能级的存在，将使部分导带电子通过深能级间接复合到价带（通常，不伴随光子发射的称为无辐射复合，见 § 2.8），这将使发光管效率降低。

有时深能级的引入对发光器件反而带来好处。比如 GaP 晶体用于发光二极管材料，GaP 的间接禁带通过辐射光子复合的跃迁几率很小，造成发光效率很低。在 GaP 中掺入等电子杂质 N 后，在导带以下 20meV 处引入一能级。当该能级占有电子后，形成一负电中心而吸引一空穴构成激子。激子辐射复合有较大概率，且放出 2.24 eV 光子。通过这种机构使 GaP 发光管的发光效率大大提高，且又具有近乎不变的发光颜色[4]。

§ 2.2 对具有点缺陷的非理想晶体中的电子态的一般讨论

本节利用单电子格林函数的形式讨论晶体中点缺陷引入的电子态的一般理论，并介绍一些有用的关系式。

设理想晶体的单电子哈密顿为 $\hat{H}_0$，它的本征函数为 $\psi_{n\boldsymbol{k}}$，对应的能量为 $E_{n\boldsymbol{k}}$。现考虑引入一个点缺陷，其对应的单电子哈密顿为

$$\hat{H} = \hat{H}_0 + \hat{U}, \tag{2.2.1}$$

其中 $\hat{U}$ 为点缺陷引入的缺陷势能。它以缺陷所在位置为中心，下面我们讨论式(2.2.1)所对应的电子本征函数和能量的一般性质。

（一）禁带中的电子态. 我们知道，在完整晶体中，禁带以内不存在单电子 $\hat{H}_0$ 的本征能量和本征态。当引入一个点缺陷以后，由于空间周期性破坏，这个结论一般不再成立。分如下两种情况讨论：

当缺陷势只在一个有限的区域存在时（或称短程势），此缺陷势可能不在禁带中产生能级。通常只有在缺陷势的强度超过某值之后才在禁带中引入能级，禁带中能级 E_ν 对应的波函数必然是束缚态（或又称局域态），这可由下列考虑得知。在缺陷势的有限作用区以外，哈密顿即为 H_0。波函数应为 H_0 本征函数的线性组合。不过在禁带中的 E_ν 所对应的 H_0 的本征函数对应虚波矢 $\boldsymbol{k}$，即随距离指数衰减。所以波函数是局域的[1]。

当缺陷势 u 为库仑势 c/r 形式，它的作用伸展到无穷远（又称长程势）。这类缺陷势必然在禁带中引入能级 E_ν。当 $c<0$ 时的电子吸引势，在导带以下引入一系列局域态。当 $c>0$ 时的电子排斥势，在价带以上引入一系列束缚态。这些态都是类氢能级，有主量子数 n。当 n 很大时，$E_\nu \to E_c$ 或 E_v，局域半径 $\to\infty$，从而与能带极值处的扩展态交叠在一起[1,2]。

为了讨论缺陷势所形成的电子态，我们引入下列单电子格林

函数以及有关关系式:

$$\hat{G}(E)=\frac{1}{E-\hat{H}}. \tag{2.2.2}$$

对于不熟悉格林函数的读者,可以参阅文献[3—5]。

设 $\hat{H}$ 的本征矢和本征值为 $|m\rangle$ 和 E_m,则 $\hat{G}(E)$ 更明确的意义为

$$\hat{G}(E)=\sum_m \frac{|m\rangle\langle m|}{E-E_m}. \tag{2.2.3}$$

当 $E=E_m$ 时,上式没有意义,此时引入

$$\hat{G}^+(E)=\hat{G}(E+i\eta)\quad(\eta\to 0^+ \text{ 实数}), \tag{2.2.4}$$
$$\hat{G}^-(E)=\hat{G}(E-i\eta),$$

并引入下列重要等式:

$$\frac{1}{E\pm i\eta}\underset{\eta\to 0^+}{=}\mp\pi i\delta(E)+\frac{\mathscr{P}}{E} \tag{2.2.5}$$

$\frac{\mathscr{P}}{E}$ 为 $\frac{1}{E}$ 的主值

$$\frac{\mathscr{P}}{E}=\begin{cases}\frac{1}{E} & E\neq 0,\\ 0 & E=0.\end{cases} \tag{2.2.6}$$

再引入态密度算符

$$\hat{\rho}(E)=\sum_m |m\rangle\langle m|\delta(E-E_m). \tag{2.2.7}$$

利用式(2.2.3)—(2.2.7)可证明

$$\hat{\rho}(E)=-\frac{1}{\pi}\,\mathrm{Im}\hat{G}^+(E)$$
$$=\frac{1}{\pi}\,\mathrm{Im}\hat{G}^-(E), \tag{2.2.8}$$

而系统的态密度

$$D(E)=\sum_m \delta(E-E_m)=\mathrm{Tr}\,\hat{\rho}(E), \tag{2.2.9}$$

或

$$D(E) = -\frac{1}{\pi}\mathrm{Im}\mathrm{Tr}\hat{G}^{+}(E)$$

$$= \frac{1}{\pi}\mathrm{Im}\mathrm{Tr}\hat{G}^{-}(E), \qquad (2.2.10)$$

其中 Tr 为求迹。同样可证式(2.2.8)的反关系，由式(2.2.7)及(2.2.3)—(2.2.5)可得到

$$\hat{G}^{\pm}(E) = \fint \frac{\hat{\rho}(E')}{E - E'} dE' \mp i\pi\hat{\rho}(E), \qquad (2.2.11)$$

其中$\fint$为积分主值。我们再列出态密度的另一种表达形式，由

$$\mathrm{Tr}\hat{G}^{+}(E) = \sum_{m} \lim_{\eta \to 0^{+}} \frac{1}{E - E_m + i\eta} \qquad (2.2.12)$$

以及关系式

$$-\frac{d}{dE}\log\frac{1}{E} = \frac{1}{E},$$

式(2.2.10)可写成

$$D(E) = \frac{1}{\pi}\mathrm{Im}\left\{\frac{d}{dE}\log\prod_{m}\frac{1}{E - E_m + i\eta}\right\}$$

$$= \frac{1}{\pi}\frac{d}{dE}\mathrm{Im}\{\log\det\hat{G}^{+}(E)\}。 \qquad (2.2.13)$$

式(2.2.13)在缺陷能级讨论中很有用。

现在，我们用格林函数来讨论点缺陷所引起禁带中的电子态。设对应波函数为 ψ_v，能量为 E_v，于是有

$$(E_v - \hat{H}_0)\psi_v = \hat{U}\psi_v。 \qquad (2.2.14)$$

如将理想晶体的单电子格林函数写为

$$\hat{G}^{0}(E) = \frac{1}{E - \hat{H}_0} = \sum_{n,k}\frac{|nk\rangle\langle nk|}{E - E_{nk}}, \qquad (2.2.15)$$

其中 $|nk\rangle$ 为 Bloch 函数，对应的能带能量为 E_{nk}，式(2.2.14)可写成

$$\psi_v = \hat{G}^0(E_v)\hat{U}\psi_v, \tag{2.2.16}$$

或

$$\hat{L}(E_v)\psi_v = 0, \tag{2.2.17}$$

其中

$$\hat{L}(E_v) = \hat{I} - \hat{G}^0(E_v)\hat{U}, \tag{2.2.18}$$

$\hat{I}$ 为么算符. 如在某正一系表象，上面式(2.2.17)变成一联立线性方程组，有非零解的条件为系数行列式为零

$$\det|L(E_v)| = 0, \tag{2.2.19}$$

由此决定禁带中束缚态能量 E_v。 由此可知，若缺陷势 $\hat{U}$ 在禁带中引入束缚态能量 E_v，则 $\hat{L}(E)$ 的行列式在 E_v 处经过零点。这是一个重要的结论。

（二）能带中的电子态。 缺陷势非但可能在禁带中引入束缚态，而且对能带中的电子态也将产生影响。仍从式(2.2.14)出发，不过 E_v 现在也是 $\hat{H}_0$ 的本征能量，设 $E_v = E_{nk}$。此时式(2.2.14)的解为

$$\psi_v = \psi_{nk} + \hat{G}^{0\pm}(E_v)\hat{U}\psi_v, \tag{2.2.20}$$

其中 ψ_{nk} 是 $\hat{H}_0$ 的能量为 E_v 时的本征 Bloch 函数，将式(2.2.20)直接代入式(2.2.14)可验证为其解. 因此，式(2.2.20)第一项是因为式(2.2.14)如果在 $\psi_{n'k'}$ 表象写出，对应能量为 E_v 的 ψ_{nk} 的系数 C_{nk} 不能由式(2.2.14)决定，对应的式(2.2.14)变成

$$0 \cdot C_{nk} = 0,$$

C_{nk} 可为任意值。在坐标表象中写出，相当于式(2.2.20)中第一项再乘以任意常数。该常数可由归一化决定. 在文献[8]中证明了考虑归一化后的解为式 (2.2.20) 的形式，式 (2.2.20) 为散射解，称 Lippman-Schwinger 方程，其中第一项为入射波，第二项为缺陷引起的散射，详细讨论见文献[6—8]。式(2.2.20)又可写成

$$\psi_v = (\hat{L}^{\pm}(E_v))^{-1}\psi_{nk}, \tag{2.2.20a}$$

其中

$$\hat{L}^{\pm}(E) = I - \hat{G}^{0\pm}(E)\hat{U}. \tag{2.2.18a}$$

式(2.2.18a)表明缺陷势 U 对能带电子波函数的影响。

我们来讨论缺陷势 $\hat{U}$ 对态密度 $D(E)$ 的影响，设理想晶体的态密度为 $D^0(E)$，引入点缺陷后，态密度变成 $D(E)$。态密度的变化为

$$\Delta D(E)=D(E)-D^0(E)。\tag{2.2.21}$$

由式(2.2.13)代入，得到

$$\Delta D(E)=\frac{1}{\pi}\frac{d}{dE}\operatorname{Im}\log\frac{\det G^+}{\det G^{0+}}。\tag{2.2.22}$$

由格林函数的 Dyson 方程(可由式(2.2.2)，(2.2.15)直接证明)

$$\hat{G}=\hat{G}^0+\hat{G}^0\hat{U}\hat{G},\tag{2.2.23}$$

或利用式(2.2.18)代入，得到

$$\hat{G}=\hat{L}^{-1}\hat{G}^0,\tag{2.2.24}$$

再代入式(2.2.22)，并利用行列式性质，$\det|A\cdot B|=(\det|A|)\times(\det|B|)$，可得到

$$\Delta D(E)=-\frac{1}{\pi}\frac{d}{dE}\operatorname{Im}\{\log\det|L^+|\}。\tag{2.2.25}$$

我们记下列复函数 $f(E)$：

$$\det|L^+|=f(E)\tag{2.2.26}$$

因为 $\operatorname{Im}\log f$ 恰好是复数 $f=|f|e^{i\delta}$ 的位相值 δ，于是式(2.2.25)写成

$$\Delta D(E)=-\frac{1}{\pi}\cdot\frac{d\delta(E)}{dE},\tag{2.2.27}$$

其中位相 δ 可写成

$$\delta(E)=\tan^{-1}\left(\frac{\operatorname{Im}f}{\operatorname{Re}f}\right)。\tag{2.2.28}$$

将式(2.2.27)写成积分形式，设在能量 E_1 到 E_2 范围内，缺陷引入一个附加的态

$$\begin{aligned}1&=\int_{E_1}^{E_2}\Delta D(E)dE\\&=\frac{1}{\pi}[\delta(E_1)-\delta(E_2)]。\end{aligned}\tag{2.2.29}$$

式(2.2.29)说明相因子 $\delta(E)$ 在从 E_1 到 E_2 时，减少 π，相当于 $f=\det|L^+|$ 在 f 复平面上顺时针旋转 180°，所以当能量 E 由小到大扫描时，f 每顺时针转 180°，就由缺陷引入一个态，每逆时针转 180°，就由缺陷减少一个态，于是，每增加一个或减少一个态，必须对应一次下列条件：

$$\mathrm{Re}\ \det|L^+|=0。\tag{2.2.30}$$

当能带在禁带中时，L 本身为实数。因此，式 (2.2.30) 等价于式 (2.2.19)。此时 $\Delta D(E)$ 在束缚态能量 E_v 处为一Dirac δ 函数。当能量在能带中时，L 一般为复数。$\Delta D(E)$ 变成有一定宽度的虚能级[1]

$$\Delta D(E)\propto\frac{\Gamma}{2\pi}\frac{1}{(E-E_0)^2+\Gamma^2/4},\tag{2.2.31}$$

其中 E_0 为虚能级中心位置，$|\Gamma|$ 为半宽度。当 $\Gamma>0$ 时，相当于增加一个能级，称为共振态。当 $\Gamma<0$ 时，相当于减少一个能级，称为反共振态。图 2.2.1 示出式(2.2.31)的形状。

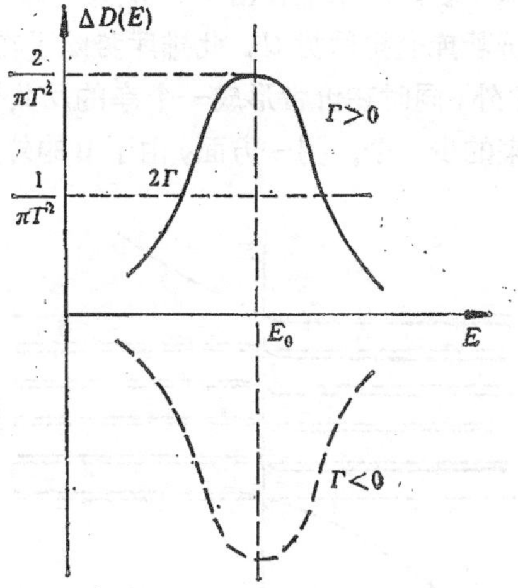

图 2.2.1 具有半宽度 $|\Gamma|$ 的虚能级对应的态密度。

可证存在所谓 Levinson 定理[1]。它表示

$$\int_{-\infty}^{\infty} \Delta D(E) dE = 0, \tag{2.2.32}$$

即在全部能量范围之内，状态总数守恒．此定理说明，如果 U 在禁带中引入 N 个束缚能级，必然在能带中同时存在反共振态，其中的态数为 $-N$．因此，可以这样看待，禁带中的能级并不是增生的，而是从能带中受到 U 的扰动后挤到禁带来的．进一步的分析表明，如果缺陷 U 为正的排斥势，则 E_b 主要由价带挤出．就是说，价带中将缺少一个能级，或者说存在一个反共振能级．如果缺陷势 U 是负的吸引势，则 E_b 主要由导带挤出，导带将缺少一个能级．图 2.2.2 示出的为 Koster[9] 等人讨论一维情况由六个能级组成的一个能带在受到缺陷势 U 的扰动后能级的变化情况．它虽然是一个大大简化的模型，但却十分清楚地阐明了以上讨论的概念．关于态密度变化的正确概念对于分析缺陷引起的空间电荷密度的变化至关重要．现在，我们用硅中掺入 B 杂质这样一个具体例子作说明，在文献[10]中已经说明，B 的引入在价带顶以上引入一个受主能级 E_A，从电荷密度的观点来分析，B 作为替位杂质存在，相当于在原格点处的原子核内的正电荷由 $+4q$ 减为 $+3q$．因此，形成负电中心引入一屏蔽库仑排斥势 U，此排斥势除了在禁带引入一个受主能级 E_A 之外，同时在价带形成一个净的反共振态，因此价带态的总数比原来的少一个．另一方面，由于 B 的外层电子比 Si 少

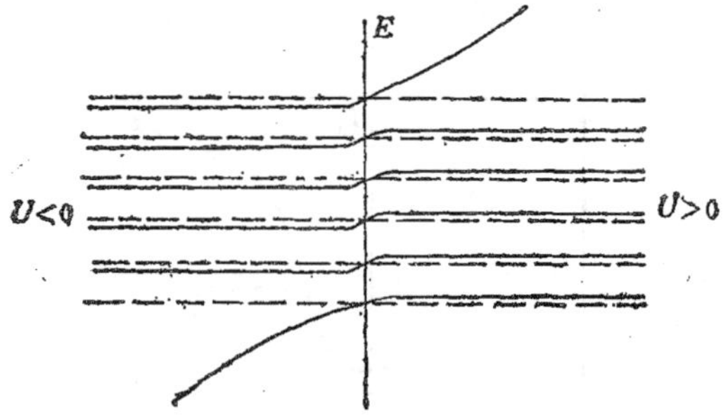

图 2.2.2 缺陷势将能带中的能级挤到禁带以内的一个简化模型的计算结果[9]．

一，所以(在 $T=0\text{K}$ 时)全部外层电子仍恰好填满价带的状态，而受主能级 E_A 空着。从空间电荷密度观点来看，虽然在靠近 B 处为负电中心形成一个排斥库仑势，但在远离 B 的宏观距离来看，却是电中性的。负电荷被反共振态和空受主态对应的正电荷抵消了。

小结

对于只在一个有限区域内存在的短程缺陷势，只有当强度超过某值之后，才在禁带中引入能级 E_v，称为深能级。对于长程库仑势 c/r，当 $c<0$ 时，相当于电子吸引势，在导带以下引入一系列类氢浅能级。在 $c>0$ 时，相当于电子排斥势，在价带以上引入一系列类氢浅能级。禁带中能级对应的态必然是束缚态。缺陷势除了在禁带可能引入束缚能级之外，在能带区也可能引入共振态和反共振态。在全部能量范围以内，能态总数并不因为引入缺陷势而改变。

§2.3 浅能级的有效质量近似(EMT)

50 年代中期，用所谓有效质量近似理论（effective mass theory，EMT）解释 B，P 等杂质在 Si 和 Ge 中形成的所谓浅能级获得一定的成功[1-3]。早期工作可参阅文献[1]，近来的发展可参阅文献[4]。

这里所谓浅能级，一般是指由于长程的库仑势引起在导带底或价带顶附近的禁带能级，处理这样的问题，一般作如下两个近似假设：

（一）如果所求的禁带束缚态波函数 ψ_v 可用 Bloch 函数表象的话，则

$$\psi_v=\sum_{nk}F_{nk}\psi_{nk},\tag{2.3.1}$$

其中 ψ_{nk} 为 H_0 对应的 Bloch 函数，假定 F_{nk} 仅仅集中于导带底处

或仅仅集中于价带顶处，相对布里渊区一个极小的区域，在其它能量对应的 $F_{nk}=0$. 利用微扰论来理解这个假定是很自然的，把库仑缺陷势看作一种扰动，如果受扰后在能带边缘产生一个新的能级 E_v，那么这个状态的波函数 ψ_v 一般可用 E_v 附近未受扰波函数的线性组合来表示，即式(2.3.1)．如果这个假定成立，由测不准关系可立刻知道，浅能级在实空间的局域程度，一定比晶格常数大得多，我们将在后面检查这个结论的正确性．

（二）缺陷势 $U(\boldsymbol{r})$ 由于其长程性，在空间的变化相对于晶格常数 a 来说是缓变的，如对缺陷势作傅里叶展开[见式(1.1.9)]，则

$$U(\boldsymbol{r})=\sum_{\boldsymbol{q}} U(\boldsymbol{q}) \frac{e^{i\boldsymbol{q}\cdot\boldsymbol{r}}}{\sqrt{V}}, \tag{2.3.2}$$

其中 V 为晶体体积，$\boldsymbol{q}$ 由式(1.1.6)决定，其反关系为

$$U(\boldsymbol{q})=\int U(\boldsymbol{r}) \frac{e^{-i\boldsymbol{q}\cdot\boldsymbol{r}}}{\sqrt{V}} d\boldsymbol{r}. \tag{2.3.3}$$

为方便起见，在下面的叙述中，假设体积 V 为 1. 由测不准关系可知，条件(二)相当于 $U(\boldsymbol{q})$ 只局限于布里渊区中心一个小范围内.

我们接着考虑在 Bloch 表象中，式(2.2.1)对应的束缚态 E_v，ψ_v 所对应的定态(薛定谔方程)．将式(2.3.1)展开，得到

$$E_{n\boldsymbol{k}}F_{n\boldsymbol{k}}+\sum_{n'\boldsymbol{k}'}\langle n\boldsymbol{k}|U|n'\boldsymbol{k}'\rangle F_{n'\boldsymbol{k}'}=E_vF_{n\boldsymbol{k}}. \tag{2.3.4}$$

如果我们将 Bloch 函数 $\psi_{n\boldsymbol{k}}=e^{i\boldsymbol{k}\cdot\boldsymbol{r}}U_{n\boldsymbol{k}}(\boldsymbol{r})$ 的周期部分作傅里叶变换，根据式(1.1.13)可写成

$$u^*_{n\boldsymbol{k}}(\boldsymbol{r})u_{n'\boldsymbol{k}'}(\boldsymbol{r})=\sum_{\boldsymbol{G}} C^{nn'}_{\boldsymbol{k}\boldsymbol{k}'}(\boldsymbol{G})e^{i\boldsymbol{G}\cdot\boldsymbol{r}}, \tag{2.3.5}$$

其中 $\boldsymbol{G}$ 为由式(1.1.3)决定的倒格矢．$C^{nn'}_{\boldsymbol{k}\boldsymbol{k}'}$ 为

$$C^{nn'}_{\boldsymbol{k}\boldsymbol{k}'}(\boldsymbol{G})=\int u^*_{n\boldsymbol{k}}(\boldsymbol{r})u_{n'\boldsymbol{k}'}(\boldsymbol{r})e^{-i\boldsymbol{G}\cdot\boldsymbol{r}}d\boldsymbol{r}, \tag{2.3.6}$$

于是 $\langle n\boldsymbol{k}|U|n'\boldsymbol{k}'\rangle$ 可写为

$$\langle n\boldsymbol{k}|U|n'\boldsymbol{k}'\rangle=\sum_{\boldsymbol{G}} C^{nn'}_{\boldsymbol{k}\boldsymbol{k}'}(\boldsymbol{G})U(\boldsymbol{k}-\boldsymbol{k}'-\boldsymbol{G}), \tag{2.3.7}$$

代人式(2.3.4)，得到

$$E_{nk}F_{nk}+\sum_{n'k'}\sum_{G}C_{kk'}^{nn'}(\boldsymbol{G})U(\boldsymbol{k}-\boldsymbol{k}'-\boldsymbol{G})F_{n'k'}=E_{\nu}F_{nk}. \tag{2.3.8}$$

式(2.3.8)是未做任何近似的严格方程。下面，我们假定条件(一)和(二)成立的情况下根据能带具体结构分别讨论其近似解。

(一) Si 和 Ge 等导带底附近的施主能级。该类半导体的导带底有 m 个，对称分布于布里渊区 $\boldsymbol{k}\neq 0$ 处的 $\boldsymbol{k}_i$ $(i=1,2,\cdots,m)$。由于条件(一)，我们可以把式(2.3.8)中的能带指标只保留导带的一个带，并略去该指标 n。早期的作法如下[1]：考虑任一导带底，比如 $\boldsymbol{k}_1$ 处的 $F_{\boldsymbol{k}}$ 所满足的方程。由于条件(二)，$U(\boldsymbol{q})$只在 $\boldsymbol{q}=0$ 附近不等于零。这相当于式(2.3.8)左边第二项中要满足下列近似关系：

$$\boldsymbol{k}-\boldsymbol{k}'=\boldsymbol{G}, \tag{2.3.9}$$

但又已知 $\boldsymbol{k}\doteq\boldsymbol{k}_1$，$\boldsymbol{k}'\doteq\boldsymbol{k}_i, i=1,2,\cdots,m$。无论 Si 或 Ge，任意两个谷间的波矢差，$\boldsymbol{k}_i-\boldsymbol{k}_j\neq\boldsymbol{G}$，所以式(2.3.9)只能归结为

$$\boldsymbol{G}=0,\ \boldsymbol{k}\doteq\boldsymbol{k}', \tag{2.3.10}$$

这表明，在式 (2.3.8) 中只考虑同一谷中的 $\boldsymbol{k}$ 和 $\boldsymbol{k}'$，而不必考虑谷与谷之间的耦合，这称为单谷近似。在此近似下，由式(2.3.6)，(2.3.10)可得到

$$\int u_k^*(\boldsymbol{r})u_{k'}(\boldsymbol{r})d\boldsymbol{r}\doteq 1 \tag{2.3.11}$$

和

$$C_{kk'}(0)\doteq 1.$$

考虑到 $F_{\boldsymbol{k}}$ 只集中在 $\boldsymbol{k}_1$ 附近不等于 0，再作下列近似(以导带底为能量零点)：

$$E_{\boldsymbol{k}}\doteq E(\boldsymbol{k}-\boldsymbol{k}_1)=\frac{\hbar^2(k_x-k_{1x})^2}{2m_t^*}+\frac{\hbar^2(k_y-k_{1y})^2}{2m_t^*}+\frac{\hbar^2(k_z-k_{1z})^2}{2m_l^*}, \tag{2.3.12}$$

其中 m^* 为 § 1.4 所规定的有效质量，X，Y，Z 三个轴沿有效质量的三个主轴方向。另外，由于式(2.3.4)中的 $F_{k'}$ 仅在谷的附近才不为零，所以 $\boldsymbol{k}'$ 对布里渊区的求和可近似地扩展到整个 $\boldsymbol{k}'$ 空间，即

$$\sum_{\substack{\boldsymbol{k}' \\ \text{布里渊区}}} \doteq \sum_{\substack{\boldsymbol{k}' \\ \text{整个}\boldsymbol{k}'\text{空间}}} \tag{2.3.13}$$

作了如上一系列近似后，式(2.3.8)变成

$$E(\boldsymbol{k})F_{\boldsymbol{k}} + \sum_{\boldsymbol{k}'} U(\boldsymbol{k}-\boldsymbol{k}')F_{\boldsymbol{k}'} = E_\nu F_{\boldsymbol{k}}, \tag{2.3.14}$$

其中 E_ν 以导带底为能量零点，现在我们令

$$F_1(\boldsymbol{r}) = \sum_{\boldsymbol{k}} F_{1\boldsymbol{k}} e^{i(\boldsymbol{k}-\boldsymbol{k}_1)\cdot \boldsymbol{r}}, \tag{2.3.15}$$

由于

$$(-i\nabla)F_1(\boldsymbol{r}) = \sum_{\boldsymbol{k}} (\boldsymbol{k}-\boldsymbol{k}_1)F_1(\boldsymbol{k})e^{i(\boldsymbol{k}-\boldsymbol{k}_1)\cdot \boldsymbol{r}},$$

$$U(\boldsymbol{r})F_1(\boldsymbol{r}) = \sum_{\boldsymbol{k}}\sum_{\boldsymbol{k}'} U(\boldsymbol{k}-\boldsymbol{k}')F_1(\boldsymbol{k}')e^{i(\boldsymbol{k}-\boldsymbol{k}_1)\cdot \boldsymbol{r}},$$

如 $F_1(\boldsymbol{r})$ 满足

$$E(-i\nabla)F_1(\boldsymbol{r}) + U(\boldsymbol{r})F_1(\boldsymbol{r}) = E_\nu F_1(\boldsymbol{r}), \tag{2.3.16}$$

其中 $E(-i\nabla)$为式(2.3.12)所规定的 $E(\hbar\boldsymbol{k})$ 中的 $\hbar\boldsymbol{k}$ 换成$-i\nabla$，则对应的 $F_{1\boldsymbol{k}}$ 满足式(2.3.14)中的 $F_{\boldsymbol{k}}$，所以求解方程(2.3.14)的能量和波函数 $F_{1\boldsymbol{k}'}$ 便归结为求式(2.3.16)的能量 E_ν 和波函数 $F_1(\boldsymbol{r})$ 及真实波函数间的关系。由式(2.3.1)，(2.3.15)可得，真实波函数为

$$\psi_1(\boldsymbol{r}) = \sum_{\substack{\boldsymbol{k} \\ \text{B.Z.}}} F_{1\boldsymbol{k}}\psi_{\boldsymbol{k}} \doteq F_1(\boldsymbol{r})\psi_{\boldsymbol{k}_1}(\boldsymbol{r}), \tag{2.3.17}$$

其中 $\psi_{\boldsymbol{k}_1}(\boldsymbol{r})$ 为 $\boldsymbol{k}=\boldsymbol{k}_1$ 处导带 Bloch 函数。因此，真实波函数为一幅度被调制的 Bloch 波 $\psi_{\boldsymbol{k}_1}$。 $F_1(\boldsymbol{r})$ 即为幅度调制对应的波的

包络。

上述为针对 $\boldsymbol{k}_1$ 极值附近求出的解。由于对称性，可以完全同样求出 $i=2,3,\cdots,m$ 极值附近的解 $\psi_i(\boldsymbol{r})$，其对应能量是简并的。由于引入缺陷势以后的哈密顿仍保持以缺陷为中心的 T_d 对称性，所以真正的波函数应为 T_d 对称的某种不可约表示的基函数。它们是 $\psi_i(\boldsymbol{r})$ 的线性组合，记作

$$\langle \boldsymbol{r}|\psi_\alpha^l\rangle=\sum_{i=1}^{6}L_i^{l,\alpha}\psi_i(\boldsymbol{r}), \qquad (2.3.18)$$

其中 l 为不可约表示的指标，α 为不可约表示中某分量指标。比如对于 Si，则有六个导带极值分布于 $(k_0,0,0)$，$(-k_0,0,0)$，$\cdots$。具体的群论分析容易证明[1]

$$L_i^{A_1}: \frac{1}{\sqrt{6}}(1,1,1,1,1,1) \quad \text{对应 } A_1 \text{ 表示},$$

$$\left.\begin{aligned} &L_i^{E,1}: \frac{1}{2}(1,1,-1,-1,0,0)\\ &L_i^{E,2}: \frac{1}{2}(1,1,0,0,-1,-1)\end{aligned}\right\} \text{(对应于 } E \text{ 的表示)}, \qquad (2.3.19)$$

$$\left.\begin{aligned} &L_i^{T_2,1}: \frac{1}{\sqrt{2}}(1,-1,0,0,0,0)\\ &L_i^{T_2,2}: \frac{1}{\sqrt{2}}(0,0,1,-1,0,0)\\ &L_i^{T_2,3}: \frac{1}{\sqrt{2}}(0,0,0,0,1,-1)\end{aligned}\right\} \text{(对应于 } T_2 \text{ 的表示)}.$$

实际上，由于缺陷势在缺陷中心所在原胞内变化并不很慢，其傅里叶分量包含较大动量部分，所以上面的单谷近似应有所修正。这时可把上面的单谷近似看作零级哈密顿，而把修正项看作微扰。一般来说，此微扰并不破坏哈密顿的 T_d 对称。从这个观点来看，零级波函数仍可用式(2.3.19)表示。微扰将引起 A_1，E 和 T_2 能级的分裂。这种分裂已在实验中观察到。我们将在下面再进行讨论。

如果忽略式(2.3.12)中有效质量的各向异性，用一个平均的各向同性有效质量 m^* 代表，而缺陷势由屏蔽类氢势近似(对应施主作为正电中心形成的吸引势)

$$U(\boldsymbol{r}) = U_H(\boldsymbol{r}) = -e^2/\varepsilon r, \tag{2.3.20}$$

其中 ε 为半导体介电常数，$-e$ 为电子电荷。 采用式 (2.3.20)，缺陷势的有效质量理论记作 HEMT (类氢有效质量理论)。 式(2.3.16)变为

$$\left[\frac{-\hbar^2}{2m^*}\nabla^2 - \frac{e^2}{\varepsilon r}\right]F_1(\boldsymbol{r}) = E_v F_1(\boldsymbol{r}), \tag{2.3.21}$$

这是熟知的氢原子薛定谔方程. 一系列分裂能级为

$$E_n = \frac{-e^4}{\varepsilon^2}\frac{m^*}{2\hbar^2}\frac{1}{n^2}, \tag{2.3.22}$$

其中 n 为主量子数。当 $n=1$ 时，对应的 $1s$ 基态波函数为

$$F_1(\boldsymbol{r}) = \frac{1}{\sqrt{n}}a^{*-\frac{3}{2}}e^{-r/a^*}, \tag{2.3.23}$$

其中 a^* 为有效玻尔半径

$$a^* = \hbar^2\varepsilon/m^*e^2 = a_0\varepsilon(m_0/m^*), \tag{2.3.24}$$

其中 a_0 为氢原子 Bohr 半径，m_0 为电子质量。我们回过头来检查当初假设的条件(一)是否满足。由式(2.3.23)，(2.3.15)计算可得

$$F_{1k} = \frac{8\sqrt{\pi}a^{*-\frac{5}{2}}}{\left[(\boldsymbol{k}-\boldsymbol{k}_1)^2 + \left(\frac{1}{a^*}\right)^2\right]^2}, \tag{2.3.25}$$

所以 F_{1k} 在 $\boldsymbol{k}_1$ 附近展宽线度约为 $\boldsymbol{k}\sim 1/a^*$，这个关系可以从测不准关系直接得到。另一方面，布里渊区的线度约为 $2\pi/a$，a 为晶格常数，所以条件(一)相当于

$$\left(\frac{2\pi}{a}\right)^2 \gg \left(\frac{1}{a^*}\right)^2, \tag{2.3.26}$$

或将式(2.3.24)代入，得到

$$2\pi\varepsilon\left(\frac{m_0}{m^*}\right)\gg\frac{a}{a_0}。\tag{2.3.27}$$

一般晶体的晶格常数 a 约为 5 Å，而 Bohr 半径 $a_0\doteq 0.5$ Å，所以不等式右边约为 10。另一方面，对于 Si，其介电常量 $\varepsilon\doteq 12$，导带电子的 $\frac{m^*}{m_0}=0.33$，所以(2.3.27)不等式左边约为 2.3×10^2，很好地满足不等式(2.3.27)。

考虑到真实半导体的 m_l^* 和 m_t^* 差别往往很大，比如对于 Si，导带极小值在 $\boldsymbol{k}_1=0.85\left(\frac{2\pi}{a}\right)(1,0,0)$ 以及对称的其它五个 k_i 处，其有效质量值[5]为

$$\begin{aligned}m_l^*&=0.9163m_0,\\ m_t^*&=0.1905m_0。\end{aligned}\tag{2.3.28}$$

对于 Ge，其导带极值在 $\boldsymbol{k}_1=\frac{\pi}{a}(1,1,1)$ 以及对称的其他七个 k_i 处，实际上只有 4 个独立的极值，其有效质量为[6]

$$\begin{aligned}m_l^*&=1.588m_0,\\ m_t^*&=0.08152m_0。\end{aligned}\tag{2.3.29}$$

此时类氢势 U_H 所对应的有效质量方程(2.3.16)可写成

$$\frac{-\hbar^2}{2}\left\{\frac{1}{m_t^*}\left(\frac{\partial^2}{\partial x^2}+\frac{\partial^2}{\partial y^2}\right)+\frac{1}{m_l^*}\frac{\partial^2}{\partial z^2}\right\}F_1(\boldsymbol{r})-\frac{e^2}{\varepsilon_r}F_1(\boldsymbol{r})$$
$$=E_vF_1(\boldsymbol{r}),\tag{2.3.30}$$

方程(2.3.30)并没有严格解。Kohn 等人[1]用一个变分函数

$$F(\boldsymbol{r})=\frac{1}{\sqrt{\pi a^2b}}e^{-\sqrt{(x^2+y^2)a^2+z^2/b^2}}\tag{2.3.31}$$

求能量，其中 a,b 为变分参数。后来，Faulkner[7] 用改进的办法重新计算。因为 $m_t^*\neq m_l^*$，原来类氢能级中磁量子数 m 取不同值时能量简并，现在分裂，对应的能级采用下列记号，$1s$，$2p$ 等的右上角再用角标 0，±对应 $m=0,\pm1$。表 2.3.1列出 Faulkner 用 HEMT 算出 Si 和 Ge 中一系列施主类氢杂质形成导带浅能级激发态和实

验值的比较。由表可看出，理论和实验(红外吸收)值符合得十分好。

表 2.3.1[4,7]　Si，Ge 类氢施主能级中激发态间能量差，单位 meV。表中 $p^{\pm}$ 和 p^{0} 分别表示 p 态，磁量子数 $m=\pm1$ 和 0

	态	HEMT 理论值	P	As	Sb	Bi	Li
Si	$2p^{\pm}-2p^{0}$	5.11	5.06	5.12	5.06	4.94	5.13
	$3p^{0}-2p^{\pm}$	0.92	0.93	0.86	0.95	0.93	0.88
	$4p^{0}-2p^{\pm}$	3.07	3.11	2.6		2.61	
	$3p^{\pm}-2p^{\pm}$	3.28	3.27	3.25	3.34	3.31	3.28
	$4p^{0}-2p^{\pm}$	4.07					
	$5p^{0}-2p^{\pm}$	4.17	4.21	4.3	4.33	4.34	4.19
	$4p^{\pm}-2p^{\pm}$	4.21	4.21	4.3	4.33	4.35	4.19
	$5p^{\pm}-2p^{\pm}$	4.97	4.95	4.9		5.26	4.93
Ge	$2p^{\pm}-2p^{0}$	3.02	3.03	3.02	3.02	3.02	3.08
	$2p^{\pm}-3p^{0}$	0.83	0.83	0.83	0.84	0.88	0.84
	$3p^{\pm}-2p^{\pm}$	0.69	0.69	0.70	0.69	0.66	0.67

对于三五族和二六族化合物也进行了计算，具体情况可参阅文献[4]。

对于基态能量用 HEMT 进行上述计算所得结果与实验相差很大。利用 HEMT 模型，可对 Si 得出下列结论：

（一）根据式(2.3.22)，对于 $n=1$，能级位置相对于导带底为 29meV。对于 P，As，Sb 等五族元素应是一样的。实际上，实验值对于 P，As，Sb 分别为 45.5，53.7 和 42.5meV。

（二）基态的 $A1$，E 和 T_2 态应为六度简并，但实验发现并不简并[8]，而分裂为一度、二度和三度简并，对应 A_1，E 和 T_2 态，这种分裂称为谷-轨道分裂（valley-orbit splitting）。

对于 Ge 的情况要好一些，对于 Ge 和化合物的具体讨论见可参阅文献[4]。

上述的理论和实验的分歧，后来有很多人做了各方面的改进。其要点在于靠近缺陷中心原胞处，寻找更能反映真实情况的缺陷

势 U,以及由此引起的一系列问题。式(2.3.20)所表示的类氢屏蔽库仑势，在距离杂质远处时能较好表达实际情况。但靠近杂质附近时特别是中心原胞处,并不能简单地用式(2.3.20)来表达，而且与杂质的具体类型有密切关系，反映了不同五族杂质应有不同的电离能 E_ν。定义

$$\Delta E = E_\nu - E_H \tag{2.3.32}$$

为化学能移 (chemical shift)，其中 E_H 为用单谷 HEMT 算出的能量，E_ν 为实际能量。很多人采用改进了的势或赝势对某种具体杂质作更细致的计算,详细情况可参阅文献[4,9]等。

另外,由于中心原胞处的势不一定变化很慢,其傅里叶展开不一定局限于布里渊区中心一个很小的范围，所以前面的单谷近似处理方法要加以改进。也就是说，式(2.3.8)中的 U 不能只考虑 $\boldsymbol{k}$ 和 $\boldsymbol{k}'$ 属于同一个谷并且 $\boldsymbol{G}=0$ 的情况。文献[10—12]对几种具体的半导体作了估算，指出 $\boldsymbol{k}$ 和 $\boldsymbol{k}'$ 不属于同一谷的情况,对应于式(2.3.8)中的 U 也是需要考虑的,这相当于谷和谷之间的耦合.另外，对于 $\boldsymbol{G}\neq 0$ 的情况也需要考虑。这种 $\boldsymbol{G}\neq 0$ 对应的 U 项称为 Umklapp 项.式(2.3.11)是在 $\boldsymbol{k}$ 和 $\boldsymbol{k}'$ 属于同一谷的情况下才成立。当 $\boldsymbol{k}$ 和 $\boldsymbol{k}'$ 不属于同一谷时，$C_{\boldsymbol{kk}'}(0)$ 可能与 1 偏离很大。所有这些情况使式(2.3.8)的求解很困难.Shindo 等人[10]用变分计算所得到 P,As,Sb 等基态能量分别为 58.0,53.0,46.7meV，比前面的单谷 HEMT 有所改进。Ning 和 Sah[9] 用包含两个调整参数的赝势以及各向同性有效质量，用式(2.3.18)的形式构造变分函数，对 H 变分求能量,得到式(2.3.19)所对应的 A_1,E,T_2 分裂的基态能量,分裂值与 Aggarwal 等[8,13]和 Kailer 等[14]的实验符合得较好。

(二) Si 和 Ge 等价带顶附近的受主能级。可以并行地讨论价带顶附近的受主能级，和前面不同在于，对应受主作为负电中心,形成库仑排斥势

$$U(r) = \frac{e^2}{\varepsilon r}, \tag{2.3.20a}$$

而且价带顶电子有效质量是负的 (见 § 1.6)，所以式(2.3.21)左边

整个地添上一负号(此时，可把 m^* 看成正的空穴有效质量).所以对应的本征能量为正的分裂值，相当于价带顶以上位置. 实际情况往往是由于价带顶的简并而变得更为复杂。在§1.6中已知,对于 Si 或 Ge 等半导体,如考虑自旋轨道分裂以后,价带顶 $\boldsymbol{k}=0$ 处为四度和二度简并.六个对应的能量和波函数可由式(1.6.12)以及式(1.6.18)求出。设此六个波函数记作: $U_{m0}(\boldsymbol{r})$, $m=1,2,3,4,5,6$ (因为 $\boldsymbol{k}=0$,所以 U_{m0} 即为 Bloch 函数中周期部分)。我们仿照文献[2,3]的做法,将杂质引起的束缚态波函数展开为

$$\varphi(\boldsymbol{r})=\sum_{j=1}^{6}\sum_{k}F_{jk}U_{j0}(\boldsymbol{r})e^{i\boldsymbol{k}\cdot\boldsymbol{r}}. \qquad (2.3.33)$$

此时,F_{jk} 与前面的 Bloch 表象中的波函数并不完全相同。因为对应的基函数为 $U_{j0}(\boldsymbol{r})e^{i\boldsymbol{k}\cdot\boldsymbol{r}}$,而并非 $U_{jk}(\boldsymbol{r})e^{i\boldsymbol{k}\cdot\boldsymbol{r}}$，我们称此为准 Bloch 表象。如再引入

$$F_j(\boldsymbol{r})=\sum_{k}F_{jk}e^{i\boldsymbol{k}\cdot\boldsymbol{r}}. \qquad (2.3.34)$$

文献[2,3]证明了 $F_j(\boldsymbol{r})$ 和束缚态能量可由下列联立偏微分方程组求出[它是式(2.3.16)在简并情况的推广]:

$$\{\boldsymbol{D}(-i\nabla)+U(\boldsymbol{r})\boldsymbol{I}\}\boldsymbol{F}(\boldsymbol{r})=E_v\boldsymbol{F}(\boldsymbol{r}), \qquad (2.3.35)$$

其中,$\boldsymbol{F}(\boldsymbol{r})=\{F_1(\boldsymbol{r}),F_2(\boldsymbol{r}),F_3(\boldsymbol{r}),F_4(\boldsymbol{r}),F_5(\boldsymbol{r}),F_6(\boldsymbol{r})\}$ 为六维向量场，I 为六维么矩阵。$\boldsymbol{D}(-i\nabla)$ 为六维矩阵，具体形式由式(1.6.12)及(1.6.15)给出，只要将该式所有矩阵元的 $\boldsymbol{k}$ 代之以 $-i\nabla$,即

$$[\boldsymbol{D}(-i\nabla)]_{jj'}=D_{jj'}^{\alpha\beta}\left(-i\frac{\partial}{\partial x^{\alpha}}\right)\left(-i\frac{\partial}{\partial x^{\beta}}\right)-\Delta\cdot\varepsilon_j\delta_{jj'}, \qquad (2.3.36)$$

其中重复指标 α,β 对三个分量求和。

联合式(2.3.34),(2.3.33)可得 $F_m(\boldsymbol{r})$ 和真实波函数 $\varphi(\boldsymbol{r})$ 的关系为

$$\varphi(\boldsymbol{r})=\sum_{j=1}^{6}F_j(\boldsymbol{r})U_{j0}(\boldsymbol{r}), \qquad (2.3.37)$$

所以 $F_m(\boldsymbol{r})$ 亦为调制 Bloch 波的包络部分。

由于方程组求解的困难，受主能级的理论计算进展比施主的要慢。直到近年来在式(2.3.35)基础上具体求解获得较好的进展。Pantelides[4] 和 Baldereschi 等[15]获得了在 Ge 中与实验符合极好的施主激发态能级，说明经过正确的计算，很复杂的方程组确实能得到正确的激发态。

对于 Si 的情况，理论与实验符合得略差些。对于化合物半导体，由于没有掌握可靠的有效质量数据，了解得更少些。对于受主基态，Si 中算得的最好值为 44meV[15]，对于 B，Al，Ga 和 In 的实验值分别为 45，68，71 和 151meV。

小结

由长程库仑缺陷势引起的浅杂质能级和波函数，可很好地用有效质量近似理论(EMT)来描述，此时浅能级的波函数集中在导带底或价带顶附近的 Bloch 态，能量在导带底以下或价带顶以上附近处，且满足类氢模型的能级公式(2.3.22)。对于激发态，由于束缚态的范围比起晶格常数大很多，EMT 的计算结果与实验符合得十分好。对于基态，单谷类氢 EMT 计算结果与实验有定量的差别。原因主要是由于在缺陷中心原胞处，缺陷势不再能用简单的类氢屏蔽库仑势来描写，而与具体的杂质类型有关，造成不同杂质有不同基态的化学移动。另外，由于该处势的变化较快，引起势的傅里叶分量也有较大的动量部分，因而要考虑谷和谷间的相互作用，从而引起简并态的分裂。此外，还要考虑 Umklapp 项等。

§ 2.4 深能级[1—3]的集团模型 (cluster) 方法、Koster-Slater 格林函数方法和负 U 中心

如上节所讨论，有效质量近似对于长程库仑势引入的浅施主和受主的激发态一般能得到与实验符合相当好的结果，这些状态在空间的局域程度比晶格常数大得多，而在 $\boldsymbol{k}$ 空间却局域于能带

极值附近。对于短程势引入的深能级，早期人们曾照搬有效质量理论来计算而完全失败。比如 Si 中引入 S 形成双施主，对于第二个电子的束缚能用 HEMT 估计约为 124meV，而实验值则大于 600meV。又比如 GaP 中引入 N（占据 P 位），N 和 P 有相同的价电子数，因此是等电子杂质，实验发现，它在导带底以下 10meV 左右引入一个缺陷能级，虽然离开导带十分靠近，但也完全不能用库仑势的 EMT 来计算。现在知道，这些缺陷能级都属于短程缺陷势引起的深能级。一般来说，深能级的特点是具有短程缺陷势（并不排斥附加长程的库仑势），而其波函数的主要部分在实空间十分局域[14,18,19]，而在 k 空间十分扩展[14,20]。如果用 Bloch 函数表象，则可能同时包含导带和价带的成分[20]。由此可以清楚地看到，上节中关于 EMT 的两个近似假设都完全不适用。

从上述观点出发可合理地探索、研究深能级及其波函数的方法。实际上，EMT 基于动量表象。由于浅能级波函数在动量空间十分局域，所以只要知道动量空间很小范围的投影值便可大致确定波函数。因此，EMT 是一种合理的办法。反之，深能级波函数在动量空间十分扩展，而在真实空间十分局域，所以我们可以猜想深能级问题在坐标表象来做比动量表象有利。近年来研究深能级比较成功的办法，都符合这样一个原则。对于深能级理论近期发展的评论可参阅文献[1—3]. 在本节，我们将简单介绍集团模型方法[4,9]，然后较为仔细地介绍 Koster-Slater 方法[11-13]。这是两种近年来用得较多、且比较成功的方法。

集团模型方法的早期工作是[4]，Watkins 等人把一块完整晶体简化为 N 个原子的一个大分子。原子之间仍保持晶体原来的近程序，而在大分子中心格点上代之以杂质或空位等缺陷。然后用计算机计算这个大分子的能谱。

设大分子的哈密顿为 h，求 h 的本征值和本征函数

$$h\psi_\nu = E_\nu\psi_\nu, \tag{2.4.1}$$

我们用原子轨道 ϕ_λ 线性组合作为试解。这是量子化学中的标准做法

$$\psi_v = \sum_\lambda c_\lambda^v \phi_\lambda,\qquad(2.4.2)$$

ϕ_λ位于大分子的诸格点位置上。代入式(2.4.1)，得到

$$\sum_\lambda (h_{\mu\lambda} - \varepsilon_v s_{\mu\lambda}) c_\lambda^v = 0,\qquad(2.4.3)$$

其中

$$\begin{aligned} h_{\mu\lambda} &= \langle \phi_\mu | h | \phi_\lambda \rangle, \\ s_{\mu\lambda} &= \langle \phi_\mu | \phi_\lambda \rangle. \end{aligned}\qquad(2.4.4)$$

能量E_v由下列行列式等于零来决定：

$$\det | h_{\mu\lambda} - \varepsilon_v s_{\mu\lambda} | = 0.\qquad(2.4.5)$$

如果大分子包含N个原子，每个原子有l个原子轨道，则式(2.4.5)为$N \times l$阶行列式。可用计算机求解式(2.4.5)及式(2.4.3)。对于矩阵式(2.4.4)，可以根据已知的原子轨道ϕ_λ，已知晶格位置以及势，通过计算机计算，也可用半经验的办法定出。后者为研究化学分子结构时常用，称为 Extended Hückel 理论（EHT），即采用下列关系：

$$\begin{aligned} h_{\lambda\lambda} &= -I\lambda \\ h_{\mu\lambda} &\underset{\mu\neq\lambda}{=} -K\frac{I_\mu + I_\lambda}{2} s_{\mu\lambda}, \end{aligned}\qquad(2.4.6)$$

其中，I_λ为由实验定出的轨道ϕ_λ的电离势，可以从文献中查得[24]，K为1至2间一个调整参数，$s_{\mu\lambda}$可由已知原子轨道后由式(2.4.4)计算得到。往往先将ϕ_μ线性组合成大分子所满足的点群不可约表示的基，再按式(2.4.2)线性组合.这样往往可以把行列式(2.4.5)分成几个低阶行列式，大大节省计算机时，进一步的细节可参阅文献[4,5]。

为了避免大分子表面引起禁带中附加的表面态与缺陷态相混淆，必须用各种办法使表面原子的悬挂键饱和，并且验证没有缺陷中心的大分子确实不在禁带产生表面能级。具体计算表明，当大分子的原子数目N由几个逐渐增到几十个时，能谱演变成对应固体中的导带和满带，见图2.4.1，而缺陷在禁带中形成附加的能级。

近年来发展了好几种略为不同的集团模型方法，夏建白用高斯型原子轨道以及赝势来计算式(2.4.4)矩阵元[6]． Hemstreet[7] Deleo 等[8]及吴汲安等[9]将量子化学中的 X_α 散射方法用于集团模型，计算过渡元素杂质深能级获得一系列结果．集团模型方法有一系列优点，比如可以比较方便地引入缺陷引起的晶格畸变效应．但集团模型方法也存在一系列严重缺点，比如集团的表面虽然用各种办法使表面原子的悬挂键饱和，仍然会对中心的缺陷态问题产生影响． 一种改进的办法是把大分子再进行重复排列，组成晶体 (molecular unit cell approach)，这样可以完全避免表面的问题，但又产生新问题，因为这样相当于高密度有序掺杂，这和

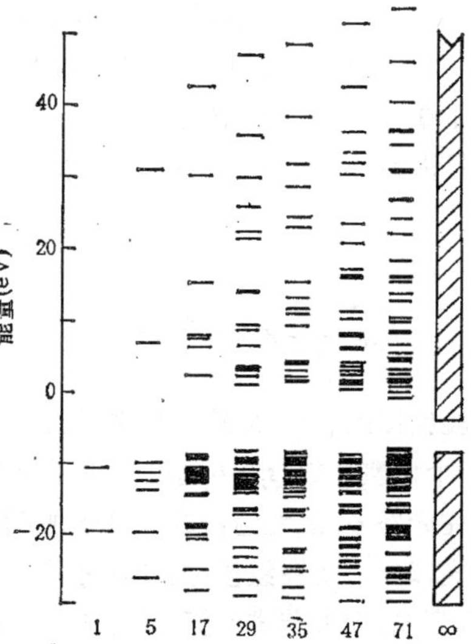

图 2.4.1 用集团模型计算所得晶体能带的能级分布图．图下端的数字为集团所用原子数．

低密度无序掺杂的实际情况并不一样．另一困难可能来自深能级波函数本身的特点，对于很多深能级，虽然其波函数的大部分集中在缺陷所在格点的几个原胞以内，但是仍有一部分相当缓慢衰减地扩展到相当大的区域[14,18,19]．所以只有采用很大的集团，才能

获得收敛的结果，在目前的计算机水平上，还不能采用足够大的集团，所以今日集团模型计算的结果，往往还不能和实验定量地符合.

下面介绍 Koster-Slater 格林函数方法(以下简写为 K-S 方法)[11-23]，这是一种近年来研究深能级比较成功的方法. 该方法的出发点在于式 (2.2.16)—(2.2.19) 在某个实空间表象. 我们前面已说过，深能级问题在实空间的表象比动量空间可能更合适. 所以我们采用 §1.1 中所引进的 Wannier 函数 $|\phi_{ni}\rangle$ 正一系表象，其中 n 为能带指标，j 为格点指标，设

$$\phi = \sum_{n,j} |\omega_{nj}\rangle\langle\omega_{nj}|\phi\rangle, \tag{2.4.7}$$

于是式(2.2.16)可写成

$$\langle\omega_{nj}|\phi\rangle - \sum_{j''}\sum_{n'j'}\langle\omega_{nj}|G^0(E)|\omega_{nj''}\rangle \times \langle\omega_{nj''}|U|\omega_{n'j'}\rangle\langle\omega_{n'j'}|\phi\rangle = 0, \tag{2.4.8}$$

式(2.2.19)写成.

$$\det|\delta_{nn'}\delta_{jj'} - \sum_{j''}\langle\omega_{nj}|G^0(E)|\omega_{nj''}\rangle\langle\omega_{nj''}|U|\omega_{n'j'}\rangle| = 0. \tag{2.4.9}$$

将式(2.4.8)，(2.4.9)用到 $G^0(E)$ 矩阵元时，对于指标 n 是对角的. 通过式(2.4.9)可决定能量 E，由式(2.4.8)决定波函数$\langle\omega_{nj}|\phi\rangle$. 可以看出，式(2.4.9)的行列式阶数决定于缺陷势 U 在空间的展宽程度. 对于那些短程势，只在很少的几个格点处，U 才不等零，在另外的格点处，U 都等于零. 这使式(2.4.9)的阶数 J 很小，前面已指出，相当一类深能级缺陷为短程势，而其波函数虽在最近邻处包含一大部分，但有一部分却扩展到比较远的距离. 对比 K-S 方法和集团模型方法，前者决定能量的行列式(2.4.9)，其阶数决定于缺陷势的空间范围，而后者决定能量的式(2.4.5)，其行列式的阶数决定于波函数的空间范围，一般说，比缺陷势的空间范围要大. 虽然 K-S 方法有其优越性，且所用的 Wannier 表象是严格的，但具体计算却很困难[11,19]. 因此，长期以来进展不大. 近年来，用原子轨

道代替 Wannier 函数，使 K-S 方法在进行具体计算时变得容易，成为对深能级进行定量计算的一个比较好的方法[13]。这实际上是一种 LCAO 和格林函数结合的方法．代替式(2.4.7)，将波函数写成

$$\psi=\sum_i c_i|i\rangle,$$

$|i\rangle$为原子轨道函数线性组合成的某种相互正交归一的波函数，见§1.4中的 Löwdin 变换，代入式(2.2.19)可得到

$$\sum_i \langle j|\hat{I}-G^0(E)U|i\rangle\langle i|\psi\rangle=0。\qquad(2.4.10)$$

能量由下列行列式为零求得：

$$\det|\langle j|I-G^0(E)U|i\rangle|=0。\qquad(2.4.11)$$

设U只在一小空间不等于零。记此空间以内的全部$|i\rangle$为A，其余部分为B，于是

$$U_{\text{矩阵}}=\begin{bmatrix}U_{AA} & 0\\ 0 & 0\end{bmatrix},\qquad(2.4.12)$$

式(2.4.11)可简化为

$$\det\begin{vmatrix}I-G^0_{AA}U_{AA} & 0\\ -G^0_{AA}U_{AA} & I\end{vmatrix}=\det|I-G^0_{AA}U_{AA}|=0.\qquad(2.4.13)$$

式(2.4.10)可简化为

$$C_A=G^0_{AA}U_{AA}C_A,\qquad(2.4.14)$$

$$C_B=G^0_{BA}U_{AA}C_A。\qquad(2.4.15)$$

C_A的归一化可作下列考虑

$$I=\langle\psi|\psi\rangle=\langle\psi|UG^0G^0U|\psi\rangle。\qquad(2.4.16)$$

由于

$$[G^0(E)]^2=-\frac{d}{dE}G^0(E)\qquad(2.4.17)$$

以及

$$U|\psi\rangle=\{U_{AA}C_A,0\},\qquad(2.4.18)$$

代入式(2.4.16)，得到

$$-C_A^+ U_{AA} \frac{dG_{AA}^0}{dE} U_{AA} C_A = 1。 \qquad (2.4.19)$$

如已知 U_{AA},式(2.4.13),(2.4.14),(2.4.19)形成一组闭合的方程,完全决定了能量 E 以及波函数 C_A。注意,这是在小得多的子空间 A 中进行的,因此才使具体数值计算成为可能。知道了 C_A,再由式(2.4.15)计算 C_B 是直截了当的。通常,式(2.4.10)中的 $|i\rangle$ 在取原子轨道线性组合时组成按缺陷中心的对称点群某个不可约表示的基函数。因为 G^0 满足这样的对称群不变性,所以 G_{AA}^0 矩阵对于不同不可约表示或同一不可约表示中不同基对应的元均为零.式(2.4.13)可以进一步降为几个低阶行列式的乘积。

上述方法的另一关键在于缺陷势 U 的选取。最严格的方法如下:先选取杂质离子赝势和晶体原子的离子赝势之差作为缺陷势 U_1,根据式(2.4.13)—(2.4.19)算得能量和波函数,再根据求得的束缚态波函数以及满带中态密度变化情况(见§2.2)求得由于引入缺陷后电子密度的改变 $\Delta\rho$,再由 $\Delta\rho$ 以及电学中的 Poisson 方程解出对应的势的改变,计入这种改变以后的缺陷势,记作 U_2,再对 U_2 进行与计算 U_1 时一样的计算,直到收敛,这是一种自洽势的计算[14,15],是至今最为可靠的计算方法,但它的工作量很大。有的学者采用非自洽赝势[16]。Hjalmerson 等[17]干脆将 U_{AA} 作用范围限制于缺陷本身一个格点,式(2.4.13)变成几个独立的一次代数方程。他们假定杂质原子在作为孤立原子时、轨道能量以及晶体原子轨道能量之差与杂质作为半导体中缺陷时引入的缺陷势之间有一定单调对应的关系,讨论了不同杂质的缺陷能级的化学趋势以及多元半导体中缺陷能级随成分的变化获得与实验规律大致相似的结果。任尚元等[18]人在同样的理论框架下,用实验求得的能量由式(2.4.13)反过来决定缺陷势 U,并用式(2.4.14),(2.4.15),(2.4.19)计算波函数。算得的 S^+ 在 Si 中以及 GaP 中反位缺陷波函数与已有的顺磁共振实验比较获得大致相符的结果。但用 EMT[25] 或者 Cluster 方法[26]计算深能级波函数和顺磁共振的实验结果相差均很大。任尚元等人用此方法系统地讨论深能级所得出的一系列结果总结在文献[19]. 贾勇强和秦国刚将在位缺陷势近似推广到最近邻位缺陷势，因而可计及 Jahn-Teller 畸变引起的对称性降低[27]. 他们对 Si 中单空位的波函数计算结果与顺磁共振实验符合得很好，范希庆等人[28]用类似方法计算 Si 中双空位波函数，也获得与实验相符的结果. 这些结果进一步说明深能级缺陷势的短程的本质.

采用格林函数方法来计算深能级还取得其他的重要进展. Zunger 等[21,22]用改进的所谓 quasi-band 格林函数方法来计算过渡元素杂质引入的深能级. Baraff 等人考虑电子与晶格相互作用，由深能级束缚态电子引起的晶格畸变，从而导致某些缺陷所谓负 U 系统[23]. 由于其重要性，我们作简单介绍如下：负 U 系统的概念首先由 Anderson[29] 在讨论无序态时引入的. Baraff 等[23]将此概念用来讨论 Si 中空位. 他们的计算后来被 Watkins 等人的实验所证实[30]. 设想一个空位缺陷的三个荷电状态：V^{++}, V^{+}, V^{0}. 当一个电子占据到空位束缚态因而空位从 $V^{++} \to V^{+}$，系统能量的增加量记作 $E(++\to +)$. 当第二个电子占到空位束缚态，因而空位从 $V^{+} \to V^{0}$，系统能量的增加量记作 $E(+\to 0)$. 它们的能级位置表示在图 2.4.2 中. 要特别说明的是，这里所指的系统能量是指式(1.3.24)所给出的总能. 在这个意义上，能级 $E(++\to +)$ 并不是简单地像前面的单粒子薛定谔方程那样由缺陷势引起的禁带内的能级，这是对缺陷态的禁带能级进一步的理解[23]. 特别在缺陷有大的晶格畸变时，指出这个区别十分重要. 因为这时能级的能量包含了晶格畸变能量. 同样，当第二个电子占到空位束缚态时，系统能量的增加 $E(+\to 0)$ 与 $E(++\to +)$ 相比有如下区别：一方面是由于两个电子的库仑作用，放出第二个电子时要克服排斥力而作功，这使 $E(+\to 0)-E(++\to +)=U$ 为正值. 另一方面，第二个电子使晶格进一步畸变而降低能量，这使 $E(+\to 0)-E(++\to +)=U$ 为负值. 实际上需要将二者同时考虑. 如晶格畸变较大，以致后者作用超过前者时，U 为负值. $E(++\to +)$ 能级在 $E(+\to 0)$ 之上，如图 2.4.2 所示. 这

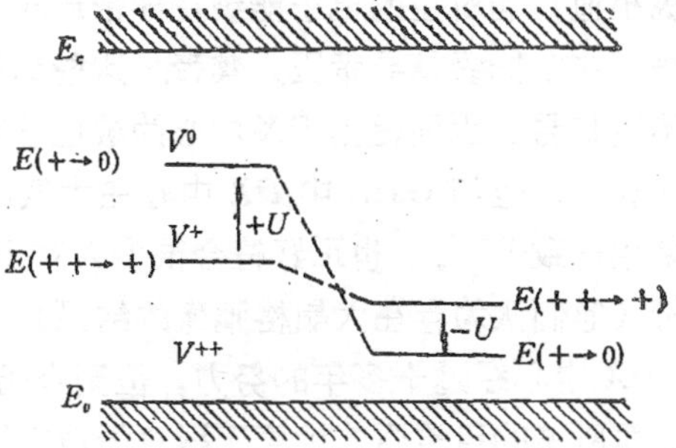

图 2.4.2 Si 中空位形成的负 U 系统，左边能级未考虑晶格畸变，右边能级考虑了晶格畸变[31]。

样一个缺陷系统，称为负 U 系统。

Baraff 等人用自洽格林函数通过对 Si 中空位的计算后指出，这是一个负 U 系统。这很快被 Watkins 等在实验上所证实[30]。

最后，我们将以深能级理论的最新进展作为本节的结束. Chadi 等人[32,33]用类似前面 Cluster 计算中提到的大分子重复排列的方法，组成具有三维大元胞周期的晶体。然后用 §1.3 中所介绍自洽赝势的方法计算晶体的电子结构和晶格电子系统的总能量. 每个大元胞有 18 个原子，中间放一杂质原子. 他们并用数百个原子组成的大原胞进行 LCAO 计算，从而检验原胞大小的收敛性. 他们发现，在 GaAs 晶体中，与反位缺陷有关的 $EL2$ 深能级[34]，以及由浅施主 Si 等引入的 DX 深能级[35]，在缺陷位发生某种晶格畸变时，系统总能量具有极小值. 对于 $EL2$ 深能级，他们的计算表明[32]，As 占 Ga 位的反位缺陷有两个能量极小的稳定位置. 当在正常的 Ga 位时，有一能量较低的极值，相当于稳定态. 当在畸变位时，则有一较高的能量极值，相当于亚稳态. 从稳定态到亚稳态之间的转化，需要克服 0.34eV 的能量势垒. 这与实验定量地符合[36,37]. Dabrowski 和 Scheffler[38] 用类似方法获得了类似的结果[38]。对于 DX 中心，Chadi 等[33]的计算表明，当 Si 施主占有两个电子而形成负电中心时，缺陷位发生某种晶格畸变后，系统总能量具有极小值，而对应的电子能级在导带形成一个共振态．当加以压力后，这个能级从导带压入禁带。这些结果与最近根据顺磁共振看不到信号，因而提出 DX 中心为被电子对占据的负 U 中心的想法一致[39]，也与 GaAs 中 DX 中心在大气压力[40]和高压下的实验结果相一致[41-43]。 也正好符合很多人对 DX 中心大量实验结果分析（他们认为存在大晶格弛豫的结果）一致[35,42,44-46]。尽管 $EL2$ 和 DX 中心经过十多年的努力，但至今仍未完全搞清其本质，而上面所述的自洽赝势计算无疑对澄清问题具有重要价值。最近的这些研究表明，人们对缺陷的研究已进入一新的高度，即定量地研究缺陷的晶格畸变及其所引起的一系列重要的物理效应。另一方面，大原胞方法虽然看来取得一系列重要结果，但方法本身仍需作进一步的探讨。如前面的 Cluster 方法所提到，大原胞方法相当于高密度有序掺杂，与实际的低密度无序掺杂有所不同。前面的格林函数方法也提到，深能级波函数虽然大部分局域在十分小的空间，但还有一个较慢衰减的尾巴扩展到较大的空间去。这些问题在目前采用的十多个原子组成的大原胞计算中会产生什么影响，是值得进一步探讨的。

小结

由短程缺陷势引起的深能级，其缺陷势仅局域在真实空间缺陷格点附近极其小的范围之内，通常仅一至几个格点范围。其波函数的大部分也局域在极小范围之内，但比缺陷势的范围要大，而且向外延伸一个衰减较慢的尾巴。研究深能级较为成功的理论方法包括 K-S 格林函数方法，其方程由式 (2.4.13) — (2.4.19) 给出。方程的维数由缺陷势的空间范围决定。另一种方法是集团方法。其方程由式 (2.4.3) —(2.4.5)给出。方程的维数由缺陷波函数的空间范围决定。其改进的办法是重复集团排列构成晶体的大元胞方法以及引入自洽赝势计算．随着深能级研究的日益深入，考虑缺陷中心周围晶格畸变引起的一系列问题显得日益重要。

§2.5 载流子通过深能级间接复合动力学

在前几节中，我们讨论了缺陷或杂质在禁带内形成束缚态能级的理论。从本节开始，我们将讨论这类能级与导带或价带交换电子的动力学过程。本节将在文献[1]或[2]的基础上讨论动力学过程的基本关系式，在下一节将讨论与此有关的重要实验方法，本章最后一节将讨论有关的微观机理。

实验以及理论计算都说明，电子通过禁带中部深能级 E_t 作为中间状态，从导带跃迁到价带(称作间接复合)比起直接从导带到价带之间的跃迁(称作直接复合)，在大部分实际情况中，其概率要大得多。实际上，即使极小浓度的深能级也能控制这种复合过程，因此，深能级间接复合的研究对于器件研制具有巨大实用价值。

考虑如图 2.5.1 所示出对应的复合过程。在单位时间内，四种过程的跃迁概率(称作跃迁率)为

$$(a) = c_n n p_t, \tag{2.5.1}$$

$$(b) = e_n n_t, \tag{2.5.2}$$

$$(c) = c_p p n_t, \tag{2.5.3}$$

$$(d) = e_p p_t \tag{2.5.4}$$

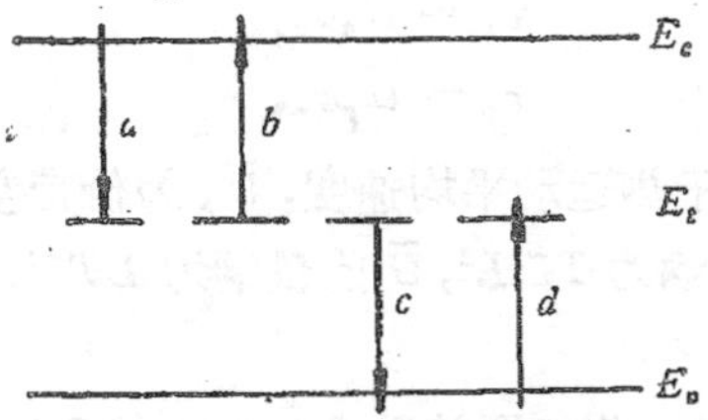

图 2.5.1 电子在深能级与导带、价带交换的四种过程.

其中，n 为导带电子浓度，p 为价带空穴浓度，N_{tt} 为杂质态浓度，$n_t = N_{tt}f_t$ 为杂质态电子浓度 (f_t 为 E_t 电子占据概率)，$p_t = N_{tt}(1 - f_t)$ 为杂质态空穴浓度。此外，定义

c_n：导带电子被 E_t 能级俘获率（capture rate），

c_p：价带空穴被 E_t 能级俘获率，

e_n：电子从 E_t 能级到导带的发射率（emission rate），

e_p：空穴从 E_t 能级到价带的发射率。

以上四个量仅与束缚能级 E_t 有关，为了研究 E_t 能级的重要物理参数以及目前文献中所用符号的混乱，特列出一对照表(表 2.5.1)，以便统一和消除混乱。

表 2.5.1　电子和空穴的俘获率，发射率，在各种文献中所用符号对照表

	电子俘获率	空穴俘获率	电子发射率	空穴发射率
本书，Sah[3]	c_n	c_p	e_n	e_p
Shockley 等[4]	$\langle c_n\rangle=\frac{c_n}{N_{tt}}$	$\langle c_p\rangle=\frac{c_p}{N_{tt}}$		
黄、谢[1]	r_n	r_p	s_-	s_+

在这里我们必须指出，俘获率 c 以及发射率 e，实际上是对导带或者价带诸状态的一个平均值[4]。有时，用俘获截面 σ 代替俘获率．c_n 或 c_p，它们的关系如下：

$$c_n=\overline{U}_n\sigma_n,\qquad c_p=\overline{U}_p\sigma_p, \tag{2.5.5}$$

其中 $\overline{U}_n$ 为导带电子热运动平均速度，$\overline{U}_p$ 为价带空穴热运动平均速度．由于 c 的量纲为 $T^{-2}L^3$，$\overline{U}$ 的量纲为 LT^{-1}，所以 σ 的量纲为 L^2，相当截面。

下面，我们列举一些重要关系式．由式(2.5.1)—(2.5.4)可知，导带至 E_t 电子净俘获率

$$-\left(\frac{dn}{dt}\right)=r_{cn}=(a)-(b)=c_n n p_t-e_n n_t. \tag{2.5.6}$$

价带至 E_t 空穴净俘获率

$$-\left(\frac{dp}{dt}\right)=r_{cp}=(c)-(d)=c_p\cdot pn_t-e_pp_t。\quad(2.5.7)$$

而 E_t 能级上电子数变化率

$$-\frac{dn_t}{dt}=r_{cp}-r_{cn}。\quad(2.5.8)$$

下面，我们一律考虑非简并电子气情况，即导带电子 n 和价带空穴 p 满足 Boltzmann 统计

$$n=n_ie^{(E_{Fn}-E_i)/k_BT}\quad(2.5.9)$$

$$p=n_ie^{(E_i-E_{Fp})/k_BT}。\quad(2.5.10)$$

而 E_t 电子服从 Fermi-Dirac 统计

$$f_T=\frac{1}{1+e^{(E_t-E_{Ft})/k_BT}}。\quad(2.5.11)$$

其中 E_i 为本征能级，n_i 为对应导带电子浓度，E_{Fn}，E_{Fp}，E_{Ft} 分别为导带、价带和 E_t 能级的准费米能级。我们引入下列有用的量:

$$\left.\begin{aligned}n_1&=n_ie^{(E_t-E_i)/k_BT}\\p_1&=n_ie^{(E_i-E_t)/k_BT}\end{aligned}\right\},\quad(2.5.12)$$

即当 E_F 与 E_t 重合时的导带电子和价带空穴数。

由于在热平衡时，$\frac{dn}{dt}=\frac{dp}{dt}=0$，利用式(2.5.6)—(2.5.10)，并考虑 $E_{Fn}=E_{Fp}$，可证明

$$\frac{e_p}{c_p}=p_1,\quad(2.5.13)$$

$$\frac{e_n}{c_n}=n_1。\quad(2.5.14)$$

以上关系是在热平衡情况导出的，在偏离平衡不大的非平衡情况下，可以看作近似成立。式(2.5.13)，(2.5.14)可写成

$$e_p=c_pN_ve^{-(E_t-E_v)/k_BT}\quad(2.5.15)$$

$$e_n=c_nN_ce^{-(E_c-E_t)/k_BT},\quad(2.5.16)$$

其中 N_c，N_v 分别为导带和价带的有效态密度。由上式可看出，发射率 e 与温度的关系变化很大，包含杂质态激活能指数因子。N_v

和 N_c 为温度的 3/2 次方关系[1,2]，变化很慢。在 §2.3 中曾指出，俘获率 c 也可能包含一激活能指数因子，不过这个激活能一般极小，所以 c 随温度的变化也不如 e 那么快。

有时引入所谓等费米能级[3]

$$E_t^* = E_t - k_B T \ln \frac{e_n}{e_p} \tag{2.5.17}$$

或者利用式(2.5.11)—(2.5.14)，可写成

$$E_t^* = 2E_i - E_t - k_B T \ln \frac{c_n}{c_p}。 \tag{2.5.18}$$

在很多情况下，$k_B T \ln \frac{c_n}{c_p}$ 较之上式其他项为小，如果略去，则有

$$E_t^* = E_i - (E_t - E_i), \tag{2.5.18a}$$

说明 E_t^* 相当于 E_t 对于禁带中线 E_i 的对称映象。从下面的讨论中可知，引入 E_t^* 有很大的好处，我们还引入

$$n^* = n_i e^{(E_t^* - E_i)/k_B T} = e_p / c_n, \tag{2.5.19}$$

$$p^* = n_i e^{(E_i - E_t^*)/k_B T} = e_n / c_p。 \tag{2.5.20}$$

它们也满足 $n^* p^* = n_i^2$，相当于 E_F 等于 E_t^* 时的导带电子与价带空穴浓度。现在，我们对同一种缺陷能级 E_T 在因导带电子 n 和价带空穴 p 浓度不同而处于四个不同的情况分别加以定义和讨论。

（一）电子陷阱。此时，有

$$n \gg n^*, p \ll p^* \tag{2.5.21}$$

这相当于条件

$$(a) \gg (d), (b) \gg (c), \tag{2.5.21a}$$

或相当于条件

$$E_{Fn} > E_t^* < E_{Fp} \quad （诸能量差距 > k_B T）。 \tag{2.5.21b}$$

由式(2.5.21a)可把图 2.5.1 形象地画成图 2.5.2(a) 那样。在这种情况下，E_t 能级电子与导带交换频繁，$E_{Ft} = E_{Fn}$。如引入非平衡电子

$$\Delta n = n - n_0,$$
$$\Delta n_t = n_t - n_{t0}, \qquad (2.5.22)$$
$$\Delta p = p - p_0,$$

其中脚标 0 表示热平衡值。由于 $E_{Ft} = E_{Fn}$，因此，Δn_t 与 Δn 同号，这说明当导带电子比平衡值增多时，E_t 上的电子也比平衡值相应增多，这相当于一种电子陷阱效应。

（二）空穴陷阱。此时，有

$$n \ll n^*, p \gg p^*, \qquad (2.5.23)$$

这相当于条件

$$(a) \ll (d), (b) \ll (c), \qquad (2.5.23a)$$

或者相当于

$$E_{Fn} < E_T^* > E_{Fp} \quad (\text{诸能量差距大于 } kT)。 \qquad (2.5.23b)$$

由(2.5.23a)，可把图 2.5.1 画成图 2.5.2(b) 那样。在这种情况下，E_t 能级电子与价带交换频繁，$E_{Ft} = E_{Fp}$，所以 Δp_t 与 Δp 同号，说明空穴陷阱效应。

（三）复合中心。此时，有

$$n \gg n^*, p \gg p^*, \qquad (2.5.24)$$

这条件相当于

$$(a) \gg (d), (c) \gg (b), \qquad (2.5.24a)$$

或者

$$E_{Fn} > E_T^* > E_{Fp}。 \qquad (2.5.24b)$$

此时图 2.5.1 可画成图 2.5.2(c) 那样，电子通过 E_t 落入价带与空穴有一净的复合。

（四）产生中心。此时，有

$$n \ll n^*, p \ll p^*, \qquad (2.5.25)$$

这相当于

$$(a) \ll (d), (c) \ll (b), \qquad (2.5.25a)$$

或者

$$E_{Fn} < E_t^* < E_{Fp}。 \qquad (2.5.25b)$$

此时图 2.5.1 可画成图 2.5.2 (d) 那样。电子通过 E_t 从价带跳到

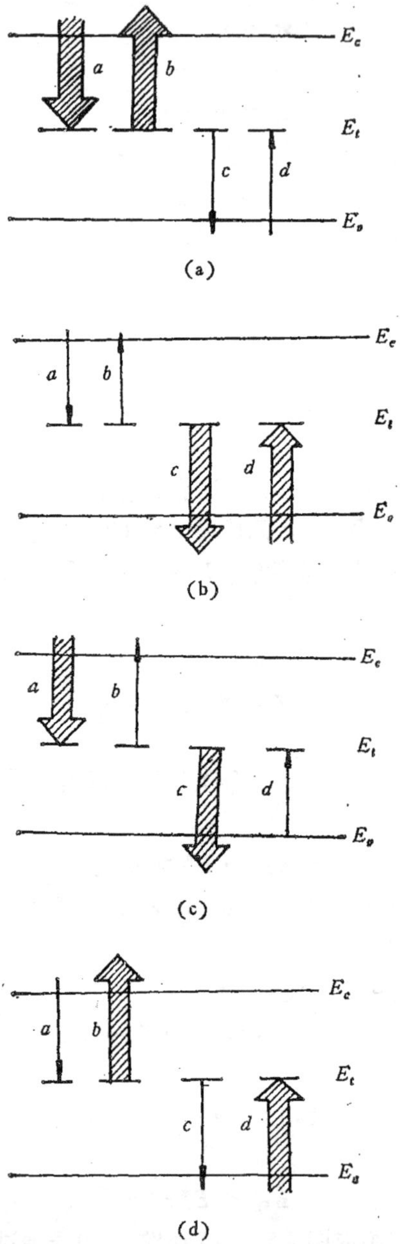

图 2.5.2　深能级与导带、价带交换电子过程的四种情况．(a)电子陷阱；(b)空穴陷阱；(c)复合中心；(d)产生中心．

导带，有一净的产生电子空穴对。

对于进一步讨论复合动力学的问题，值得指出，应该区分下列不同情况。

（一）区分稳态（steady state）和瞬态（transient）。稳态虽然是一种不平衡态，但所有 n, p, n_t 与时间无关。这往往存在一种外加的稳定激励源，如光照、电注入等。所谓瞬态，n, p, n_t 均与时间有关，这往往发生在一种外加的激励源破坏平衡以后，激励源取消或改变以后的弛豫过程。在讨论稳态和瞬态时，都出现时间常数（或称寿命），但必须注意这是两种不同意义的常数，只在某些特殊场合下才相同。

（二）区分大信号和小信号情况。所谓小信号情况，n, p 偏离其多子平衡值很小

$$\Delta n = n - n_0 \ll n_0 \quad (n\text{ 型}),$$

$$\Delta p = p - p_0 \ll p_0 \quad (p\text{ 型})。$$

反之为大信号情况。

下面，我们讨论一个有用的特例：稳态无陷阱寿命。

如上所述，稳态发生在外加一种稳定的激励源，使 n 和 p 偏离了热平衡值，使电子从导带到价带的净复合率不等于零，由于 n_t 是稳定的，所以由式(2.5.8)可得到

$$\gamma_{cn} = \gamma_{cp} = \gamma。$$

如果激励源并不直接导致 E_t 能级与导带、价带之间跃迁概率的改变，则仍可运用式(2.5.6)—(2.5.14)证明

$$\text{净复合率} = \gamma = \frac{N_{tt} c_n c_p (np - n_i^2)}{c_n(n + n_1) + c_p(p + p_1)}, \quad (2.5.26)$$

$$\left.\begin{aligned} n_t &= N_{tt} \frac{c_n \cdot n + c_p \cdot p_1}{c_n(n + n_1) + c_p(p + p_1)}, \\ p_t &= N_{tt} \frac{c_n \cdot n_1 + c_p \cdot p}{c_n(n + n_1) + c_p(p + p_1)}。\end{aligned}\right\} \quad (2.5.27)$$

现在忽略陷阱效应，即设 Δn_t 与 Δn 或 Δp 相比很小，由电中性可知，$\Delta n = \Delta p$。定义稳态寿命为一个非平衡载流子单位时间

内的复合概率,记作 τ_{ss},有

$$\tau_{ss}=\frac{\Delta n}{r}, \tag{2.5.28}$$

利用式(2.5.26),并 $\Delta n=\Delta p$,可得到

$$\tau_{ss}=\frac{\tau_{p0}(n_0+n_1+\Delta n)+\tau_{n0}(p_0+p_1+\Delta n)}{n_0+p_0+\Delta n}, \tag{2.5.29}$$

其中

$$\begin{aligned}\tau_{p0}&=\frac{1}{c_pN_{tt}},\\ \tau_{n0}&=\frac{1}{c_nN_{tt}}.\end{aligned} \tag{2.5.30}$$

式(2.5.26)—(2.5.30)关系是由 Shockley-Read 首先导出[4],在文献中广泛被引用。在文献 [1,2] 中已对公式作了讨论,我们不再重复。我们在此仅对由此引出的一个重要结论作一些讨论。利用式(2.5.12),(2.5.26)并设 $c_n\doteq c_p$,可得到

$$\text{净复合率}\ \gamma=\frac{N_{tt}c_n(np-n_i^2)}{n+p+2n_i\cosh\left(\dfrac{E_t-E_i}{k_BT}\right)}. \tag{2.5.31}$$

上式对于一定的 n, p 和 c_n 来说,当 $E_t\approx E_i$ 时,γ 有极大值。因此,位于禁带中部的深能级 E_t 对于间接复合最有效,但靠近导带底E_c或价带顶 E_v 的处于禁带边缘区的浅能级则不能起有效的复合中心作用。鉴于这个问题的重要性,我们从另一角度来加以讨论。利用式(2.5.6)—(2.5.14),可得到

$$\begin{aligned}\gamma_{cn}&=c_n\cdot np_t\left[1-e^{\frac{(E_{Ft}-E_{Fn})}{k_BT}}\right],\\ \gamma_{cp}&=c_p\cdot p\cdot n_t\left[1-e^{\frac{(E_{Fp}-E_{Ft})}{k_BT}}\right].\end{aligned} \tag{2.5.32}$$

对于小信号情况,$(E_{Ft}-E_{Fn})/k_BT\ll 1$, $n\doteq n_0$,保留到一级近似,有

$$\gamma_{cn}=\frac{c_n\cdot n_0p_{t0}(E_{Fn}-E_{Ft})}{k_BT}。$$

同理，有

$$\gamma_{cp}=\frac{c_n\cdot p_0n_{t0}}{k_BT}[E_{Ft}-E_{Fp}]。$$

现在，γ_{cn} 为电子从导带到 E_t 能级净复合率，相当于能量空间的电流。如把 E_{Ft} 和 E_{Fn} 分别看作导带和 E_t 能级的电压，$(c_nn_0p_{t0}/k_BT)^{-1}$ 看作导带到 E_t 的电阻 R，则上面第一式可写成

$$E_{Fn}-E_{Ft}=\gamma_{cn}R_n, \tag{2.5.33}$$

$$R_n=\frac{k_BT}{c_nn_0p_{t0}}。 \tag{2.5.34}$$

对价带和 E_t 之间，有同样关系

$$E_{Ft}-E_{Fp}=\gamma_{cp}\cdot R_p \tag{2.5.35}$$

$$R_p=\frac{k_BT}{c_pp_0n_{t0}} \tag{2.5.36}$$

式(2.5.33)，(2.5.35)相当于欧姆定理，稳态时，$\gamma_{cp}=\gamma_{cn}$ 相当于电流连续性方程。由式(2.5.33)，(2.5.35)可得到

$$(E_{Fn}-E_{Fp})=\gamma(R_p+R_n), \tag{2.5.37}$$

相当于串联电路，电流 γ 由串联电阻 $R=R_n+R_p$ 决定。利用式(2.5.9)—(2.5.12)，可将式(2.5.34)，(2.5.36)重写成

$$R_n=\frac{k_BT}{c_nn_iN_{tt}}(\underset{①}{e^{(E_i-E_F)/k_BT}}+\underset{②}{e^{(E_i-E_T)/k_BT}}), \tag{2.5.38}$$

$$R_p=\frac{k_BT}{c_pn_iN_{tt}}(\underset{③}{e^{(E_F-E_i)/k_BT}}+\underset{④}{e^{(E_t-E_i)/k_BT}})。 \tag{2.5.39}$$

由式(2.5.38)，(2.5.39)可知，可以把禁带分成图 2.5.3 所示的区，其中 E_F' 为 E_F 对于 E_i 的对称反射能级。当 E_t 在 E_F 和 E_F' 以内的“深能区”时，第③项最大，R 与 E_t 位置大致无关。当 E_t 在浅能区 1 时，式 (2.5.39) 中第④项变得特别大，此时由于 E_t 离 E_v 太

远，E_t 与 E_v 之间的电阻变得特别大，而且与 E_t 位置很灵敏，因而复合电流很小，同理当 E_t 在浅能区 2 时，式(2.5.38)中第②项变得特别大(而且与 E_t 位置很灵敏)，E_t 与 E_c之间的电阻特别大，复合电流很小。这就说明了只有 E_t 在深能区，才能有效地起到复合作用。

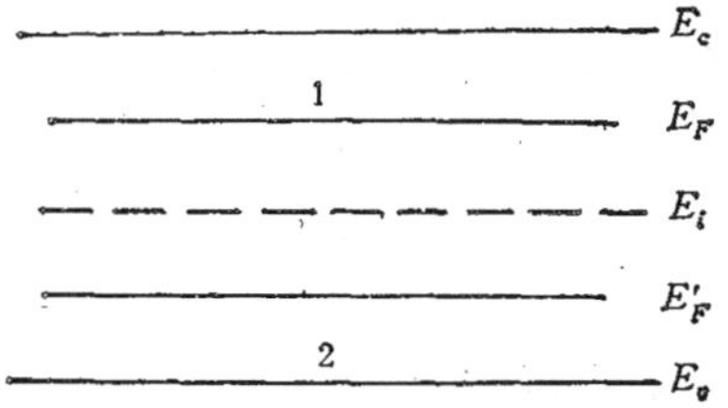

图 2.5.3 讨论深能级对电子复合时的作用，将禁带分成几个区.

把电子在诸能量状态间的跃迁看作一维空间的流动，用一根包含电子元件的线路来模拟，这是一种极有用的想法。它可以引用电路理论中已经熟知的结论使问题明朗化。从数学上讲，可以借用电路理论公式。在小信号近似下，相当于线性元件，还可以推广到 E_t 能级电子随 n 和 p 的变化而变化的情况，这相当于一个电容的充放电荷。可引入一电容元件模拟，对于空间不均匀的情况，可以将空间分成许多小块串起来.于是，电子在空间的传播以及在能量空间的传播，统一归结为一个电路网络，特别适合于用计算机辅助分析求解。Sah 在文献 [3,5,6] 中对此作了系统的分析，并将这种方法应用到很多具体问题中去。 文献[7]将此方法推广到大信号瞬态的情况，并进行了分析，从而使该方法成为一种更为有力的分析手段。

§ 2.6 利用瞬态方法研究缺陷能级

目前，深能级的实验研究，主要利用各种电子学方法、磁共振和光学等方法，本节讨论最重要的瞬态方法。想要进一步了解的读者可以参阅有关评论文献[1-5]。

各种瞬态电子学研究方法大致可归结为下列效应：当待研究半导体材料形成一个结(p-n 结或 Schottky 结)，在结区用各种办法形成一个偏离稳态的初条件时，深能级电子为了达到稳态，将经过一个有限的弛豫时间，这个时间与深能级电子或空穴的发射率 e_n 和 e_p 有关。在弛豫过程中，电子或空穴从深能级放出，并被结电场扫除，形成电流，同时，结电容发生变化，检测电流或电容的变化情况可以得到有关深能级的各种物理参数。这种结电容或电流瞬态测量方法是目前电子学研究深能级的主要方法。下面我们对各种方法有关的物理机制以及方法本身作扼要介绍。

2.6.1 半导体结势垒区(空间电荷区)的瞬变分析

利用半导体结空间电荷区的瞬变分析来研究深能级的想法，最早是由 Sah[1] 在 1965 年和 Williams 在 1966 年分别独立提出来的。Sah[7-8] 和他的学生在 1967 年以后的一系列工作，系统地分析和发展了一系列方法，为目前采用的大部分方法奠定了基础。Lang[9] 在 1974 年在 Sah 等工作的基础上，将半导体结瞬变分析与温度扫描结合起来，并采用率窗检测形成所谓 DLTS 方法，使瞬变方法具有谱性能，这种方法适用于多种深能级的扫描检测。成为目前深能级研究和检测的常用手段之一。

在本节，我们要探讨几个最重要的有关物理问题。

高频结电容　在所有的分析中，对半导体作耗尽层近似，就是说，比如图 2.6.1 所示的 n 区势垒区。存在一个明显的界线 W，在 W 以右导带电子浓度为 n_0，体保持电中性，故没有电场变化，在 W 以左，导带电子耗尽(没有导带电子)，对空间电荷密度贡献为 qn_0，q 为电子电荷绝对值。对于势垒区的另一端，即图 2.6.1 中的 0 界面处，可以作同样的分析（对于另一端为金属的情况，其结论是一样的)。就是说，整个结的空间电荷区局限在某个一定的区内。区的宽记作 W，这个区有明显的边界.现在，如果在结两端加一小信号高频电压，频率如此之高，以致来得及响应的电荷移动仅仅为自由载流子的移动，其弛豫时间为 10^{-12} s。当高频电压变化时，对应势垒宽度在图 2.6.1 所示的 W 处或 0 处作微小振动。因此，电荷的变化仅发生在 W 处和 0 处，这与一个间距为 W 的平板电容的效果是完全一样的，所以高频小信号半导体结电容可写为

$$C=\frac{A\varepsilon}{W},\tag{2.6.1}$$

其中 A 为体面积，ε 为半导体介电常量，以下所指电容均指高频小信号时的情形。

恒定偏压时，势垒区的电荷变化引起的电容变化 对于这样一个极其重要的问题，我们作如下分析：当恒定偏压下半导体结有一定宽度 W 的势垒区，如果势垒区的空间电荷除自由载流子耗尽作出的贡献以外，还有来自其他方面的贡献。比如深能级荷电.

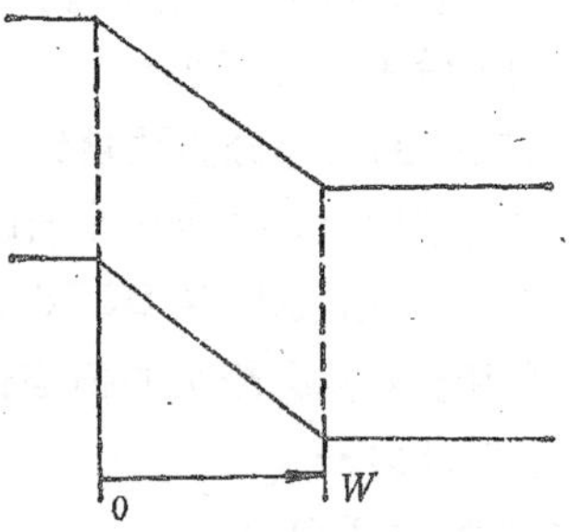

图 2.6.1 一个宽度为 W 的半导体势垒区，其电容效应相当于一个宽度为 W 的平板电容器，中间充以介电常量为半导体介电常量 ε 的绝缘体。

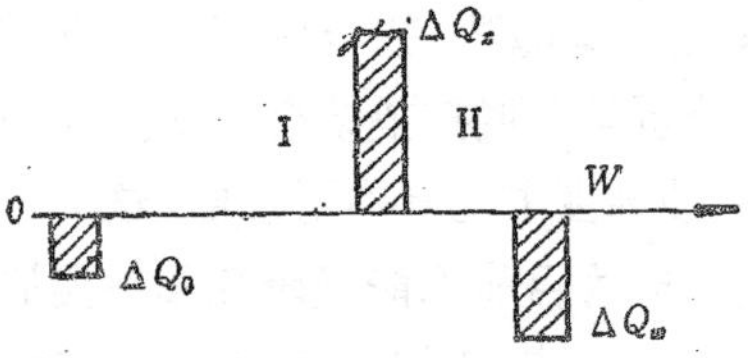

图 2.6.2 半导体势垒区以内 x 处的电荷变化引起势垒两边的感应电荷变化.

现在，如果在图 2.6.2 所示的 x 处、由于电荷改变 ΔQ_x，这将使结电容发生如何的变化呢？因为势垒以外没有电场，所以在势垒两边 0 和 W 处必须感生相反的电荷。由于 ΔQ_0，ΔQ_w，ΔQ_x 在空间 I 和 II 分别产生电场 $\Delta E_{\rm I}$ 和 $\Delta E_{\rm II}$，因为恒定偏压 V_{0w} 的条件，可以

写为

$$\Delta E_{\rm I} x + \Delta E_{\rm II}(W - x) = \Delta V_{0w} = 0,$$

因此，有

$$\frac{\Delta E_{\rm I}}{\Delta E_{\rm II}} = \frac{-(W - x)}{x},$$

或由高斯定理，有

$$\frac{\Delta Q_w}{\Delta Q_0} = \frac{\Delta E_{\rm II}}{\Delta E_{\rm I}} = \frac{x}{W - x}. \tag{2.6.2}$$

联合两式，可得到

$$\begin{aligned} \Delta Q_w &= \frac{x}{W}(-\Delta Q_x), \\ \Delta Q_0 &= \frac{W - x}{W}(-\Delta Q_x). \end{aligned} \tag{2.6.3}$$

由高斯定理，可得到

$$\begin{aligned} \Delta E_{\rm II} &= \frac{-\Delta Q_w}{\varepsilon A} = \frac{\Delta Q_x}{\varepsilon A}\left(\frac{x}{W}\right), \\ \Delta E_{\rm I} &= \frac{\Delta Q_0}{\varepsilon A} = \frac{-\Delta Q_x}{\varepsilon A}\left(\frac{W - x}{W}\right). \end{aligned} \tag{2.6.4}$$

式 (2.6.3) 是一个极重要的基本关系式，它说明在势垒区以内 x 处，如果发生电荷变化 ΔQ_x，将在势垒两界面处感生相等相反的电荷，其分配由式(2.6.2)决定。

界面 0 和 W 处的感生电荷由势垒界面移动而完成。W 处的移动为 ΔW_w(设 W 处为 n 型半导体，自由载流子浓度为 $N_d(W)$)

$$\Delta W_w \cdot qN_d(W) = \Delta Q_w = \frac{x}{W}(-\Delta Q_x), \tag{2.6.5}$$

这里，电子电荷为 $-q$，0 处的移动为 ΔW_0，设 0 处为 p 型半导体，自由载流子浓度为 $N_a(0)$，

$$\Delta W_0 \cdot qN_a(0) = \Delta Q_0 = \frac{W - x}{W}(-\Delta Q_x). \tag{2.6.6}$$

根据式(2.6.5)，(2.6.6)，势垒宽度总增量为

$$\Delta W=\Delta W_w-\Delta W_0=\frac{-\Delta Q_x}{qW}\left[\frac{x}{N_d(W)}-\frac{W-x}{N_a(0)}\right]. \quad (2.6.7)$$

另外，由式(2.6.1)得到

$$\frac{\Delta C}{C}=-\frac{\Delta W}{W} \quad (\Delta C \ll C), \quad (2.6.8)$$

代入式(2.6.7)，得到

$$\frac{\Delta C}{C}=\frac{\Delta Q_x}{qW^2}\left[\frac{x}{N_d(W)}-\frac{W-x}{N_a(0)}\right]. \quad (2.6.9)$$

实际情况往往采用一个单边势垒结，比如一个 p^+n 结或 n-Schottky 结等，此时可将上式 $N_a(0)\to\infty$，式(2.6.9)归结为

$$\frac{\Delta C}{C}=\frac{1}{qW^2N_d(W)}(\Delta Q_x\cdot x). \quad (2.6.10)$$

式(2.6.10)说明，单边势垒结势垒区电荷改变 ΔQ_x 所引起的电容改变，正比于电荷的一次矩 $\Delta Q_x\cdot x$，x 为 ΔQ_x 到物理结面的距离，离开物理结面 0 处越远，相对电容改变越大。而物理结面处的电荷改变(比如结处界面态电荷改变)，基本上不反映电容的改变。

恒定偏压时，势垒区通过深能级产生复合引起的结外电流： 考虑图 2.6.3 所示 p^+n 结，在 n 势垒区，距物理结面 x 到 $x+\Delta x$ 处，由于深能级与导带交换电子引起的结外电流。如电子从深能级发射到导带，将立即被结电场扫到W处，在 II 区形成传导电流密度

$$\begin{aligned}\Delta j_{cII}&=\frac{dn_t(x)}{dt}\Delta x\cdot q\\&=(\Delta x\cdot q)\gamma_{cn}\\&=(\Delta x\cdot q)(-e_nn_t). \quad (2.6.11)\end{aligned}$$

显然以上传导电流不具有连续性，不能保证流出结外。另外，我们现在来考虑 II 区位移电流 Δj_{DII}。由于 x 到 $x+\Delta x$ 区间内电荷增量为$-q\Delta xAdn_t$，其中 A 为面积，由式(2.6.4)可知，将 II 区感生电场为

$$dE_{\text{II}} = -\frac{q\Delta x dn_t}{\varepsilon}\frac{x}{W}.$$

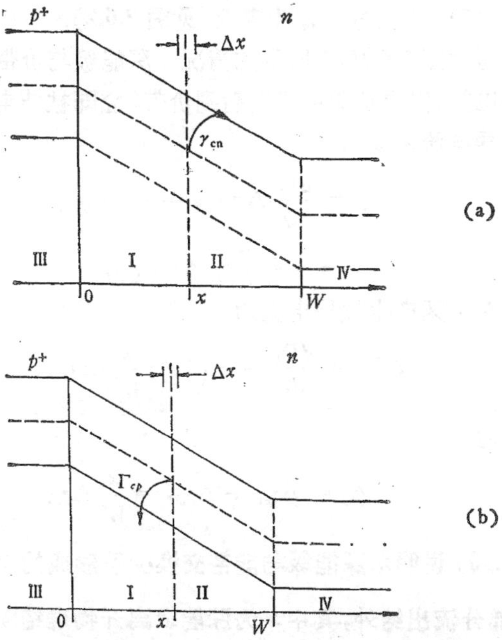

图 2.6.3 (a) 势垒区 x—$x+\Delta x$ 薄层内的深能级发射电子列导带引起的体外电流;(b)同一情况、但深能级发射空穴到价带.

利用上式和式(2.6.4)可得到的对应位移电流为

$$\Delta j_{D\text{II}} = \frac{dD_{\text{II}}}{dt} = -\frac{x}{W}\Delta j_{c\text{II}}. \tag{2.6.12}$$

全电流为

$$\Delta j = \Delta j_{c\text{II}} + \Delta j_{D\text{II}} = \left(1 - \frac{x}{W}\right)\Delta j_{c\text{II}}. \tag{2.6.13}$$

因为全电流是连续的，所以它正是结外测到的电流（我们可考虑 III,I,IV 区的电流,证明全电流的连续性，在现在的情况下，I 区只有位移电流，III，IV 区只有传导电流）．式（2.6.13）说明:

由深能级与能带交换多子形成的多子传导电流，只有$\left(1-\frac{x}{W}\right)$部分流出结外，其中 x 为深能级离开物理结面的距离，剩下的$\frac{x}{W}$部分多子，留在W处成为感生电荷(见图 2.6.2)。

再考虑图 2.6.3(b) 所示的情况，深能级与价带交换空穴引起的结外电流，空穴从深能级发射到价带，立即被结电场扫到零处所形成传导电流密度为

$$\begin{aligned}\Delta j_{c1} &= \frac{dp_t}{dt}\Delta x \cdot q = \Delta x \cdot q\gamma_{cp} \\ &= -e_p \cdot p_t(\Delta x \cdot q),\end{aligned} \tag{2.6.14}$$

而另外在 I 区产生位移电流为

$$\Delta j_{D1} = \frac{dD_1}{dt} = -\left(1-\frac{x}{W}\right)\Delta j_{c1}。 \tag{2.6.15}$$

全电流为

$$\Delta j = \Delta j_{c1} + \Delta j_{D1} = \frac{x}{W}\Delta j_{c1}。 \tag{2.6.16}$$

式 (2.6.16) 说明由深能级与能带交换少子形成的少子传导电流只有$\frac{x}{W}$部分流出结外，其中 x 为深能级离开物理结面的距离。

对于普遍的情况，考虑深能级同时与导带和价带交换电子，其产生的结外电流为上列两部分之和，即

$$\begin{aligned}\Delta j &= \left(1-\frac{x}{W}\right)\Delta j_{c11} + \frac{x}{W}\Delta j_{c1} \\ &= -q\Delta x\left[e_n n_t\left(1-\frac{x}{W}\right) + e_p n_t \frac{x}{W}\right]。\end{aligned} \tag{2.6.17}$$

于是，式(2.6.11)可改为

$$\Delta j_{c11} - \Delta j_{c1} = q\frac{dn_t}{dt}\Delta x。 \tag{2.6.18}$$

上述推导可并行地用于讨论 n^+p 结 p 区的情形，上面用黑体字标出的关于式(2.6.13)，(2.6.16)的两个结论同样适用。

2.6.2 等温条件下的瞬态分析[8]

（一）没有少子注入时的瞬态分析　仍以 n 型单边结为例，设有深能级密度 N_{tt}，能级 E_t。在零偏或小的反偏情况（没有少子注入）下，势垒宽度为 W_1，如图 2.6.4 所示，结区以外的体内，E_T 被电子占满，则有

$$n_t = N_{tt}。\tag{2.6.19}$$

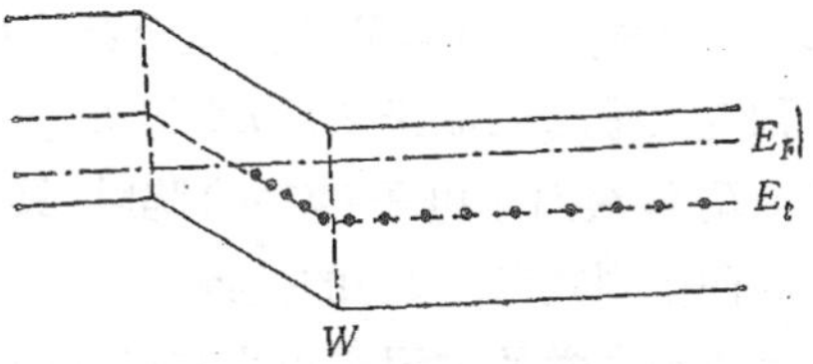

图 2.6.4　零偏情况下，势垒区内深能级的电子填充情况。

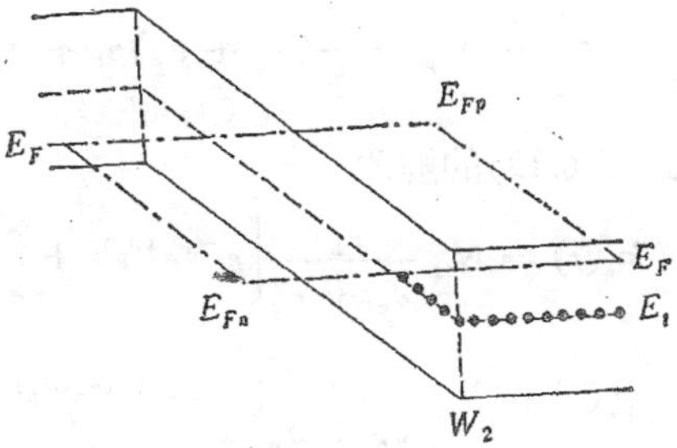

图 2.6.5　反偏情况下，势垒区深能级为电子陷阱 $e_n \gg e_p$ 时达到稳定后的电子填充情况。

设在 $t = 0$ 时，突然加一大反偏电压，在达到新的稳定态之后，势垒展宽到一新的 W_2，如图 2.6.5（若不考虑深能级与 E_F 交点比势垒边界W略为靠左边这样一个“边区效应”时，则可以认为两者是一致的）。在紧接着 $t = 0$ 以后的瞬间，由于自由载流子弛豫时间为 10^{-12} s，它们的重新调整使W立刻从 W_1 变到 W_2，而在 W_1 和 W_2 之间的区域保持满足式(2.6.19)，在过了很长时间达到新的平衡以后，在该区内 n_t 可由式 (2.5.27)决定，利用 $n = p = 0$ 及式

(2.5.13),(2.5.14)可得到

$$n_t = N_{tt}\frac{e_p}{e_p+e_n} = \begin{cases} 0 & e_n \gg e_p, \\ N_{tt} & e_p \gg e_n. \end{cases} \tag{2.6.20}$$

由式(2.6.19),(2.6.20)可知,在 n 型单边结中,对于电子陷阱(多子陷阱),有

$$e_n \gg e_p. \tag{2.6.21}$$

n_t 将发生 $N_{tt}\to 0$ 的瞬变,而对于空穴陷阱(少子陷阱),则有

$$e_p \gg e_n. \tag{2.6.21a}$$

n_t 保持式(2.6.19)的关系而不发生瞬变。这个结论可以从图 2.6.5 中所示出的电子和空穴准费米能级 E_F^n, E_F^p 与 E_t 交错的情况直接看出。在稳定时,E_t 能级对于电子(空穴)陷阱,具有准费米能级 $E_F^n(E_F^p)$,由此可直接得到式(2.6.20)的关系。

进一步讨论瞬变动力学的过程,可由式(2.5.6),(2.5.7)并考虑到势垒区 $n=p=0$ 时,有

$$\frac{dn_t}{dt} = \gamma_{cn} - \gamma_{cp} = -(e_n + e_p)n_t + e_p N_{tt}, \tag{2.6.22}$$

满足初条件式(2.6.19)的解为

$$n_t(t) = N_{tt}\frac{e_n}{e_n+e_p}\left[e^{-(e_n+e_p)t} + \frac{e_p}{e_n}\right],$$

$$p_t(t) = N_{tt}\frac{e_n}{e_n+e_p}\left[1 - e^{-(e_n+e_p)t}\right], \tag{2.6.23}$$

而式(2.6.23)引起 x—$x+\Delta x$ 处的电荷改变为

$$\Delta Q_x = -q\Delta x N_{tt}\frac{e_n}{e_n+e_p}e^{-(e_n+e_p)t}. \tag{2.6.24}$$

所引起电容的改变可由式(2.6.10),(2.6.24)来决定,而通过测量所得到的电容的改变为对 x 积分

$$\frac{\Delta C_{测}}{C} = -\left(\frac{e_n}{e_n+e_p}\right)\frac{\int_{W_1}^{W_2} N_{tt}(x)\,x\,dx}{W_2^2 N_d(W_2)}\cdot e^{-(e_n+e_p)t}. \tag{2.6.25}$$

对于均匀分布的 N_{tt}，上式变成

$$\frac{\Delta C_{测}}{C}=-\frac{1}{2}\left(\frac{N_{tt}}{N_d}\right)\left(1-\frac{W_1^2}{W_2^2}\right)\left[\frac{e_n}{e_n+e_p}\right]e^{-(e_n+e_p)t}$$

$$=\begin{cases}-\frac{1}{2}\left(\frac{N_{tt}}{N_d}\right)\left(1-\frac{W_1^2}{W_2^2}\right)e^{-e_nt} & (e_n\gg e_p),\\ 0 & (e_p\gg e_n).\end{cases}\tag{2.6.26}$$

式(2.6.26)说明，对于多子陷阱，$\Delta C_{测}$随时间衰减，时间常数为多子发射率的倒数 e_n^{-1}，而 $\Delta C_{测}$的幅度为负值，且与 $\frac{1}{2}\frac{N_{tt}}{N_d}$ 成正比。对于少子陷阱，则测不到电容瞬变信号，注意式(2.6.26)是在限止条件

$$\Delta C_{测}\ll C\tag{2.6.27}$$

时成立的。图 2.6.6 为多子陷阱瞬态电容变化图。

现在我们再考察电流瞬态。由式 (2.6.11)，(2.6.16)，(2.6.17) 可看出，由 $x\to(x+\Delta x)$ 这一段深能级电子变化所引起的瞬态电流为

$$\Delta j=\left(1-\frac{x}{W_2}\right)\Delta x\cdot q\cdot(-e_nn_t)\quad(\text{电子发射电流})$$

$$+\left(\frac{x}{W_2}\right)\Delta xq(-e_pp_t)\quad(\text{空穴发射电流}).\tag{2.6.28}$$

测到的电流为其积分

$$j_{测}=-q\int_{W_1}^{W_2}\left[\left(1-\frac{x}{W_2}\right)e_nn_t+\frac{x}{W_2}e_pp_t\right]dx.\tag{2.6.29}$$

设 N_{tt} 为均匀分布，且 $W_1=0$，于是上式变成

$$j_{测}=-\frac{W_2}{2}[e_nn_t+e_pp_t].\tag{2.6.30}$$

将式(2.6.23)代入上式，得到

$$j_{测}=-q\left(\frac{e_n}{e_n+e_p}\right)\frac{W_2}{2}N_{tt}[2e_p$$

$$+(e_n-e_p)e^{-(e_n+e_p)t}],\tag{2.6.31}$$

第一项为常数，它归结于反向漏电，第二项为瞬变电流 $\Delta j_{测}$

$$\Delta j_{测} = -\frac{qW_2N_{tt}}{2}\frac{e_n(e_n-e_p)}{(e_n+e_p)}\cdot e^{-(e_n+e_p)t}$$

$$= \begin{cases} -\dfrac{qW_2N_{tt}}{2}e_ne^{-e_nt} & (e_n \gg e_p), \\ \dfrac{qW_2N_{tt}}{2}e_ne^{-e_pt} & (e_p \gg e_n)。\end{cases} \qquad (2.6.32)$$

由式(2.6.32)可知，对于多子陷阱，具有可测的瞬态电流，其时间常数为 e_n^{-1}，其幅度为负值(与反向电流同向)、且正比于 $\frac{W_2N_{tt}}{2}e_n$，如图 2.6.7 所示。 对于少子陷阱具有极其微小的幅度为正值的瞬态电流，它扫出的总电荷具有因子 e_n/e_p，一般是极其微弱，而实际上则是测不到的。

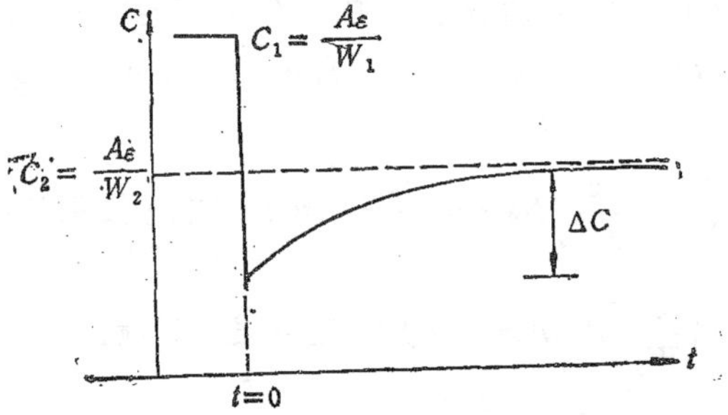

图 2.6.6 多子陷阱瞬态电容变化.

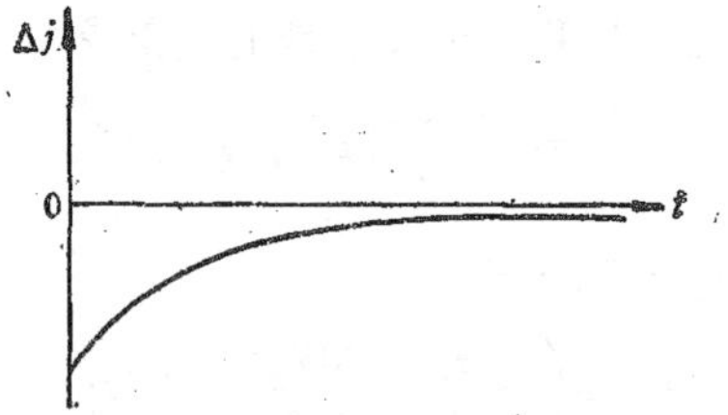

图 2.6.7 多子陷阱瞬态电流变化.

（二）具有少子注入情况的瞬态分析 从前面的分析中可看

出，少子陷阱所以没有瞬态信号，这是因为初始条件式(2.6.19)与最终达到稳定时的条件一样，所以只要设法改变初条件，就可获得瞬态信号。 最简单的办法为初始时正向注入少子(但此方法当然不适用于 Schottky 结)，如图 2.6.4 的零偏代之以大的正偏，且注入 $n = p \gg n_1, p_1$，就有大量陷阱电子落入价带，如图 2.6.8 所示。

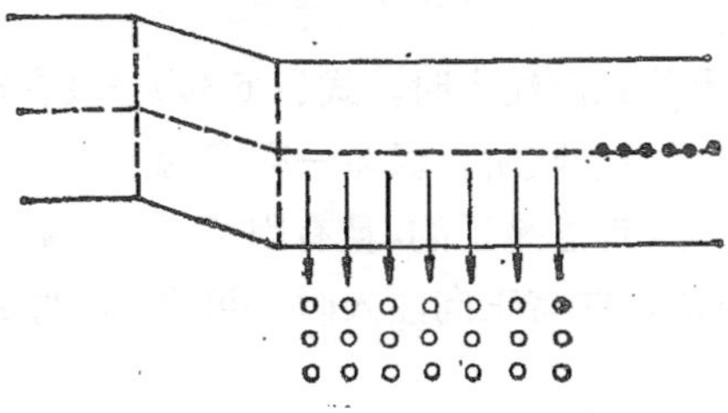

图 2.6.8 在 $t < 0$ 的脉冲期间正偏，有少子注入. 部分陷阱电子落入价带.

如果正偏时间足够长，达到稳定态，由式(2.5.27)可得到

$$
\begin{aligned}
n_t(0) &= N_{tt}\eta, \\
P_t(0) &= N_{tt}(1-\eta),
\end{aligned} \tag{2.6.33}
$$

$$
\eta = \frac{c_n}{c_n + c_p}。 \tag{2.6.34}
$$

在 $t > 0$ 的瞬变过程中，仍满足式(2.6.22)，初始条件为式(2.6.33)，对应的解为

$$
n_t(t) = N_{tt}\left(\frac{e_n}{e_n + e_p}\right)\left\{\left[\eta - \frac{e_p}{e_n}(1-\eta)\right] \cdot e^{-(e_n+e_p)t} + \frac{e_p}{e_n}\right\},
$$

$$
P_t(t) = N_{tt}\left(\frac{e_n}{e_n + e_p}\right)\left\{1 - \left[\eta - \frac{e_p}{e_n}(1-\eta)\right] \cdot e^{-(e_n+e_p)t}\right\}。
$$

(2.6.35)

当 N_{tt} 均匀分布时，$\Delta C_{测}$ 由式(2.6.26)改写为

$$
\frac{\Delta C_{测}}{C} = -\frac{1}{2}\left(\frac{N_{tt}}{N_d}\right)\left(1 - \frac{W_1^2}{W_2^2}\right)\left(\frac{e_n}{e_n + e_p}\right)
$$

$$\cdot\left[\eta-\frac{e_p}{e_n}(1-\eta)\right]e^{-(e_n+e_p)t}$$

$$=\begin{cases}-\dfrac{1}{2}\left(\dfrac{N_{tt}}{N_d}\right)\left(1-\dfrac{W_1^2}{W_2^2}\right)\eta e^{-e_nt} & (e_n\gg e_p),\\ \dfrac{1}{2}\left(\dfrac{N_{tt}}{N_d}\right)\left(1-\dfrac{W_1^2}{W_2^2}\right)(1-\eta)e^{-e_pt} & (e_p\gg e_n)。\end{cases}$$

(2.6.36)

由此可见，当有大的正向注入时，式(2.6.36)与没有正向注入的式(2.6.24)相比，对于多子陷阱，仅多一幅度因子 η，对于少子陷阱，现在也有瞬态信号，幅值是正的，且有因子 $(1-\eta)$。

对于瞬态电流，在有正向注入时，可用下两式来代替式(2.6.31)，(2.6.32)：

$$j_{测}=-q\left(\frac{e_n}{e_n+e_p}\right)\frac{W_2}{2}N_{tt}\left\{2e_p+\left[\eta-\frac{e_p}{e_n}(1-\eta)\right](e_n-e_p)\right\}e^{-(e_n+e_p)t},\qquad(2.6.37)$$

$$\Delta j_{测}=-q\left(\frac{e_n}{e_n+e_p}\right)\frac{W_2}{2}N_{tt}\left[\eta-\frac{e_p}{e_n}(1-\eta)\right]\times(e_n-e_p)e^{-(e_n+e_p)t}$$

$$=\begin{cases}-q\dfrac{W_2}{2}N_{tt}\eta e^{-e_nt} & (e_n\gg e_p),\\ -q\dfrac{W_2}{2}N_{tt}(1-\eta)e^{-e_pt} & (e_p\gg e_n)。\end{cases}\qquad(2.6.38)$$

由此可见，在正向注入条件下，多子陷阱的瞬态电流仅多了一个因子 η，而少子陷阱也有负的幅度的瞬态电流，并有因子 $(1-\eta)$。

综上所述，可得出如下结论：对于没有正向注入初始条件的情况，多子陷阱具有负幅的电容和电流瞬态信号，如式(2.6.26)，(2.6.32)所示，少子陷阱没有瞬态电容和电流信号。对于有正向注入初始条件的情况，多子陷阱仍具有负幅的电容和电流瞬变信号，如式(2.6.36)，(2.6.38)所示，与式(2.6.26)，(2.6.32)相比，仅仅多一

幅度因子 η，η 也可能为零。少子陷阱也有正幅的瞬态电容信号和负幅的瞬态电流信号，如式(2.6.36)，(2.6.38)所示。由此可知，对电容瞬态信号，从其幅度的正、负号可判别是多子还是少子陷阱。

以上结论可以同样适用于 p 单边结，只要将所有的脚标 n 和脚标 p 互换，所有的电子浓度 n 改成空穴浓度 p。图 2.6.9 示出的是总结了以上的瞬态信号。

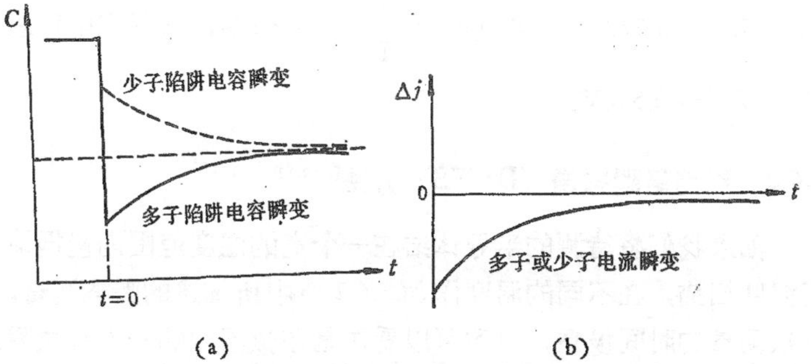

图 2.6.9 (a)电容瞬变的幅度因子，对于多子和少子来说，它们的符号是相反的；(b)电流瞬变的幅度因子，对多子和少子来说，它们的符号是相同的.

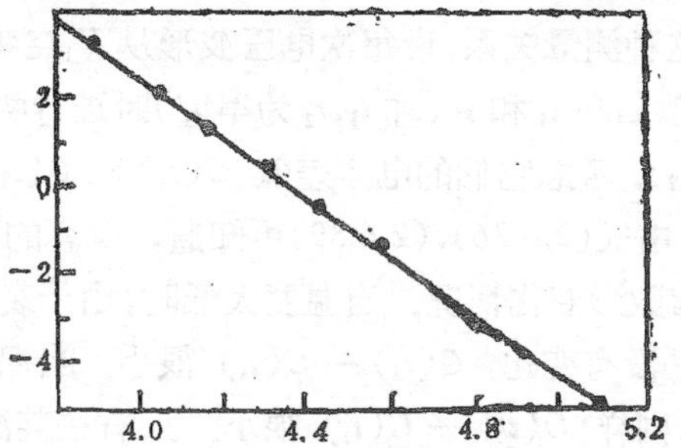

图 2.6.10 n 型 Si 中金受主能级的对数发射率 $\ln e_n$ 与温度之间的关系。由此求得 $E_c - E_T = 0.578\text{eV}$. 若考虑 $\ln\left(\frac{e_n}{T^2}\right)$和温度关系，求得 $E_c - E_T = 0.54\text{eV}$[11].

最后，从上述分析中可知，测量电流或电容瞬变信号，由衰减

时间常数可获得 e_n 或 e_p 值.在不同温度下测量 e_n 和 e_p 作为温度的函数,并从式(2.5.15),(2.5.16)可求得电离能 $E_T - E_v$ 或 $E_c - E_T$。通常,$c_n = \bar{U}_n\sigma_n$ (见式(2.5.5)), $U_n \propto T^{1/2}$ 而 σ_n 假定与 T 无关。另外,$N_c \propto T^{3/2}$[10],由式(2.5.16)可得到

$$e_n \propto T^2 e^{-(E_c-E_T)/k_BT}。\tag{2.6.39}$$

图 2.6.10 为 Si 中金受主深能级 $\ln e_n$ 和 $\frac{1}{T}$ 作图[11], 从斜率求得 $E_c - E_T = 0.578\text{eV}$。若改用 $\ln \frac{e_n}{T^2}$ 和 $\frac{1}{T}$ 作图, 从斜率中可求得 $E_c - E_T = 0.54\text{eV}$。

2.6.3 深能级瞬态谱（DLTS）方法[2-9,12]

如果我们将待测的半导体结在一个宽的温度范围内慢慢地进行温度扫描, 在不同的温度作如 2.6.2 节中所描述的瞬态测量,每一次测量的时间极短, 以致可以看作是在该温度的一次等温瞬态测量。为确定起见,我们假定作温度上升扫描,用电容测量 n 型样品中电子陷阱。图 2.6.11 示出测量所用电压波形以及电容变化波形,实际上只测量从 V_1 突变到 V_2 以后两个确定时间的电容值,图 2.6.12 说明这种测量关系.设每次电压波形从 V_1突变到 V_2 的瞬间记作 $t = 0$,然后在 t_1 和 t_2(称 t_1, t_2 为率窗)时进行两次测量, 测得 $C(t_1)$ 和 $C(t_2)$. 考虑它们的电容差值 $C(t_1)$ 和 $C(t_2)$, 并称 $t_2 - t_1$ 为率窗时间,由式(2.6.26),(2.6.39)可知道, 电容的瞬变时间常数 e_n^{-1} 与温度指数形变化情况。当温度太低时,由于衰减太慢,$C(t_1)$ 和 $C(t_2)$ 几乎没有变化, $C(t_2) - C(t_1)$ 很小。当温度太高时, 由于衰减太快,同样 $C(t_2) - C(t_1)$ 很小。只有在某温度时, e_n^{-1} 正好与 $(t_2 = t_1)$大致相当, $C(t_2) - C(t_1)$ 将出现一幅度极大值.现在, 如果样品中有几种不同深能级, 它们的 e_n 随温度变化一般来说各不相同, 在作 DLTS 温度扫描时, 将出现几个峰值,如图 2.6.13 所示。每一个峰值对应一种深能级, 这种深能级在此峰值温度下的发射率 e_n 与率窗时间 t_1, t_2 有如下关系(请读者自己证明):

$$e_n^{-1} = \frac{t_2 - t_1}{\ln\left(\frac{t_2}{t_1}\right)}。 \tag{2.6.40}$$

由于 DLTS 具有深能级温度谱的性质，也就是说，一定类型的深能级具有一定的峰值温度 T_M，所以常用它来识别半导体材料中的深能级含杂情况，由式(2.6.26)，(2.6.27)可知，当深能级浓度 N_{tt} 比

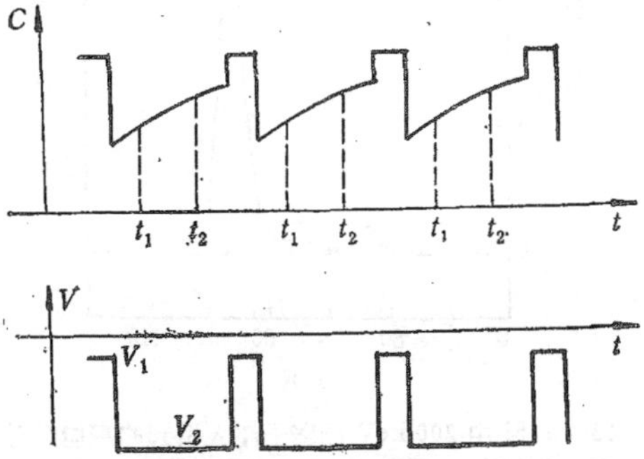

图 2.6.11　作 DLTS 测量时的瞬变电容时间图(上)以及加在半导体结两端的电压波形图(下)。

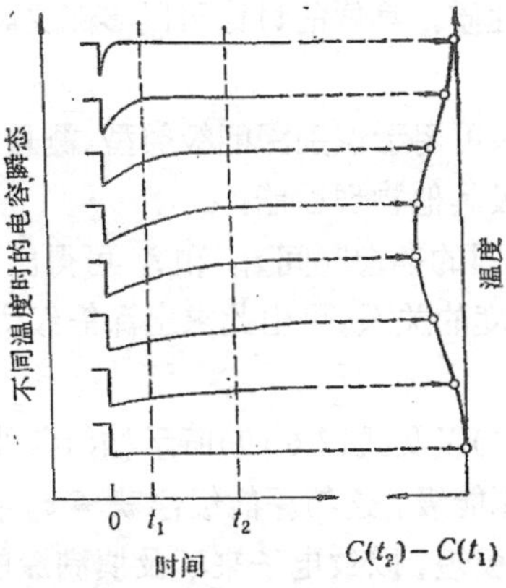

图 2.6.12　此图说明 DLTS 原理。

掺杂浓度 N_d 小很多时。DLTS 峰的高度正比于该类深能级浓度 N_{tt}，峰的位置 T_M 对应深能级的类型。

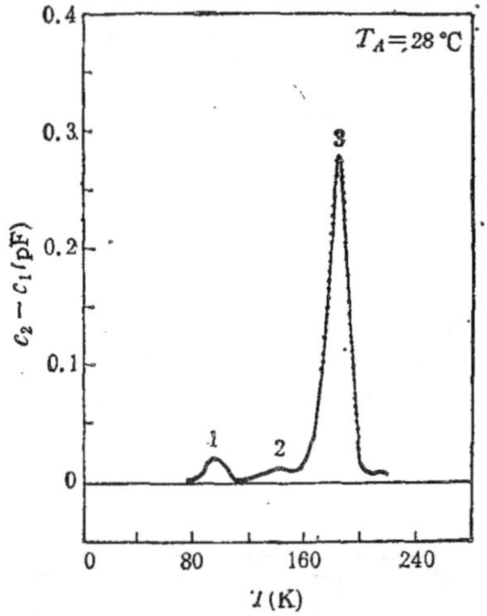

图 2.6.13 n-Si 中 200 keV 硼离子注入引起的深能级对应的 DLTS 图. 率窗时间 $t_1=1$s, $t_2=2$s[13].

用 t_1,t_2 两个时间的电容差值办法作深能级谱的方法并不是唯一的，用不同的权函数对衰减信号在一定时间间隔内进行处理亦都可以得出谱性质，具体的讨论可以参阅文献[2,4,12]及有关资料。

DLTS 方法除可用于识别深能级类型、测量浓度外，还可以用于测量下述深能级其他物理性能：

(一) 采取不同的率窗时间 t_1，和 t_2 可得出不同的峰值温度，由此可知 e_n 与温度的关系，可由此求出深能级位置(式 (2.5.15)，(2.5.16))。

(二) 图(2.6.4)以及式(2.6.19)所示初始条件的形成，要靠电子从导带跃迁到深能级，这与深能级俘获率 c_n 有关，如图 2.6.10 中 V_1 持续时间 τ 极短，以致电子来不及填满深能级，DLTS 峰的高度将降低，从不同的 τ 以及相应的 DLTS 峰高的依赖关系可以

得到俘获时间常数 $c_n n$，其中 n 为导带电子浓度[9]。不过很多深能级的 c_n 很大，对应时间常数很短，难以在电子学上实现测量。

（三）研究 V_2 与电容瞬变幅度的关系可大致得到 N_{tt} 在空间分布截面。

（四）如采用 V_1 正偏，对于多子陷阱将产生一负峰，对于少子陷阱将产生一正峰。

DLTS 方法的主要优点如下：

（一）具有谱性能，能识别并分开各种深能级中心。

（二）可测量每种深能级浓度 N_{tt}，$\frac{N_{tt}}{N_M}$ 一般可达到 10^{-4}，这里 N_M 为自由载流子浓度。对于 $N_M = 10^{14}\,cm^{-3}$ 的材料可测 $10^{10}\,cm^{-3}$ 或更少的 N_{tt}，这与其它方法相比具有很高的灵敏度。

（三）设备不复杂，测量较快，分析简单。

DLTS 的主要缺点如下：

（一）当因各种原因而使瞬变不是单指数形式衰减时，DLTS 并不能察觉，由此作出的分析可能有较大的误差。

（二）当两种深能级具有相近的发射率 e 时，DLTS 不能把它们分开。

（三）如果样品用低温工艺制成 Schottky 结，由于正向没有少子注入，因此 DLTS 不能检测少子陷阱中心。

（四）对深能级电子波函数以及缺陷内部结构的判断无能为力。最近发展的应力 DLTS 方法在这方面有所改进[14,15]。

§2.7 磁共振方法研究深能级 (EPR, ENDOR 和 ODMR)

磁共振自 1946 年实验成功以来[1]，已发展成物理和化学领域中研究物质结构的一种强有力手段[2]。60 年代以来，开始利用电子顺磁共振（electron paramagnetic resonance, EPR）和双共振（electron nuclear double resonance, ENDOR）方法研究半导体中缺陷能级的结构，获得一系列成功[3-8]。上一节中已指出，DLTS 等瞬态方法的一个缺点就是不能用来探讨缺陷的微观结构，而磁共振方法恰在这方面有独特的长处。因此，磁共振方法成为全面了解半导体中缺陷性质的一种重要方法。

磁共振是一种很专门的技术手段，我们在此仅对与探测半导体缺陷结构有关的方面作一初步介绍。有些公式不作推导，有兴趣的读者可以进一步参阅有关文献[6,7]。

2.7.1 缺陷电子与磁场的相互作用

从固体物理中我们已经知道，半导体的基本电子结构（只有满带和空带，没有缺陷）是一种饱和电子结构，没有固有磁矩，因此是逆磁性的。

现考虑一个能引入固有磁矩的缺陷中心（如一个杂质），杂质本身为过渡金属，具有不饱和的内层 d 电子，不饱和壳层将具有固有磁矩。又比如缺陷引入一个束缚态而被一个电子占据，也形成固有磁矩。我们先假定缺陷与周围的固体原子没有相互作用，即考虑一个孤立的缺陷原子或离子。此时，如果形成磁矩的电子总角动量为 $\boldsymbol{J}$，轨道角动量为 $\boldsymbol{L}$，自旋角动量为 $\boldsymbol{s}$，则存在如下关系：

$$\boldsymbol{J}=\boldsymbol{L}+\boldsymbol{s}, \tag{2.7.1}$$

其对应的磁矩为

$$\boldsymbol{\mu}=-\beta(\boldsymbol{L}+2\boldsymbol{s}), \tag{2.7.2}$$

其中，$\beta=e\hbar/2mc$ 为玻尔磁子，m 为电子质量。在外磁场 H 作用下，磁矩与磁场作用能由下列哈密顿表示：

$$\mathscr{H}=-\boldsymbol{\mu}\cdot\boldsymbol{H}. \tag{2.7.3}$$

如取 Z 轴为 H 方向，对应的作用能为

$$E(M)=g\beta HM, \tag{2.7.4}$$

其中，$M=-J,-J+1,\cdots,J$ 为总角动量在 Z 轴磁量子数，g 称为 Lande (g) 因子，由下式表示[9]：

$$g=1+\frac{J(J+1)-L(L+1)+s(s+1)}{2J(J+1)}. \tag{2.7.5}$$

考虑到周围固体原子与缺陷的相互作用，上述讨论需要进行修正。首先必须指出，此时存在所谓角动量猝灭现象，就是说，$L=0$，于是，$\boldsymbol{J}=\boldsymbol{s}$，式(2.7.5)对应于 $g=2$，于是，根据式(2.7.2)，(2.7.3)可写出如下缺陷态电子磁矩在磁场 $\boldsymbol{H}$ 下的哈密顿：

$$\mathscr{H}=g\beta\boldsymbol{s}\cdot\boldsymbol{H}。\tag{2.7.6}$$

其中 $g=g_0=2$(更准确地说，$g_0=2.0023$)。关于发生角动量猝灭现象的原因，从经典的角度来看，由于周围原子的存在，形成电子势的高低不平，使电子不能正常地绕缺陷打转。从量子力学的一个简单的讨论中可看出[7]，实际上角动量猝灭并非完全，此时 g 与 g_0 有微小的偏差，而且不是各向同性的。我们先在下一小节中假设完全的角动量猝灭，并讨论电子与核自旋作用引起的超精细结构，然后再回过头来讨论角动量猝灭不完全的情况。

2.7.2 超精细作用

上节已说明，在大部分情况下，固体中缺陷电子存在角动量猝灭，因此缺陷态电子磁矩在磁场 $\boldsymbol{H}$ 的哈密顿近似为式(2.7.6)，即只有自旋的作用(因为这个原因，电子顺磁共振 EPR 往往被称为电子自旋共振 ESR)。

式(2.7.6)中的磁场实际有两部分，一部分为外磁场，另一部分由固体内原子核的磁矩在缺陷位处产生的磁场记作 $\boldsymbol{H}_{\mathrm{Loc}}$，并不是所有原子核都具有磁矩，例如自然界的硅，具有下列几种同位素：

同位素	丰度
^{28}Si	92.27%
^{29}Si	4.68%
^{30}Si	3.05%

(左上角为核中中子数+质子数)其中只有 ^{29}Si 才具有不为零的核磁矩。由于原子核磁矩产生的磁场与电子磁矩相互作用称为超精细作用 (hyperfine interaction)。此时，式(2.7.6)改成

$$\mathscr{H} = g\beta \boldsymbol{s} \cdot \boldsymbol{H} + g\beta \boldsymbol{s} \cdot \boldsymbol{H}_{\mathrm{Loc}}, \tag{2.7.7}$$

$\boldsymbol{H}$ 为外加磁场．已经证明，后面这一项可写成

$$g\beta \boldsymbol{s} \cdot \boldsymbol{H}_{\mathrm{Loc}} = \sum_{k} \boldsymbol{s} \cdot \mathbf{A}_k \cdot \boldsymbol{I}_k, \tag{2.7.8}$$

其中 k 标记晶体中诸格点．$\boldsymbol{I}_k$ 为 k 格点所占原子核的自旋角动量，$\mathbf{A}_k$ 为超精细相互作用张量．k 也包括缺陷所在零格点，张量 $\mathbf{A}_k$ 的三个主轴方向值可写成下列形式：

$$\begin{aligned} A_{k\parallel} &= a_k + 2b_k \quad \text{两个横向值,} \\ A_{k\perp} &= a_k - b_k \quad \text{一个纵向值.} \end{aligned} \tag{2.7.9}$$

张量 $\mathbf{A}_k$ 与待研究的缺陷态波函数有关．如果此波函数用原子的 s 和 p 波函数线性组合来描写[4]，则有

$$\psi = \sum_{k} \eta_k \psi_k, \tag{2.7.10}$$

其中

$$\psi_k = \alpha_k \varphi_{ks} + \beta_k \varphi_{kp}, \tag{2.7.11}$$

$$\alpha_k^2 + \beta_k^2 = 1, \tag{2.7.12}$$

其中 φ_{ks} 和 φ_{kp} 对于 $k \neq 0$ 时为 k 点 Si 的 $3s$ 和 $3p$ 原子波函数．对于 $k = 0$ 时，则为杂质原子对应的 s 和 p 原子波函数．如果假定每一个原子波函数只局域于本格点，即在近邻格点处，原子波函数已衰减到零，可以证明，A_k 和波函数通过下列关系联系起来：

$$(\eta_k \alpha_k)^2 = a_k / a_{k_0}, \tag{2.7.13}$$

$$(\eta_k \beta_k)^2 = b_k / b_{k_0}, \tag{2.7.14}$$

其中

$$a_{k_0} = g g_{nk} \beta \beta_N \frac{8\pi}{3} |\varphi_{ks}(0)|^2, \tag{2.7.15}$$

$$b_{k_0} = \frac{4}{5} g g_{nk} \beta \beta_N \langle \varphi_{kp} | r_k^{-3} | \varphi_{kp} \rangle, \tag{2.7.16}$$

其中 $\varphi_{ks}(0)$ 为原子 s 轨道波函数在原子核处的数值，$\langle \varphi_{kp} | r_k^{-3} | \varphi_{kp} \rangle$ 为原子 p 轨道中 r_k^{-3} 平均值，r_k 为到原子核的距离．已对许

多原子进行了精确的原子轨道计算，$\varphi_{ks}(0)$ 和 $\langle\varphi_{kp}|r_k^{-3}|\varphi_{kp}\rangle$ 的值可以从文献中查到[10]。另外，g 为电子的 g 因子，g_{nk} 为 k 格点原子核 g 因子，β 为玻尔磁子，β_N为核基本磁矩 $\frac{e\hbar}{2mc}$，其中 m 为质子质量，这些量已由其他实验和理论定出可靠数据。由此算得的 a_{k_0} 和 b_{k_0} 的值列于表 2.7.1，根据 EPR 测到的 A_k 值，由式(2.7.9)，(2.7.13)，(2.7.14)以及表 2.7.1 可算得 $(\eta_k\alpha_k)^2$ 和 $(\eta_k\beta_k)^2$ 值。

表 2.7.1 原子的 EPR 有关参数[11]

Be	$\lvert\varphi_s(0)\rvert^2$ (a.u.)*	$\langle r^{-3}\rangle$ (a.u)	$a_0/\hbar$ 10^9c/s	$b_0/\hbar$ 10^6c/s**
^{9}Be	0.712	—	0.447	—
^{11}B	1.76	0.93	2.52	63.6
^{13}C	3.35	2.00	3.76	107
^{14}N	5.6	3.60	1.8	55.5
^{17}O	8.7	5.82	5.3	168
^{19}F	12.5	8.77	52.5	1760
Ne	17.6	12.5	—	—
^{29}Si	5.15	2.69	4.57	114
^{31}P	7.4	4.24	13	367
^{33}S	10.0	6.14	3.43	101
^{35}Cl	12.9	8.39	5.65	176
Ar	16.5	11.1		
^{75}As	16.5	9.12	12.6	333
^{77}Se	21	12.1	18	492
^{79}Br	24	15.3	27	818
^{83}Kr	30	18.8	5.2	154
^{125}Te	25	15.5	35	1050
^{127}I	29	19.0	26	812
^{129}Xe	34	22.7	42	1340
At	44	28.3	—	—
Rn	48	33.2	—	—
P	—	—	11.5	310

* a.u., atomic unit 原子单位 $= 0.757\times10^{24}\text{cm}^{-3}$。

** 表中最后一行的数据引自文献[10]。

2.7.3 电子顺磁共振实验

现在，我们介绍利用电子顺磁共振的办法来测量上一节中所述 $\mathbf{A}_k$ 张量。图 2.7.1 示出电子顺磁共振(EPR)实验的装置图．样品放在具有一定共振频率的谐振腔内，腔置于杜瓦瓶中以获得低温，然后置于外磁场H中．所用电磁波为微波波段(典型的为9 GHz)。通过外磁场H的扫描，便可观察吸收峰，样品可相对磁场作旋转。

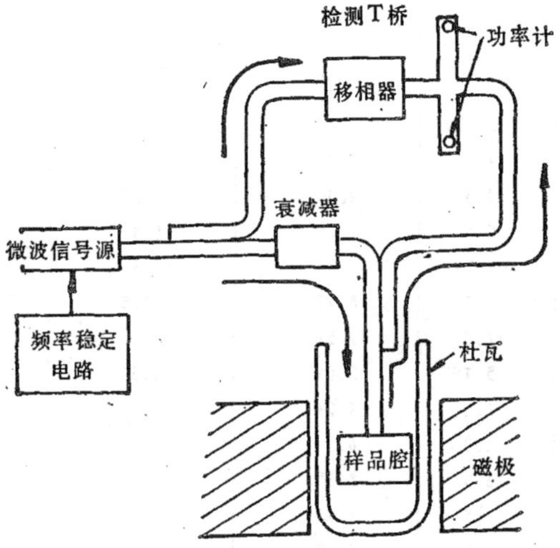

图 2.7.1 电子顺磁共振（EPR）测量装置图．

可以证明，哈密顿式(2.7.7)所对应的能量在一级微扰近似下为

$$E(M,m)=g\beta HM+M\sum_k A_k m_k, \tag{2.7.17}$$

$$A_k=(A_{k1}^2n_1^2+A_{k2}^2n_2^2+A_{k3}^2n_3^2)^{\frac{1}{2}}, \tag{2.7.18}$$

其中m为s沿磁场H方向(Z方向)所取磁量子数。m_k为k格点核自旋沿某个磁场方向的磁量子数。[因此并不是式(2.7.17)中电

子所看得的 H_{Loc}]。$A_{ki}(i=1,2,3)$ 为 $\mathbf{A}_k$ 张量三个主轴方向的值。$n_i(i=1,2,3)$ 为三个主轴与外磁场H的方向余弦。当外加电磁波使电子在式(2.7.17)不同能级之间发生跃迁时将吸收光子。EPR 的实验服从下列选择定则:

$$\begin{cases}\Delta M=\pm 1,\\ \Delta m_k=0。\end{cases} \tag{2.7.19}$$

我们以 Al^{2+} 作为间隙杂质在 Si 中形成的缺陷中心为例来说明。Al 的原子核为 ^{27}Al，$I=\frac{5}{2}$，丰度 100%。如不考虑丰度仅为 4.3% 的 ^{29}Si,则可以认为式(2.7.17)中只有 $k=0$ 这一项。而 $\mathbf{A}_0$ 是 Al 原子核对应的超精细作用张量.此时式(2.7.17)可写成

$$\begin{cases}E(M,m_0)=g\beta HM+A_0Mm_0,\\ M=\pm\frac{1}{2},\\ m_0=-\frac{5}{2},\ -\frac{3}{2},\ -\frac{1}{2},\ \frac{1}{2},\ \frac{3}{2},\ \frac{5}{2}。\end{cases} \tag{2.7.17a}$$

由选择定则(2.7.19)可得到,共振吸收时,光子能量为

$$h\nu_0=g\beta H+A_0m_0。 \tag{2.7.20}$$

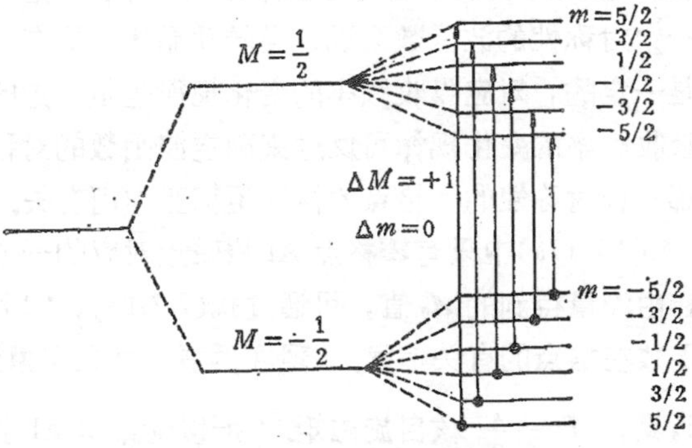

图 2.7.2　磁场中超精细作用引起能级分裂.

图 2.7.2 示出式(2.7.17)的能级分裂以及式 (2.7.20) 对应的吸收频

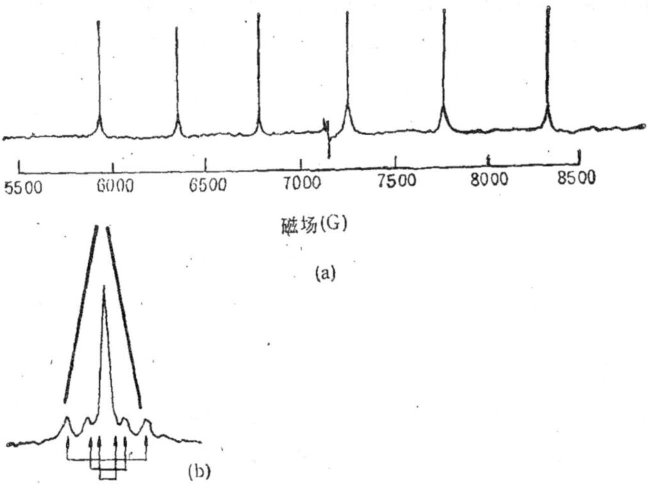

图 2.7.3 (a)Al^{2+} 在 Si 中的 EPR 谱;(b)为(a)中第一个峰的放大图.

率，共有六个吸收频率，其能量间距为 A_0，图 2.7.3 示出实验测得的吸收谱线，在进行实际的实验时，是采用固定吸收频率、改变磁场的办法，同时转动晶体在磁场中的取向。由于 A_0 将按式(2.7.18)变化，吸收线位置将移动。处于缺陷中心不同相对位置的格点 k，一般可按其对缺陷中心对称性来分类。对于一定对称性的格点 k 和一定对称性的波函数来说，当转动晶体的取向时，A_k 的变化规律是一定的，对应吸收频率的变化规律也是一定的。由此可见，由吸收频率的变化规律可反过来确定波函数的对称性以及该吸收与哪一种对称性的 k 格点的核磁矩相互作用有关。从上述例子来看，式(2.7.17a)中只有零格点 Al 核磁矩对应的一项，情况比较简单，由测量得到的 A_0 值，可通过式(2.7.13)，(2.7.14) 得到电子波函数在格点的有关信息。现在再看，如果考虑到 4.7% 丰度的 ^{29}Si，具有 $I=\frac{1}{2}$ 核自旋磁矩。所以对某些 Al 杂质中心来说，它的周围近邻处可能有 ^{29}Si。于是，式(2.7.17a)应代之以

$$
\begin{cases}
E(M, m_0, m_k) = g\beta HM + A_0 M m_0 + \sum_{k \neq 0} A_k M m_k, \\
M = \pm \frac{1}{2}, \\
m_0 = -\frac{5}{2}, -\frac{3}{2}, -\frac{1}{2}, \frac{1}{2}, \frac{3}{2}, \frac{5}{2}, \\
m_k = \pm \frac{1}{2}.
\end{cases}
\tag{2.7.17c}
$$

由选择定则(2.7.19)可得到，共振吸收时，光子能量为

$$
h\nu_0 = g\beta H + A_0 m_0 + \sum_{k \neq 0} A_k m_k. \tag{2.7.20a}
$$

式 (2.7.17c)，(2.7.20a) 中的 k 包括这样的格点：它离开零格点不太远（否则，$A_k \to 0$，对应的能量分裂太小，实际测到一片不能分辨为有一定宽度的吸收线)，同时，k 格点为 ^{29}Si 原子。式 (2.7.17c)，(2.7.20a) 使得图 2.7.2 中每一个 M, m_0 能级又分裂。对应图 2.7.3 中每一条吸收线对应几条吸收线。如图 2.7.3 下角的放大图所显示的精细结构。从该图中可看出，大部分 Al 原子周围有 ^{29}Si，所对应一条很强的主吸收线由式(2.7.20)决定。只有很少 Al 周围有 ^{29}Si，对应很多弱小而分裂的吸收线，根据这些小吸收峰的变化情况便可以区分那些峰所对应缺陷附近具有什么对称性的 k 点，从而确定 A_{k0}。

下面我们以 Si 中替位杂质情况具体说明其近邻各 k 格点所对应的对称性以及 A_k 随角度的变化情况。我们按格点与零格点的距离分成各壳层，如表 2.7.2 所示[5]。其中第一层为 4 个最近邻格点$\left(其坐标是以 \frac{a}{4} 为度量单位，a 为晶格常数\right)$，111，$\bar{1}1\bar{1}$，$1\bar{1}\bar{1}$，$\bar{1}\bar{1}1$。由群论分析可知，以零格点为杂质中心的晶格具有 T_d 对称性。第一层的 4 个格点可通过 T_d 操作相互变换，它们属于同样对称性。可以证明，所有壳层一共可归结为下述四类对称性：

（一）111 类，即三个坐标绝对值相等的那些格点。如第一层 111，第七层 333 等格点。该类壳层有 4 个格点，通过 T_d 群相互

变换。

（二）100类，即有两个坐标为零的那些格点，如第四层400. 该类壳层有6个格点，通过 T_d 群相互变换。

表 2.7.2　Si 替代杂质近邻格点壳层分配

壳层	（以 $\frac{a}{4}$ 为单位，a 为晶格常数）	格点数目	与零点距离（Å）
1	111	4	2.35
2	220	12	3.8
3	311	12	4.5
4	400	6	5.4
5	331	12	5.9
6	422(*a*)	12	6.6
	422(*b*)	12	6.6
7	511	12	7.1
	333	4	7.1
8	440	12	7.7
9	531	24	8.0
10	620	24	8.6
11	533	12	8.9
12	444(*a*)	4	9.4
	444(*b*)	4	9.4

（三）110类，即有两个坐标绝对值相等的那些格点。如第二层220，该类壳层对应12个格点，可通过 T_d 群相互变换.

（四）低对称类，三个坐标绝对值都不相等，如第九，十层，该类壳层对应24个格点，通过 T_d 群相互变换。

图2.7.4示出Si中缺陷波函数具有 A_1 对称性时、(111)类对称性格点 k 所对应的超精细相互作用吸收能量随晶体与 H 取向角度的变化关系. 这相当于一个指纹鉴别图. 凡属于这样变化规律的吸收，一定属于 A_1 对称波函数中第一、第七，……层格点，又由于第一层的 A 比第七层的 A 一般说要大，所以利用谱线分裂间距的大小便可区分到底是属于第一层还是第七层。

最后我们必须指出，对于某些杂质，核自旋不为零的同位素丰

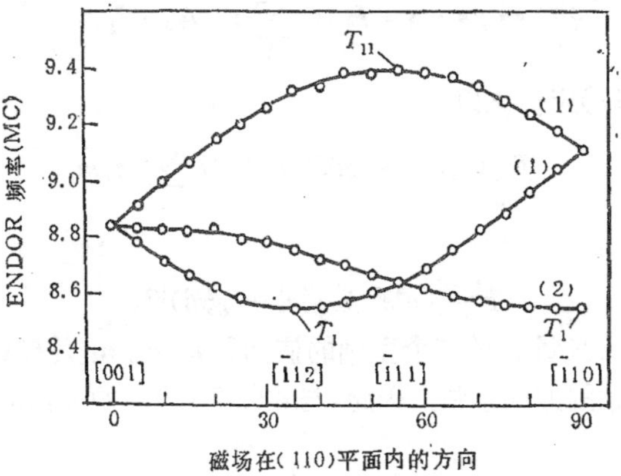

图 2.7.4 Si 中缺陷波函数具有 A_1 对称时，(111)类对称性格点 k 所对应的超精细相互作用吸收能量随晶体与H取向的角度变化关系[5].

度很低。为了鉴别这些杂质，往往人为地掺入核自旋不为零的同位素，然后再测量 EPR 信号。如对于氧，核自旋不为零的 ^{17}O，其 $I=5/2$，自然丰度仅 10^{-4}。Brower[12] 在 Si 中人为掺入 ^{17}O 同位素以后，测量辐射损伤引入的所谓 A 中心[4]的 EPR，证明 A 中心含有氧。最近 Gregorkiewicz 等[13]同样用 ^{17}O 掺入 Si 中测量长期以来被认为与热施主(含氧)有关的 $NL8$ EPR 谱，并未观察到氧的超精细结构，从而否定了以前的看法。

2.7.4 g 张量

前面的讨论都是基于缺陷态电子的角动量猝灭、仅仅自旋与磁场作用的哈密顿式(2.7.6)的近似下来讨论的，实际上这种角动量猝灭并非完全[7]，因此测到的 g 因子与 $g_0=2.0023$ 有微小偏离，而且各向异性。因此，g 是一个张量 $\mathbf{g}$，式(2.7.6)应代之以

$$\begin{cases}\mathscr{H}=\beta \boldsymbol{s}\cdot\mathbf{g}\cdot\boldsymbol{H},\\ \mathbf{g}=g_0\mathbf{I}+\Delta\mathbf{g}.\end{cases}\qquad(2.7.6a)$$

考虑核自旋与电子自旋相互作用以后，式(2.7.7)，(2.7.8)应代之以

$$\mathscr{H} = \beta \mathbf{s} \cdot \mathbf{g} \cdot \boldsymbol{H} + \sum_k \mathbf{s} \cdot \mathbf{A}_k \cdot \boldsymbol{I}_k, \tag{2.7.8a}$$

而式(2.7.17)应代之以

$$E(M,m) = g\beta HM + M\sum_k A_k m_k, \tag{2.7.17b}$$

其中

$$g = (g_1^2 n_1^2 + g_2^2 n_2^2 + g_3^2 n_3^2)^{1/2}, \tag{2.7.21}$$

g_1, g_2, g_3 为张量 **g** 的三个主轴的值,而 n_1, n_2, n_3 为磁场 $\boldsymbol{H}$ 与 **g** 的三个主轴的方向余弦. 因此,与式(2.7.18)中的 n_1, n_2, n_3 可以不一样.

关于 **g** 张量的进一步讨论可参阅文献 [2,7]. 我们仅在这里指出, **g** 的微小的各向异性在确定缺陷的微观结构时往往是有价值的, 实际上对于很多缺陷 EPR 谱, 并不能很好地分辨出式(2.7.8)所引起的超精细分裂. 但是由式 (2.7.17b), (2.7.21) 说明, 由式 (2.7.17b) 中第一项对应的吸收能量 [服从选择定则式(2.7.17a)] 与磁场的方向有关. 从测量到的此类吸收与磁场方向的关系定出 g 的各向异性情况是判断缺陷微观结构对称性的重

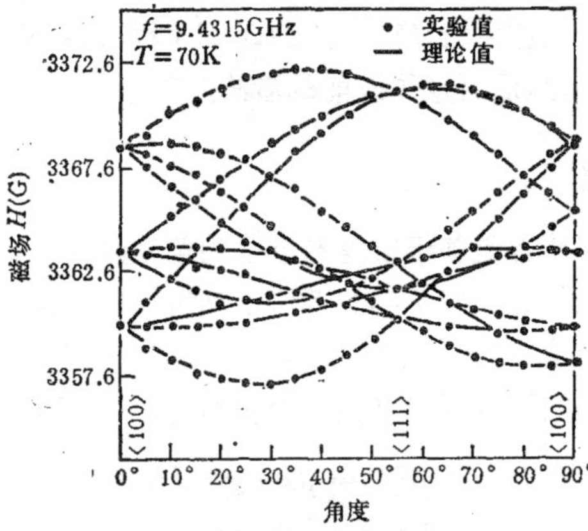

图 2.7.5 硅中中子辐照缺陷 EPR 吸收能量与(110)平面内磁场角度的关系.

要依据[14]。图 2.7.5 为吴恩等人在 FZ 硅中子辐照产生的缺陷用 EPR 测得的吸收线与磁场和晶体取向的关系。他们由此定出该类缺陷为 triclinic 对称。

2.7.5 双共振 (ENDOR)

如上所述，利用 EPR 检测距离缺陷中心较远的格点时，由于对应的 A_k 很小，式(2.7.17)中由 MA_km_k 项引起的附加分裂间距太小，无法分开，实际测到的只是一个带有一定宽度的吸收区。Feher[3] 在 1959 年引进双共振 (electron nulear double resonance) 实验方法，对于这方面测量是一个很大的改进。在双共振实验中，再另外加入第二个频率远比 EPR 信号低的电磁波，当改变第二个电磁波的频率以使满足式(2.7.17c)中某个 m_k，便可发生 $\Delta m_k=0,\pm1$ 的跃迁时，有关能级电子占据数发生变化，因而原先所测的 EPR 信号吸收强度相应发生变化。通过第二个电磁波的频率可以算出 A_k。由 ENDOR 技术可以测量较远壳层的 A_k 值。不过式(2.7.17)—(2.7.17c)的近似将不够精确，需要作进一步的精确化，我们不在这里讨论了。

2.7.6 光测磁共振 (ODMR)

最近以来，ODMR 方法也更多地用来研究半导体中的缺陷态，有关这方面的评论可参阅文献 [15, 16]。所谓光测磁共振 (optically detected magnetic resonance 方法，简写为 ODMR 方法)和双共振 (ENDOR) 方法在物理上很相似，不过在 ENDOR 中加入两个微波信号，而在 ODMR 中加入一个微波信号，另一个是光发射信号。考虑如图 2.7.6 所示的简单情况。在磁场中简单受主和施主态都因自旋取向不同而分裂成两个能级。考虑电子从施主态落入受主态的施主-受主对的电子辐射复合过程，有两种复合的可能 σ^- 和 σ^+，其辐射的光具有一定极化偏振以及一定强度比。当加以另一微波信号使电子从 n_3 到 n_4 之间可以跃迁时，n_3 和 n_4 的电子占据概率发生变化，从而 σ^- 和 σ^+ 的强度发生变化，σ^- 增

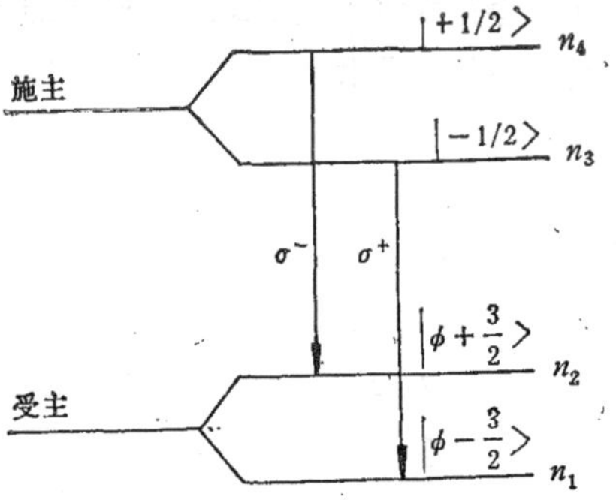

图 2.7.6 磁场下受主施主对.

强，而 σ^+ 减弱. 实际的实验仍旧是固定入射微波频率而扫描磁场强度，进一步的讨论可以照搬 EPR 中的哈密顿式(2.7.8)，(2.7.8a)以及有关分析来考虑缺陷能级在磁场中的分裂情况.

ODMR 比通常的 EPR 来说，其主要优点是灵敏度高，通常可达到比 EPR 灵敏10^3倍，其它优点可参阅文献[15]，但是其缺点是分辨率比较差.

我们在这里指出，用两束光子，一束扫描共振，用以改变能级的占据概率，另一束检测强度，这样的做法在近代半导体物理实验中常常遇到. 除了这里的 ENDOR 和 ODMR 以外，固体光学中的激发荧光光谱[17,18] (luminescence excitation spectra) 是另一个利用这种做法的例子，这将在第三章中进行讨论.

小结

缺陷态的电子磁矩不为零的情况下，EPR 方法是一种判断缺陷态微观结构的有力手段. 由于缺陷态电子磁矩与外磁场的作用，将引入一定的能量，与磁矩和磁场取向有关，并决定于 g 因子. g 因子可由电子的自旋和角动量决定. 对于固体中的缺陷态，角动量几乎猝灭，g 因子等于自旋 g 因子 $g_0=2.0023$ 再加上一个微小的各向异性张量部分，见式(2.7.1)—(2.7.6a). 在外磁场下，当自旋与磁场取向不同时，引入一系列分裂能级，用磁共振的办法测量这些能级分裂值，便可决定 g 因子与方向的关系，从而得到缺陷微观对称性的有关信息。除此之外，可将各格点上的原子核磁矩与缺陷态电子磁矩的相互作用看成一个等效的局域磁场作用于电子磁矩。由于核自旋的不同取向，引起能级的进一步分裂，称为超精细分裂，超精细分裂与缺陷电子波函数在诸格点的概率值有关，因此通过测量超精细结构便可直接得到波函数在空间的分布情况。

§2.8 深能级对载流子的复合机构——多声子无辐射复合

§2.5 中我们曾指出，在半导体内，由于缺陷引起的深能级，对于载流子从导带到价带的复合将是一个有效的复合中心，这对于控制半导体中非平衡载流子寿命往往起决定性的作用。此外，我们还引入了俘获率 c_n, c_p 以及俘获截面 σ_n, σ_p 的概念[见式(2.5.1)—(2.5.5)]。本节将研究导致电子(空穴)从导带(价带)跃迁到深能级的俘获过程的物理机制，这是一个量子力学的跃迁过程。俘获率实际上是从导带(价带)到深能级的电子(空穴)跃迁概率。

对于俘获率的研究，无论是从理论上或实验上来说，都是一个难题。从实验测量的角度来说，不像发射率 e 随温度具有极灵敏的变化，可以挑选合适的温度范围，使§2.6 中所描述的瞬态变化落入适宜于电子学测量的时间范围，较多的情况是，c 随温度变化比较慢。因此，如果 c 的数量级比较大，用DLTS方法(见2.6.3节)变化填充脉冲时间的办法在电子学上将难以实现[相当于小于纳秒(ns)数量级]。过去的方法是，用定态光电导等方法作间接测量[1,2]，由于牵涉到很多因素，因此这种方法并不可靠。目前，从硅、锗中所取得的一些深能级俘获率的实验测量结果，不同作者，结果相差很大，还有相当一类深能级，由于俘获截面太大，难以测量。因此，直接可靠而又范围宽的俘获率测量办法仍是一个尚待研究的重要课题。

从理论上来说，俘获的物理过程到底是怎样的，对于这个问题，最近人们才有比较肯定的解释。本节(三)和(四)将对俘获的物理机制作一初步的解释，详细的论证可以参阅文献[3,4]。

为确定起见，我们具体讨论导带中电子被深能级俘获的问题(可以用类似的方法去讨论价带空穴被深能级俘获问题)。电子在俘获过程中放出能量约为 $E_c - E_t$。这有如下几种可能：

（一）能量以光子形式放出，但实验证明，半导体中深能级很多重要的俘获过程是不伴随发射光子的，检测不到光子，即所谓无辐射复合。

（二）Auger（俄歇）碰撞过程[5,6]，即导带中两个电子非弹性碰撞，一个电子损失能量落入深能级，而将能量传递给另一电子，从导带底激发到导带能量很高处（大动能），如图 2.8.1 所示。对于这种过程，如果载流子浓度 n 越大，俘获率亦应越大($c_n \propto n^2$)，但实验证明，对于大部分过程，俘获率 c_n 与载流子浓度基本无关[4]。

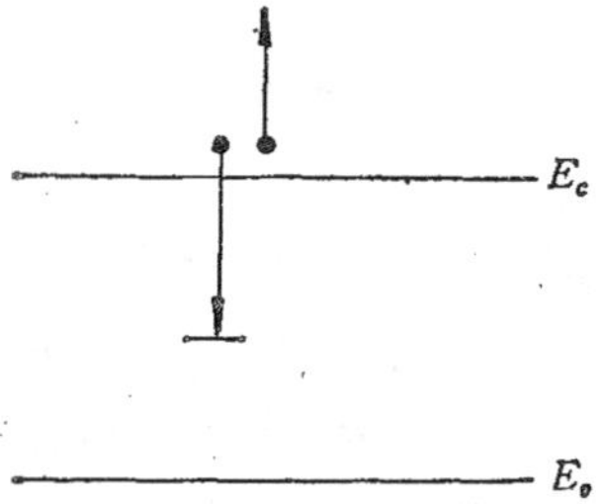

图 2.8.1 Auger 过程导致电子从导带俘获到深能级，同时另一导带电子吸收能量，跃迁到高的导带态.

最近，Grimmeiss 等[7]报道了 Si 中双施主，S, Se, Te 等杂质能级可能发生的另一类 Auger 俘获过程的实验证明

$$D^0 + h \rightarrow D^{2+} + e,$$

就是说，在双施主是电中性 D^0 态时，束缚两个电子，当 Auger 过程发生时，其中一个电子落入价带，相当于价带空穴被俘获，而放出的能量用来激发另一个电子跳到导带。对于此类过程，过去曾有人从理论上预言[8]，但至今仍只有这一个实验的例子。

（三）级联俘获[9]。如果缺陷能级除深的基态外，还有一系列较浅的激发态，导带电子可能通过级联跃迁经过各激发态，最后落入基态，每一步跃迁放出的能量不大，大约为一个声子。这样理论上估算可以获得与实验较为相符的俘获率数量级。但我们在 §2.2 中已提到，只有库仑长程缺陷势具有很多位于导带之下的激发态，

但一些中性缺陷所对应的短程势，并不存在浅激发态。另外，即使存在浅激发态，最后一步从最低的激发态跳到基态时，还要放出相当于许多声子的能量，这些都是级联俘获理论所无法解释的。

（四）多声子无辐射复合，电子从导带落入深能级的俘获过程中放出许多声子，这是目前为止比较好的一种解释。但它经历了一个较长期的缓慢进展。最初，这个概念和计算方法是首先由黄昆和 Rhys[10] 于 1950 年讨论离子晶体中 F 中心的缺陷时提出的，是一种基于绝热近似的计算。后来，有人用于计算半导体中载流子被杂质态俘获的截面[11,12]，但计算结果比实验值要小几个数量级。Коварский[13] 等后来对黄昆的理论中所用的所谓康登近似加以修正，采用非康登近似所得结果，俘获截面比采用康登近似计算结果要大 P^2 倍，P 为跃迁中发射声子数。对于多声子情况，相当于高出 2—3 个数量级，这样的理论计算结果与实验结果在数量级上是符合的。Passler[14] 抛弃了绝热近似，从所谓静态耦合的办法出发进行计算，得到和 Коварский 等相似的结果。Henry 和 Lang[4] 根据大量实验事实，提出多声子无辐射复合是深能级复合机构的合理解释。他们所作的半经验计算也在数量级以及温度关系上符合他们自己对 GaAs，GaP 等 III-V 族半导体的实验结果。但是以上这些学者都没有正确指出当初黄昆所用方法为什么算出的结果要小几个数量级的原因，近年来黄昆[15]自己澄清了这个问题，指出当时采用的康登近似是不合理的，得到一个不合理的电子近似波函数，在改正这个错误之后，在理论框架上就得到 Коварский 和 Passler 等人用不同方法得到的相洽的结果，统一了这几种不同方法之间的关系，从而在理论上澄清了多年来没有解决的疑点。下面我们根据文献 [3] 简单介绍多声子无辐射复合理论。

描写晶格和一个电子的哈密顿为

$$H = H_e + H_l + H_{el}, \tag{2.8.1}$$

其中 H_e 为电子哈密顿，电子坐标记作 x，H_L 为晶格哈密顿，在简谐振动范围内，可写作

$$H=\sum_{s}\frac{1}{2}\left\{-\hbar^{2}\frac{\partial^{2}}{\partial Q_{s}^{2}}+\omega_{s}^{2}Q_{s}^{2}\right\},\qquad(2.8.2)$$

其中 Q_s 为晶格简正坐标，s 为各振动模式，H_{el} 为电子和晶格相互作用项，在线性近似下，可写为

$$H_{el}=\frac{1}{\sqrt{N}}\sum_{s}u_{s}(x)Q_{s},\qquad(2.8.3)$$

N 为与电子作用的晶格振动模数。由于晶格原子核对应的质量比电子的大得多，所以一般采用绝热近似方法处理电子-晶格耦合系统[16]。按照绝热近似，总的波函数可写成以下电子波函数和晶格振动波函数乘积的形式：

$$\phi_{in}(x,Q)=\varphi_{i}(x,Q)X_{in}(Q),\qquad(2.8.4)$$

其中电子波函数 $\varphi_i(x,Q)$ 是下列波动方程的本征函数：

$$\{H_{e}(P,x)+H_{el}(x,Q)\}\varphi_{i}(x,Q)=W_{i}(Q)\varphi_{i}(x,Q),\qquad(2.8.5)$$

在这个方程中，晶格坐标仅起一个可变参数的作用，所求得的本征函数 φ_i 和本征值 W_i 是依赖参数 Q 的函数，本征值函数 $W_i(Q)$ 起着一个附加的有效势能的作用。

$$\{H_{l}(P,Q)+W_{i}(Q)\}X_{in}(Q)=E_{in}X_{in}(Q),\qquad(2.8.6)$$

这里脚标 i 表示电子态，n 表示晶格振动态，$W_i(Q)$ 反映电子对晶格的影响，电子态 i 不同，$W_i(Q)$ 也不同，所以求出的振动波函数 X_{in} 和本征值 E_{in} 都依赖于电子态。

现在，我们作一简单的假设，所有晶格振动与电子相互作用的模式，具有单一频率 ω_0，而且电子本征函数 $W_i(Q)$ 只取 Q 线性近似，于是 $W_i(Q)$ 可写为

$$W_{i}(Q)=W_{i}^{0}+\frac{1}{\sqrt{N}}\sum_{s}\omega_{0}^{2}\Delta_{is}Q_{s},\qquad(2.8.7)$$

Q_s 的系数 $\omega_0^2\Delta_{is}$ 可由式(2.8.3)代入(2.8.7)，经一级微扰得到

$$\omega_{0}^{2}\Delta_{is}=\int\varphi_{i}^{*}(x)u_{s}\varphi_{i}(x)dx\qquad(2.8.8)$$

将式(2.8.2)，(2.8.7)代入式(2.8.8)，得到

$$\left\{W_i^0+\sum_s\left[\frac{1}{2}\left(-\hbar^2\frac{\partial^2}{\partial Q_s^2}+\omega_0^2Q_s^2\right)\right.\right.$$

$$\left.\left.+\frac{1}{\sqrt{N}}\omega_0^2\Delta_{is}Q_s\right]\right\}X_{in}(Q)=E_{in}X_{in}(Q), \quad (2.8.9)$$

引进原点位移 $-\frac{1}{\sqrt{N}}\Delta_{is}$ 的新坐标

$$Q_{is}=Q_s+\frac{1}{\sqrt{N}}\Delta_{is}, \quad (2.8.10)$$

式(2.8.9)重新变成简谐振子方程

$$\left\{W_i+\sum_s\frac{1}{2}\left(-\hbar^2\frac{\partial^2}{\partial Q_{is}^2}+\omega_0^2Q_{is}^2\right)\right\}\cdot X_{in}(Q)=E_{in}X_{in}(Q). \quad (2.8.11)$$

上式中

$$W_i=W_i^0-\frac{1}{N}\sum_s\frac{1}{2}\omega_0^2\Delta_{is}^2, \quad (2.8.12)$$

它代表电子态 i 的能量由于晶格弛豫而降低。式(2.8.8)代表一系列独立的简谐振子，所以本征态显然可写成

$$X_{in}(Q)=\prod_s X_{ns}(Q_{is})=\prod_s X_{ns}\left(Q_s+\frac{1}{\sqrt{N}}\Delta_{is}\right), \quad (2.8.13)$$

右方各 X_{ns} 函数表示简谐振子波函数，n_s 为各模量子数(声子数)。相应的本征值为

$$E_{in}=W_i+\sum_s\left(n_s+\frac{1}{2}\right)\hbar\omega_s. \quad (2.8.14)$$

绝热近似下，方程(2.8.1)的近似波函数显然不是系统 H 真正的稳态解。如将式(2.8.4)代表的波函数简记作 $|in\rangle$，其中 i 为电子态，n 为声子态，于是

$$\langle in'|H|jn\rangle=\int\varphi_i(x,Q)X_{in'}(Q)H\varphi_j(x,Q)X_{jn}(Q)dxdQ \quad (2.8.15)$$

并不为零。电子态 j 到 i 的多声子无辐射跃迁概率可根据量子力

学表示为

$$W=\frac{2\pi}{\hbar}\cdot A_n^v\sum_{n'}|\langle in'|H|jn\rangle|^2\delta(E_{in'}-E_{in})\quad(2.8.16)$$

A_n^v 表示对初态 j 的各声子态 n 按照分布求统计平均. 这里,形式上对所有末态 n' 相加,实际上由 δ 函数进行选择,保证能量守恒.

上述的式 (2.8.1)—(2.8.6) 说明了多声子无辐射跃迁全部量子力学原理,下面简单说明式(2.8.16)的计算和结果.

根据式(2.8.5),(2.8.6),(2.8.15),经过计算,可证

$$\langle in'|H|jn\rangle=\int X_{in'}(Q)L_{ij}(Q)X_{jn}(Q)dQ,\quad(2.8.17)$$

其中 $L_{ij}(Q)$ 为

$$L_{ij}(Q)=-\frac{\hbar^2}{2}\sum_s\int\varphi_i(x,Q)\frac{\partial^2}{\partial Q_s^2}\varphi_j(x,Q)dx-\hbar^2\sum_s\left[\int\varphi_i(x,Q)\frac{\partial}{\partial Q_s}\varphi_j(x,Q)dx\right]\frac{\partial}{\partial Q_s},\quad(2.8.18)$$

称为非绝热算符,由于它不等于零,从而导致绝热近似诸态之间的跃迁,求 $L_{ij}(Q)$ 的关键在于正确写出 $\varphi_i(x,Q)$ 作为 Q 的函数,为此仍可用微扰的办法,设 H_e 的电子零级本征波函数和能量为

$$H_e\varphi_k^0(x)=W_k^0\varphi_k^0(x).\quad(2.8.19)$$

$\varphi_k^0(x)$ 可记作 $|k\rangle$ 是一组完备正一系,然后把 H_{el} 记作

$$\begin{aligned}H_{el}&=\sum_{k,j}|k\rangle\langle k|H_{el}|j\rangle\langle j|\\&=\underbrace{\left\{\sum_k|k\rangle\langle k|H_{el}|k\rangle\langle k|\right\}}_{H_{elD}}+\underbrace{\left\{\sum_k\sum_{j\neq k}|k\rangle\langle k|H_{el}|j\rangle\langle j|\right\}}_{H_{elND}},\end{aligned}\quad(2.8.20)$$

这就是说,把 H_{el} 分成两部分,一部分为 $\langle k|H_{el}|k\rangle$ 对角部分,一

部分为 $\langle k|H_{el}|i\rangle$ 非对角部分，把对角部分加到 H_e 上去，并不改变本征态，但将改变本征值，即由式(2.8.15)可得到

$$\left\{H_e+\sum_k|k\rangle\langle k|H_{el}|k\rangle\langle k|\right\}\varphi_i^0(x)$$

$$=[W_i^0+\langle i|H_{el}|i\rangle]\varphi_i^0(x), \qquad (2.8.21)$$

就是说，$\varphi_i^0(x)$ 是 H_e+H_{elD} 的本征函数，本征值为 $W_i^0+\langle i|H_{el}|i\rangle$。现在取 H_e+H_{elD} 作为零级近似，取 H_{elND} 作为微扰，准确到一级微扰的电子波函数将为

$$\varphi_i(x,Q)=\varphi_i^0(x)+\sum_k\frac{\langle k|H_{el}|i\rangle}{\widetilde{W}_i(Q)-\widetilde{W}_k(Q)}\varphi_k^0(x), \qquad (2.8.22)$$

其中

$$\widetilde{W}_i(Q)=W_i^0+\langle i|H_{el}|i\rangle. \qquad (2.8.23)$$

式(2.8.22)为黄昆纠正过去错误以后所获得的电子波函数。现在，原则上已可以进行计算，一直算到式(2.8.16)的 W，但具体计算仍将是十分复杂的，这些包括如下运算：

（一）将式(2.8.22)代入式(2.8.18)，再代入式(2.8.17)的具体运算。

（二）将式(2.8.16)中的 $\delta(E)$ 函数写出其傅里叶变换形式

$$\delta(E)=\frac{1}{2\pi}\int_{-\infty}^{\infty}e^{i\mu E}d\mu, \qquad (2.8.24)$$

于是避免了 δ 函数而多作一次对 $d\mu$ 的积分。

（三）统计平均 A_n^v 可以用统计力学中的标准办法作具体处理。

计算过程和结果的详细讨论可参阅文献[3]。这里仅指出，对于多声子跃迁，即电子能级差 W_i-W_j 远大于声子能 ε_s 的情形，可以采用鞍点法作积分近似计算。在高温强耦合近似下[所谓耦合强弱，由式(2.8.10)中 Δ_{is} 的大小决定．而温度的影响体现在式(2.8.16)中统计平均 A_v 中]，计算的最后结果如下：

$$W=Ae^{-E_B/k_BT} \qquad (2.8.25)$$

其中

$$E_B = \frac{(W_j - W_i - s\overline{\hbar\omega_s})^2}{4s\overline{\hbar\omega_s}}, \tag{2.8.26}$$

$$S = \frac{1}{N}\sum_s \left(\frac{\omega_0}{2\hbar}\right)(\Delta_{js} - \Delta_{is})^2, \tag{2.8.27}$$

$$A = \frac{1}{\hbar}\left(\frac{\pi k_B T}{s\overline{\hbar\omega_s}}\right)^{1/2}\sum_l \frac{1}{\omega^2 l}\langle i|\mu_e|j\rangle^2, \tag{2.8.28}$$

其中 $\overline{\hbar\omega_s}$ 为各种模式平均声子能量。 由式(2.8.27)可决定的 s 参数,表征电子与晶格耦合的强弱，称为耦合参数。式(2.8.25)体现出多声子无辐射跃迁是一个激活过程,需要克服激活能 E_B，关于 E_B 的意义后面还要论述。

W 与式(2.5.5)所定义的复合截面 σ 的关系如下:

$$\sigma = W\frac{V}{\overline{U}}, \tag{2.8.29}$$

式中 $\overline{U}$ 为自由载流子热平均运动速度，V 为晶体体积，代入式(2.8.25),得到

$$\sigma = \frac{V}{\overline{U}} A e^{-E_B/k_B T}。 \tag{2.8.30}$$

在文献[4]中,Henry 和 Lang 用半经典办法导出类似于式(2.8.30)的结果,他们用具体的 GaAs,GaP 等半导体材料参数对式(2.8.30)进行计算，得到 $T\to\infty$时的 σ 约为 $10^{-14}\mathrm{cm}^2$ 数量级,而他们对大量杂质在 GaP，GaAs 中测量所得到的值很多落在 10^{-14}—10^{-15} cm^2 的范围。另外，大部分 σ 在高温时具有式(2.8.30)形式，存在激活能指数与温度的关系。 这些实验事实比较肯定地说明半导体中深能级对载流子的复合属于多声子无辐射复合机构。 最近对 GaAs 和 AlGaAs 合金半导体中所谓 DX 深中心的俘获行为[17,18]及对它们的压力行为[18]的研究表明,它们都满足式(2.8.26),(2.8.30)等式的规律。 上述似乎可作为多声子无辐射复合用来解释此类深能级复合机构的进一步的成功的例证。

最后，我们对多声子无辐射跃迁再作如下两点物理上的说明：

（一）可以证明，式(2.8.16)跃迁几率所包含的跃迁矩阵元，与下列声子态重叠积分直接有关[3,4]：

$$\int X_{n's}\left(Q_s+\frac{\Delta_{is}}{\sqrt{N}}\right)X_{ns}\left(Q_s+\frac{\Delta_{js}}{\sqrt{N}}\right)dQ_s.$$

如果没有晶格弛豫，$\Delta_{is}=\Delta_{js}=0$，则由于诸$X$之间的正交关系，除非 $n'_s=n_s$，否则重叠积分为零。这就是说，不可能发生多声子跃迁，正由于存在晶格弛豫，$\Delta_{is}\neq\Delta_{js}$，上列积分在 $n'_s\neq n_s$ 时才不等于零。考虑了电子-晶格耦合引起的晶格弛豫，当电子从一个态跃迁到另一态时，晶格平衡位置发生变化，从而有可能发生多声子跃迁，这一点是这个理论的最基本点。

（二）我们就高温强耦合极限情况所对应的式(2.8.25)给出一个明显的物理图象。这时，可把晶格振动作为经典运动来处理[4]，晶格坐标被当作是随时间变化的参量，电子波函数仍旧绝热地随晶格坐标变化，电子跃迁几率可按时间微扰理论计算。通常，用图2.8.2所示的位形坐标图来表示这个图象，图中横轴Q为晶格振动的位形坐标，它是晶格振动经过变换以后的简正坐标。图中纵轴

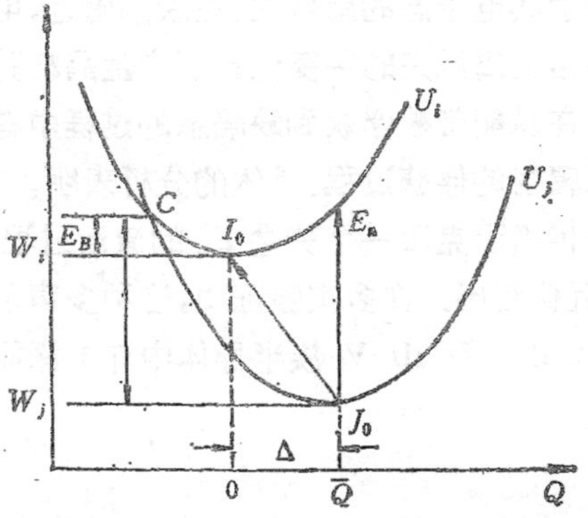

图 2.8.2　晶格与电子相互作用形成的总能量关系图，它与电子状态有关（U_i或U_j），也与晶格坐标Q有关。

是电子+晶格总能量，其中 U_j 表示电子处于束缚态 j 时总能与坐标 Q 的关系，晶格平衡位置为 $\bar{Q}$，晶格在位势 U_j 中作振动，U_i表示电子处于状态 i（导带底或另一束缚态）时、总能与坐标 Q 的关系，晶格处于另一位置为零的平衡位置零，且在 U_i 位势中作振动. 用光吸收和光发射的办法来测量电子态能量 E_i 和 E 的能量差，实际测到的将分别为 E_n 和 E_n'，这是因为在光跃迁过程中晶格弛豫来不及调整位置，而用电学办法测到的激活能 E_i-E_j 应该为图 2.8.2 中示出的 E_0 值，由此可知，E_n，E_n' 和 E_0 值都不完全相同（发射谱能量 E_n 小于吸收谱能量 E_n，这种效应称为 Frank-Condon 移动）。再考虑多声子无辐射过程，设电子原来处于 i 态，在晶格 U_i 势中振动，当晶格具有一定振动能而达到图 2.8.2 中 C 点，有可能电子从 i 态跃迁到 j 态（实际上跃迁并非发生在 C 点，而主要发生在比 C 略低的能量处），于是晶格按 U_j 势振动，不过此时相当于很大的晶格振动振辐，它将回到平衡值 J_0 附近而放出许多声子。可以证明，电子处于 i 态时，晶格振动由 I_0 点到 C 点对应的总能量差则正好如式(2.8.26)所表示的，这就给式（2.8.25）以及激活能 E_B 一个很明确的物理图象。

小结

深能级由于其电子态的局域性，在缺陷附近、电子和晶格的相互作用，使晶格偏离原来的平衡位置而产生晶格弛豫. 晶格弛豫的产生使电子在从能带被俘获到缺陷态的过程中有可能放出许多声子而完成无辐射的俘获过程. 具体的分析表明，在高温近似下，这种俘获过程相当于克服一个势垒 E_B 的激活过程，而俘获截面由式(2.8.30)近似给出. 许多实验证明，这种多声子无辐射俘获至少对 GaAs，GaP 等 III-V 族半导体中许多深能级是一种很主要的复合过程。

参 考 文 献

§2.1

[1] 黄昆，谢希德，半导体物理学，科学出版社(1956)；叶良修，半导体物理学，高等教育出版社(1986)；刘文明，半导体物理学，吉林科学技术出版社(1982).

[2] S. M. Sze, Physics of Semiconductor Devices, John Wiley and Sons, Inc. (1969).

[3] 刘恩科，朱秉升，半导体物理学，国防工业出版社(1979).

[4] H. Kressel and J. K. Batler, Semiconductor Lasers and Heterojunction LEDs, Academic Press (1977).

§2.2

[1] S. T. Pantelides, *Rev. Mod. Phys.*, **50**, 797, (1978).

[2] N. F. Mott and R. W. Gerney, Electronic Processes in Ionic Crystals, Clarendon Press(1940).

[3] E.N. Economou, Green's Functions in Quantum Physics, Springer-Verlag(1979).

[4] P.T. Landsberg, Solid State Theory, Wiley-Interscience (1969).

[5] J. Kowtecky, Progress in Surface and Membrane Science, Academic Press, New York, **11**, 1 (1976).

[6] G.F. Koster, *Phys. Rev.*, **95**, 1436 (1954).

[7] B. Preziosi, *Nuovo Cimento*, **B6**, 131 (1971).

[8] F. Garcia-moliner, Theory of Imperfect Crystalline Solids, Trieste Lectures(1970); International Atomic Energy Agency, Vienna,1(1971).

[9] G. F. Koster and J.C. Slater, *Phys. Rev.*, **95**, 1167 (1954).

[10] 黄昆，谢希德，半导体物理学(第一章)，科学出版社(1956).

[11] M. Lannoo and J. Bourgoin, Point Defects in Semiconductors, **1,2**, Springer-Verlag(1981).

[12] M. Jaros, Deep Levels in Semiconductors, Adam Hilger Ltd. (1982).

[13] M. Altarelli and F. Bassani, Hand Book on Semiconductors, **1**, ed., W. Paul, North-Holland (1982).

[14] S. T. Pantelides, Deep Centers in Semiconductors, Gorden and Breach (1985).

§2.3

[1] J. M. Luttinger and W. Kohn, *Phys. Rev.*, **97**, 869 (1955); **98**, 915

(1955); W. Kohn, Solid State Physics, Academic Press, New York, **5**, 257 (1957).

[2] C. Kittel and A. H. Mitchell, *Phys. Rev.*, **96**, 1488 (1954).

[3] F. Bassani, G. Iadonisi and B. Preziosi, Reports on Progress in Physics, **37**, 1099(1974).

[4] S. T. Pantelides, *Rev. Mod. Phys.*, **50**, 797(1978).

[5] J. C. Hensel, H. Hasegawa and M.Nakayama, *Phys. Rev.*, **A138**, 255 (1965).

[6] B. W. Levinger and D. R. Frankl, *J. Phys. Chem. Solids.*, **20**, 219 (1961).

[7] R. A. Faulkner, *Phys. Rev.*, **184**, 713(1969).

[8] R. L. Aggarwal, *Solid State Communication*, **2**, 1963 (1964).

[9] T. H. Ning and C.T. Sah, *Phys. Rev.*, **B4**, 3463(1971).

[10] K. Shindo and H. Nara, *J. Phys. Soc. Jap.*, **40**, 1640(1976).

[11] R. Resta, *J. Phys.*, **C100**, L179(1977).

[12] Altarelli et al., *J. Phys.*, **C10**, L605(1977).

[13] R. L. Aggarwal and A.K. Ramdas, *Phys. Rev.*, **A137**, 620 (1965); *ibid*, **A140**, 1246 (1965).

[14] H. J. Hrostowski and R. H. Kailer, *J. Phys. Chem. Solids*, **7**, 236 (1958); **4**, 315(1958).

[15] N. O. Lipari and A. Baldereschi, *Solid State Communication.*, **25**, 665 (1978); A. Baldereschi and N.O. Lipari, Proc. of the 13th International Conf. on the Physics of Semiconductors, Rome, 595 (1976).

§2.4

[1] S. T. Pantelidis, *Rev. Mod. Phys.*, **50**, 797(1978).

[2] M. Jaros, Deep Levels in Semiconductors, Adam Hilger (1982).

[3] S. T. Pantelides, Deep Centers in Semiconductors, Gorden and Breach (1985).

[4] G. D. Watkins, R. P. Mesmmer, Computational Methods for Large Molecules and Localized States in Solids, 133(1973).

[5] 陆栋，陆奋，半导体学报，**1**，173(1980).

[6] 夏建白，半导体学报，**4**，1(1983)；**5**，121(1984).

[7] L. A. Hemstreet, *Phys. Rev.*, **B15**, 834(1977).

[8] G. G. Deleo, G. D. Watkins and B. Fowler, *Phys. Rev.*, **B23**, 1851 (1981).

[9] 吴汲安，唐九耀，半导体学报，**9**，27(1988).

[10] 潘毓刚，李俊清，祝继康，李笃，X_α方法的理论和应用，科学出版社(1987).

[11] G. F. Koster and J. C. Slater, *Phys. Rev.*, **95**, 1167 (1954); **96**, 1208 (1954).

[12] J. Callaway and A. J. Hughes, *Phys. Rev.*, **156**, 860 (1967); **164**,1043 (1967); J. Callaway, *Phys. Rev.*, **B3**. 2556(1971).

[13] M. Lannoo and P. Lenglart, *J. Phys. Chem. Solids*, **30**, 2409 (1969); J. Bernholc and S. T. Pantelides, *Phys. Rev.*, **B18**, 1780(1978).
[14] J. Bernholc, N.O. Lipari and S. T. Pantelides, *Phys. Rev. Lett.*, **41**, 895(1978); *Phys. Rev.*, **21**, 3545(1980).
[15] G. A. Baraff and M. Schluter, *Phys. Rev. Lett.*, **41**, 892 (1978).
[16] M. Jaros et al., *Phys. Rev.*, **B14**, 4494 (1976); *ibid*, **B19**, 3137 (1979); *Advances in Physics*, **29**, 409(1980).
[17] H. P. Hjalmerson, P. Vogl, D. J. Wolford and J. D. Dow, *Phys. Rev. Lett.*, **44**, 810 (1980); J. D. Dow, Highlights of Condensed Matter Theory, ed. F. Bassani, F. Fumi and M.P. Tosi, North-Hollan, 465 (1985).
[18] S. Y. Ren, W. M. Hu, O.F. Sankey, J. D. Dow, *Phys. Rev.*, **B26**, 591 (1982); 任尚元,中国科学, **27**,433(1984).
[19] 任尚元, 李名復, 茅德强, 胡伟敏, Statistical Physics and Condensed Matter Theory, ed., Xie Xide (谢希德); World Scientific, 265(1986).
[20] 李名復,任尚元,茅德强,物理学报,**33**,547(1984).
[21] U. Lindefelt and A. Zunger, *Phys. Rev.*, **B24**, 5913 (1981); *Phys. Rev.*, **B27**, 1102(1984).
[22] A. Zunger, The 18th Internertional Conference on the Physics of Semiconductors, Stockholm (1986); ed., O. Engstrom, World Scientific, 29(1986); A. Zunger, Solid State Physics, ed., H. Ehrenreich and D. Turnbull, AcademicPress, **36**, 275—464 (1986).
[23] G. A. Baraff, E. Kane and M. Schluter *Phys. Rev.*, **B21**, 5662(1980).
[24] J. A. Pople and G. A. Segal, *J. Chem. Phys.*, **43**, S136 (1965).
[25] G. W. Ludwig, *Phys. Rev.*, **A137**, 1520(1965).
[26] T. Shimizu and K. Minemi, *Phys. Stat. Sol.*, **B48**, K181 (1971).
[27] Y. Q. Jia and G. G. Qin, *Phys. Rev.*, **B37**, 2605 (1988).
[28] 范希庆,申三国,张德萱,物理学报,**38**,914(1989).
[29] P. W. Anderson, *Phys. Rev. Lett.*, **34**, 953 (1975).
[30] G. D. Watkins and J. R. Troxell, *Phys. Rev. Lett.*, **44**, 539 (1980).
[31] M. Lannoo and J. Bourgoin, Point defects in Semiconductors, **1**, Springer-Verlag (1981).
[32] D. J. Chadi and K. J. Chang, *Phys. Rev. Lett.*, **60**, 2187(1988).
[33] D. J. Chadi and K. J. Chang, *Phys. Rev, Lett.*, **8**, 73 (1988); *Phys. Rev.*, **B39**, 10366 (1989).
[34] G. M. Martin and S. Makram-Ebeid, Deep Centers in Semiconductors, ed., S. T. Pantelides, Gorden and Breach, 399 (1986).
[35] D. V. Lang, Deep Centers in Semiconductors, ed., S. Pantelides, Gorden and Breach, New York, 489 (1985); D. V. Lang, R.A. Logan and M. Jaros, *Phys. Rev.*, **B19**, 1015(1979).
[36] A. Mitonneau and A. Mircea, *Solid State Communication*, **30**, 157 (1979).
[37] G. Vincent, D. Bois and A. Chantre, *J. Appl. Phys.*, **53**, 3643 (1982).
[38] J. Dabrowski and M. Scheffler, *Phys. Rev. Lett.*, **60**, 2183(1988);

Phys. Rev., **B40**, 10391 (1989).
[39] K. Khachaturyan, E. R. Weber and M. Kaminska, Proc. 15th International Conference on Defects in Semiconductors, Budapest (1988).
[40] T. N. Theis, P. M. Mooney and S. L. Wright, *Phys. Rev. Lett.*, **60**, 361 (1988).
[41] M. Mizuta, M. Tachikawa, H. Kukimoto and S. Minomura, *Jpn. J. Appl. Phys.*, **24**, L143 (1985).
[42] M. F. Li, P. Y. Yu, E.R. Weber and W. Hansen, *Appl. Phys. Lett.*, **51**, 349 (1987); M. F. Li, P. Y. Yu, E. R. Weber and W. Hansen, *Phys. Rev.*, **B36**, 4531 (1987).
[43] D. K. Maude, J. C. Portal, L. Dmowski, T. Foster, L. Eaves, M. Nathan, M. Heiblum, J. J. Haris and R. B. Beall, *Phys. Rev. Lett.*, **59**, 815(1987).
[44] J. M. Langer, New Developments in Semiconductor Physics, Springer-Verlag, 123 (1980).
[45] M. F. Li, W. Shan, P. Y. Yu, W. L. Hansen, E. R. Weber and E. Bauser, Defects in Electronic Materials (MRS Symposium Proc. **104**), ed., M. Stavola, S. J. Pearton and G. Davies, Materials Research Society, Pittsburgh(1988).
[46] T. N. Theis, Proc. 14th International Symposium on GaAs and Related Compounds, Heraklion, Crete (1987).

§2.5

[1] 黄昆,谢希德,半导体物理学,科学出版社(1958).
[2] 刘恩科,朱秉升等,半导体物理学,国防工业出版社(1979); 叶良修,半导体物理学(上、下册),科学出版社(1986); 刘文明,半导体物理学,吉林科学技术出版社(1982).
[3] C. T. Sah, *Proc. IEEE*, **55**, 654 (1967).
[4] W. Shockley and W. T. Read, *Phys. Rev.*, **87**, 835 (1952).
[5] C. T. Sah, *Solid State Electronics*, **13**, 1547 (1970).
[6] C. T. Sah, *Phys. Stat. Sol(A)*, **7**, 541 (1971).
[7] M. A. Green, J. Shewchun, *Solid State Electronics*, **17**, 941 (1974).

§2.6

[1] C. T. Sah, *Solid State Electronics*, **19**, 975 (1975).
[2] G. L. Miller, D. V. Lang and L. C. Kimerling, *Ann. Rev. Mater Sci.*, **7**, 377 (1977).
[3] H. G. Grimmeiss, *Ann. Rev. Mater Sci.*, **7**, 34 (1977).
[4] D. V. Lang, Thermally Stimulated Relaxation in Solid, ed., P. Braunlich, Springer-Verlag, 93 (1979).
[5] A. G. 米尔恩斯 (Milnes), 半导体中的深能级杂质, 张月清等译, 科学出版

社 (1981); J. W. Chen, A. G. Milnes, *Ann. Rev. Mater. Sci.*, **10**, 157 (1980).

[6] R. Williams, *J. Appl. Phys.*, **37**, 3411 (1966).

[7] C. T. Sah, et al., *Phys. Rev. Lett.*, **19**, 69—72 (1967).

[8] C. T. Sah, et al, *Solid State Electronics*, **13**, 759 (1970).

[9] D. V. Lang, *J. A. P.*, **45**, 3023(1974).

[10] 黄昆,谢希德,半导体物理学,科学出版社 (1956).

[11] M. F. Li, J. X. Chen, Y. S. Yao and G. Bai, *J. Appl. Phys.* **58**, 2599 (1985).

[12] 杜永昌,晏懋洵,物理,**10**,109(1981).

[13] G. G. Qin, M. F. Li and C. T. Sah, *J. Appl. Phys.*, **53**,4800(1982).

[14] J.M. Meese, J. W. Farmer and C. D. Lamp, *Phys. Rev. Lett.*, **51**,1286 (1983).

[15] 姚秀琛,牟建勋,秦国刚,半导体学报,**1**,113(1986).

§ 2.7

[1] E. M. Purcell, H. C. Torrey and R. V. Pound, *Phys. Rev.*, **69**, 37 (1946); F. Bloch, W. W. Hansen and M. Packard, *Phys. Rev.*, **69**,127 (1946); **70**, 460 (1946).

[2] 裘祖文,电子顺磁共振波谱,科学出版社(1980).

[3] G. Feher, *Phys. Rev.*, **114**, 1219 (1959).

[4] E. D. Watkins and J. W. Corbett, *Phys. Rev.*, **A134**, 159 (1964).

[5] G. W. Ludwig, *Phy. Rev.*, **A137**, 1520 (1965).

[6] G. W. Ludwig and H. H. Woodbury, *Solid State Physics*, **13**, 223 (1962).

[7] G. D. Watkins, in Point Defect in Solids, ed., G. H. Crawford, Jr. and L. M. Slifkin, 2, Semiconductors and Molecular Crystals, Plenum Press (1975).

[8] J. W. Corbett, R.L. Kleinhenz and N. D. Wilrey, Defects in Semiconductors, ed., J. Narayan and T. Y. Tan, Proc. Material Research Society, Boston (1980).

[9] L. D. Landau and E. M. Lifshitz, Quantum Mechanics, Pergamon Press, 126 (1958).

[10] U. Kaufmann et al., Festkorperbleme, XX87 (1980).

[11] C. M. Hurd and P. Coodin, *J.P.C.S.*, **28**, 532 (1966).

[12] B. L. Brower, *Phys, Rev.*, **B5**, 4274 (1972).

[13] T. Gregorkiewicz et al., *Phys. Rev.*, **35B**, 3810 (1987).

[14] Wu En, Wu Shu-Xian, Mao Jin-Chang, Yan Mao-Xun and Qin Guo-gang, *Solid State Communication.*, **61**, 199(1987).

[15] B. C. Cavenett, *Adv. in Physics*, **30**, 475 (1981).

[16] J. M. Spaeth, Defects in Semiconductors, ed., H. J. Bardeleen, Materials Science Farum, Trans. Tech Publication, **10—12**, 505(1986).

[17] R. A. Faulkner and P. J. Dean, *J. Lumin*, **1**, 552 (1970).

[18] E. Cohen and M.D. Sturge, *Phys. Rev.*, **B15**, 1039(1977).

§ 2.8

[1] J. S. Blakemere, Semiconductor Statistics, Pergamon Press (1962).
[2] A. G. 米尔恩斯,半导体中的深能级杂质,张月清等译,科学出版社(1981).
[3] 黄昆,物理学进展, **1**,31(1981).
[4] C. H. Henry and D.V. Lang, *Phys. Rev.*, **B15**, 989 (1977).
[5] P. T. Landsberg, *Phys. Status Solidi*, **41**, 457 (1970).
[6] P. T. Landsberg, *J. Lumin.*, **7**, 3 (1973).
[7] M. Kleverman, H. G. Grimmeiss, A. Litwin and E. Janzen, *Phys. Rev.*, **B31**, 3659 (1985).
[8] M. Jaros, *Solid State Communication.*, **25**, 1071 (1978); F. A. Riddoch and M. Jaros, *J. Phys.*, **C13**, 6181 (1980).
[9] M. Lax, *Phys. Rev.*, **119**, 1502 (1960).
[10] K. Huang and A. Rhys, *Proc. Roy Soc.*, **A204**, 406 (1950).
[11] R. Kubo and Y. Toyozawa, Progr. *Theoret. Phys. (Kyots)*, **13**, 160 (1955).
[12] H. Gummel and M. Lax, *Phys. Rev.*, **97**, 1409 (1955).
[13] B. A. Коварский, *Ф. Т. Т.*, **4**, 1636 (1962).
[14] R. Passler, Czecho, *J. Phys.*, **B24**, 322 (1974); **B25**, 219(1975); *Phys. Stat. Sol.*(6), **65**, 561(1974); **68**, 69 (1975).
[15] 黄昆,中国科学,**10**,949(1980).
[16] F. Seitz, Modern Theory of Solids, McGraw-Hill (1940).
[17] D. V. Lang, Deep Centers in Semiconductors, ed., S. T. Pantelides, Gorden and Breach, 489 (1985).
[18] M. F. Li, P. Y. Yu, E. R. Weber and W. Hansen *Appl. Phys. Lett.*, **51**, 349 (1987).

第三章　半导体的光学性质

§3.1　固体宏观光学响应函数[1-3]

3.1.1　光的传播

设一束沿 x 方向传播的电磁波

$$\varepsilon_y(x,t) = \varepsilon_0 e^{i\omega\left(\frac{x}{v}-t\right)}, \tag{3.1.1}$$

其中 ε_y 为横向电场，ω 为角频率，v 为相速度。定义固体中光的复折射率（complex refraction index）N

$$v = c/N \tag{3.1.2}$$

$$N = n + i\kappa^{1)} \tag{3.1.3}$$

其中 c 为真空光速，代入式 (3.1.1)，得到

$$\varepsilon_y(x,t) = \varepsilon_0 e^{i\omega\left(\frac{x}{c/n}-t\right)} e^{-\frac{\omega\kappa}{c}x}. \tag{3.1.4}$$

式 (3.1.4) 表示相速度 c/n。并具有指数衰减的波，考虑到光强 I 正比于 $|\varepsilon|^2$，由式 (3.1.4) 得到

$$I(x) = I_0 e^{-\alpha x}, \tag{3.1.5}$$

其中

$$\alpha = \frac{2\omega\kappa}{c} = \frac{4\pi\kappa}{\lambda}, \tag{3.1.6}$$

λ 为真空中电磁波长，n 为折射率，κ 称为消光系数，而 α 为吸收系数，它们都是角频率 ω 的函数，从式(3.1.5)可知，I 满足

$$\frac{dI}{dx} = -\alpha I. \tag{3.1.5 a}$$

---

1) 有些书中定义复折射率为 $N = n - i\kappa$，即式(3.1.3)的复共轭。要避免由此引入的定义上的混乱。

式 (3.1.5 a) 说明，α 为单位光强(光流密度)时、单位体积单位时间内固体吸收的光能量.

有时引入复介电常量 $\varepsilon_c = \varepsilon_1 + i\varepsilon_2 = N^2$，由式(3.1.3)可知(限于非磁性材料)

$$\varepsilon_1 = n^2 - \kappa^2, \tag{3.1.7}$$

$$\varepsilon_2 = 2n\kappa, \tag{3.1.7 a}$$

所以 ε_2 与吸收有关.

折射率 n 和半导体禁带 E_g 具有以下 Moss[1] 经验规则（在 n^4 落于30—440范围内成立):

$$n^4 E_g = 77,$$

其中 E_g 单位为 eV。

3.1.2 光的反射

下面讨论电磁波从介质 1 到介质 2 传播时在介面上的反射，限于垂直介面的传播.

定义反射系数 $r(\omega)$

$$r(\omega) = \frac{\varepsilon_{反射}}{\varepsilon_{入射}} = \rho(\omega) e^{i\theta\omega}, \tag{3.1.8}$$

以及反射率 $R(\omega)$

$$R(\omega) = \frac{反射光强}{入射光强} = \left|\frac{\varepsilon_{反射}}{\varepsilon_{入射}}\right|^2 = rr^* = \rho^2. \tag{3.1.9}$$

根据电磁场在界面连续的边界条件，可以证明

$$r = \frac{N_2 - N_1}{N_2 + N_1}, \tag{3.1.10}$$

$$R = \frac{(N_2 - N_1)(N_2 - N_1)^*}{(N_1 + N_2)(N_1 + N_2)^*}.$$

由此可知，媒质 1 到媒质 2 的反射率等于媒质 2 到媒质 1 的反射率. 对于媒质 1 为空气的情形，$N_1 = 1$，并记

$$N_2 = N = n + i\kappa,$$

于是

$$r=\frac{n+i\kappa-1}{n+i\kappa+1},\tag{3.1.11}$$

$$R=\frac{(n-1)^2+\kappa^2}{(n+1)^2+\kappa^2}.\tag{3.1.12}$$

对于金属，由于 κ 很大，而呈全反射 $R\doteq1$。

对于非垂直于分界面的反射，可参阅文献[1]中 § 1.3 及文献[2]的讨论，此时平面偏振的入射波将产生椭圆偏振的反射波。另外，在作反射测量时，材料表面的畸变和沾污将对结果产生严重的影响[1]。

3.1.3 光的透射

光通过一片状样品的透射率 T 可定义为透射光强 I 和入射光强 I_0 之比，即 I/I_0。设样品厚 d，光在样品的两个表面将来回反射，如图 3.1.1 所示。

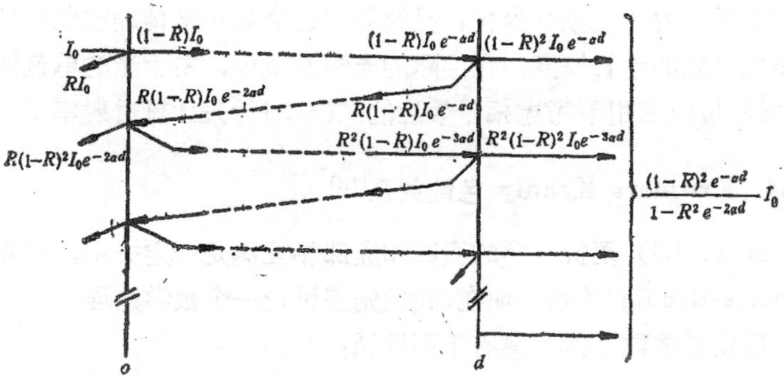

图 3.1.1　光通过厚度为 d 的介质时的透射情况.

透射光强

$$\begin{aligned}I&=I_0(1-R)^2e^{-\alpha d}(1+R^2e^{-2\alpha d}+R^4e^{-4\alpha d}+\cdots)\\&=\frac{I_0(1-R)^2e^{-\alpha d}}{1-R^2e^{-2\alpha d}},\end{aligned}$$

所以

$$T=\frac{I}{I_0}=\frac{(1-R)^2e^{-\alpha d}}{1-R^2e^{-2\alpha d}}$$

$$=\begin{cases}(1-R)^2e^{-\alpha d} & (\alpha d\gg 1),\\ \dfrac{1-R}{1+R} & (\alpha d\ll 1).\end{cases}\qquad(3.1.13)$$

如果光为单色性很好的相干光，则应考虑历次反射光束之间的干涉，此时，式 (3.1.13) 应代之以[1,2,4-6]

$$T=\frac{(1-R)^2+4R\sin^2\phi}{e^{\alpha d}+R^2e^{-\alpha d}-2R\cos 2(\phi+\psi)},\qquad(3.1.13\,a)$$

其中

$$\phi=\frac{4\pi nd}{\lambda},$$

$$\psi=\tan^{-1}\frac{2\kappa}{n^2+\kappa^2-1}.$$

式 (3.1.13 a) 分母中的 $2R\cos 2(\phi+\psi)$ 项将使透射率 T 随厚度 d 或波长 λ 发生周期性变化，已经利用这个效应来精确控制外延或蒸发薄膜的生长厚度。在实际的光学测量中，由于光的单色性不够好，可以使用不考虑相干效应的式(3.1.13)来计算透射率 T。

3.1.4 Kramers-Kronig 色散关系[7,8]

式 (3.1.3) 复折射率的实部和虚部相互满足一定关系，称为 Kramers-Kronig 关系。现在，我们先来讨论一个数学定理。

设复变函数 $f(\omega)$ 具有下列性质：

（一）$f(\omega)$ 的极点都在 ω 实轴以下半平面。

（二）当 $|\omega|\to\infty$ 时，$f(\omega)$ 一致地趋于零。于是 $f(\omega)/\omega$ 在上半平面的半圆路径上的积分值，当半径$\to\infty$时趋于零。

（三）对于实的 ω，$f(\omega)$ 的实部 $f_R(\omega)$ 是 ω 的偶函数，虚部 $f_I(\omega)$ 是 ω 的奇函数。

对于满足以上性质的 $f(\omega)=f_R(\omega)+if_I(\omega)$，其实部和虚部之间满足下列 Kramers-Kronig 色散关系：

$$f_R(\omega)=\frac{2}{\pi}\fint_0^\infty \frac{sf_I(s)}{s^2-\omega^2}ds,\qquad(3.1.14)$$

$$f_I(\omega)=-\frac{2\omega}{\pi}\fint_0^\infty \frac{f_R(s)}{s^2-\omega^2}ds,\qquad(3.1.15)$$

其中 $\fint$ 表示取积分主值，可以从 Cauchy 积分公式

$$f(\omega)=\frac{1}{\pi i}\fint_{-\infty}^\infty \frac{f(s)}{s-\omega}ds\qquad(3.1.16)$$

以及性质(一)—(三)推得式(3.1.14)，(3.1.15)[7]。

下面将色散关系应用到某些光学响应函数，从而得到它们之间的内在关系，关于这些函数满足性质(一)—(三)的论证，可参阅文献[8,9]。

取 $f(\omega)=\ln r(\omega)$，由式(3.1.8)，(3.1.9)可得到

$$\ln r(\omega)=\frac{1}{2}\ln R(\omega)+i\theta(\omega)\qquad(3.1.17)$$

利用式(3.1.15)得到

$$\theta(\omega)=-\frac{\omega}{\pi}\fint_0^\infty \frac{\ln R(s)}{s^2-\omega^2}ds。\qquad(3.1.18)$$

上式中 $R(\omega)$ 是实验可测的量，而相因子 $\theta(\omega)$ 不能直接测量。式(3.1.18)说明可以通过测量反射谱 $R(\omega)$ 算得 $\theta(\omega)$，从而完全决定 $r(\omega)$。从式(3.1.18)初看，似乎需要在整个频率范围内测量反射率 $R(\omega)$ 才能算得 $\theta(\omega)$，实质不然，这可由下列分析进行说明。利用

$$\frac{\omega}{s^2-\omega^2}=-\frac{1}{2}\frac{d}{ds}\ln\left|\frac{s+\omega}{s-\omega}\right|$$

代入式(3.1.18)，并分部积分，得到

$$\theta(\omega)=-\frac{1}{2\pi}\int_0^\infty \ln\left|\frac{s+\omega}{s-\omega}\right|\frac{d}{ds}\ln R(s)ds。\qquad(3.1.19)$$

图 3.1.2 为 $\ln\left|\frac{s+\omega}{s-\omega}\right|$ 与 s/ω 的函数关系图，由图 3.1.2 和式(3.1.19)可知，为决定 ω 对应的 $\theta(\omega)$，不必测量整个频率范围的 R，只要在 ω 两边测量到实际上 R 已不再随频率变化的频率范围

即可,因为再远的频率,式(3.1.19)中被积量 $\ln\left|\frac{s+\omega}{s-\omega}\right|$ 和 $\frac{d\ln R}{ds}$ 都趋于零。

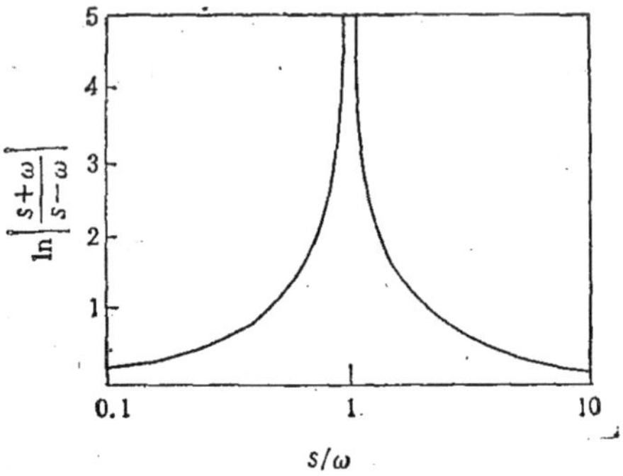

图 3.1.2 $\ln\left|\frac{s+\omega}{s-\omega}\right|$ 与 s/ω 的关系图.

进一步由式 (3.1.8) 及 (3.1.11) 可以得到

$$\kappa = 2\rho\sin\theta/(1+\rho^2-2\rho\cos\theta), \tag{3.1.20}$$

$$n = (1-\rho^2)/(1+\rho^2-2\rho\cos\theta). \tag{3.1.21}$$

因此,通过测量反射率谱 $R(\omega)$ 便可以得到全部光学响应函数。

从略为不同的角度来看,可证 $n-1+i\kappa$ 也满足性质(一)—(三),运用式 (3.1.14),得到

$$n(\omega)-1 = \frac{2}{\pi}\int_0^\infty \frac{s\kappa(s)}{s^2-\omega^2}ds, \tag{3.1.22}$$

或将式 (3.1.6) 代入上式得到

$$n(\omega)-1 = \frac{c}{\pi}\int_0^\infty \frac{\alpha(s)}{s^2-\omega^2}ds. \tag{3.1.23}$$

可以证明,式 (3.1.7),(3.1.7 a) 所定义的 ε_c-1 满足性质(一)—(三),于是有

$$\varepsilon_1-1 = \frac{2}{\pi}\int_0^\infty \frac{s\varepsilon_2}{s^2-\omega^2}ds, \tag{3.1.24}$$

$$\varepsilon_2 = -\frac{2\omega}{\pi}\int_0^\infty \frac{\varepsilon_1}{s^2-\omega^2}ds. \tag{3.1.25}$$

从式(3.1.23)，(3.1.6)及式(3.1.11)中可知，原则上可从实际测得吸收谱 $\alpha(\omega)$ 或 $\varepsilon_2(\omega)$，也可以获得全部光学响应函数，不过这里被积量 $\frac{1}{s^2-\omega^2}$ 具有较宽的展开。

有关 III-V 族化合物半导体比较完整的发光常数的数据可在文献 [10] 中查到，更全面的数据可查阅附录C中所介绍的 Landolt-Bornstein 手册。

小结

固体宏观光学常数可用下列方法之一来描述：

（一）复折射率

$$N = n + i\kappa \tag{3.1.3}$$

其中 n 决定光相速 c/n，κ 决定吸收系数 α，

$$\alpha = \frac{4\pi\kappa}{\lambda} = \frac{2\omega\kappa}{c} \tag{3.1.6}$$

（二）复介电常量

$$\varepsilon_c = \varepsilon_1 + i\varepsilon_2 = N^2,$$

其中

$$\varepsilon_1 = n^2 - \kappa^2, \tag{3.1.7}$$

$$\varepsilon_2 = 2n\kappa。 \tag{3.1.7 a}$$

（三）表面反射系数

$$r = \frac{\varepsilon_{\text{反射}}}{\varepsilon_{\text{入射}}} = \rho e^{i\theta}$$

与 n,κ 的关系可由式(3.1.20),(3.1.21)来定。另有

$$R = \frac{\text{反射光强}}{\text{入射光强}} = \rho^2。$$

Kramers-Kronig 色散关系联系光学常数实部和虚部之间存在如下关系：

$$n(\omega) - 1 = \frac{c}{\pi}\int_0^\infty \frac{\alpha(s)}{s^2-\omega^2}ds, \tag{3.1.23}$$

或

$$\varepsilon_1(\omega)-1=\frac{2}{\pi}\int_0^\infty \frac{s\varepsilon_2(s)}{s^2-\omega^2}ds, \tag{3.1.24}$$

$$\varepsilon_2(\omega)=-\frac{2\omega}{\pi}\int_0^\infty \frac{\varepsilon_1(s)}{s^2-\omega^2}ds, \tag{3.1.25}$$

或

$$\theta(\omega)=-\frac{1}{2\pi}\int_0^\infty \ln\left|\frac{s+\omega}{s-\omega}\right|\frac{d}{ds}\ln R(s)ds. \tag{3.1.19}$$

§3.2 靠近吸收边的本征吸收

采用吸收光谱的方法研究半导体的光学性质开展得比较早，也比较成熟，我们将首先对各种光吸收，特别是价带导带的光跃迁对应的本征吸收的定量描述作较仔细的介绍，本节以及以下诸节用统一的量子力学含时微扰的理论作为出发点来处理由电子和光场的相互作用所引起的各种跃迁过程，建议读者先阅读附录 B，再回过来阅读本章诸节。

设入射光为附录 B 中所讨论波矢为 $\boldsymbol{k}$，频率为 ω_k 的光场，n_k 为单位体积中光子数，对应的光通量为

$$I(\omega_k)=n_k\hbar\omega_k v_g, \tag{3.2.1}$$

其中 $v_g=\frac{d\omega_k}{dk}$ 为群速度，即光子（或能量）流动速度。根据式(3.1.5 a)所述的定义，光吸收系数 α 为

$$\alpha(\omega_k)=\frac{\text{单位时间单位体积净受激吸收光能量}}{I(\omega_k)}. \tag{3.2.2}$$

根据式（B.20）至（B.21），上式可写成

$$\alpha(\omega_k)=\frac{\sum\limits_{a,b}(W^{ab}_{b\to a}p_b p'_a-W^{st.em}_{a\to b}p_a p'_b)\hbar\omega_k}{n_k\hbar\omega_k v_g}, \tag{3.2.2 a}$$

其中 W 为跃迁几率，a 为高能量电子态，b 为低能量电子态，p_a，p_b 为状态被电子占据的概率，$p'=1-p$，由式（B.20 a）可知，W 为光的波矢和极化方向的函数，因而 $\alpha(\omega_k)$ 也应为波矢和极化方

向的函数。我们仅限于讨论各向同性的系统，由于诸态的对称性，在 $\sum_{a,b}$ 求和后变成各向同性。利用式（B.20 a），（B.20 b）可进一步简化式（3.2.2 a）为

$$\alpha(\omega)=\frac{\sum_{a,b}W^{ab}_{b\to a}(p_b p'_a-p_a p'_b)}{n_k v_g}$$

$$=\frac{4\pi^2 e^2}{v_g n^2 m^2 \omega_k}\sum_{a,b}|\langle a|\hat{\boldsymbol{p}}\cdot\boldsymbol{a}e^{-i\boldsymbol{k}\cdot\boldsymbol{r}}|b\rangle|^2$$

$$\cdot(p_b p'_a-p_a p'_b)\delta[(E_a-E_b)-\hbar\omega_k] \quad (3.2.2\ \text{b})$$

最后，根据式（B.5），有

$$v_g=\frac{d\omega_k}{dk}=c'+kc\frac{dn}{dk}.$$

如没有色散，即 n 不随 ω 变化，$v_g=c'$，即可用相速代替群速。

3.2.1 直接跃迁吸收边[1-4]

价带顶附近到导带底附近的跃迁，相当于本征吸收的长波限附近，即所谓本征吸收边，关于这一类研究在 60 年代初就做了仔细的研究[1]，对了解半导体能带极值的结构有很重要的价值，关于这类吸收边对应的电子光跃迁，根据半导体能带的不同又可分成直接跃迁和伴随声子吸收或发射的间接跃迁吸收两类。有关这些内容将在本节和下一节中分别进行讨论。

此时，电子的初态 $|b\rangle$ 为价带中的 Bloch 函数，记作 $\psi_{v\boldsymbol{k}_v}$；终态为导带中 Bloch 函数记作 $\psi_{c\boldsymbol{k}_c}$，并假定价带被电子全占满，导带全是空的，因此式（3.2.2 b）中的 $p_b\doteq1$，$p'_a\doteq1$，式（B.20 a）矩阵元

$$\langle a|\hat{\boldsymbol{p}}e^{i\boldsymbol{k}\cdot\boldsymbol{r}}|b\rangle=-i\int\psi^*_{c\boldsymbol{k}_c}\nabla e^{i\boldsymbol{k}\cdot\boldsymbol{r}}\psi_{v\boldsymbol{k}_v}d\boldsymbol{r}.$$

由于

$$\nabla(e^{i\boldsymbol{k}\cdot\boldsymbol{r}}\psi_{v\boldsymbol{k}_v})=\nabla(e^{i(\boldsymbol{k}+\boldsymbol{k}_v)\cdot\boldsymbol{r}}u_{v\boldsymbol{k}_v})$$

$$=e^{i(\boldsymbol{k}+\boldsymbol{k}_v)\cdot\boldsymbol{r}}[\nabla u_{v\boldsymbol{k}_v}+i(\boldsymbol{k}+\boldsymbol{k}_v)u_{v\boldsymbol{k}_v}],$$

代入上式，得到

$$\langle a|\boldsymbol{p}e^{i\boldsymbol{k}\cdot\boldsymbol{r}}|b\rangle$$

$$= -i\hbar\int_{\text{晶体}} e^{i(\boldsymbol{k}+\boldsymbol{k}_v-\boldsymbol{k}_c)\cdot\boldsymbol{r}}u_{c\boldsymbol{k}_c}^*[\nabla u_{v\boldsymbol{k}_v} + i(\boldsymbol{k}+\boldsymbol{k}_v)u_{v\boldsymbol{k}_v}]d\boldsymbol{r}$$

$$= -i\hbar\left\{\sum_{\text{所有晶格}\,j} e^{i(\boldsymbol{k}+\boldsymbol{k}_v-\boldsymbol{k}_c)\cdot\boldsymbol{r}_j}\right\}$$

$$\times\int_{\text{原胞}} e^{i(\boldsymbol{k}+\boldsymbol{k}_v-\boldsymbol{k}_c)\cdot\boldsymbol{r}}u_{c\boldsymbol{k}_c}^*[\nabla u_{v\boldsymbol{k}_v} + i(\boldsymbol{k}+\boldsymbol{k}_v)u_{v\boldsymbol{k}_v}]d\boldsymbol{r}.$$

根据式(1.1.7)，并假定晶体体积 $N\Omega = 1$，于是

$$\delta_{\boldsymbol{k}_v+\boldsymbol{k},\boldsymbol{k}_c} = \int_{\text{晶体}} e^{i(\boldsymbol{k}_v+\boldsymbol{k}-\boldsymbol{k}_c)\cdot\boldsymbol{r}}d_{\boldsymbol{r}}$$

$$= \left\{\sum_{\text{所有晶格}\,j} e^{i(\boldsymbol{k}_v+\boldsymbol{k}-\boldsymbol{k}_c)\cdot\boldsymbol{r}_j}\right\}\int_{\text{原胞}} e^{i(\boldsymbol{k}_v+\boldsymbol{k}-\boldsymbol{k}_c)\cdot\boldsymbol{r}}d\boldsymbol{r}$$

$$= \left\{\sum_{\text{所有晶格}\,j} e^{i(\boldsymbol{k}_v+\boldsymbol{k}-\boldsymbol{k}_c)\cdot\boldsymbol{r}_j}\right\}\Omega, \tag{3.2.3}$$

代入前式，得到

$$\langle a|\hat{\boldsymbol{p}}e^{i\boldsymbol{k}\cdot\boldsymbol{r}}|b\rangle$$

$$= \frac{-i\hbar\delta_{\boldsymbol{k}_v+\boldsymbol{k},\boldsymbol{k}_c}}{\Omega}\int_{\text{原胞}} u_{c\boldsymbol{k}_c}^*[\nabla u_{v\boldsymbol{k}_v} + i(\boldsymbol{k}+\boldsymbol{k}_v)u_{v\boldsymbol{k}_v}]d\boldsymbol{r}. \tag{3.2.4}$$

式 (3.2.4) 说明跃迁前后电子动量与光子动量之和守恒，即

$$\boldsymbol{k}_v + \boldsymbol{k} = \boldsymbol{k}_c. \tag{3.2.5}$$

跃迁最终还要满足式 (3.2.2 b) 中能量守恒

$$E_{v\boldsymbol{k}_v} + \hbar\omega_{\boldsymbol{k}} = E_{c\boldsymbol{k}_c}. \tag{3.2.6}$$

除式(3.2.5)及式(3.2.6)外，电子自旋将不因跃迁而改变，对于典型的半导体来说，$E_{c\boldsymbol{k}_c} - E_{v\boldsymbol{k}_v}$ 约为 1 eV 数量级，对应光子波矢

$$|\boldsymbol{k}| = \frac{\omega_k}{c} = \frac{E_{c\boldsymbol{k}_c} - E_{v\boldsymbol{k}_v}}{\hbar c} \cong 5\times10^{-4}\,\text{Å}^{-1},$$

而布里渊的线度 $\frac{2\pi}{a} = 1\,\text{Å}^{-1}$，故可以近似地把式 (3.2.5) 中的 $\boldsymbol{k}$ 忽略，于是得到

$$\boldsymbol{k}_v \doteq \boldsymbol{k}_c. \tag{3.2.5 a}$$

上式说明，价带到导带的跃迁是几乎"垂直"的，图 3.2.1 示出了满足式 (3.2.5 a) 及式 (3.2.6) 的跃迁过程。

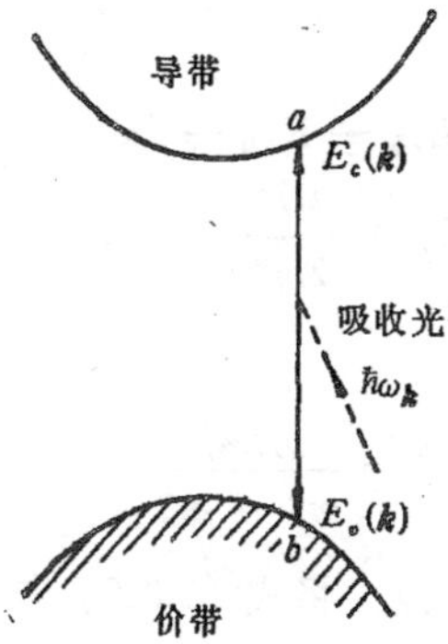

图 3.2.1 从价带到导带的电子垂直跃迁，并吸收一个光子.

在式 (3.2.5 a) 近似下，式 (3.2.4) 右边积分中方括弧内的第二项因不同能带波函数的正交性而可略去。于是式 (3.2.4) 可简化成

$$\langle a|\hat{\boldsymbol{p}}e^{i\boldsymbol{k}\cdot\boldsymbol{r}}|b\rangle = \delta_{\boldsymbol{k}_v,\boldsymbol{k}_c}\mathscr{P}_{cv}(\boldsymbol{k}_v), \tag{3.2.4 a}$$

其中

$$\begin{aligned}\mathscr{P}_{cv}(\boldsymbol{k}) &= \langle\psi_{c\boldsymbol{k}}|\hat{\boldsymbol{p}}|\psi_{v\boldsymbol{k}}\rangle \\ &= \frac{1}{\Omega}\int_{\text{原胞}} u^*_{c\boldsymbol{k}}\hat{\boldsymbol{p}}u_{v\boldsymbol{k}}d\boldsymbol{r}.\end{aligned} \tag{3.2.7}$$

将式 (3.2.4 a) 代入式 (3.2.2 b) 并设价带全满，导带全空，于是

$$\alpha(\omega) = \frac{2(4\pi^2e^2)}{n^2m^2v_g\omega}\sum_{\text{B.Z.}}|\boldsymbol{a}\cdot\mathscr{P}_{cv}(\boldsymbol{k})|^2\delta(E_{c\boldsymbol{k}} - E_{v\boldsymbol{k}} - \hbar\omega), \tag{3.2.8}$$

因子 2 是考虑到每个 $\boldsymbol{k}$ 有两个自旋，而且跃迁时自旋守恒，利用式 (1.1.15)，上式可写为

$$\begin{aligned}\alpha(\omega) = \frac{4\pi^2e^2}{n^2m^2v_g\omega}\int_{\text{B.Z.}}\frac{2\,d\boldsymbol{k}}{(2\pi)^3}|\boldsymbol{a}\cdot\mathscr{P}_{cv}(\boldsymbol{k})|^2 \\ \times\delta(E_{c\boldsymbol{k}} - E_{v\boldsymbol{k}} - \hbar\omega).\end{aligned} \tag{3.2.9}$$

在 $\boldsymbol{k}=0$ 处，对价带和导带作有效质量展开

$$
\begin{cases}
E_{ck} = \dfrac{\hbar^2 k^2}{2m_c^*} + E_g, \\
E_{vk} = -\dfrac{\hbar^2 k^2}{2m_v^*},
\end{cases}
\tag{3.2.10}
$$

于是记

$$
\begin{aligned}
\varepsilon(\boldsymbol{k}) &= E_{ck} - E_{vk} - \hbar\omega \\
&= E_g + \frac{\hbar^2 k^2}{2m_r^*} - \hbar\omega,
\end{aligned}
$$

其中

$$
m_r^* = \frac{m_c^* m_v^*}{m_c^* + m_v^*} \tag{3.2.11}
$$

为电子空穴折合有效质量。将式 (3.2.9) 中 $d\boldsymbol{k}$ 换到能量空间

$$
d\boldsymbol{k} = 4\pi k^2 dk = \frac{4\pi k m_r^*}{\hbar^2} d\varepsilon,
$$

并假设 $\mathscr{P}_{cv}(\boldsymbol{k})$ 只与 k 有关，式 (3.2.9) 积分后，有

$$
\alpha(\omega) = \frac{2e^2}{n^2 m^2 v_g \omega}\left(\frac{2m_r^*}{\hbar^2}\right)^{\frac{3}{2}} |\boldsymbol{a}\cdot\mathscr{P}_{cv}(\boldsymbol{k})|^2 (\hbar\omega - E_g)^{\frac{1}{2}}, \tag{3.2.12}
$$

其中

$$
k = \left(\frac{2m_r^*}{\hbar^2}\right)^{\frac{1}{2}} (\hbar\omega - E_g)^{\frac{1}{2}}. \tag{3.2.13}
$$

将 $\mathscr{P}_{cv}(\boldsymbol{k})$ 在 Γ 点 ($k = 0$) 展开

$$
\mathscr{P}_{cv}(k) = \mathscr{P}_{cv}(0) + k\left(\frac{\partial \mathscr{P}_{cv}}{\partial k}\right)_0 + \cdots. \tag{3.2.14}
$$

由导带和价带电子在 Γ 点波函数对称性，$\mathscr{P}_{cv}(0)$ 可能等于零或不等于零（见附录 A），因此分如下两种情况：

（一）Γ 处（价带极大值）直接跃迁允许，即 $\mathscr{P}_{cv}(0) \neq 0$，仅取式 (3.2.14) 第一项代入式 (3.2.12)，并记 α 为 α_A

$$
\begin{aligned}
\alpha_A(\omega) &= \frac{2e^2}{n^2 m^2 v_g \omega}\left(\frac{2m_r^*}{\hbar^2}\right)^{\frac{3}{2}} |\boldsymbol{a}\cdot\mathscr{P}_{cv}(0)|^2 (\hbar\omega - E_g)^{\frac{1}{2}} \\
&\propto \frac{1}{\omega}(\hbar\omega - E_g)^{\frac{1}{2}}.
\end{aligned}
\tag{3.2.15}
$$

（二）Γ 处直接跃迁禁止，即 $\mathscr{P}_{cv}(0)=0$，仅取式 (3.2.14) 第二项代入式 (3.2.12)，并记 α 为 α_F

$$\alpha_F(\omega)=\frac{2e^2}{n^2m^2v_g\omega}\left(\frac{2m_r^*}{\hbar^2}\right)^{\frac{3}{2}}\left|a\cdot\frac{\partial\mathscr{P}_{cv}}{\partial k}\right|_{k=0}^2(\hbar\omega-E_g)^{\frac{3}{2}}$$

$$\propto\frac{1}{\omega}(\hbar\omega-E_g)^{\frac{3}{2}}。\tag{3.2.16}$$

文献[1]中将上述理论与 Ge,Si 的实验结果作了十分详细的比较，文献 [2]给出 III-V 族半导体的实验结果以及理论的进一步考虑，图 3.2.2 (a) 给出 GaAs 吸收谱的有关部分，在光子能量相当于 E_g 时，有一个吸收谱的突变对应价带至导带的垂直跃迁吸收[5]。

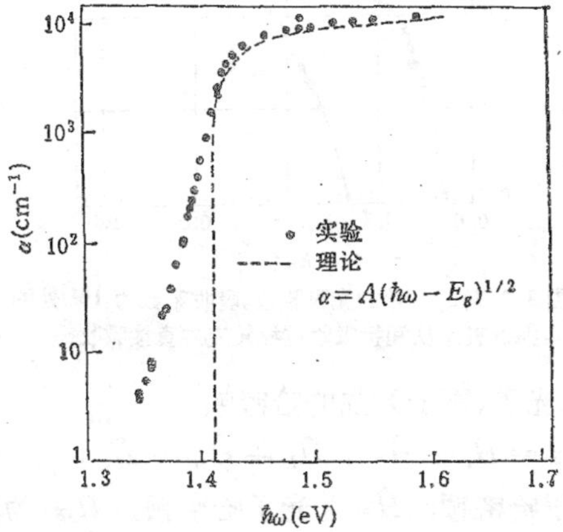

图 3.2.2(a) GaAs 的本征吸收边(直接跃迁)[5]

3.2.2 非直接跃迁吸收边

由上一节的分析中可知，电子吸收光子发生于价带到导带的直接跃迁，由于必须遵守动量守恒和能量守恒，因此电子必须是近似动量不变的垂直跃迁．对于所谓非直接禁带半导体（如 Si,Ge, GaP 等），其导带最小极值不在 Γ 点(见第一章)，因此 3.2.1 节中分析的直接跃迁对应的光子能量不在 E_g 附近。但实验说明，此类非直接禁带半导体在 E_g 附近亦存在光吸收[图 3.2.2(b)]，虽然比直接禁带半导体的吸收要弱. 为了说明这个现象，必须考虑电子、光子以外的第三者. 此第三者可以是声子系统[6]放出或吸收声子以提供动量，也可以是其它缺陷或杂质，它们的存在破坏了晶格平移对称性，因而使非直接跃迁成为可能. 详细的理论可参阅文献[2]. 这里针对第三者为声子时的情况作一讨论.

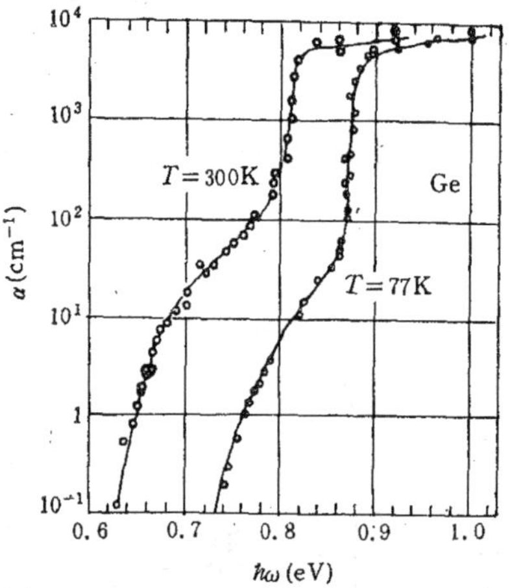

图 3.2.2(b) 锗的光吸收边，吸收系数为 10^2 处的拐折表示从间接吸收过程转变为直接吸收.

考虑电子、光子、声子系统的哈密顿

$$\hat{H}=\hat{H}_e+\hat{H}_F+\hat{H}_L+\hat{H}_{eF}+\hat{H}_{eL}, \tag{3.2.17}$$

其中 $\hat{H}_e$ 为电子哈密顿，$\hat{H}_F$ 为光子哈密顿，$\hat{H}_{eF}$ 为光子电子相互作用，此三项已在附录 B 说明，$\hat{H}_L$ 为晶格振动哈密顿，$\hat{H}_{eL}$ 为电子声子相互作用. 现在把 $\hat{H}_e+\hat{H}_F+\hat{H}_L$ 看作零级近似，零级本征波函数由电子 $\hat{H}_e$ 本征态（这里为 Bloch 函数 ψ_{nk}）、光子数 n_k 和声子数 N_q 来描述（都限于单位体积）.

把$(\hat{H}_{eF}+\hat{H}_{eL})$ 看作微扰，记作 $\hat{H}_{\rm int}$，单位时间从初态 i 到终态 f 的跃迁概率仍可用量子力学含时微扰理论，即式 (B.20). 但对初态和终态为非垂直跃迁，而且能量守恒的情况，$\langle f|\hat{H}_{\rm int}|i\rangle$ 为零. 所以要考虑二级微扰的贡献

$$W_{if}=\frac{2\pi}{\hbar}\left|\sum_{\nu}\frac{\langle f|\hat{H}_{\rm int}|\nu\rangle\langle\nu|\hat{H}_{\rm int}|i\rangle}{E_i-E_\nu}\right|^2\delta(E_i-E_f),\qquad(3.2.18)$$

其中 ν 为所有中间态，$\hat{H}_{\rm int}=\hat{H}_{eF}+\hat{H}_{eL}$

由式(B.19)及式(3.2.4)通过 $\hat{H}_{eF}$ 跃迁时只能吸收或放出一个光子，而且矩阵元出现因子 $\sqrt{n_k}$ (吸收)或 $\sqrt{n_k+1}$ (放出)，n_k 为跃迁前光子数，而且跃迁前后电子、光子系统动量守恒，对 $\hat{H}_{eL}$ 作具体分析，便可得到相同的结论，只要把光子 n_k 改成声子 N_q，具体写出来时有[6,4]

$$\begin{aligned}&\langle\psi_{c\boldsymbol{k}_c},N_q+1|\hat{H}_{eL}|\psi_{\beta\boldsymbol{k}_\beta},N_q\rangle\\&\qquad=\sqrt{N_q+1}\mathscr{F}_{eL}(c,\boldsymbol{k}_c;\beta,\boldsymbol{k}_\beta)\delta_{\boldsymbol{k}_\beta,\boldsymbol{k}_c+q}\\&\langle\psi_{c\boldsymbol{k}_c},N_q-1|\hat{H}_{eL}|\psi_{\beta\boldsymbol{k}_\beta},N_q\rangle\\&\qquad=\sqrt{N_q}\,\mathscr{F}_{eL}(c,\boldsymbol{k}_c;\beta,\boldsymbol{k}_\beta)\delta_{\boldsymbol{k}_\beta,\boldsymbol{k}_c-q}\end{aligned}\qquad(3.2.19)$$

对于非竖直跃迁吸收光子过程，利用式(3.2.19)及式(3.2.7)可写出下列关系：

$$\begin{aligned}&\sum_{\nu}\frac{\langle f|\hat{H}_{\rm int}|\nu\rangle\langle\nu|\hat{H}_{\rm int}|i\rangle}{E_i-E_\nu}\\&=\sum_{\beta,\boldsymbol{k}_\beta}\frac{\langle\psi_{c\boldsymbol{k}_c},N_q\pm1|\hat{H}_{eL}|\psi_{\beta\boldsymbol{k}_\beta},N_q\rangle\langle\psi_{\beta\boldsymbol{k}_\beta},n_k-1|\hat{H}_{eF}|\psi_{\nu\boldsymbol{k}_\nu},n_k\rangle}{E_\nu(\boldsymbol{k}_\nu)+\hbar\omega_k-E_\beta(\boldsymbol{k}_\beta)}\\&\quad+\sum_{\beta,\boldsymbol{k}_\beta}\frac{\langle\psi_{c\boldsymbol{k}_c},n_k-1|\hat{H}_{eF}|\psi_{\beta\boldsymbol{k}_\beta},n_k\rangle\langle\psi_{\beta\boldsymbol{k}_\beta},N_q\pm1|\hat{H}_{eL}|\psi_{\nu\boldsymbol{k}_\nu},N_q\rangle}{E_\nu(\boldsymbol{k}_\nu)\mp\hbar\omega_q-E_\beta(\boldsymbol{k}_\beta)},\end{aligned}\qquad(3.2.20)$$

其中 N_q 为跃迁前声子数，声子能量 $\hbar\omega_q$，β 对所有能带求和。将式(3.2.19)及式(B.19)代入式(3.2.20)，并将能带 β 分成导带 ζ 和价带 η 两组，有

$$\begin{aligned}&\sum_{\nu}\frac{\langle f|\hat{H}_{\rm int}|\nu\rangle\langle\nu|\hat{H}_{\rm int}|i\rangle}{E_i-E_\nu}\\&\qquad=-\frac{e}{mn}\sqrt{\frac{2\pi\hbar}{\omega_k}n_k\left(N_q+\frac{1\pm1}{2}\right)}\\&\qquad\quad\times\left\{\sum_{\zeta}\frac{\mathscr{F}_{eL}(c,\boldsymbol{k}_c;\zeta,\boldsymbol{k}_\nu)[\mathscr{P}_{\zeta\nu}(\boldsymbol{k}_\nu)\cdot\boldsymbol{a}]}{E_c(\boldsymbol{k}_c)\pm\hbar\omega_q-E_\zeta(\boldsymbol{k}_\nu)}\right.\end{aligned}$$

$$+\sum_{\eta}\frac{\mathscr{F}_{eL}(c,\boldsymbol{k}_c;\eta,\boldsymbol{k}_v)[\mathscr{P}_{\eta v}(\boldsymbol{k}_v)\cdot\boldsymbol{a}]}{E_c(\boldsymbol{k}_c)\pm\hbar\omega_{\boldsymbol{q}}-E_\eta(\boldsymbol{k}_v)}$$

$$+\sum_{\zeta}\frac{[\mathscr{P}_{c\zeta}(\boldsymbol{k}_c)\cdot\boldsymbol{a}]\mathscr{F}_{eL}(\zeta,\boldsymbol{k}_c;v,\boldsymbol{k}_v)}{E_v(\boldsymbol{k}_v)\mp\hbar\omega_{\boldsymbol{q}}-E_\zeta(\boldsymbol{k}_c)}$$

$$+\sum_{\eta}\frac{[\mathscr{P}_{c\eta}(\boldsymbol{k}_c)\cdot\boldsymbol{a}]\mathscr{F}_{eL}(\eta,\boldsymbol{k}_c;v,\boldsymbol{k}_v)}{E_v(\boldsymbol{k}_v)\mp\hbar\omega_{\boldsymbol{q}}-E_\eta(\boldsymbol{k}_c)}\Bigg\},\qquad(3.2.21)$$

其中

$$\pm\boldsymbol{q}=\boldsymbol{k}_v-\boldsymbol{k}_c\qquad(3.2.21\text{ a})$$

以上式 (3.2.20)—式 (3.2.21) 中±号对应终态放出或吸收一个波矢为 $\boldsymbol{q}$、能量为 $\hbar\omega_{\boldsymbol{q}}$ 的声子的两种可能情况。在式 (3.2.20)—式 (3.2.21)的推导过程中，式 (3.2.21) 花括号中第一、二项的分母中用终态 $E_f=E_c(\boldsymbol{k}_c)\pm\hbar\omega_{\boldsymbol{q}}$ 代替了式 (3.2.20) 第一项分母中的初态 $E_i=E_v(\boldsymbol{k}_v)+\hbar\omega_{\boldsymbol{k}}$，因为最后需要初终态能量守恒，所以这是允许的。

式 (3.2.21) 说明中间态不要求与初态达到能量守恒，但由于分母的作用，中间态和初态之间的能差越大，贡献越小。所以在花括号里的每项中实际上起作用的只是最靠近导带极小值的导带和最靠近价带极大值的价带。图 3.2.3 说明式(3.2.21)所包含的四种跃迁过程。每一种跃迁分两步，其中一步吸收一个光子，另一步吸收或放出一个声子。在每一种跃迁中，电子分别与光子或声子满足动量守恒，但能量不守恒。

最后，我们要说明的是，在式 (3.2.21) 中，包括了电子和光子作用的跃迁矩阵元 $\mathscr{P}_{c\eta}(\boldsymbol{k}_c)$ 以及电子和声子作用的跃迁矩阵元 $\mathscr{F}_{eL}(\eta,\boldsymbol{k}_c;v,\boldsymbol{k}_v)$ 等等. 由于电子态的对称性，使得在这些矩阵元中，有些等于零(禁止跃迁)或近似于零，只有那些不等于零的矩阵元所对应的跃迁才是主要的跃迁过程. 举例来说，图 3.2.3 (b)，(c) 过程是很小的，因为式(3.2.21)中对应同一带内的电子光跃迁矩阵元 $\mathscr{P}$ 为禁止的，关于此类矩阵元的对称分析，原则上可采用附录 A 的群论方法。Glembocki 等[7,8]对 GaP 的分析说明，图 3.2.3(a) 所示的过程伴随有 LA 声子过程和图 3.2.3 (d) 所示的过程伴随

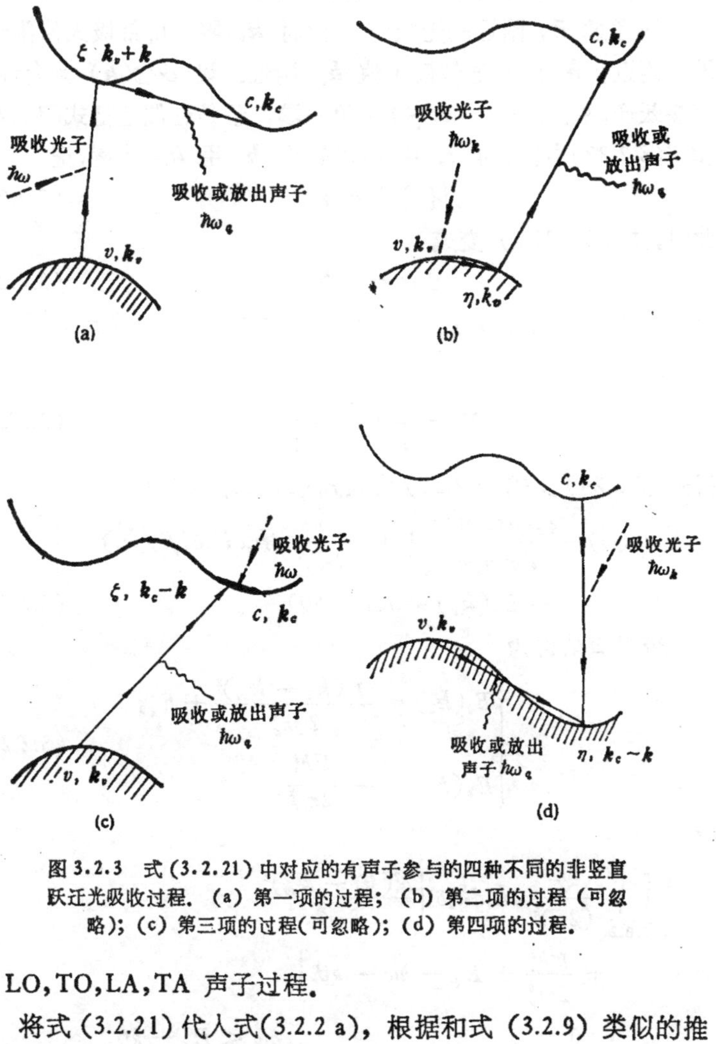

图 3.2.3　式 (3.2.21) 中对应的有声子参与的四种不同的非竖直跃迁光吸收过程. (a) 第一项的过程; (b) 第二项的过程 (可忽略); (c) 第三项的过程(可忽略); (d) 第四项的过程.

有 LO, TO, LA, TA 声子过程。

将式 (3.2.21) 代入式(3.2.2 a)，根据和式 (3.2.9) 类似的推导，可得到对于吸收一个声子的终态

$$\alpha_{吸}(\omega)=\frac{4\pi^2e^2}{n^2m^2v_g\omega}\iint_{\mathrm{B.Z.B.Z.}}\frac{2}{(2\pi)^6}\,d\boldsymbol{k}_c d\boldsymbol{k}_v N_q|\{\ \}|^2 \times\delta[E(\boldsymbol{k}_c)-E(\boldsymbol{k}_v)-\hbar\omega-\hbar\omega_q] \tag{3.2.22}$$

上式花括号内的为式(3.2.21)所给出的。

现考虑 E_g 附近的光吸收。此时 $\boldsymbol{k}_v$ 限于价带极大值附近，即 Γ 附近，$\boldsymbol{k}_c$ 限于导带极小值 $\boldsymbol{k}_{c0}$ 附近。设 $\mathscr{P}_{cv}(\boldsymbol{k})$ 为允许的直接跃迁，故只取式(3.2.14)中第一项，于是近似地把式(3.2.21)和式(3.2.22)中{ }的 $\boldsymbol{k}_v$ 用零代替，而 $\boldsymbol{k}_c$ 用 $\boldsymbol{k}_{c0}$ 代替，记

$$|\{\ \}|^2=\mathscr{C}. \tag{3.2.23}$$

此时，式(3.2.21 a)变成

$$\pm\boldsymbol{q}=-\boldsymbol{k}_{c0}. \tag{3.2.24}$$

设对应的声子能量 $\hbar\omega_{\boldsymbol{k}_{c0}}=k_B\theta$，声子数为 N_θ，N_θ 满足下列玻色统计：

$$N_\theta=\frac{1}{e^{k_B\theta/k_BT}-1} \tag{3.2.25}$$

将式(3.2.24)及式(3.2.25)代入式(3.2.22)，得到

$$\alpha_{吸}(\omega)=\frac{4\pi^2e^2\mathscr{C}N_\theta}{n^2m^2v_g\omega}\iint_{\mathrm{B.Z.\,B.Z.}}\frac{2}{(2\pi)^6}d\boldsymbol{k}_cd\boldsymbol{k}_v\delta[E_c(\boldsymbol{k}_c)-E_v(\boldsymbol{k}_v)-\hbar\omega-k\theta]. \tag{3.2.26}$$

设能带极值结构为

$$\begin{cases}E_c(\boldsymbol{k}_2)=\dfrac{\hbar^2(\boldsymbol{k}_2-\boldsymbol{k}_{c0})^2}{2m_c^*}+E_g,\\[2mm] E_v(\boldsymbol{k}_1)=-\dfrac{\hbar^2k_1^2}{2m_v^*},\end{cases} \tag{3.2.27}$$

可证

$$\iint_{\mathrm{B.Z.\,B.Z.}}\frac{2}{(2\pi)^6}d\boldsymbol{k}_1d\boldsymbol{k}_2\delta\left[\frac{\hbar^2(\boldsymbol{k}_2-\boldsymbol{k}_{c0})^2}{2m_c^*}+\frac{\hbar^2k_1^2}{2m_v^*}+E_g-\hbar\omega-k\theta\right]$$
$$=\begin{cases}0 & \hbar\omega<E_g-k\theta,\\[2mm] \dfrac{1}{8(2\pi)^3}\left(\dfrac{2m_v^*}{\hbar^2}\right)^{\frac{3}{2}}\left(\dfrac{2m_c^*}{\hbar^2}\right)^{\frac{3}{2}}\times(\hbar\omega-E_g+k\theta)^2 & \hbar\omega>E_g-k\theta,\end{cases} \tag{3.2.28}$$

代入式(3.2.26)，得到

$$\alpha_{吸}(\omega)=\begin{cases}0 & (\hbar\omega < E_g - k_B\theta),\\ c_1(\hbar\omega - E_g + B\theta)^2 N_\theta & (\hbar\omega > E_g - k_B\theta),\end{cases}$$

其中 (3.2.29)

$$c_1 = \frac{\mathscr{C}}{\omega}\frac{4\pi^2 e^2}{n^2 m^2 v_g}\frac{1}{8(2\pi)^3}\left(\frac{2m_v^*}{\hbar^2}\right)^{\frac{3}{2}}\left(\frac{2m_c^*}{\hbar^2}\right)^{\frac{3}{2}}。\tag{3.2.29 a}$$

对于放出一个声子的终态，具有完全相似的情况，只要把式(3.2.22)中的 N_q 改成 N_q+1，式(3.2.21)中取+号，于是对应的吸收系数可写为

$$\alpha_{放}(\omega)=\begin{cases}0 & (\hbar\omega < E_g + k_B\theta),\\ c_1(\hbar\omega - E_g - k_B\theta)^2(N_\theta+1) & (\hbar\omega > E_g + k_B\theta).\end{cases}\tag{3.2.30}$$

值得注意的是,上边结果为 $\mathscr{P}_{cv}(0)$不等于零时的允许跃迁情况,对于禁止跃迁的情况,可取式(3.2.14)第二项，最后结果为式(3.2.29)及式(3.2.30)，$(\hbar\omega - E_g \pm k\theta)$ 因子由平方变成立方。

总的吸收系数为式(3.2.26)与式(3.2.27)两项之和,即

$$\alpha(\omega)=\alpha_{放}(\omega)+\alpha_{吸}(\omega)。\tag{3.2.31}$$

式(3.2.25)及式(3.2.27)—(3.2.30)说明,伴有声子的非直接跃迁吸收谱与温度有密切关系,这是一切伴有声子过程的特征.图3.2.4示出的是极低温时 $\alpha^{\frac{1}{2}}$ 与 $\hbar\omega$ 的关系，由于 $N_\theta \ll 1$，所以

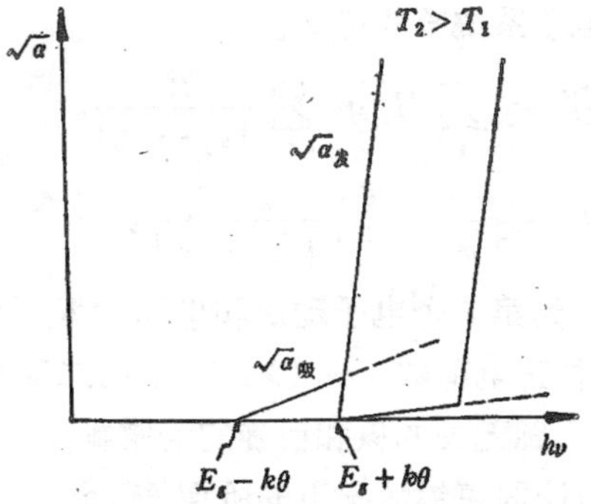

图 3.2.4 伴有声子吸收或发射的非直接吸收谱[3]。

吸收明显地分成两个不同斜率部分相加，并可由此定出 E_g 和声子能量 $k\theta$，在不同温度作此类实验时可发现 E_g 是随温度变化而变化[2,5]。

实际情况比以上讨论还要复杂，因为我们仅讨论了一种声子，实际上对应一个波矢 $\boldsymbol{q}$ 有好几种能量不同的声子，因此吸收边可能出现比图 3.2.4 更多的折点和吸收线，每两段折线代表一种声子的出现[2]。

§3.3 激子（excitons）和激子效应

3.3.1 激子

关于激子的概念，早在 50 年前人们就已经提出[1]，并得到发展[2-4]，有关激子理论的评述可参考文献 [5—10]，最近的研究情况可参考文献[11,12]。

固体的单电子理论，即能带论给出这样的物理图象：当一个电子从价带激发到导带，同时在价带形成一个空穴，此导带电子和价带空穴相互独立，§3.2 就是建立在这样的基础上来讨论吸收边谱，它在很多细节问题上与光学实验结果不符，激子的概念就是当初在解释某些光学现象时提出的．

关于激子问题必须从相互作用的多电子体系出发来考虑。设静止晶格中多电子系统哈密顿为：

$$\mathscr{H} = \sum_i H_i + \sum_{i<j} \frac{e^2}{|\boldsymbol{r}_i - \boldsymbol{r}_j|}, \tag{3.3.1}$$

$$H_i = \frac{p_i^2}{2m} + \sum_I \frac{Z_I e^2}{|\boldsymbol{R}_I - \boldsymbol{r}_i|}, \tag{3.3.1 a}$$

其中 $\boldsymbol{p}_i$ 和 $\boldsymbol{r}_i$ 为第 i 个电子动量和坐标，$\boldsymbol{R}_I$ 为第 I 个晶格坐标，Z_I 为原子核正电荷数。式 (3.3.1) 中第二项对应电子相互作用，这里抛开与问题无关的核和自旋的哈密顿．

下面限于讨论弱束缚情况下的所谓 Wannier 激子，这种情况只在固体介电常量很大、迁移率大、因而有大的激子半径时才成立

(对于紧束缚情况下的所谓 Frenkel 激子，可参阅文献 [5—12])。我们将避开数学上繁复的详细推导，仅给出部分的证明，而着重于物理实质，有关完整的数学推导可以参阅文献 [5—8]。在能带论近似下，多电子体系的基态为

$$\Psi_0 = \frac{1}{\sqrt{N!}} P\psi_{v\boldsymbol{k}_1}(\boldsymbol{r}_1)\cdots\psi_{v\boldsymbol{k}_i}(\boldsymbol{r}_i)\cdots\psi_{v\boldsymbol{k}_N}(\boldsymbol{r}_N), \qquad (3.3.2)$$

N 为电子数目，P 为反对称组合算符，$\psi_{v\boldsymbol{k}_i}$ 为价带中波矢为 $\boldsymbol{k}_i$ 的诸 Bloch 态。Wannier 激子可看成是本征激发的一对电子和空穴，由于它们的库仑吸引作用，从而构成的类似氢原子的结构。所以构成激子的激发态为

$$\Psi(\boldsymbol{k}_h, \boldsymbol{k}_e) = \frac{1}{\sqrt{N!}} P\psi_{v\boldsymbol{k}_1}(\boldsymbol{r}_1)\cdots\psi_{c\boldsymbol{k}'}(\boldsymbol{r}_i)\cdots\psi_{v\boldsymbol{k}_N}(\boldsymbol{r}_N)。 \qquad (3.3.3)$$

上式与式(3.3.2)不同之处仅在于某个价带波矢为 $\boldsymbol{k}$ 的 Bloch 态 $\psi_{v\boldsymbol{k}}$ 换成导带波矢为 $\boldsymbol{k}'$ 的 Bloch 态 $\psi_{c\boldsymbol{k}'}$，记 $-\boldsymbol{k} = \boldsymbol{k}_h$ 为空穴波矢，记 $\boldsymbol{k}' = \boldsymbol{k}_e$ 为电子波矢，式 (3.3.3) 所代表的电子系统动量为

$$\boldsymbol{K} = \boldsymbol{k}_e + \boldsymbol{k}_h。 \qquad (3.3.4)$$

总能量从基态的零变成

$$E(\boldsymbol{k}) = E_c(\boldsymbol{k}_e) - E_v(-\boldsymbol{k}_h), \qquad (3.3.5)$$

其中 $E_c(\boldsymbol{k})$ 和 $E_v(\boldsymbol{k})$ 由能带结构决定，考虑激子效应时必须对式(3.3.1)中最后一项做比能带论更精确的近似，具体分析表明，在弱束缚情况下，电子和空穴距离很大，可归结为电子和空穴存在下列屏蔽库仑作用:

$$u = \frac{e^2}{\varepsilon|\boldsymbol{r}_e - \boldsymbol{r}_h|}, \qquad (3.3.6)$$

其中 ε 为介电常量，$\boldsymbol{r}_e$，$\boldsymbol{r}_h$ 分别为电子和空穴的位置，由于式 (3.3.6) 的存在，式 (3.3.3) 不再是式 (3.3.1) 的本征态，式 (3.3.5) 也不再是本征能量，将波函数写成以式 (3.3.3) 为基的表象

$$\varphi = \sum_{\boldsymbol{k}_h, \boldsymbol{k}_e} A(\boldsymbol{k}_h, \boldsymbol{k}_e)\Psi(\boldsymbol{k}_h, \boldsymbol{k}_e)。 \qquad (3.3.7)$$

对 $A(\boldsymbol{k}_h,\boldsymbol{k}_e)$ 作傅里叶变换，可得到

$$\Phi(\boldsymbol{r}_e,\boldsymbol{r}_h)=\frac{1}{N\Omega}\sum_{\boldsymbol{k}_e,\boldsymbol{k}_h}A(\boldsymbol{k}_e,\boldsymbol{k}_h)e^{i\boldsymbol{k}_e\cdot\boldsymbol{r}_e}\cdot e^{i\boldsymbol{k}_h\cdot\boldsymbol{r}_h}. \tag{3.3.8}$$

可以证明，求系统的本征态和本征值的薛定谔方程

$$\mathscr{H}\varphi=E\varphi. \tag{3.3.9}$$

在相互作用为式 (3.3.6) 的近似下，归结为下列有效质量近似方程：

$$\left[E_c(-i\nabla_e)-E_v(-i\nabla_h)-\frac{e^2}{\varepsilon|\boldsymbol{r}_e-\boldsymbol{r}_h|}\right]\Phi=E\Phi, \tag{3.3.10}$$

其中 $E_c(-i\nabla_e)$ 表示能带函数 $E_c(\boldsymbol{k})$ 展开成 $\boldsymbol{k}$ 的幂级数后，用 $-i\nabla_e$ 代替 $\boldsymbol{k}$，对 $E_v(-i\nabla_h)$ 有类似的理解，能量 E 的零点选取式 (3.3.2) 所表示的基态能量，式 (3.3.10) 表示的有效质量近似在 § 2.3 讨论浅能级杂质时有过类似的处理，不过那里只是单电子问题。关于式 (3.3.10) 的证明可参阅文献[5]。

下面，我们作进一步讨论。将式 (3.2.10) 给出的能带结构，代入式 (3.3.10)，得到

$$\left(-\frac{\hbar^2\nabla_e^2}{2m_c^*}-\frac{\hbar^2\nabla_h^2}{2m_v^*}-\frac{e^2}{\varepsilon|\boldsymbol{r}_e-\boldsymbol{r}_h|}\right)\Phi=(E-E_g)\Phi. \tag{3.3.11}$$

上式相当于质量为 m_c^* 的电子和质量为 m_v^* 的空穴，其相互作用为 $\dfrac{e^2}{\varepsilon|\boldsymbol{r}_e-\boldsymbol{r}_h|}$ 所对应的两粒子薛定谔方程，求解可按下列标准步骤，记：

平均位矢

$$\boldsymbol{R}=\frac{1}{2}(\boldsymbol{r}_e+\boldsymbol{r}_h), \tag{3.3.12}$$

相对位矢

$$\boldsymbol{r}=\boldsymbol{r}_e-\boldsymbol{r}_h, \tag{3.3.13}$$

质心位矢

$$\boldsymbol{\rho}=\frac{m_c^*\boldsymbol{r}_e+m_v^*\boldsymbol{r}_h}{m_c^*+m_v^*}=\boldsymbol{R}+\alpha\boldsymbol{r}, \tag{3.3.14}$$

$$\alpha = \frac{1}{2}(m_c^* - m_v^*)/(m_c^* + m_v^*)。\tag{3.3.15}$$

用 $\boldsymbol{r}$ 和 $\boldsymbol{\rho}$ 代替 $\boldsymbol{r}_e$，$\boldsymbol{r}_h$，代入式 (3.3.11) 得到

$$\left\{-\frac{\hbar^2}{2m_r^*}\nabla_r^2 - \frac{\hbar^2}{2(m_c^* + m_v^*)}\nabla_\rho^2 - \frac{e^2}{\epsilon r}\right\} \times \Phi(\boldsymbol{r},\boldsymbol{\rho}) = (E - E_g)\Phi(\boldsymbol{r},\boldsymbol{\rho}),\tag{3.3.16}$$

其中 m_r^* 可由式 (3.2.11) 定义，注意，算符 ∇_ρ 与上列哈密顿对易，说明系统总动量守恒，波函数写成

$$\Phi(\boldsymbol{r},\boldsymbol{\rho}) = \frac{e^{i\boldsymbol{K}\cdot\boldsymbol{\rho}}}{\sqrt{N\Omega}}F(\boldsymbol{r}),\tag{3.3.17}$$

并代入式 (3.3.16)，得到

$$\left\{-\frac{\hbar^2}{2m_r^*}\nabla_r^2 - \frac{e^2}{\epsilon r}\right\}F(\boldsymbol{r}) = \left\{E - E_g - \frac{\hbar^2K^2}{2(m_v^* + m_c^*)}\right\}F(\boldsymbol{r})。\tag{3.3.18}$$

上式为类氢薛定谔方程 (§ 2.3)，其束缚态能量为

$$E = E_n(\boldsymbol{K}) = E_g + \frac{\hbar^2K^2}{2(m_v^* + m_c^*)} - \frac{R}{n^2},\tag{3.3.19}$$

其中 $R = \frac{m_r^* e^4}{2\hbar^2\epsilon^2}$，$n$ 为主量子数. 对于 GaAs 半导体来说，当 $\epsilon \doteq 13$，$m_r^* = 0.05\,m_0$ (m_0 为自由电子质量)时，则

$$R = 3\times10^{-4}E^H_{基态} \doteq 4\ \text{meV}。$$

$n = 1$ 对应的束缚态波函数已由式(2.3.23)—式(2.3.25)表示出来，利用那边的记号可写出

$$F(\boldsymbol{r}) = \frac{1}{\sqrt{\pi}}a^{*-\frac{3}{2}}e^{-r/a^*},\tag{3.3.20}$$

其中 $a^* = a_0\epsilon\frac{m_0}{m_r^*}$，$a_0$ 为玻尔半径，利用 GaAs 的参数估算，$a^* \approx 130\,\text{Å}$，比晶格常数 (5 Å) 要大得多，因此，相对晶格常数而言，这是一个在空间很扩展的弱束缚波函数，我们再用式(3.3.8)

看看激子波函数在 $\boldsymbol{k}$ 空间的相对分布情况，由式(3.3.8)作反变换

$$A(\boldsymbol{k}_e,\boldsymbol{k}_h)=\frac{1}{N\Omega}\int d\boldsymbol{r}_e d\boldsymbol{r}_h e^{-i\boldsymbol{k}_e\cdot\boldsymbol{r}_e}e^{-i\boldsymbol{k}_h\cdot\boldsymbol{r}_h}\Phi(\boldsymbol{r}_e,\boldsymbol{r}_h),\quad(3.3.21)$$

利用式(3.3.17)，(3.3.20)，(3.3.13)以及式(3.3.14)，得到

$$A(\boldsymbol{k}_e,\boldsymbol{k}_h)=\frac{1}{\sqrt{N\Omega}}\frac{8\sqrt{\pi}\,a^{*-\frac{5}{2}}}{\left[k^2+\left(\frac{1}{a^*}\right)^2\right]^2}\delta_{\boldsymbol{K},\boldsymbol{k}_e+\boldsymbol{k}_h},\qquad(3.3.22)$$

其中

$$\boldsymbol{k}=\frac{m_v^*}{m_v^*+m_c^*}\boldsymbol{k}_e-\frac{m_c^*}{m_v^*+m_c^*}\boldsymbol{k}_h。\qquad(3.3.23)$$

式(3.3.22)中的 δ 因子要求式(3.3.4)成立，即激子动量为 $\boldsymbol{K}$，式(3.3.22)中前面因子，根据§2.3的分析，相当于 $\boldsymbol{k}$ 局域在布里渊区零点附近，这样，式(3.3.23)和式(3.3.4)联合决定 $\boldsymbol{k}_e$ 和 $\boldsymbol{k}_h$ 分别局域在 B.Z. 两个很小的区域，特别当 $\boldsymbol{K}=0$ 时，$\boldsymbol{k}_c$ 和 $\boldsymbol{k}_h$ 分别局域在导带底价带顶的 Γ 点附近，如图 3.3.1 (a) 所示，以上限于式(3.2.10)的能带结构情况，对于极值不在 Γ 点或者能带简并情况的讨论，可参阅文献[7]。

以上讨论充分说明了弱束缚情况 Wannier 激子的物理图象，

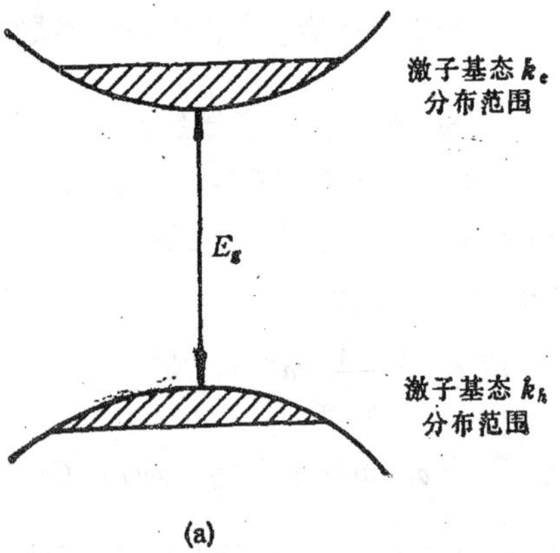

图 3.3.1(a) 简单直接禁带模型中对应的激子态分布.

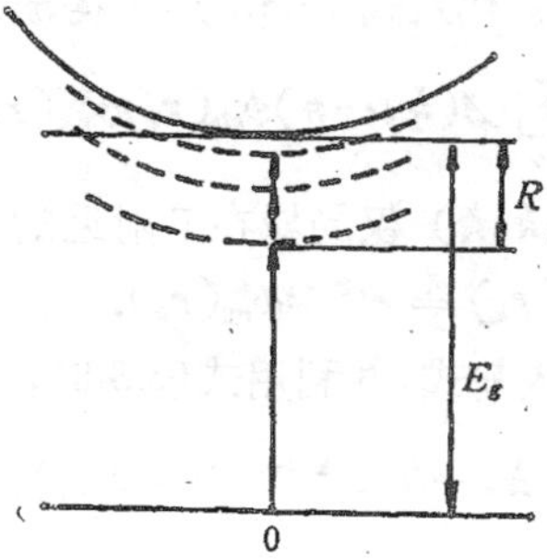

(b)

图 3.3.1(b) 简单直接禁带模型中，激子态对应基态的能量，基态在零处.［注：此图不同于单电子能量，而是激子(系统)能量.］

当电子从价带激发到导带时，由于电子空穴的屏蔽库仑吸引作用，形成一个激子，电子和空穴在实空间的相对运动形成类氢束缚态波函数，并具有负的束缚能 $-R/n^2$，电子和空穴的整体运动可以具有任意总动量 $\boldsymbol{K}$，并具有动能 $\frac{\hbar^2K^2}{2(m_v^*+m_c^*)}$，由于这样的激子可以整体自由运动，可以称为自由激子 (free excitons)，在 $\boldsymbol{k}$ 空间的图象，空穴波矢 $\boldsymbol{k}_h$、电子波矢 $\boldsymbol{k}_e$ 分别局域在 B.Z. 中两个很小区域。

最后，式 (3.3.18) 除以上讨论的束缚态外，还具有电离态，对应的电子和空穴相互电离而各自运动，这对应一个电子从价带激发到导带后电子、空穴各自运动的能带论图象，不过实际上它们仍存在相互作用.

下面，我们针对激子总动量 $\boldsymbol{K}=0$ 时，对应激子波函数的对称进行分析，这种方法对分析激子光谱时具有重要意义. 如果把价带全部占满电子而导带全空的状态看作真空，则式 (3.3.3) 中的多电子波函数 $\Psi(\boldsymbol{k}_h,\boldsymbol{k}_e)$ 相当于一个波矢为 $\boldsymbol{k}_e$ 的电子和一个波矢为 $\boldsymbol{k}_h$ 的空穴的两粒子状态，记作[13]

$$\Psi(\boldsymbol{k}_h,\boldsymbol{k}_e)=\psi_{c\boldsymbol{k}}(\boldsymbol{r}_e)\psi^*_{v\boldsymbol{k}}(\boldsymbol{r}_h), \tag{3.3.24}$$

其中将 $\boldsymbol{k}=\boldsymbol{k}_e=-\boldsymbol{k}_h$ 代入式 (3.3.7), 可得激子波函数

$$\Psi_{ex}=\sum_{\boldsymbol{k}}A(\boldsymbol{k},-\boldsymbol{k})\psi_{c\boldsymbol{k}}(\boldsymbol{r}_e)\psi^*_{v\boldsymbol{k}}(\boldsymbol{r}_h),$$

并考虑到此时的 $A(-\boldsymbol{k},\boldsymbol{k})$ 仅局域在 Γ 附近的小区域, 故

$$\psi^*_{v\boldsymbol{k}}(\boldsymbol{r}_h)\doteq e^{i\boldsymbol{k}\cdot\boldsymbol{r}_h}\psi^*_{v0}(\boldsymbol{r}_h).$$

对 $\psi_{c\boldsymbol{k}}$ 作同样近似代入前式, 并利用式(3.3.8), (3.3.17)便得到

$$\Psi_{ex}=\sum_{\boldsymbol{k}}A(\boldsymbol{k},-\boldsymbol{k})e^{i\boldsymbol{k}\cdot(\boldsymbol{r}_e-\boldsymbol{r}_h)}\psi_{c0}(\boldsymbol{r}_e)\psi^*_{v0}(\boldsymbol{r}_h)$$

$$=\sqrt{N\Omega}\,F(\boldsymbol{r})\psi_{c0}(\boldsymbol{r}_e)\psi^*_{v0}(\boldsymbol{r}_h). \tag{3.3.24 a}$$

从上式可得出如下结论: 对于 $\boldsymbol{K}=0$ 的激子波函数, 它是由激子在 $\boldsymbol{k}$ 空间的局域中心 $\boldsymbol{k}_0$ [目前在式 (3.2.10) 能带结构情况下即 Γ 点] 所对应的价带 Bloch 函数、导带 Bloch 函数以及激子相对运动波函数 $F(\boldsymbol{r})$ 的对称性所决定的, $F(\boldsymbol{r})$ 相当于激子波函数的包络, 它被 $\boldsymbol{k}_0$ 处的 Bloch 函数所调幅. 从群论的角度来看, 设 $\boldsymbol{k}_0$ 处导带和价带的 Bloch 波函数分别属于 $\boldsymbol{k}_0$ 点波矢群的 Γ_c 和 Γ_v 不可约表示, 而 $F(\boldsymbol{r})$ 属于 Γ_{env} 不可约表示, 由附录 A 可知, 激子波函数 Ψ_{ex} 将构成 $\boldsymbol{k}_0$ 波矢群下列表示的基函数:

$$\Gamma_{env}\times\Gamma_c(\boldsymbol{k}_0)\times\Gamma^*_v(\boldsymbol{k}_0).$$

可利用约化关系

$$\Gamma_{env}\times\Gamma_c\times\Gamma^*_v=\sum_{\alpha}\Gamma^{(\alpha)}_{ex} \tag{3.3.24 b}$$

来讨论激子能级的简并情况. 还要指出的是, Γ_c 和 Γ^*_v 都是双群表示, 由于电子、空穴都具有 1/2 自旋, 而激子具有整数自旋, 因而 Γ_{env} 为单群表示.

3.3.2 激子效应对直接跃迁吸收边谱的影响

从多电子系统来考虑时, 可将电子与电磁场的相互作用所遵从的式 (B.18 a) 改为

$$\hat{H}_{eF}=\frac{e}{mc}\sum_i \hat{\boldsymbol{P}}_i\cdot\hat{\boldsymbol{A}}(\boldsymbol{r}_i).$$

考虑初态为式(3.3.2)所规定的基态 Ψ_0 而终态为式(3.3.3)所示的有关跃迁矩阵元，利用诸 Bloch 函数的正交性可证

$$\int\Psi^*(\boldsymbol{k}_h,\boldsymbol{k}_e)\sum_i \boldsymbol{a}\cdot\hat{\boldsymbol{P}}_i e^{i\boldsymbol{k}\cdot\boldsymbol{r}_i}\Psi_0\prod_i d\boldsymbol{r}_i$$

$$=\int\phi^*_{c\boldsymbol{k}'}(\boldsymbol{r})e^{i\boldsymbol{k}\cdot\boldsymbol{r}}\boldsymbol{a}\cdot\hat{\boldsymbol{P}}_{\phi_v\boldsymbol{k}}(\boldsymbol{r})d\boldsymbol{r}. \tag{3.3.25}$$

由此可知，从多体出发的跃迁矩阵元可归结到单电子跃迁矩阵元，从而可沿用 § 3.2 中所得出的许多结果，现考虑初态仍为 Ψ_0，而终态为激子态 Ψ_{ex} 的情形。由式(3.3.7)，(3.3.25)可得到

$$\int\Psi^*_{ex}\sum_i \boldsymbol{a}\cdot\hat{\boldsymbol{P}}_i e^{i\boldsymbol{k}\cdot\boldsymbol{r}_i}\Psi_0\prod_i d\boldsymbol{r}_i$$

$$=\sum_{\boldsymbol{k}_e,\boldsymbol{k}_h}A(\boldsymbol{k}_e,\boldsymbol{k}_h)\langle\phi_{c\boldsymbol{k}_e}|\boldsymbol{a}\cdot\hat{\boldsymbol{P}}e^{i\boldsymbol{k}\cdot\boldsymbol{r}}|\phi_{v,-\boldsymbol{k}_h}\rangle \tag{3.3.26}$$

由式(3.2.5)，(3.2.5 a)可知，必须有

$$\boldsymbol{k}_e=-\boldsymbol{k}_h+\boldsymbol{K}, \tag{3.3.27}$$

或

$$\boldsymbol{k}_e\doteq-\boldsymbol{k}_h. \tag{3.3.27 a}$$

由式(3.3.27)，(3.3.4)可知

$$\boldsymbol{K}=\boldsymbol{k}\doteq0, \tag{3.3.27 b}$$

即参加光跃迁的激子总动量等于光子动量，约等于零。

(一) 直接跃迁允许的情况　将前面所得到的诸式代入式(3.3.26)，并考虑到 $A(\boldsymbol{k}_e,\ \boldsymbol{k}_h)$ 在 $\boldsymbol{k}$ 空间局域于Γ附近，因而可取

$$\langle\phi_{c\boldsymbol{k}_e}|\boldsymbol{a}\cdot\hat{\boldsymbol{P}}e^{i\boldsymbol{k}\cdot\boldsymbol{r}}|\phi_{v(-\boldsymbol{k}_h)}\rangle$$

为Γ处的值，由式(3.3.26)，(3.3.8)及式(3.3.27 a)和式(3.2.8)可得到

$$\int\Psi^*_{ex}\sum_i \boldsymbol{a}\cdot\hat{\boldsymbol{P}}_i e^{i\boldsymbol{k}\cdot\boldsymbol{r}_i}\Psi_0\prod_i d\boldsymbol{r}_i$$

$$= \boldsymbol{\alpha} \cdot \mathscr{P}_{cv}(0) N\Omega \Phi(0), \qquad (3.3.28)$$

$\Phi(0)$ 表示式（3.3.8）中 $\boldsymbol{K}=0$ 以及 $\boldsymbol{r}_e-\boldsymbol{r}_h=0$ 时所对应的值，为了与光吸收的讨论一致，我们考虑单位体积，即 $N\Omega=1$，用式（3.3.24），（3.3.28）以及式（B.19）可得到

$$\langle \Psi_{ex}, n_k - 1 | \hat{H}_{eF} | \Psi_0, n_k \rangle$$

$$= -\frac{e}{m\eta}\sqrt{\frac{2\pi\hbar}{\omega_k}n_k}\,[\boldsymbol{\alpha}\cdot\mathscr{P}_{cv}(0)]F(0). \qquad (3.3.29)$$

（注意在本节中，n 表示激子态主量子数，所以 § 3.1 引入的光折射率 n 在本节改记作 η）代入式（B.20），单位时间内从 Ψ_0 到 Ψ_{ex} 同时吸收一个光子的跃迁概率为

$$W_{\Psi_0\to\Psi_{ex}} = \frac{2\pi}{\hbar}\left(\frac{e}{m\eta}\right)^2$$

$$\times\left(\frac{2\pi\hbar n_k}{\omega_k}\right)|\boldsymbol{\alpha}\cdot\mathscr{P}_{cv}(0)|^2|F(0)|^2\delta(E_{ex}-\hbar\omega), \qquad (3.3.30)$$

其中基态 Ψ_0 的能量取零，对应主量子数 n 的类氢激子能级，其波函数 $F_n(0)=\dfrac{1}{\sqrt{\pi a^{*3}n^3}}$，因而激子线吸收强度 $\propto \dfrac{1}{n^3}$，而光子能量为式（3.3.19）所决定的分裂线

$$\hbar\omega = E_g - \frac{R}{n^2} \quad (n=1,2,3,\cdots). \qquad (3.3.31)$$

对于大的 n，吸收线越来越密集于 E_g，能级密度

$$D(E) = 2\,\frac{\partial n}{\partial E} = \frac{n^3}{R} \propto n^3. \qquad (3.3.32)$$

其结果，在十分靠近 E_g 处，激子吸收出现恒定的连续吸收系数 $\alpha(\omega)$。

对于 E_g 能量以上的吸收，终态是连续谱，所以可以全然照搬 § 3.2 的结果，只要注意到将式(3.3.29)和式(3.2.7)相比时多了一个因子 $F(0)$，即电子空穴电离态波函数，根据类氢电离态波函数理论，可知

$$|F(0)|^2 = \frac{\pi x e^{\pi x}}{\sinh \pi x},$$

$$x = \sqrt{R/(\hbar\omega - E_g)}。 \tag{3.3.33}$$

与式(3.2.15)相比较时可得到，对应的吸收系数应为

$$\alpha_A'(\omega) = \alpha_A(\omega)\pi x e^{\pi x}/\sinh\pi x。 \tag{3.3.34}$$

注意，当 $\hbar\omega - E_g \gg R$ 时，$\alpha(\omega) \to \alpha_A(\omega)$，而当 $\hbar\omega - E_g \ll R$ 时，则

$$\alpha(\omega) \doteq \alpha_A(\omega) \cdot 2\pi x \propto \frac{1}{\omega}(\hbar\omega - E_g)^0, \tag{3.3.35}$$

这就是说，考虑激子效应后，对§3.2所得出的吸收边谱在接近吸收边处时有很大影响，吸收系数不再趋于零，而为有限，图3.3.2示出考虑和不考虑电子、空穴相互作用时直接跃迁所允许情况的吸收边谱的形状，图3.3.3示出的为直接禁带半导体 GaAs 中电子、空穴相互作用吸收边谱的实验结果[14]，它与图3.3.2的实线形状相符合。

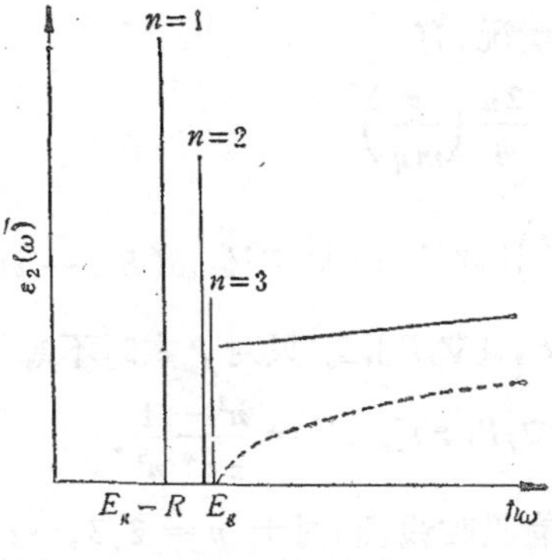

图3.3.2 虚线表示不考虑电子、空穴相互作用的直接跃迁允许情况的吸收边谱，即式(3.2.15)所表示的．实线表示考虑电子空穴相互作用后的吸收边谱，还有若干分立的激子吸收线[8]。

（二）直接跃迁禁止的情况　此时取

$$\mathscr{P}_{cv}(\boldsymbol{k}) = \mathscr{C}\boldsymbol{k}。 \tag{3.3.36}$$

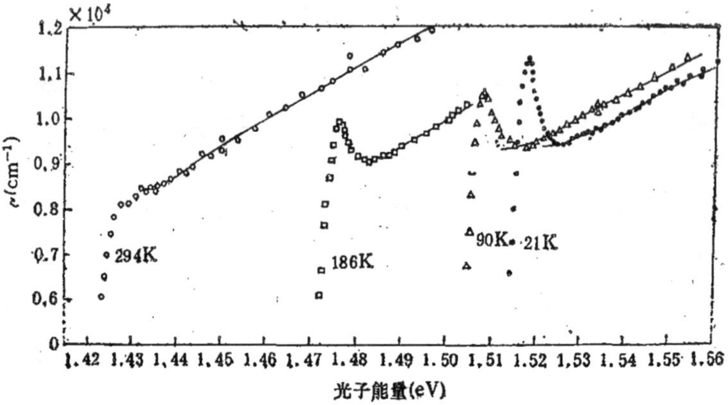

图 3.3.3 GaAs 的激子吸收光谱[14].

类似于式 (3.3.28),(3.3.30) 的运算,将导致下式:

$$\int \Psi_{ex}^{*} \sum_{i} \boldsymbol{\alpha} \cdot \hat{\boldsymbol{P}}_{i} e^{i\boldsymbol{k}\cdot\boldsymbol{r}_{i}} \Psi_{0} \prod_{i} d\boldsymbol{r}_{i}$$

$$= \mathscr{C} \boldsymbol{\alpha} \cdot [\nabla_{r} \Phi]_{r=0} N\Omega. \tag{3.3.37}$$

对于 $N\Omega = 1$ 的情况,有

$$W_{\Psi_0 \to \Psi_{ex}} = \frac{2\pi}{\hbar} \left(\frac{e}{m\eta} \right)^2$$

$$\times \left(\frac{2\pi \hbar n_k}{\omega_k} \right) |\mathscr{C}|^2 |\boldsymbol{\alpha} \cdot \nabla_r F|_{r=0}^2 \delta(E_{ex} - \hbar\omega). \tag{3.3.38}$$

对于类氢波函数 F, $[\nabla_r F]_{r=0}$ 只对 p 态时不等于零,且有

$$|[\nabla_r F(\boldsymbol{r})]_{r=0}|^2 = \frac{n^2 - 1}{\pi a^{*5} n^5}. \tag{3.3.39}$$

因此,$n = 1$ 时没有吸收线,而对于 $n = 2, 3, \cdots$, 并在能量

$$\hbar\omega = E_g - \frac{R}{n^2} \qquad (n = 2, 3, 4 \cdots) \tag{3.3.40}$$

时,则有强度正比于 $\frac{n^2 - 1}{n^5}$ 的吸收线。

当光子能量大于 E_g 时,有

$$\alpha'_F(\omega)=\alpha_F(\omega)\frac{\pi x(1+x^{-2})e^{\pi x}}{\sinh\pi x},\tag{3.3.41}$$

这里 $x=\sqrt{R/(\hbar\omega-E_g)}$，图 3.3.4 示出考虑和不考虑电子、空穴相互作用时、直接跃迁不允许情况的吸收边谱的形状。

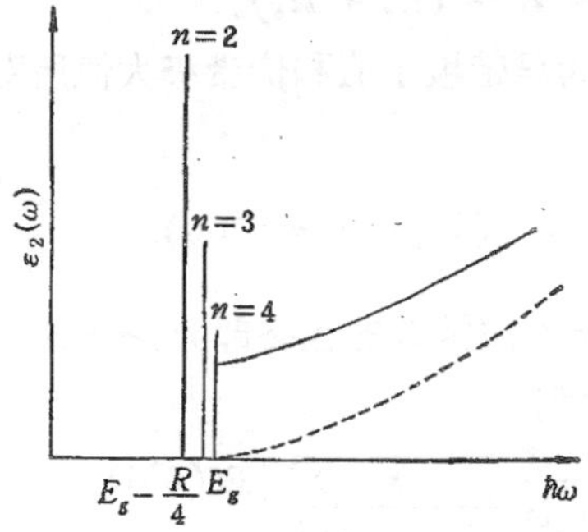

图 3.3.4 在直接跃迁不允许情况下，不考虑(虚线)和考虑(实线)电子、空穴相互作用时的吸收边谱；后者还有一系统激子分裂线，相当于 $n=2,3,\cdots$ 的情况[8]。

3.3.3 激子效应对非直接跃迁吸收边谱的影响

与 § 3.2 一样，非直接跃迁为二级效应，电子从初态 Ψ_0 经过中间态，再到终态$\Psi_{ex}^{K,n}$，此时的激子态具有的动量为 $\boldsymbol{K}=\boldsymbol{k}_e+\boldsymbol{k}_h=\boldsymbol{q}$，$\boldsymbol{q}$ 为声子动量，而 n 为激子束缚态之量子数，由于激子还具有附加的动能 $\dfrac{\hbar^2\boldsymbol{K}^2}{2(m_v^*+m_c^*)}$，因此终态是连续谱，这与直接跃迁的情况不同，利用式(3.2.18)，(3.2.20)，(3.2.21)，(3.2.23)，(3.3.7)和式(3.3.26)，可证明单位时间内从 Ψ_0 跃迁到 $\Psi_{ex}^{K,n}$，并吸收一个光子 $\hbar\omega_k$ 的概率为

$$\begin{aligned}W_{0\to K,n}=&\frac{2\pi}{\hbar}\mathscr{C}\left(\frac{e}{m\eta}\right)^2\\&\times\left[\frac{2\pi\hbar}{\omega_k}n_k\left(N_q+\frac{1\pm1}{2}\right)\right]\\&\times\sum_{k_e,k_h}A^{K,n}(\boldsymbol{k}_e,\boldsymbol{k}_h)\delta(\hbar\omega_k-E_{ex}^{K,n}\mp\hbar\omega_q),\end{aligned}\tag{3.3.42}$$

其中 ±1 表示放出或者吸收一个声子的终态，而 $E_{ex}^{K,n}$ 为激子态能量，对于非直接禁带的情况，可以证明[7,8]

$$E_{ex}^{K,n}=E_g+\frac{\hbar^2k^2}{2(m_v^*+m_c^*)}-\frac{R}{n^2},\tag{3.3.43}$$

$$\boldsymbol{k}=\boldsymbol{K}-(\boldsymbol{k}_c^0+\boldsymbol{k}_h^0),\tag{3.3.44}$$

$\boldsymbol{k}_c^0$ 和 $-\boldsymbol{k}_h^0$ 分别为导带极小值和价带极大值所对应的 $\boldsymbol{k}$，另外可证[7]

$$\sum_{\boldsymbol{k}_c,\boldsymbol{k}_h}A^{K,n}(\boldsymbol{k}_e,\boldsymbol{k}_h)=F^n(0)。\tag{3.3.45}$$

$F^n(\boldsymbol{r}_e-\boldsymbol{r}_h)$为激子态波函数的包络部分，将式(3.3.42)—(3.3.45)代入式(3.2.26)，得到

$$\alpha(\omega)=\frac{4\pi^2e^2\mathscr{C}}{m^2\eta^2v_g\omega}\sum_l\sum_\pm\sum_{n,K}|F^n(0)|^2\times\left(N_q+\frac{1\pm1}{2}\right)\delta[\hbar\omega-E_{ex}^{K,n}\mp\hbar\omega_q]。\tag{3.3.46}$$

上式中还考虑了对应一个 $\boldsymbol{q}$，有 $3s$ 个声子支，s 为原胞中原子数目，声子支用 l 区别，将上式 $\sum_K\to\frac{1}{(2\pi)^3}\int d\boldsymbol{K}$，再利用式(3.3.43)换到 $E_{ex}^{K,n}$ 能量积分，可得到

$$\alpha(\omega)=\frac{e^2\mathscr{C}}{\eta^2m^2v_g\omega}\left[\frac{2(m_c^*+m_v^*)}{\hbar^2}\right]^{\frac{3}{2}}\times\sum_l\sum_\pm\sum_n\left[\left(\hbar\omega-E_g+\frac{R}{n^2}\mp\hbar\omega_q^l\right)^{\frac{1}{2}}\times|F^n(0)|^2\left(N_q^l+\frac{1\pm1}{2}\right)\right]。\tag{3.3.47}$$

对于极低温情况，$N_q\doteq0$，上式中$\sum\limits_\pm$只取“+”号时不为零，最后上式变成

$$\alpha(\omega)\overset{T\to0}{=}\frac{e^2\mathscr{C}}{\eta^2m^2v_g\omega}\left[\frac{2(m_c^*+m_v^*)}{\hbar^2}\right]^{\frac{3}{2}}\times\sum_l\sum_n\left[\hbar\omega-E_g+\frac{R}{n^2}\mp\hbar\omega_q^l\right]^{\frac{1}{2}}|F^n(0)|^2。\tag{3.3.48}$$

式(3.3.47)说明，在考虑了电子、空穴相互作用之后，非直接跃迁比

§3.2所述的就有很大的不同，对应每一主量子数 n 的激子带，以及每一种声子支 l，有两个 $(\hbar\omega-E_{n,l}^{\pm})^{\frac{1}{2}}$ 形状的吸收谱贡献，±对应放出或吸收一个声子，非直接禁带半导体吸收边谱的实验结果可参考文献[15]（GaAs）、文献 [16,17]（Ge）及文献[18](Si)，图 3.3.5 所示的为文献[15]给出 GaP 中非直接跃迁吸收边谱，它的形状符合由式 (3.3.48) 所示的理论所给出的特征。

表 3.3.1　半导体吸收边谱的理论公式

电子跃迁	光吸收系数 α 与光子能量 $\hbar\omega$ 的关系	
	不考虑激子效应 §3.2	考虑激子效应 §3.3
直接跃迁允许	$\frac{1}{\omega}(\hbar\omega-E_g)^{\frac{1}{2}}$ 式(3.2.15)	束缚激子分裂谱 $\hbar\omega=E_g-R/n^2\quad(n=1,2,3,\cdots)$ 吸收强度：$f_n\sim 1/n^3$ 式 (3.3.31) 说明
		连续谱 $\alpha_A\dfrac{\pi x\exp(\pi x)}{\sinh\pi x},\ x=\sqrt{\dfrac{R}{\hbar\omega-E_g}}$ 式(3.3.34)
直接跃迁禁止	$\frac{1}{\omega}(\hbar\omega-E_g)^{\frac{3}{2}}$ 式(3.2.16)	束缚激子分裂谱 $\hbar\omega=E_g-R/n^2\ (n=2,3,4,\cdots)$式(3.3.40) 吸收强度：$f_n\sim\dfrac{n^2-1}{n^5}$
		连续谱 $\alpha_P(1+x^{-2})\dfrac{\pi x\exp(\pi x)}{\sinh\pi x}$ 式(3.3.41)
非直接跃迁允许	$(\hbar\omega-E_g\pm k_B\theta)^2$ 式(3.2.29), (3.2.30)	束缚激子带 $\alpha\sim(\hbar\omega-E_g+R/n^2\pm k_B\theta)^{\frac{1}{2}}\ (n=1,2,3,\cdots)$ 式(3.3.47)
		连续谱 $\alpha\sim(\hbar\omega-E_g\pm k_B\theta)^{\frac{3}{2}}$
非直接跃迁禁止	$(\hbar\omega-E_g\pm k_B\theta)^3$	束缚激子带 $\alpha\sim\left(\hbar\omega-E_g+\dfrac{R}{n^2}\pm k_B\theta\right)^{\frac{3}{2}}\quad(n=2,3,\cdots)$
		连续谱 $\alpha\sim(\hbar\omega-E_g\pm k_B\theta)^{\frac{5}{2}}$

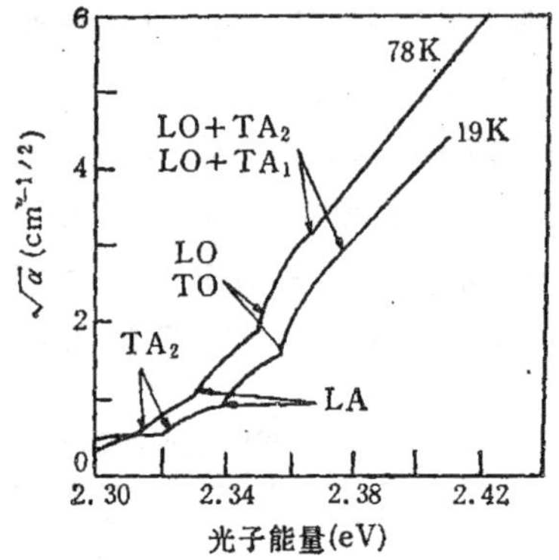

图 3.3.5 GaP 吸收边谱对应的非直接跃迁吸收，对应许多分支的叠加，每个分支对应一个激子带和一种声子支的声子发射[7]。

小结

综合 § 3.2 和 § 3.3，光吸收边谱的理论可归纳列出表 3.3.1。

§ 3.4 高能量跃迁

在 § 3.2，§ 3.3 中，我们主要限于讨论吸收边附近的理论和实验。本节讨论在更宽的光子能量范围内，电子从价带到导带的跃迁所对应的光谱。

3.4.1 联合态密度和临界点[1~3]

在这一节中，我们把 § 3.2 的讨论推广到不限于吸收边的较高能量范围．此时主要是一级微扰对应的直接跃迁光吸收起作用．把式 (3.2.9) 推广改写成

$$\alpha(\omega)=\frac{4\pi^2e^2}{n^2m^2v_g\omega}\sum_{c,v}\boldsymbol{a}\cdot\mathscr{P}_{cv}J_{cv}(\hbar\omega), \tag{3.4.1}$$

其中

$$J_{cv}(\hbar\omega) = \int_{\text{B.Z.}} \frac{2\,d\boldsymbol{k}}{(2\pi)^3} \delta[E_c(\boldsymbol{k}) - E_v(\boldsymbol{k}) - \hbar\omega]。 \tag{3.4.2}$$

$J_{cv}(\hbar\omega)$ 称为联合态密度，它描写 $E_c(\boldsymbol{k}) - E_v(\boldsymbol{k})$ 等于能量 $\hbar\omega$ 时的状态对密度数。从式(3.2.9)到式(3.4.1)的推广，一是考虑所有价带 v 初态求和，所有导带 c 终态求和；二是考虑到 $\mathscr{P}_{cv}(\boldsymbol{k})$ 是 $\boldsymbol{k}$ 空间缓变函数，故近似地作为一个常数提到积分号前。由式(3.4.1)可知，在上述近似下吸收谱的形状反映了联合态密度形状。

令

$$E_c(\boldsymbol{k}) - E_v(\boldsymbol{k}) = E(\boldsymbol{k}), \tag{3.4.3}$$

在 $\boldsymbol{k}$ 空间画出 E 的等能面 $s(E)$，并利用关系

$$\int_a^b g(x)\delta[f(x)]dx = \sum_{x_0} g(x_0)\left(\frac{df}{dx}\right)^{-1}_{x=x_0}, \tag{3.4.4}$$

其中 x_0 为 $f(x)$ 在 a 至 b 区间的零点。对三维情况，由式(3.4.2)可得到

$$J_{cv}(E) = \frac{2}{(2\pi)^3}\int_{s(E)} \frac{ds}{|\nabla_{\boldsymbol{k}} E(\boldsymbol{k})|}。 \tag{3.4.5}$$

$J_{cv}(E)$ 在某些能量处有急剧的转折，称为临界点，这些点发生在

$$\nabla_{\boldsymbol{k}} E = 0 \tag{3.4.6}$$

处，此类临界点可分成两类.第一类为

$$\nabla_{\boldsymbol{k}} E_c = \nabla_{\boldsymbol{k}} E_v = 0。 \tag{3.4.7}$$

上式表示价带和导带在 $\boldsymbol{k}$ 点都是极值，这发生在布里渊区中某些高对称的 $\boldsymbol{k}$ 点，比如 Γ 点常常是这类临界点。第二类为

$$\nabla_{\boldsymbol{k}} E_c = \nabla_{\boldsymbol{k}} E_v \neq 0。 \tag{3.4.8}$$

上式表示导带和价带在 $\boldsymbol{k}$ 点有相等的梯度，这常发生在 B.Z. 的低对称的地方。现将式(3.4.3)在临界点 $\boldsymbol{k}_0$ 处对 $\boldsymbol{k}$ 展开

$$\begin{aligned} E_c(\boldsymbol{k}) - E_v(\boldsymbol{k}) &= E_0 + \frac{\hbar^2}{2}\left[\varepsilon_x \frac{(k_x - k_{0x})^2}{m_x}\right. \\ &\quad \left. + \varepsilon_y \frac{(k_y - k_{0y})^2}{m_y} + \varepsilon_z \frac{(k_z - k_{0z})^2}{m_z}\right], \end{aligned} \tag{3.4.9}$$

其中 m_x, m_y, m_z 为正值。$\varepsilon_x, \varepsilon_y, \varepsilon_z = 1$ 或 -1。由此可把临界点分成如下四种:

（一）称 M_0 点，相当于能量 E 极小点。此时 $\varepsilon_x, \varepsilon_y, \varepsilon_z$ 都为 $+1$，此时可证[1]

$$J_{cv}(E) = \begin{cases} B + O(E - E_0) & E < E_0, \\ B + A(E - E_0)^{\frac{1}{2}} + O(E - E_0) & E > E_0. \end{cases} \tag{3.4.10}$$

见图 3.4.1 (a)，其中 A 为正值，$O(E - E_0)$ 在 $E \to E_0$ 时为 $(E - E_0)$ 的一次或高次项。

（二）称 M_1 点，相当于能量 E 鞍点。$\varepsilon_x, \varepsilon_y, \varepsilon_z$ 中两正一负。此时可证

$$J_{cv}(E) = \begin{cases} B - A(E - E_0)^{\frac{1}{2}} & E < E_0, \\ B + O(E - E_0) & E > E_0, \end{cases} \tag{3.4.11}$$

见图 3.4.1 (b)。

（三）称 M_2 点，也相当能量 E 鞍点。$\varepsilon_x, \varepsilon_y, \varepsilon_z$ 中两负一正。此时可证

$$J_{cv}(E) = \begin{cases} B + O(E - E_0) & E < E_0, \\ B - A(E - E_0)^{\frac{1}{2}} + O(E - E_0) & E > E_0, \end{cases} \tag{3.4.12}$$

见图 3.4.1 (c)。

（四）称 M_3 点，相当能量 E 极大点，$\varepsilon_x, \varepsilon_y, \varepsilon_z$ 均负，此时可证

$$J_{cv}(E) = \begin{cases} B + A(E - E_0)^{\frac{1}{2}} + O(E - E_0) & E < E_0, \\ B + O(E - E_0) & E > E_0, \end{cases} \tag{3.4.13}$$

见图 3.4.1 (d)。

由以上分析可知，单个临界点不会在吸收谱 $\alpha(\omega)$ 或 $\varepsilon_2(\omega)$ 中形成峰。只能形成单边的肩，但两个临界点（比如 M_1 和 M_2）在能量简并或近于简并时，在吸收谱中将形成一个峰。

3.4.2 反射谱

由上节分析可知，半导体的吸收谱应出现具有一定特征的峰和肩，对应于如图 3.4.1 所示的联合态密度的临界点。根据这些峰和肩的能量位置便可定出临界点对应的价带到导带的能量差. § 1.2 中所介绍的用经验赝势方法计算半导体能带结构，正是建立在这种光谱实验基础上的。不过在进行具体的吸收谱实验时有一定困难，因为对应的高能量本征吸收具有很大的吸收系数。进行吸收谱测量需要极薄的样品才能有一定的透射率. 在 § 3.1 中已指出，测量反射谱 $R(\omega)$ 可以得到全部光学响应函数，因此反射谱成为研究能带结构参数的有力实验手段。图 3.4.2 示出的是 Si 和 Ge 的反射谱，图3.4.3示出的为由此得到的 $\varepsilon_2(\omega)$（见 § 3.1），

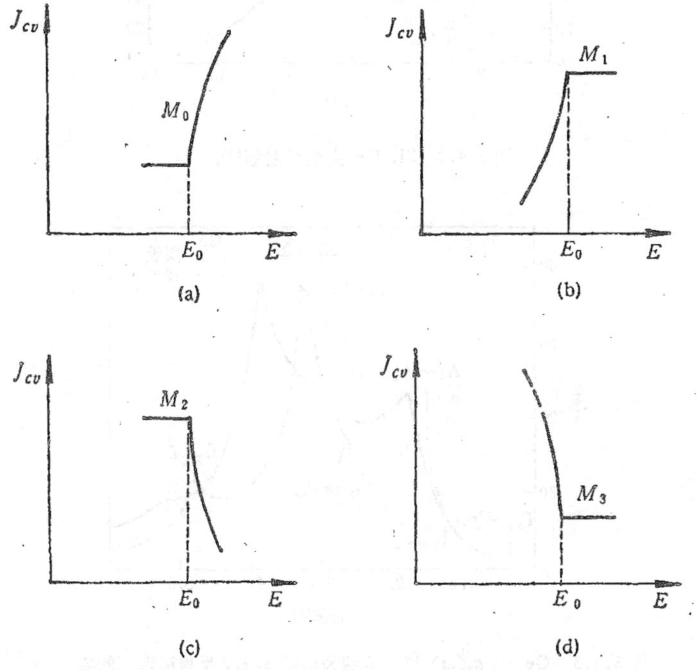

图 3.4.1 联合态密度四种不同的临界点.

与 § 1.2 介绍的经验赝势方法算得的结果进行比较，图中的峰与肩相当于态密度临界点所对应的吸收，比如在 0.66eV 的最低能量处(注有 $\Gamma_{25'} \to \Gamma_{2'}$)，对照图 1.2.3，这相当于 3.2.1 节中的直接跃迁边．注意，式 (3.2.12) 相当于式 (3.4.10) 的 M_0 临界点附近的情况．在4.5eV 处有一吸收峰，相当于 $X_4 \to X_1(M_2)$和 $\Sigma_4 \to \Sigma_1(M_2)$ 两类临界点的简并．在 1.8 eV 处有一肩，相当于 $L_{3'} \to L_1$ 的能量极值临界点 (M_0)，等等． 由此可见，理论和实验有相当程度的一致性．关于利用反射谱实验得到的各种半导体材料能带结构的

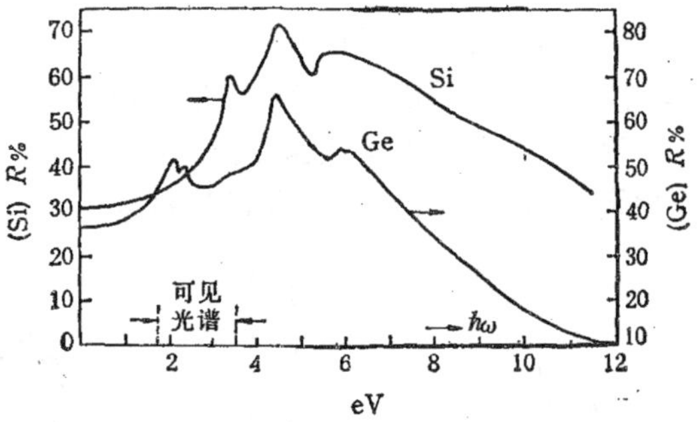

图 3.4.2 Si, Ge 室温反射谱[2]．

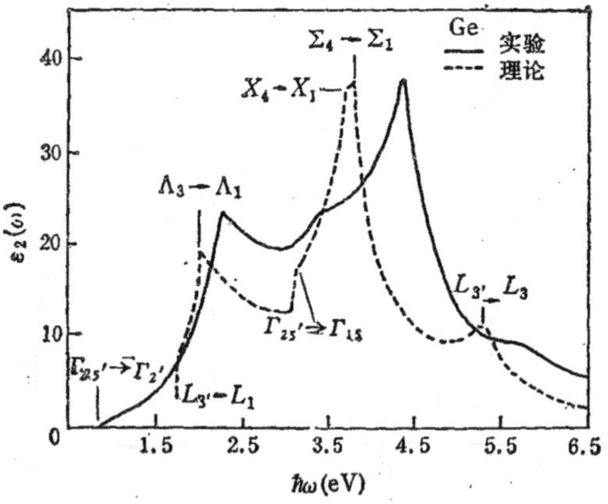

图 3.4.3 Ge 的 $\varepsilon_2(\omega)$ 谱．实线为由图 3.4.2 反射谱得到的实验曲线，虚线为由赝势法计算得的理论值[1]．

分析可参阅文献[2]。

3.4.3 调制反射谱

将调制反射谱用于研究半导体能带结构[4]是一个很大的进步，这不仅是因为采用调制技术在测量上可以用同步的锁相放大器检测，从而大大提高了信噪比，而且调制反射谱本身有其特色，可以得到一系列有关能带结构的信息。有关这方面的论述可参阅文献[5—8]，其中一个简单的介绍可见文献[2,9]。

关于如何进行调制，可采用各种办法，如电调制、光调制、压电调制、波长调制、磁调制等[9]。在这里我们仅简单介绍常见的电调制反射谱。此时在样品表面制做一层透明的电极或将样品浸入透明电解液作电极，然后施加垂直的表面电场。

在 3.4.1 节中已指出，联合态密度的临界点应反映在吸收谱中。图 3.4.4 (a)，图 3.4.5 (a) 示出了 M_0 和 M_1 类临界点处对应的 $\varepsilon_2(\omega)$ 谱。图中的实线为不加电场的情况，虚线为加以电场的情况。加电场以后的吸收谱线具有 Airy 函数形式，是振荡形式的[2,9][注意，图 3.4.4 (a) 所示的 M_0 临界能量 E_g 处，相当于禁带能量]。当加上电场后，吸收延展到禁带以下的能量处，这种效应称为 Franz-Keldysh 效应[1]。图 3.4.4 (b)，(c) 和图 3.4.5(b)，(c) 示出了加电场后 ε_1 和 ε_2 的改变 $\Delta\varepsilon_1, \Delta\varepsilon_2$ 的谱形。它们在临界点能量处都是有很大的峰，而反射谱的相对改变可证明具有下列表示[2]：

$$\frac{\Delta R}{R} = \alpha\Delta\varepsilon_1 + \beta\Delta\varepsilon_2, \tag{3.4.14}$$

α, β 为与能量有关的慢变参数。因此，$\Delta R/R$ 谱在临界点处也显示了具有特征的峰和振荡。

图 3.4.6 (a)，(b) 示出的是分别为 GaAs 的电调制反射谱和能带结构。最低的 E_1 峰位于 1.38 eV，比禁带小 30 meV，这可能是受主杂质能级所引起的。1.42 eV 的 E_0 峰对应直接跃迁禁带边处，相当图 3.4.6 (b) 中 $\Gamma_{15v} \to \Gamma_1$，在 1.77 eV 处，$E_0 + \Delta_0$ 峰相

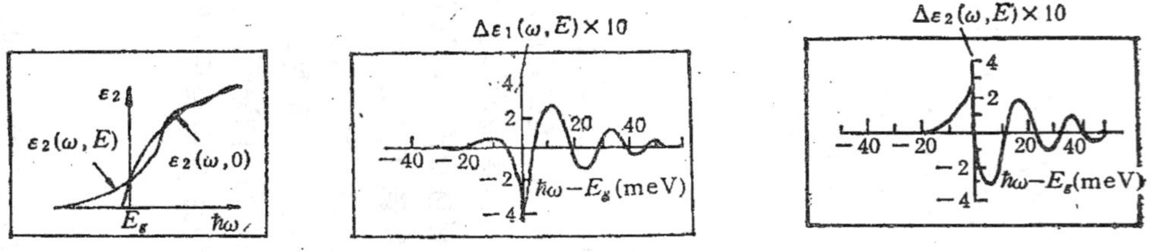

(a) (b) (c)

图 3.4.4 M_0 类临界点附近,不加电场时 $\varepsilon_2(\omega,0)$ 和加电场 E 后 $\varepsilon_2(\omega,E)$ 的比较 (a),以及两者差值 $\Delta\varepsilon_1$ (b), $\Delta\varepsilon_2$ (c)[9].

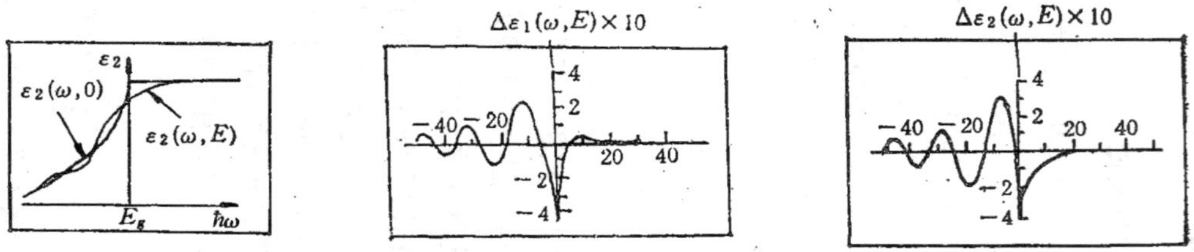

(a) (b) (c)

图 3.4.5 M_1 临界点附近的情况.

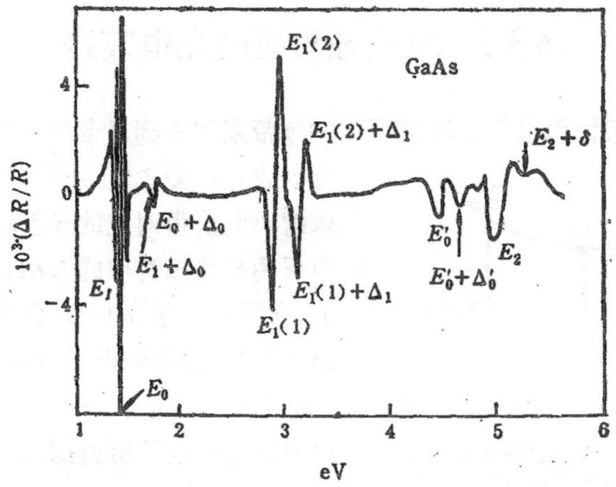

图 3.4.6(a) GaAs(n 型)室温时电调制反射谱[10].

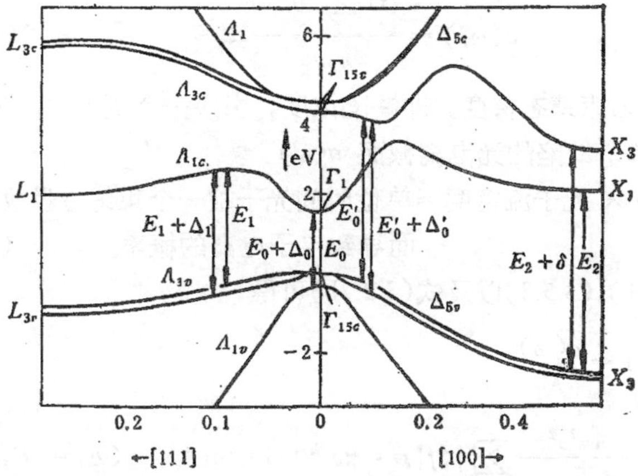

图 3.4.6(b) GaAs 能带结构[9].

当于价带自旋轨道分裂 Δ_0 以后较低的价带顶到 Γ_1 的跃迁。以上都相当于第一类临界点。较高能量处 E_1 和 $E_1+\Delta_1$，相当于 $\Lambda_{3v}\rightarrow\Lambda_{1v}$ 跃迁，属于第二类临界点。由以上实验可得 GaAs 的禁带值 $E_g=1.42$ eV，自旋轨道分裂值 $\Delta_0(\Gamma$ 点$)=0.348\pm0.002$ eV，$\Delta_1(\Lambda$ 点$)=0.232\pm0.002$ eV，在不同温度下做电调制谱，还可获得以上诸值与温度的依赖关系。

§ 3.5 缺陷态对应的光电离谱

本节讨论电子从缺陷形成的禁带束缚态到导带的跃迁对应的光吸收，如图 3.5.1 所示(对空穴从束缚态到价带对应的光吸收的讨论可采用与此相类似的方法)．原则上，光吸收系数 $\alpha(\omega)$ 仍可利用式(3.2.2b)．设温度很低，终态在导带中的电子态全空，$p_f=0$，初态在缺陷态全由电子所占据，$p_i=1$，式(3.2.2b)变成

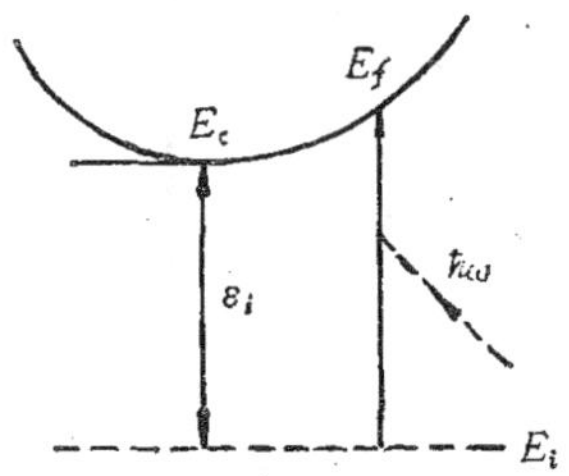

图 3.5.1 电子从缺陷态 E_i 跃迁到导带，吸收一个光子．

$$\alpha(\omega_k)=\frac{N_i\sum\limits_f W_{i\to f}^{ab}}{n_k v_g},\tag{3.5.1}$$

其中 N_i 为束缚态密度，即缺陷浓度，引入一个更形象的吸收参数，称为单个缺陷的光电离截面 $\sigma(\omega)$

$\sigma(\omega)\times$ 光子流密度＝单位时间光子被一个束缚态吸收而导致电子电离的概率。　(3.5.2)

由式(3.5.1)，(3.5.2)以及式(3.2.2b)可得

$$\sigma(\omega)=\frac{\alpha(\omega)}{N_i}$$

$$=\frac{4\pi^2e^2}{n^2m^2\omega v_g}\sum_f|\langle f|\hat{\boldsymbol{p}}\cdot\boldsymbol{a}e^{i\boldsymbol{k}\cdot\boldsymbol{r}}|i\rangle|^2\delta[\hbar\omega-(E_f-E_i)].$$

由于初态是束缚态，对上式作下列几点考虑:

(一) 在空间的范围内，由于束缚态只对应几个格点的距离，而光的波矢 $\boldsymbol{k}$ 比布里渊区线度小得多，因此上式矩阵元中，$e^{i\boldsymbol{k}\cdot\boldsymbol{r}}=1$。

(二) $|\langle f|\hat{\boldsymbol{p}}\cdot\boldsymbol{a}|i\rangle|^2=|\langle f|\hat{\boldsymbol{p}}|i\rangle|^2\cos^2\Theta$，$\Theta$ 为 $\hat{\boldsymbol{p}}$ 与光子极化方向 $\boldsymbol{a}$ 之间夹角，当入射光的方向是随机的极化方向时，$\cos^2\Theta$

的平均值取 1/3[1]。

（三）附录B中所描写的电磁波对应的电场是宏观平均值，记作 ε_0，而束缚态所在格点上的电场，记作 ε_{eff}，与 ε_0 有所区别。对于束缚态，真正感受到的是 ε_{eff} 而不是 ε_0，因此上面的式子应乘以 $(\varepsilon_{eff}/\varepsilon_0)^2$ 因子[2]。

考虑以上三点后，$\sigma(\omega)$ 可写成

$$\sigma(\omega)=\left(\frac{\varepsilon_{eff}}{\varepsilon_0}\right)^2\frac{4\pi^2e^2}{3n^2m^2\omega v_g}\sum_f|\langle f|\hat{p}|i\rangle|^2\delta[\hbar\omega-(E_f-E_i)]。\tag{3.5.3}$$

Lucovsky 对深能级束缚态用一个很简单的模型来计算式(3.5.3)，所获得的解析与实验结果符合得相当好，下面我们较为详细地来说明这个很成功的工作，因为他所用的方法具有典型的意义。

终态在导带底附近，可采用有效质量为 m^* 的自由电子来近似描述，在单位体积内归一的终态波函数为

$$\psi_f=e^{i\boldsymbol{k}\cdot\boldsymbol{r}},\tag{3.5.4}$$

态密度为[4]

$$\rho(E)=\pi^2\hbar^3\sqrt{\frac{m^{*3}}{2}}(E-E_c)^{\frac{1}{2}}。\tag{3.5.5}$$

初态为束缚态，Lucovsky 用 δ 函数来模拟深能级短程缺陷势 $u(r)=-\xi\delta(r)$，ξ 为势强度，决定深能级位置，设深能级波函数 ψ_i 为各向同性的 A_1 态，设 r 为球坐标中径向坐标，写出

$$\psi_i=\frac{u(r)}{r},\tag{3.5.6}$$

代入球坐标中的有效质量薛定谔方程

$$-\frac{\hbar^2}{2m^*}\frac{d^2u}{dr^2}-\xi\delta(r)u=(E_i-E_c)u,\tag{3.5.7}$$

其中 E_i 为深能级能量，E_c 为导带底能量。另外，我们还引入深能级电离能 $\varepsilon_i=E_c-E_i$（见图 3.5.1）式(3.5.7) 对应的束缚态解 u 和对应的能量 E_i

$$u(r)=e^{-\alpha|r|},\qquad \alpha=\sqrt{\frac{2m^*\varepsilon_i}{\hbar^2}},\tag{3.5.8}$$

$$E_i=E_c-\frac{m^*\xi^2}{2\hbar^2}.\tag{3.5.8 a}$$

在 $r\neq 0$ 处,式 (3.5.8) 满足式 (3.5.7) 是显然的。在 $r=0$ 处,$\frac{du}{dr}$ 在 $r\to 0^+$ 时的值为 $-\alpha$,设此时 r 的方向由 ϕ,θ 决定.现在再考虑 $\phi+\pi$, θ 方向的径向坐标 r', 实际上就是 r 的反方向。如果把 r 或 r' 都扩展到 $-\infty$—$+\infty$ (原来的球坐标定义 $r>0$), 则有 $r=-r'$. $\frac{du}{dr'}$ 在 $r'\to 0^+$ 时的值亦为 $-\alpha$, 或 $\frac{du}{dr}$ 在 $r\to 0^-$ 时的值为 $+\alpha$, 于是 $\frac{du}{dr}$ 在 $r=0$ 处出现不连续的突变量 2α,所以 $\frac{d^2u}{dr^2}$ 在 $r=0$ 处为奇点,其值为 $-2\alpha\delta(r)$.

将式(3.5.8)代入式(3.5.6),并归一得到

$$\phi_i=\sqrt{\frac{\alpha}{2\pi}}\frac{e^{-\alpha r}}{r}\quad(r>0).\tag{3.5.9}$$

利用上式及式(3.5.4)计算矩阵元

$$\begin{aligned}\langle i|\hat{p}_x|f\rangle&=\int\sqrt{\frac{\alpha}{2\pi}}\frac{e^{-\alpha r}}{r}\hbar k_x e^{i\boldsymbol{k}\cdot\boldsymbol{r}}d\boldsymbol{r}\\&=\sqrt{8\alpha\pi}\frac{\hbar k_x}{\alpha^2+k^2}.\end{aligned}\tag{3.5.10}$$

上式的推导利用了下列有用的关系: 设函数 $f(\boldsymbol{r})$ 仅为 $\boldsymbol{r}$ 的长度 $r=|\boldsymbol{r}|$ 的函数, $f(\boldsymbol{r})=f(r)$, 则其傅里叶变换

$$\begin{aligned}&\frac{1}{(2\pi)^3}\int f(\boldsymbol{r})e^{i\boldsymbol{k}\cdot\boldsymbol{r}}d\boldsymbol{r}\\&=\frac{1}{2\pi^2k}\int_0^\infty rf(r)\sin kr\,dr,\end{aligned}\tag{3.5.11}$$

其中 $k=|\boldsymbol{k}|$。

由式(3.5.10)可得到

$$|\langle i|\hat{\boldsymbol{p}}|f\rangle|^2=|\langle i|\hat{p}_x|f\rangle|^2+|\langle i|\hat{p}_y|f\rangle|^2+|\langle i|\hat{p}_z|f\rangle|^2$$

$$= 8\alpha\pi \frac{\hbar^2 k^2}{(\alpha^2 + k^2)^2}。 \tag{3.5.12}$$

将上式代入式(3.5.3)，并将式(3.5.3)中

$$\sum_f \to \int \rho(E) dE,$$

经计算可得到

$$\sigma(\omega) = \frac{32\pi^3 e^2}{3m^2 n^2 \omega v_g} \left(\frac{\varepsilon_{eff}}{\varepsilon_0}\right)^2 \frac{\alpha(\hbar k)^2}{(\alpha^2 + k^2)^2} \rho(\hbar\omega - \varepsilon_i)。 \tag{3.5.13}$$

再利用式(3.5.5)及

$$(\hbar k)^2 = 2m^*(\hbar\omega - \varepsilon_i), \tag{3.5.14}$$

式(3.5.13)变成

$$\sigma(\omega) = \left(\frac{\varepsilon_{eff}}{\varepsilon_0}\right)^2 \frac{16\pi e^2 \hbar}{3n^2 v_g} \left(\frac{m^*}{m^2}\right) \frac{\sqrt{\varepsilon_i}\,(\hbar\omega - \varepsilon_i)^{\frac{3}{2}}}{(\hbar\omega)^3}。 \tag{3.5.15}$$

上式为最后的光电离截面解析式，其中 $\left(\frac{\varepsilon_{eff}}{\varepsilon_0}\right)^2$ 是难以精确计算的，其数值一般在 1—5 间，但它不影响 σ 的谱形状，图 3.5.2 示出 Si 中 $\varepsilon_i = 0.15$ eV 时归一化的 $\sigma(\omega)/\sigma_m$ 曲线，其中 σ_m 为 σ 最大时对应的光子能量 $\hbar\omega_m$ 处的 σ 值，图中的虚线为 Si 中 In 深能级的实验曲线，已知其能级位置 $\varepsilon_i = 0.15$ eV。从图中可看出，$\sigma(\omega)$ 起始于阈值 ε_i 处，而 $\hbar\omega_m$ 发生在 $2\varepsilon_i$ 处，这是理论的一个很大成功之处，因为过去根据库仑缺陷势算出的类氢波函数模型计算起始阈值和 σ_m 都在 $\hbar\omega \doteq \varepsilon_i$ 处，与深能级实验结果明显不符。

Lucovsky 模型显示了深能级的缺陷势为短程势，而不是长程库仑势，用 Lucovsky 模型虽然对某些深能级情况所算得的 $\sigma(\omega)$ 与实验结果符合较好，但对另一些情况仍旧符合不好，所以这是一个尚待进一步研究的课题。

缺陷除了上面所讨论的电子从束缚态到能带的跃迁会产生对应的吸收之外，缺陷本身会对晶体振动谱产生影响，引入附加的振动模式，这与缺陷在电子的固体能带中引入禁带束缚态的情况相

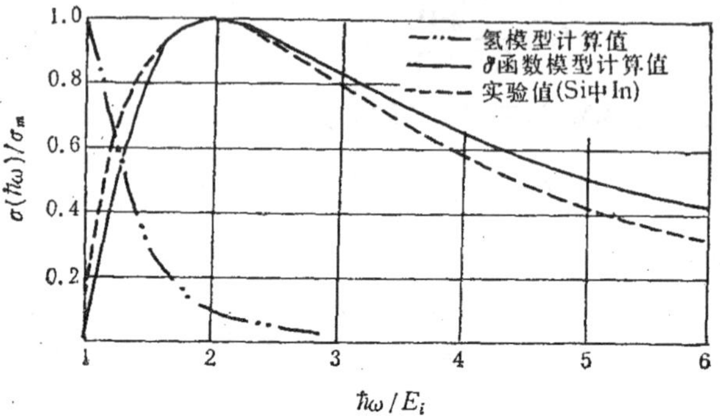

图 3.5.2　δ 函数缺陷势深能级算出的光电离吸收截面谱 $\sigma(\omega)$ 与 Si 中 In 的实验的比较[3]。

似。这种附加的振动模式将在下节所讲的晶格振动吸收谱中产生附加的谱线，详细情况不在此讨论了，可参阅文献[5]。

§3.6　自由载流子吸收

本节讨论电子(空穴)在导带(价带)中的带内跃迁所伴随光吸收的过程[1-3]，并称为自由载流子吸收，通常这种过程发生在远红外波段。需要指出的是，从经典的角度来看，完全自由的载流子不呈现电阻现象，不吸收光。从量子力学的角度来看，也有同样的结论。只有载流子被散射而呈现电阻时，才有吸收光。

3.6.1　带内跃迁

以导带内电子为例，电子从同一带内的一个 $\boldsymbol{k}$ 态跃迁到另一 $\boldsymbol{k}'$ 态，如图 3.6.1。从 §3.2 中已知，电子吸收一个光子，必须满足动量守恒和能量守恒，由于电子和光子的色散关系很不一样，因此不可能产生一级

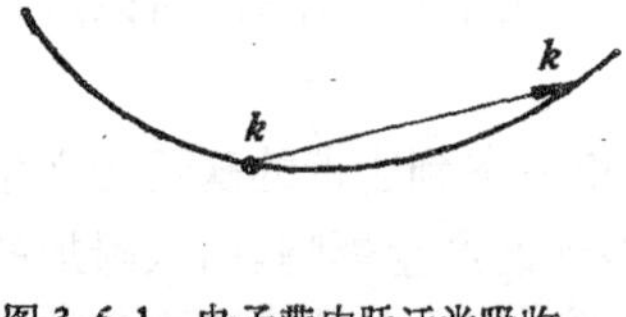

图 3.6.1　电子带内跃迁光吸收。

表 3.6.1 n 型半导体中自由载流子吸收[2]

	载流子浓度 $10^{17}cm^{-3}$	α_f/N $10^{-17}cm^2$	p
GaAs	1—5	3	3
InAs	0.3—8	4.7	3
GaSb	0.5	6	3.5
InSb	1—3	2.3	2
InP	0.4—4	4	2.5
GaP	10	(32)	(1.8)
AlSb	0.4—4	15	2
Ge	0.5—5	~4	~2

注：α_f/N 对应 9 μm 波长．p 表示 $\alpha_f \propto \lambda^p$．

的量子力学跃迁过程，只能是同时伴随吸收或放出一个声子或者缺陷参与作用的二级跃迁过程，这与 § 3.2 所分析的非直接跃迁过程很相似。现在，当我们考虑吸收系数 α 时，式 (3.2.2 b) 的占据几率 f_i 并不能近似为 1，而必须代入具体的统计分布，具体的计算可参阅文献[1,2]。这里仅指出，吸收系数 α 将与波长 λ 的 p 次幂有关，对于与声学声子作用的二级过程，$p=1.5$，对于与光学声子作用的二级过程，$p=2.5$，对于与电离杂质作用的二级过程，$p=3$—3.5，通常三种过程都存在

$$\alpha_f = A\lambda^{1.5} + B\lambda^{2.5} + C\lambda^{3.5}. \tag{3.6.1}$$

α_f 为自由载流子吸收对应的吸收系数，表 3.6.1 列出 n 型半导体中 α_f 有关数据和根据吸收曲线给出的幂次 p 的值。

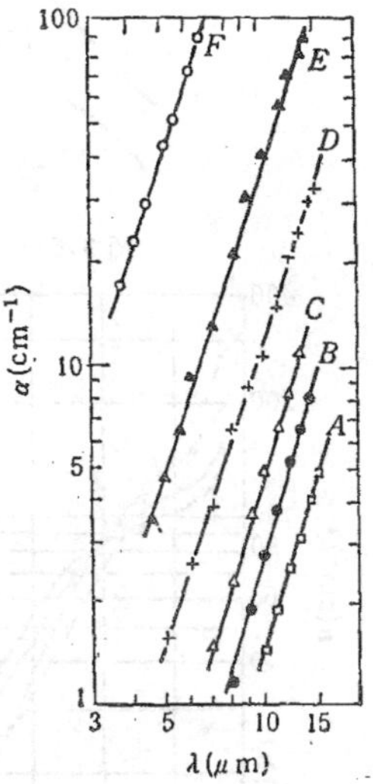

图 3.6.2 n-InAs 室温下自由载流子吸收谱[2]．图中电子浓度以 $10^{17}cm^{-3}$ 为单位，分别为 A:0.28；B:0.85；C:1.4；D:2.5；E: 7.8；F: 39．

图 3.6.2 示出 n 型 InAs 在室温时的自由载流子吸收系数与波长 λ 的关系[2]。

3.6.2 带间跃迁

带间跃迁相当于电子(或空穴)从一个导带(价带)跃迁到另一个导带(价带)对应的光吸收，从第一章中已知，在价带顶的能带结构（如图 3.6.3 所示）在价带顶处存在一定数量的空穴，下面子带中电子可能吸收光而跃迁到这些空穴中去，图 3.6.3 示出了三种可能过程，在进行 p 型 Ge 和 GaAs 的实验中都已观察到此类带间跃迁对应的光吸收[3]. 图 3.6.4 示出 p 型 GaAs 中的光吸收[4]，其

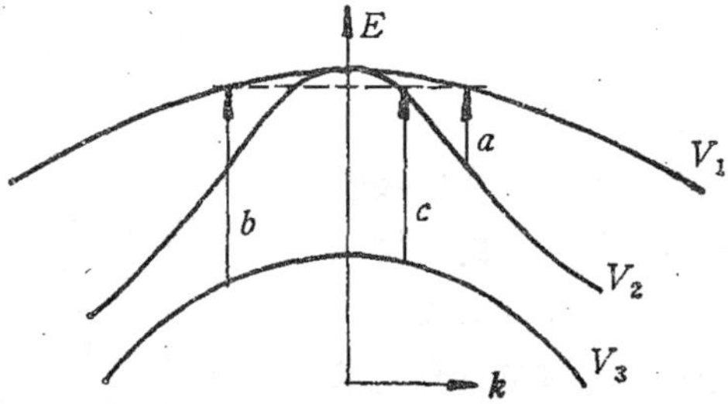

图 3.6.3 价带间跃迁对应的光吸收.

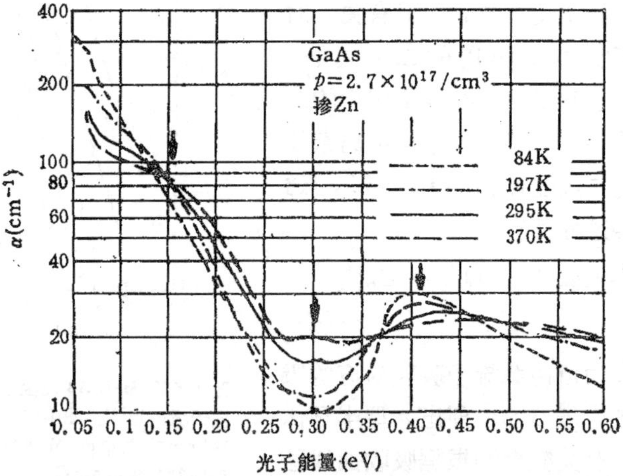

图 3.6.4 p-GaAs 中价带间跃迁对应的吸收[3].

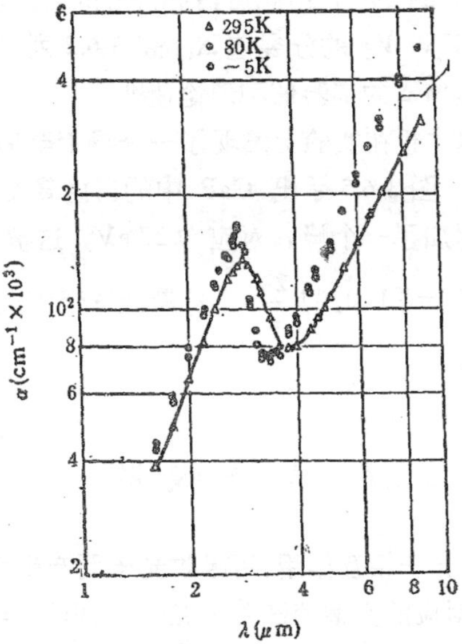

图 3.6.5 n-GaP ($N = 1 \times 10^{18} cm^{-3}$) 出现的附加峰被认为是导带至导带的跃迁[3]。

表 3.6.2 III-V 族化合物自旋—轨道分裂，E_g 为光学带隙，Δ_0 (calc)为布里渊区中 Γ 点的自旋轨道分裂计算值，Δ_0(exp)为实验值，Δ_1 为布里渊区边的自旋轨道分裂值[3]

晶 体	E_g(eV,在0K时)	Δ_0 (calc)	Δ_0(exp)	Δ_1
AlP	3.0	0.051	—	—
AlAs	2.2	0.29	—	—
AlSb	1.6	0.76	0.75	0.60
GaP	2.4	0.10	—	<0.15
GaAs	1.53	0.33	0.33	0.39
GaSb	0.80	0.81	—	0.72
InP	1.34	0.18	—	0.24
InAs	0.45	0.41	0.43	0.44
InSb	0.25	0.89	0.98	0.84

中 0.42 eV，0.31 eV，0.15 eV 处三个吸收峰对应图 3.6.3 $V_3 \to V_1$，$V_3 \to V_2$，$V_2 \to V_1$ 的过程，由此可估计价带的自旋轨道引起的 $\boldsymbol{k}=0$ 处 V_3 和 V_1，V_2 的分裂值Δ，表 3.6.2 列出几种半导体材料自旋轨道分裂值Δ的实验值和理论值[4]。

在 n 型半导体中也在实验上发现了一个导带至另一个导带间跃迁对应的吸收。图 3.6.5 示出 GaP 中的自由载流子吸收，在 $\alpha_f \propto \lambda^p$ 的曲线中附加了一个峰，对应 0.27 eV，这被解释为 GaP 的导带极小值处 $\boldsymbol{k}=[1,0,0]\frac{2\pi}{a}$. 从最低导带到次低带的跃迁对应的吸收[3]。

§3.7 晶格吸收

半导体晶体与光子相互作用，可吸收光子而产生声子，这种现象称为晶格吸收，对应的光谱范围为远红外，这里只作极简单的说明，需要进一步了解的读者可参阅文献[1,2]。关于简单的量子力学理论可参阅文献[3]。

晶格吸收的光子与放出的声子应同时满足动量守恒和能量守

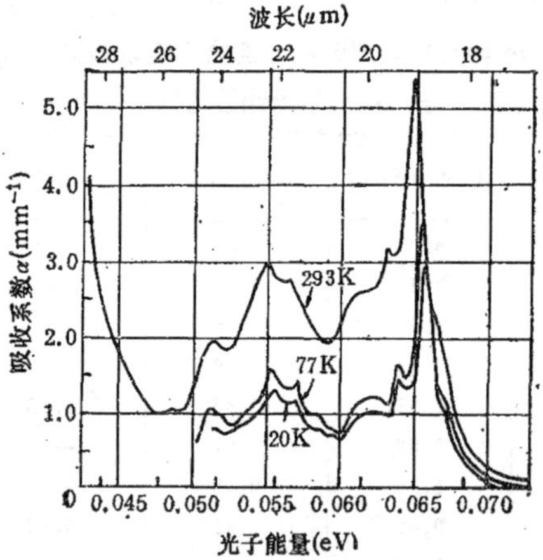

图3.7.1 n-GaAs 的晶格吸收系数[5]。

表 3.7.1 从图 3.7.1 谱中分析得到的 GaAs 声子模式[5]

峰能量 (eV)	声子模式
0.0955	$\begin{cases} TO_1 + TO_2 + TO_2 \\ 0.0324 + 0.0316 + 0.0316 \end{cases}$
0.0885	$\begin{cases} TO_1 + TO_1 + LA \\ 0.0324 + 0.0324 + 0.0237 \end{cases}$
0.0860	$\begin{cases} TO_2 + TO_2 + LA \\ 0.0316 + 0.0316 + 0.0228 \end{cases}$
0.0735	$\begin{cases} TO_1 + TO_1 + TA \\ 0.0324 + 0.0324 + 0.0087 \end{cases}$
0.0716(?)	$\begin{cases} TO_2 + TO_2 + TA \\ 0.0316 + 0.0316 + 0.0084 \end{cases}$
0.0648	$\begin{cases} TO_1 + TO_1 \\ 0.0324 + 0.0324 \end{cases}$
0.0631	$\begin{cases} TO_2 + TO_2 \\ 0.0316 + 0.0316 \end{cases}$
0.0612	$\begin{cases} TO_1 + LO \\ 0.0324 + 0.0288 \end{cases}$ 或 $\begin{cases} TO_2 + LO \\ 0.0316 + 0.0296 \end{cases}$
0.058	$\begin{cases} LO + LO \\ 0.029 + 0.029 \end{cases}$
0.0565	$\begin{cases} TO_1 + LA \\ 0.0324 + 0.0241 \end{cases}$
0.0548	$\begin{cases} TO_2 + LA \\ 0.0316 + 0.0232 \end{cases}$
0.0510	$\begin{cases} LO + LA \\ 0.0288 + 0.0222 \end{cases}$
0.048(?)	$\begin{cases} LA + LA \\ 0.024 + 0.024 \end{cases}$
0.0413	$\begin{cases} TO_1 + TA \\ 0.0324 + 0.0089 \end{cases}$
0.0398	$\begin{cases} TO_2 + TA \\ 0.0316 + 0.0082 \end{cases}$
0.038	$\begin{cases} LO + TA \\ 0.029 + 0.009 \end{cases}$

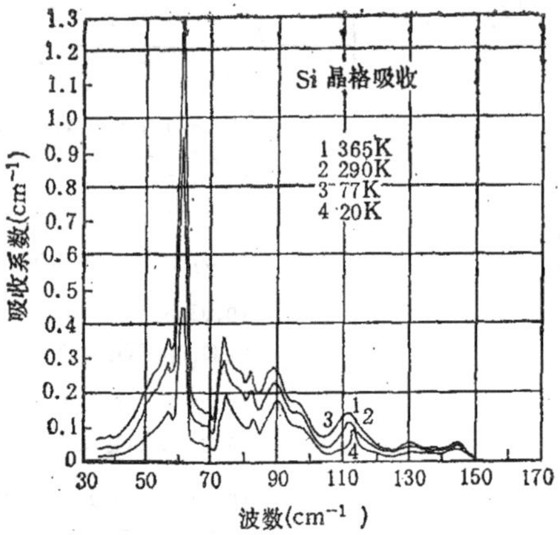

图 3.7.2 Si 的晶格吸收谱[5].

表 3.7.2 从图 3.7.2 谱中分析 Si 中的声子模[5]

波数 (mm^{-1})	峰值能量 (eV)	声子模式†
144.8	0.1795	3TO
137.8	0.1708	2TO + LO
130.2	0.1614	2TO + LO
	——	2TO + LA
96.4	0.1195	2TO
89.6	0.1111	TO + LO
81.9	0.1015	TO + LA
74.0	0.0917	LO + LA
68.9	0.0756	TO + TA
61.0	0.0702	LO + TA

† TO = 0.0598eV; LO = 0.0513 eV; LA = 0.0414 eV; TA = 0.0158 eV.

恒。一个基本点是：一级吸收峰基本上为 $\boldsymbol{k} \doteq 0$ 的声子（光子动量比布里渊区线度小得多，见 § 3.2 的讨论）。二级吸收则对应两个声子，它们只要加起来满足动量守恒，因此形成连续谱。声子又有几种不同的模式和色散。对于大部分重要半导体，每个原胞有 $s = 2$ 个原子，故一共有 $3s = 6$ 支声子模式，它们是：两支横向光学模（TO），两支横向声学模（TA），一支纵向光学模（LO），一支纵向声学模（LA），从对晶格吸收光谱的分析中可以获得有关声子谱的信息。

图 3.7.1、图 3.7.2 分别示出 GaAs 和 Si 的晶格吸收光谱．表 3.7.1 和表 3.7.2 列出从分析中所得到的声子能量值。

因为 Si 等同极半导体，其晶格没有固有电矩，晶格吸收是二级效应，光在固体中感生电矩，此电矩与光相互作用而产生光声子的转换，因而可以预期晶格吸收比 III-V 族等半导体要弱得多。

§3.8 光 发 射

电子从高能态跃迁到低能态而伴以发射光子，这个过程称为辐射复合，这个过程是前面讨论光吸收的逆过程。所谓发光是指一定温度下热平衡物体除黑体辐射之外所发射的多余光能量。具体到半导体来说，这种过程往往发生在电子处于非平衡状态的时候，即电子在趋向平衡时辐射复合而发光。要使电子处于非平衡态则需用某种激励。根据激励方式的不同，可把发光分为：由电注入或雪崩激励所产生的发光称为电致发光，电场激励的发光称为场致发光，光激励产生的发光称为光致发光或称为光荧光。用电子束来激励所产生的发光称为阴极发光．图 3.8.1 是目前研究比较活跃的光荧光实验的示意图。

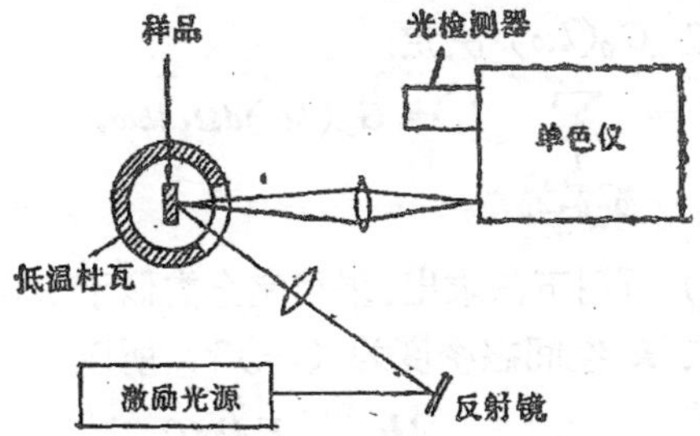

图 3.8.1 低温光荧光实验装置。

激光电源(过去用水银灯等,现在大多用激光器，如氩离子激光器,其输出功率可达数瓦,其光子能量比所研究的半导体禁带的能量要大)将半导体中价带电子大量激发到导带,使之处于一种非平衡状态. 当电子辐射复合回到各种低能态时，发出的各种能量的光子通过单色仪分解而获得 PL 荧光谱. 为了减弱声子对能级的展宽,通常将样品放在低温杜瓦中.

根据图 3.8.1 示出的装置所测得的荧光谱来分析半导体体内的辐射复合光谱时，则需考虑激励光源照射到样品以后的吸收衰减,以及激励的非平衡载流子扩散,因此体内处于很不均匀的非平衡状态;另外，由体内复合发射的光子,在射出体外时具有一定几率的再被吸收,在表面亦具有一定几率的再被反射. 因此,在激励光入射的同一表面发出的荧光谱与由背面射出的荧光谱也并不一样,这些问题的详细分析见文献[1].

有关光荧光的总结性内容可参阅文献[1—3],文献[1]给出详细的理论分析，文献 [2,3] 给出 III-V 族化合物半导体和 Si, Ge 的荧光光谱的实验总结.

3.8.1 光场态密度及有关定义

根据附录 B，光场可分解为波矢 $\boldsymbol{k}$ 和极化 $\boldsymbol{\alpha}_k$ 的各种光子态模式,用脚标 λ 标记光子态. 通过色散关系,不同的波矢 $\boldsymbol{k}$ 对应不同的光子能量 $\hbar\omega$. 引入单位体积，能量在 $\hbar\omega—\hbar\omega+d\hbar\omega$，立体角在 $\Omega_k—\Omega_k+d\Omega_k$ 范围内一种极化方向的光子态数 dZ 可由下列态密度 $G_\Omega(\hbar\omega)$ 决定:

$$dZ = \sum_{\substack{\lambda \\ \omega-\omega+d\omega \\ \Omega-\Omega+d\Omega \\ \text{一种极化}}} I_\lambda = G_\Omega(\hbar\omega)d\Omega_k d\hbar\omega, \tag{3.8.1}$$

关于 $G_\Omega(\hbar\omega)$ 可用下法求出.采用完全类似于 § 1.1 的讨论方法，可知光场波矢 $\boldsymbol{k}$ 空间态密度为 $(2\pi)^{-3}$，所以

$$dZ = \frac{d\boldsymbol{k}}{(2\pi)^3} = \frac{k^2 dk d\Omega}{(2\pi)^3}. \tag{3.8.1 a}$$

利用式（B.5），有

$$k=\frac{n\omega}{c},\tag{3.8.2}$$

以及群速 v_g

$$v_g=\frac{d\omega}{dk},\tag{3.8.3}$$

代人以上诸式，得到

$$G_\Omega(\hbar\omega)=\frac{(n\hbar\omega)^2}{(2\pi\hbar)^3c^2v_g}。\tag{3.8.4}$$

在附录 B 中，仅考虑了某种态 λ 的光场，其光子数为 n_λ，在实验过程中，应代之以能量 $\hbar\omega$—$\hbar\omega+d\hbar\omega$，立体角 Ω_k—$\Omega_k+d\Omega_k$，并具有某种极化方向，在此范围内的光子数为

$$\begin{aligned}dn&=\sum_{\substack{\lambda\\ \omega-\omega+d\omega\\ \Omega-\Omega+d\Omega\\ \text{一种极化}}}n_\lambda=\bar{n}_\lambda G_\Omega(\hbar\omega)d\Omega_k d(\hbar\omega)\\&=N(\boldsymbol{k},\hbar\omega)d\Omega_k d(\hbar\omega)。\end{aligned}\tag{3.8.5}$$

因此，$\bar{n}_\lambda$ 为该范围内一个态的平均光子数，而 $N(\boldsymbol{k},\hbar\omega)$ 为单位立体角单位能量间隔以内一种极化方式的光子数。再引入光子流 F

$$F(\boldsymbol{k},\hbar\omega)=v_gN(\boldsymbol{k},\hbar\omega),\tag{3.8.6}$$

其中 v_g 为群速度，即光子流速。

有时需考虑光子能量在 $\hbar\omega$—$\hbar\omega+d\hbar\omega$ 范围的情况，也就是对 $d\Omega_k$ 积分，并对两种极化求和，得到对应的物理量光子态谱密度 $G(\hbar\omega)$，可由下列定义：

$$\begin{aligned}dZ&=\sum_{\substack{\lambda\\ \omega-\omega+d\omega}}1_\lambda=G(\hbar\omega)d(\hbar\omega)\\&=2\int_\Omega G_\Omega(\hbar\omega)d\Omega_k d\hbar\omega。\end{aligned}\tag{3.8.1 a}$$

由式（3.8.1 a）及（3.8.4）可得

$$G(\hbar\omega)=\frac{(n\hbar\omega)^2}{(\pi c)^2\hbar^3v_g},\tag{3.8.4 a}$$

$G(\hbar\omega)$ 为单位能量间隔中光子态数。

光子数谱密度 $N(\hbar\omega)$ 为

$$
\begin{aligned}
dn &= \sum_{\substack{\lambda \\ \omega-\omega+d\omega}} n_\lambda = N(\hbar\omega)d\hbar\omega \\
&= 2\int_{\Omega} N(\boldsymbol{k},\hbar\omega)d\Omega d\hbar\omega \\
&= \bar{n}_\omega G(\hbar\omega)d\hbar\omega, \qquad (3.8.5\text{ a})
\end{aligned}
$$

$N(\hbar\omega)$ 为单位能量间隔中光子数，而 $\bar{n}_\omega$ 为该能量间隔中一个态的平均光子数。

光子流谱密度 $F(\hbar\omega)$ 为

$$
F(\hbar\omega) = \int F(\boldsymbol{k},\hbar\omega)d\Omega_k = v_g N(\hbar\omega). \qquad (3.8.6\text{ a})
$$

3.8.2 受激吸收和发射，自发发射

我们利用式 (B.20)—(B.21) 来讨论下列问题：设电子从低能态 b 跃迁到高能态 a，同时吸收一个能量在 $\hbar\omega$—$\hbar\omega + d(\hbar\omega)$ 范围的光子，单位时间内，这种跃迁的概率记作 $R^{ab}(\hbar\omega)d(\hbar\omega)$，根据式 (B.20 a)，可得

$$
\begin{aligned}
R^{ab}(\hbar\omega)d(\hbar\omega) &= \frac{2\pi}{\hbar}\sum_{\substack{\lambda \\ \omega-\omega+d\omega}}\sum_{a,b}|\langle b|H_{\text{int}}|a\rangle|^2 p_b p_a' \\
&\quad \times \delta(E_a - E_b - \hbar\omega) \\
&= \sum_{\substack{\lambda \\ \omega-\omega+d\omega}}\sum_{a,b} B_{b\to a} n_\lambda p_b p_a' \delta(E_a - E_b - \hbar\omega),
\end{aligned}
$$

(3.8.7)

$$
B_{b\to a} = \frac{4\pi^2 e^2}{m^2 n^2 \omega}|\langle a|\hat{\boldsymbol{p}}\cdot\boldsymbol{\alpha}e^{i\boldsymbol{k}\cdot\boldsymbol{r}}|b\rangle|^2, \qquad (3.8.8)
$$

式 (3.8.7) 定义的 $R^{ab}(\hbar\omega)$ 为单位能量受激吸收率。

由于受激是一种吸收过程，也就是说，与光场量子数 n_λ 有关，而 $B_{b\to a}$ 与 $\boldsymbol{k}$ 和 $\boldsymbol{\alpha}$ 有关，因此式(3.8.7)左边的 R^{ab} 不仅与 $\hbar\omega$ 有关，而且与光场在不同方向和不同极化的分布有关。这里只考

虑各向同性的情况，即假定 $\sum_{a,b} B_{b\to a}$ 与 $\boldsymbol{k}$ 和 $\boldsymbol{\alpha}$ 无关[4]，于是可把 $\sum_{\lambda}$ 移到 $\sum_{a,b} B_{b\to a}$ 右边，再利用式 (3.8.5 a) 便可得到

$$R^{ab}(\hbar\omega) = N(\hbar\omega) \sum_{a,b} B_{b\to a} p_b p'_a \delta(E_a - E_b - \hbar\omega), \quad (3.8.9)$$

该类过程如图 3.8.2 (a) 所示，为受激吸收。

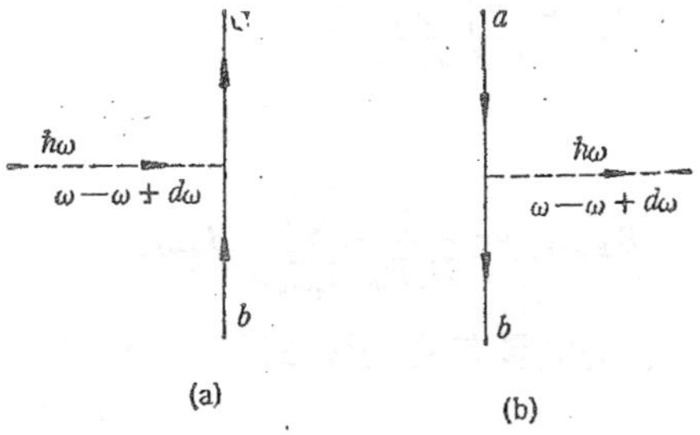

图 3.8.2 (a) 受激吸收；(b) 发射。

再讨论其逆过程，即电子从高能态 a 跃迁到低能态 b，同时放出一个光子，能量在 $\hbar\omega—\hbar\omega + d(\hbar\omega)$ 之内。根据式 (B.20 b) 及 (B.21) 单位时间内，这种跃迁概率可写成

$$R^{em}(\hbar\omega)d\hbar\omega = R^{st.em}(\hbar\omega)d\hbar\omega + R^{sp}(\hbar\omega)d\hbar\omega, \quad (3.8.10)$$

其中 $R^{st.em}$ 为单位能量受激发射率，即

$$R^{st.em}(\hbar\omega)d\hbar\omega = \sum_{\substack{\lambda \\ \omega—\omega+d\omega}} \sum_{a,b} B_{a\to b} n_\lambda p_a p'_b \delta(E_a - E_b - \hbar\omega), \quad (3.8.11)$$

R^{sp} 为单位能量自发发射率，即

$$R^{sp}(\hbar\omega)d\hbar\omega = \sum_{\substack{\lambda \\ \omega—\omega+d\omega}} \sum_{a,b} B_{a\to b} p_a p'_b \delta(E_a - E_b - \hbar\omega). \quad (3.8.12)$$

由式(3.8.7)过渡到式(3.8.9)的同样讨论，再利用式(3.8.1 a)，(3.8.5 a)，式(3.8.11)和式(3.8.12)可以写成

$$R^{st.em}(\hbar\omega)=N(\hbar\omega)\sum_{a,b}B_{a\to b}p_a p'_b\delta(E_a-E_b-\hbar\omega), \quad (3.8.13)$$

$$R^{sp}(\hbar\omega)=G(\hbar\omega)\sum_{a,b}B_{a\to b}p_a p'_b\delta(E_a-E_b-\hbar\omega). \quad (3.8.14)$$

为了对具体系统作进一步计算，设每个电子态 i 的能量为 E_i，简并度为 D_i，于是

$$\sum_{a,b}=\sum_{E_a,E_b}\sum_{d_a,d_b=1}^{D_a,D_b}, \quad (3.8.15)$$

并引入

$$\overline{B}_{E_a\to E_b}=\frac{1}{D_aD_b}\sum_{d_a,d_b=1}^{D_a,D_b}B_{a\to b}, \quad (3.8.16)$$

并考虑到 p 和 p' 仅与能量有关，于是式(3.8.9)，(3.8.13)(3.8.14)分别可写成

$$R^{ab}(\hbar\omega)=N(\hbar\omega)\sum_{E_a,E_b}\overline{B}_{E_b\to E_a}\mathscr{N}_b\mathscr{N}'_a\delta(E_a-E_b-\hbar\omega), \quad (3.8.17)$$

$$R^{st.em}(\hbar\omega)=N(\hbar\omega)\sum_{E_a,E_b}\overline{B}_{E_a\to E_b}\mathscr{N}_a\mathscr{N}'_b\delta(E_a-E_b-\hbar\omega), \quad (3.8.18)$$

$$R^{sp}(\hbar\omega)=G(\hbar\omega)\sum_{E_a,E_b}\overline{B}_{E_a\to E_b}\mathscr{N}_a\mathscr{N}'_b\delta(E_a-E_b-\hbar\omega), \quad (3.8.19)$$

其中

$$\mathscr{N}_i=p_iD_i, \quad (3.8.20)$$

$$\mathscr{N}'_i=p'_iD_i, \quad (3.8.21)$$

分别为能级 E_i 所占据的电子数和空穴数。

若引入连续谱能级密度

$$
\begin{cases}
\rho(E)=\sum\limits_{i} D_i\delta(E-E_i), \\
n(E)=\sum\limits_{i} \mathcal{N}_i\delta(E-E_i), \\
n'(E)=\sum\limits_{i} \mathcal{N}'_i\delta(E-E_i),
\end{cases}
\tag{3.8.22}
$$

则式 (3.8.17)—(3.8.19) 可写成

$$
R^{ab}(\hbar\omega)=N(\hbar\omega)
\times\int\limits_{E_a}\int\limits_{E_b}\overline{B}_{E_b\to E_a}n(E_b)n'(E_a)\delta(E_a-E_b-\hbar\omega)dE_a dE_b, \tag{3.8.17 a}
$$

$$
R^{st.em}(\hbar\omega)=N(\hbar\omega)
\times\int\limits_{E_a}\int\limits_{E_b}\overline{B}_{E_a\to E_b}n(E_a)n'(E_b)\delta(E_a-E_b-\hbar\omega)d_{E_a}d_{E_b}, \tag{3.8.18 a}
$$

$$
R^{sp}(\hbar\omega)=G(\hbar\omega)
\times\int\limits_{E_a}\int\limits_{E_b}\overline{B}_{E_a\to E_b}n(E_a)n'(E_b)\delta(E_a-E_b-\hbar\omega)dE_a dE_b. \tag{3.8.19 a}
$$

3.8.3 各种发光过程(弱的自发辐射)

上面给出的结果，原则上可应用到任何复杂体系的辐射复合的定量计算。在这里我们只对几种典型情况的作扼要说明和给出所得到的结论,详细的讨论和推导可参阅本节文献[1].本节只限于讨论辐射光强很弱、且受激辐射与自发辐射相比可以忽略的情况。

(一) 连续谱一连续谱间的跃迁,导带到价带的辐射复合：该过程为§3.2 讨论的本征吸收的逆过程。这里只讨论波矢 $\boldsymbol{k}$ 守恒的直接跃迁,并且不考虑价带顶的复杂结构(参考§3.2)。过程如图 3.8.3 所示,在这里我们仅给出推导中的要点以及最后的结果。

(1) 跃迁时，由于产生了电子动量守恒的直接跃迁，因此式 (3.8.19) 中对 a,b 的两重求和可归结为一重求和。

(2) 跃迁的初态为导带中的电子态，它们处于准费米能级为

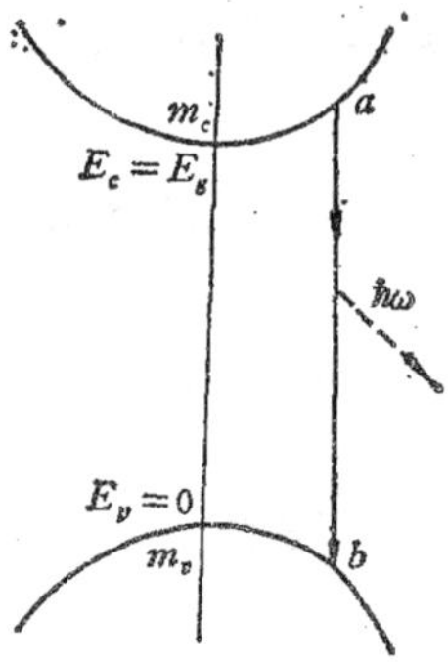

图 3.8.3 电子从导带到价带的辐射复合。$E_c(k)=E_g+\frac{\hbar^2k^2}{2m_c}$，$E_v(k)=-\frac{\hbar^2k^2}{2m_v}$，

$\hbar\omega=E_c(k)-E_v(k)=E_g+\frac{\hbar^2k^2}{2m_r^*}$，

其中 m_r^* 为式 (3.2.11) 给出的折合有效质量。

F_n 的准平衡，聚集在导带底部，因此能级密度可用导带底的有效质量来作近似的计算。跃迁终态为价带空穴态，它们处于准费米能级为 F_p 的准平衡，聚集在价带顶，其能级密度可用价带顶的有效质量来作近似的计算。

具体计算结果，由式 (3.8.19) 导出(见文献[1])

$$R^{sp}(\hbar\omega)=G(\hbar\omega)\bar{B}\rho_{red}(E)p(E_a)p'(E_b), \tag{3.8.23}$$

其中

$$\begin{cases} E=\hbar\omega-E_g, \\ \rho_{red}(E)=\dfrac{1}{(2\pi)^2}\left(\dfrac{2m_r^*}{\hbar}\right)^{\frac{3}{2}}E^{\frac{1}{2}}, \\ E_a-E_b=\hbar\omega, \\ p(E_a)=e^{(F_n-E_a)/k_BT} \quad (\text{电子 Boltzmman 分布}), \\ p'(E_b)=e^{(E_b-F_p)/k_BT} \quad (\text{空穴 Boltzmman 分布}), \end{cases} \tag{3.8.24}$$

m_r^* 为式(3.2.11) 给出的折合有效质量。$\rho_{red}(E)$ 为联合态密度，$\bar{B}$ 为式 (3.8.16) 中的 B 对简并求平均，忽略 $\bar{B}$ 和 G 对 E 的依赖关系，则由式(3.8.23)，(3.8.24)可得到

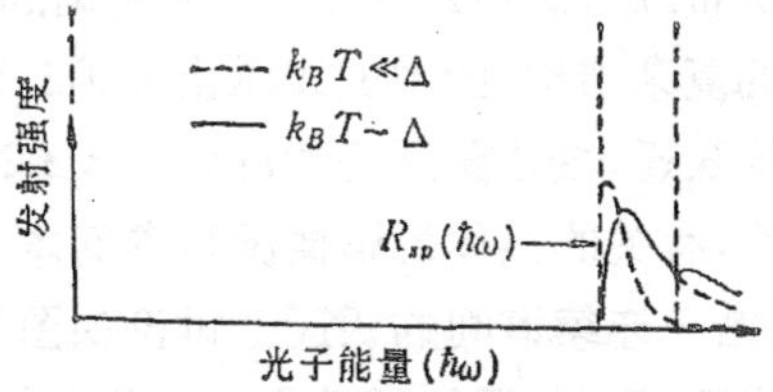

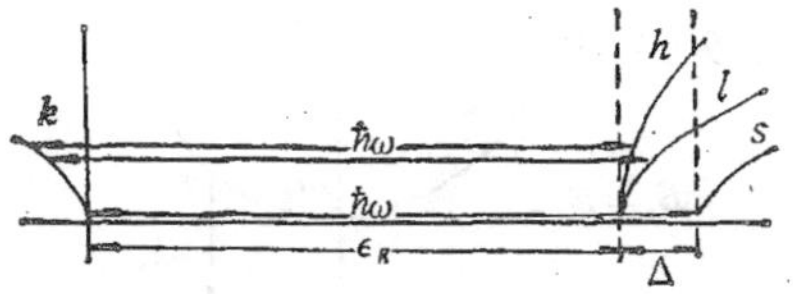

图 3.8.4(a) 导带至价带的本征发光谱. 考虑价带顶的复杂结构后便出现几个峰.

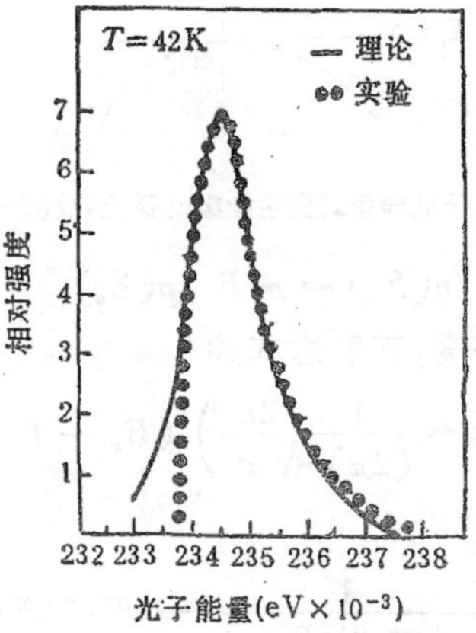

图 3.8.4(b) n-InSb 的导带至价带的发光谱[8].

$$R^{sp}(\hbar\omega) \sim E^{\frac{1}{2}}e^{-E/k_BT}e^{(\Delta F-E_g)/k_BT}, \tag{3.8.25}$$

$$\Delta F = F_n - F_p. \tag{3.8.26}$$

图 3.8.4(a)示出的为由式 (3.8.25) 给出的 $R^{sp}(\hbar\omega)$ 的发射谱. 与吸收谱相比,同样在 E_g 处有一阈值,但高能量时则迅速衰

减，这是由于电子和空穴只局域于导带底和价带顶．当 k_BT 与自旋轨道所引起价带顶分裂值△（第一章所讨论的）可以比拟时，则必须考虑价带的复杂结构，图中虚线示出的第二个峰即由此引起．

对于非直接跃迁、禁止跃迁等情况，与 § 3.2 所讨论的光吸收有很多共同之处，有关的具体讨论情况可参阅本节文献[1]。

（二）分裂谱一连续谱间的跃迁：讨论如图 3.8.5 所示的电子从导带到束缚能级 E_t 之间的跃迁所对应的发射过程．讨论中同样只考虑用有效质量 m_c，m_v 描写的简单能带结构。初态 a 为连续谱，在式（3.8.19 a）中

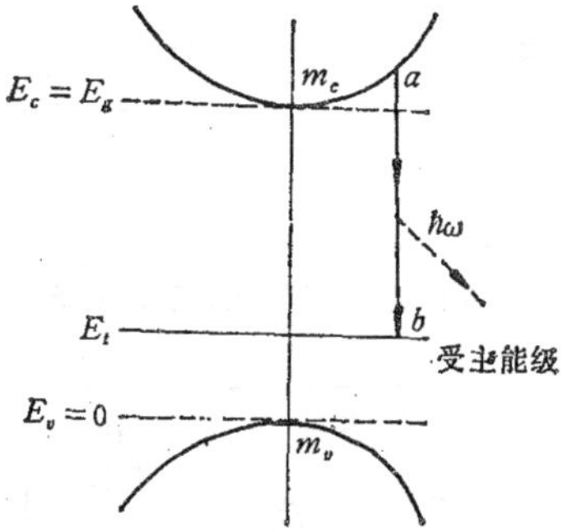

图 3.8.5 电子从导带到受主能级的跃迁，放出一个光子．

$$n(E_a)=\rho(E_a)p(E_a),$$

其中 $\rho(E_a)$ 为态密度，其表达式为

$$\rho(E_a)=\frac{1}{(2\pi)^2}\left(\frac{2m_c}{\hbar^2}\right)^{\frac{3}{2}}(E_a-E_g)^{\frac{1}{2}}. \qquad (3.8.27)$$

$p(E_a)$ 为 F-D 分布

$$p(E_a)=\frac{1}{e^{(E_a-F_n)/k_BT}+1}\doteq e^{(F_n-E_a)/k_BT} \qquad (3.8.28)$$

终态是分裂值 E_t，设一个缺陷中心对应的 E_t 能级为 g_t 度简并，单位体积内有 N_t 个缺陷中心，于是总的简并度 $D_t=g_tN_t$，由式（3.8.19）及式（3.8.19 a）的具体推导给出[1]

$$R^{sp}(\hbar\omega)=G(\hbar\omega)\overline{B}\rho(E_a)g_tN_tp(E_a)p'(E_t), \qquad (3.8.29)$$

其中 $E_a\doteq E_t+\hbar\omega$。如果令 $E=E_a-E_g=\hbar\omega-(E_g-E_t)$，

则由式(3.8.27)—(3.8.29)可得到

$$R^{sp}(\hbar\omega) \sim E^{\frac{1}{2}} e^{-E/k_B T}。\tag{3.8.30}$$

上式与本征发射谱式(3.8.25)有很相似的关系，如图 3.8.6 所示。图 3.8.7 示出 GaAs 中 Cd 能级对应的 PL 谱(理论与实验的比较)。

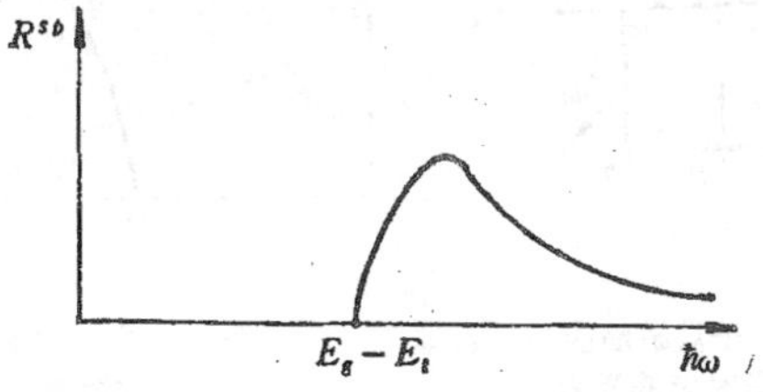

图 3.8.6 导带到束缚态 E_t 的发射谱。

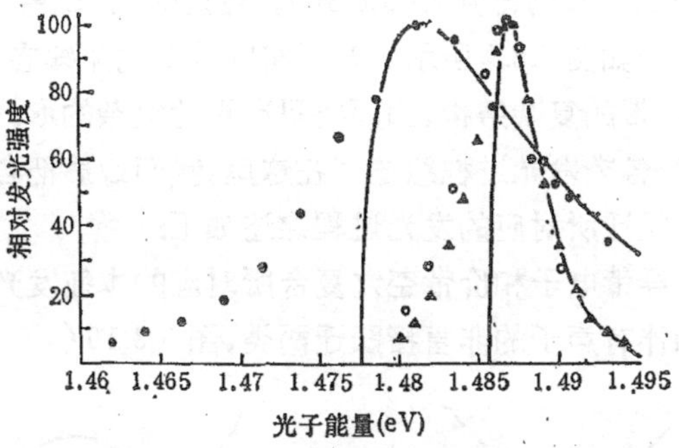

图 3.8.7 GaAs 中 Cd 的 PL 谱，实线为用式(3.8.30)算得的 20 K 及 80 K 的曲线，▲为 20 K 时实验值，○为 80 K 时实验值[1]。

可用类似的方法来讨论初态(为束缚态 E_t)到终态(为价带)的发射谱，其跃迁过程如图 3.8.8 所示，结果如下:

$$R^{sp}(\hbar\omega) = G(\hbar\omega)\bar{B}\rho(E_b)g_t N_t p(E_t)p'(E_b) \tag{3.8.31}$$

如令

$$E = -E_b \quad (E_v = 0),$$

$$\rho(E) = \frac{1}{(2\pi)^2}\left(\frac{2m_v}{\hbar^2}\right)^{\frac{3}{2}} E^{\frac{1}{2}}, \tag{3.8.32}$$

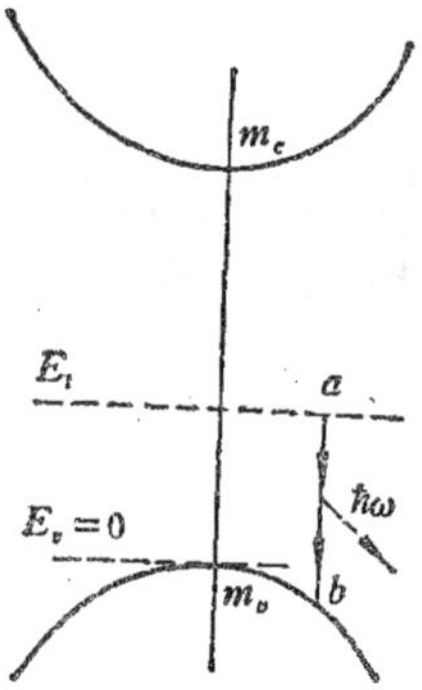

图 3.8.8 电子从缺陷能级 E_t 到价带跃迁所对应的光发射。

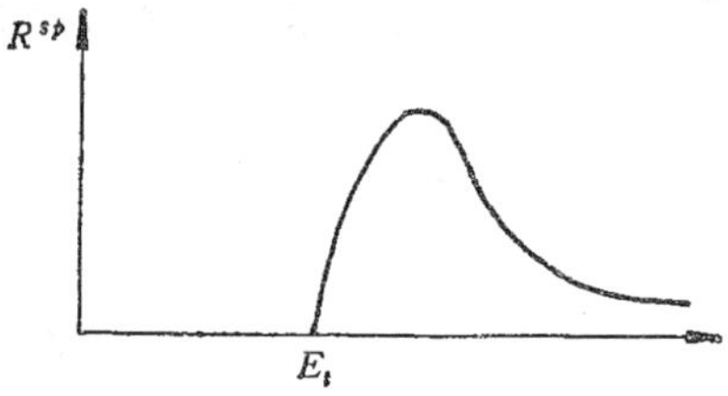

图 3.8.9 束缚态到价带的发射谱。

$$p'(E_b)=\frac{1}{e^{(F_p-E_b)/k_BT}+1}\doteq e^{(E_b-F_p)/k_BT},\quad(3.8.33)$$

代入式(3.8.31)，仍得到式(3.8.30)，不过此时，$E=\hbar\omega-E_t$，对应的发射谱如图 3.8.9 所示，对于实际情况的束缚态—价带发射谱，由于价带的复杂结构，因而将呈现更为复杂的形式[1]

（三）各类发光过程综述：在这里，我们最后把各类初态和终态的电子跃迁所对应的发光过程综述如下：

（1）导带电子和价带空穴复合所对应的本征发光，可分为直接跃迁和伴有声子的非直接跃迁两类，图 3.8.10（a），（b）对应的

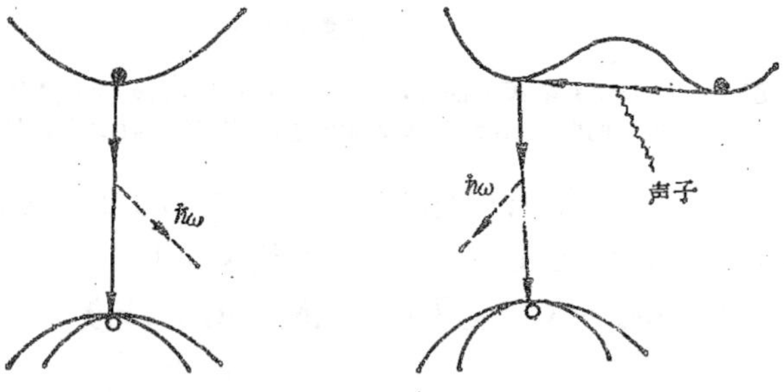

(a) (b)

图 3.8.10 导带电子跃迁到价带时所对应的本征发光。
（a）直接跃迁；（b）非直接跃迁。

发光谱如图 3.8.4 所示。

(2) 自由激子复合(电子、空穴复合)时的发光，这相当于 § 3.3 中所叙述的激子吸收的逆过程。图 3.8.11 示出 Ge 中自由激子发光谱，由于 Ge 为间接禁带半导体，发光时伴有 TO 或 LA 声子发射，对应有两个发光峰[2]。

(3) 自由态和束缚态之间跃迁所对应的发光，几种可能的情形如图 3.8.12 所示，$e-D^+$ 过程为电子从导带底到电离施主能级的跃迁，$D-h$ 为中性施主态到价带顶的电子跃迁，$e-A$ 为电子从导带底到中性受主能级的跃迁，此类跃迁所对应的发光谱如图 3.8.7 和图 3.8.9 所示。

(4) 束缚激子发光。一个缺陷中心有时可以先束缚一个电子，于是带负电，此负电中心再束缚一个空穴，这样，束缚在一个缺陷中心上的电子-空穴对称为束缚激子，当束缚激子消失时伴以光子发射，从而形成束缚激子谱线。束缚激子光谱是目前研究半导体中缺陷性能的又一有力的手段。

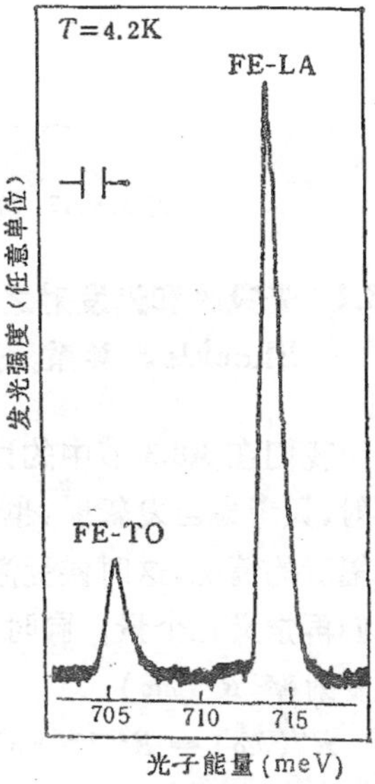

图 3.8.11 Ge 在 4.2 K 时的荧光谱，两个峰对应自由激子发射 LA 或 TO 声子的辐射复合[2]。

(5) 施主-受主对跃迁。如图 3.8.13 所示，电子从施主中心能级跃迁到受主中心能级时发出光子，由于两个中心不在空间的同一位置，只有当两个态在空间有部分重叠时，此类跃迁才有可能产生。因此，这种跃迁必须在较高浓度的施主和受主情况下才可能发生。

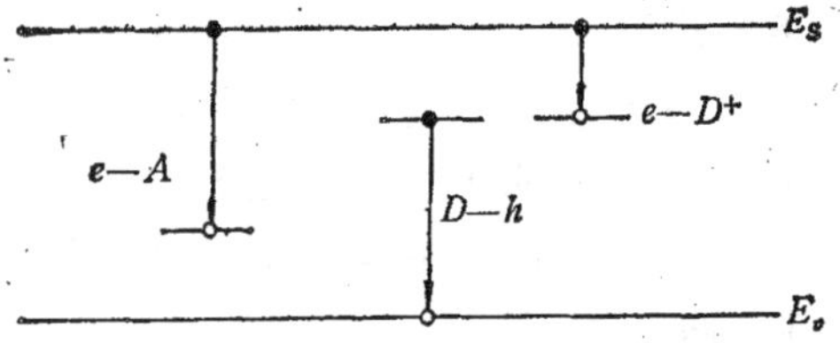

图 3.8.12 各种缺陷束缚态和能带间跃迁所对应的发光。

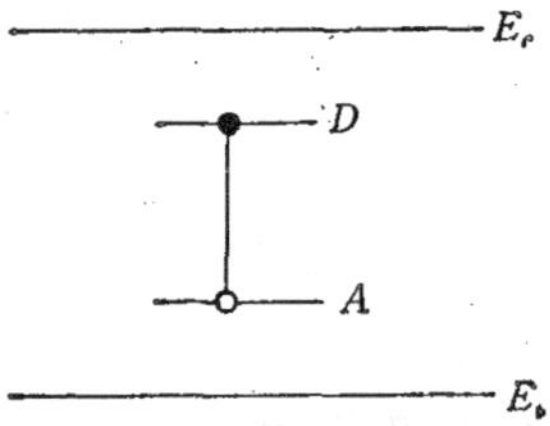

图 3.8.13 施主-受主态跃迁所对应光发射。

3.8.4 光吸收和光发射之间的关系，推广的 Van Roosbroeck-Shockley 关系，光放大(强的发射)

我们在 3.8.3 节中的讨论只限于弱的发光，所以没有考虑受激辐射，只考虑自发辐射，也没有考虑发射以后的再吸收. 本节讨论强辐射的情况，这时候受激辐射和吸收都起作用. 在这一小节中，我们再定义几个量，同时引入几个很重要的概念. 单位能量净受激发射率 $R^{st}(\hbar\omega)$

$$R^{st}(\hbar\omega)=R^{st\cdot em}(\hbar\omega)-R^{ab}(\hbar\omega)$$
$$=N(\hbar\omega)\sum_{E_a,E_b}\bar{B}_{E_a-E_b}(\mathcal{N}_a\mathcal{N}'_b-\mathcal{N}_b\mathcal{N}'_a)$$
$$\times\delta(E_a-E_b-\hbar\omega),\qquad(3.8.34)$$

以及单位能量净发射率 $R^T(\hbar\omega)$，由式(3.8.17)—(3.8.19)，可得到

$$R^T(\hbar\omega)=R^{st}(\hbar\omega)+R^{sp}(\hbar\omega)$$
$$=G(\hbar\omega)\sum_{E_a,E_b}\bar{B}_{E_a,E_b}[\mathcal{N}_a\mathcal{N}'_b$$

$$+\bar{n}_\omega(\mathcal{N}_a\mathcal{N}'_b-\mathcal{N}_b\mathcal{N}'_a)]$$
$$\times\delta(E_a-E_b-\hbar\omega),\tag{3.8.35}$$

其中 $\bar{n}_\omega$ 是由式 (3.8.5 a) 所定义的当能量为 $\hbar\omega$ 的一个态的平均光子数，而式 (3.2.2 a) 所定义的吸收系数可写成

$$\alpha(\omega)=-\frac{R^{st}(\hbar\omega)}{F(\hbar\omega)}$$
$$=\frac{1}{v_g}\sum_{E_a,E_b}\bar{B}_{E_a\to E_b}(\mathcal{N}_b\mathcal{N}'_a-\mathcal{N}_a\mathcal{N}'_b)$$
$$\times\delta(E_a-E_b-\hbar\omega)。\tag{3.8.36}$$

上式给出吸收系数 α 与净受激发射率 R^{st} 之间的关系，由此可知它们互为逆过程。

现考虑吸收系数 α 与自发发射率 R^{sp} 之间的关系，由前一小节的推导可知，在式 (3.8.7)—(3.8.9) 中，由于 $\delta(E_a-E_b-\hbar\omega)$ 的存在，$\sum\limits_{E_a,E_b}$ 实际上只对能量一重求和。此外，对于初态或终态为束缚态 E_t 的情况，此一重求和只对应一项，对于带-带跃迁，由于要求跃迁前后动量守恒，也只对应一项，这样由式 (3.8.19), (3.8.36)可导出

$$R^{sp}(\hbar\omega)=v_gG(\hbar\omega)\alpha(\omega)\frac{\mathcal{N}_a\mathcal{N}'_b}{\mathcal{N}_b\mathcal{N}'_a-\mathcal{N}_a\mathcal{N}'_b}。\tag{3.8.37}$$

上式可进一步化简，由式 (3.8.20)—(3.8.22) 可写出

$$\frac{\mathcal{N}_a\mathcal{N}'_b}{\mathcal{N}_b\mathcal{N}'_a-\mathcal{N}_a\mathcal{N}'_b}=\frac{p_ap'_b}{p_bp'_a-p_ap'_b}。$$

由于

$$p_a=\frac{1}{e^{(E_a-F_n)/k_BT}+1},$$

$$p'_a=\frac{1}{e^{(F_n-E_a)/k_BT}+1},$$

$$p'_b=\frac{1}{e^{(F_p-E_b)/k_BT}+1},$$

$$p_b = \frac{1}{e^{(E_b - F_p)/k_B T} + 1},$$

代入上式得到

$$\frac{\mathscr{N}_a \mathscr{N}'_b}{\mathscr{N}_b \mathscr{N}'_a - \mathscr{N}_a \mathscr{N}'_b} = \{e^{(\hbar\omega - \Delta F)/k_B T} - 1\}^{-1}, \qquad (3.8.38)$$

其中

$$\Delta F = F_n - F_p, \qquad (3.8.39)$$

$$\hbar\omega = E_a - E_b. \qquad (3.8.40)$$

将式(3.8.38)代入式(3.8.37)，得到

$$R^{sp}(\hbar\omega) = v_g G(\hbar\omega)\alpha(\omega)\{e^{(\hbar\omega - \Delta F)/k_B T} - 1\}^{-1}. \qquad (3.8.41)$$

上式称为推广的 Van Roosbroeck-Shockley 关系[1,6]，值得特别指出的是，式(3.8.38)所给出的 F-D 统计，不能应用于简并的束缚态[7]，此时{}给出略为不同的形式，具体讨论见文献[1]。

对于 $\hbar\omega - \Delta F > k_B T$ 的情况，式(3.8.41)可简化为

$$R^{sp}(\hbar\omega) = v_g G(\hbar\omega)\alpha(\omega) e^{-\hbar\omega/kT} e^{\Delta F/k_B T}, \qquad (3.8.42)$$

它给出 $\alpha(\omega)$ 和 $R^{sp}(\hbar\omega)$ 之间很有用的关系。

利用同样方法的讨论以及式(3.8.19)，(3.8.35)，(3.8.38)可得到

$$\begin{aligned} R^T(\hbar\omega) &= R^{sp}(\hbar\omega) + R^{st}(\hbar\omega) \\ &= R^{sp}(\hbar\omega)\{1 - \bar{n}_\omega[e^{(\hbar\omega - \Delta F)/k_B T} - 1]\}. \end{aligned} \qquad (3.8.43)$$

上式的物理意义为：净发射率 R^T 可分为两部分，{}中第一项为自发发射率 R^{sp}，第二项为净受激发射率 R^{st}。当平衡态时，$\bar{n}_\omega$ 服从玻色统计

$$\bar{n}_\omega = \frac{1}{e^{\hbar\omega/k_B T} - 1}, \qquad (3.8.44)$$

而 $\Delta F = 0$，代入式(3.8.43)，得到 $R^T(\hbar\omega) = 0$，符合细致平衡原则。在非平衡时，$\Delta F \neq 0$，如果

(1) $\Delta F < \hbar\omega$，由式(3.8.43)净受激发射率 $R^{st}(\hbar\omega) < 0$ 或由式(3.8.41)吸收系数 $\alpha(\omega) > 0$，相当于半导体材料吸收光。

(2) $\Delta F > \hbar\omega$，净受激发射率 $R^{st}(\hbar\omega) > 0$ 或吸收系数

$\alpha(\hbar\omega)<0$，相当于半导体材料光放大。

对于具有光放大本领的材料，我们称这种材料为有源材料，光通过有源材料时振幅越来越大，这是形成激光的必要条件。上面所讨论的内容称为 Bernard-Duraffourg 条件[8]。

§3.9 光的非弹性散射——拉曼散射

3.9.1 有关名词和经典图象

光射到物体将被散射，如果散射光的频率与入射光的相同，这种散射称为瑞利散射，相当于光子的弹性散射。瑞利散射和 §3.1 中所讨论的光在固体中传播的折射率紧密相关。实际上，固体中光传播是入射光以及被物体瑞利散射的散射光的叠加，瑞利散射是相干的。如果散射光的频率不同于入射光的频率，这种散射称为拉曼散射，相当于光子的非弹性散射。散射的同时，物体中的元激发［电子、声子、激子、等离子、极化激元（polaritons）、磁子等等］将发生不同量子态间的跃迁。如果物体中元激发从低能态跃迁到高能态，吸收能量 ΔE，散射光的频率将比入射光的降低 $\frac{\Delta E}{\hbar}$。此种散射分量称斯托克斯（Stokes）线。反之，如果元激发从高能态跃迁到低能态，释放的能量 ΔE 将交给光子，使散射光的频率比入射光的增加 $\frac{\Delta E}{\hbar}$。此种散射分量称反斯托克斯（anti-Stokes）线。显然，反斯托克斯线的强度随物体温度降低而减弱。因为在低温时，元激发原来处于高能态的几率将减少。因此，斯托克斯线和反斯托克斯线强度比的测量可用来估计物体的温度。拉曼散射是非相干的，所谓布里渊散射（Brillouin scattering）是一种特殊的拉曼散射，相当于固体中吸收和放出声学声子所对应的非弹性散射。

下面将看到，拉曼散射相当于量子力学中高阶的微扰跃迁过程，因此散射光的强度极弱（散射光强度相当于入射光强度的 10^{-6}

至 10^{-7} 倍）．对于拉曼散射，虽然在 1928 年就已由拉曼等人在液体和气体中[1]以及 Landsberg 等[2]在固体中观察到，但用到半导体中的研究，却只是在近年来强的激光光源和高杂散光抑制的单色仪出现以后才迅速地发展起来，特别是可以在宽频率范围内连续调谐的染料激光（dye laser）的出现，使共振拉曼散射（resonance Raman scattering，RRS）的研究受到很大的推动，所谓 RRS 是指入射光子的能量很接近物体的元激发中两个能级之差，因此这两个能级之间将发生强烈的虚跃迁，结果使 RRS 的强度比一般拉曼散射的强度要强 10^6 倍之多．关于这方面的内容将在下面有关章节中讨论到．

拉曼散射早期的半经典理论可参阅文献[3]，量子力学理论参阅文献[4,5]．有关近期的研究可参阅文献［5—8］以及这些文献中所引用的大量文献，其中光被电子、等离子的散射可见文献[5]中 Klein 的文章，光子被声学声子的布里渊散射可见文献[5]中 Pine 的文章，光子被极化激元的散射见文献［9］，被激子-极化激元的散射见文献［7］中 Weisbuch 等人的文章以及文献［10］中 P．Y．Yu 的文章．固体中拉曼效应的经典解释如下：设入射光为频率 w_L 的电磁波，其电场在空间某点为 $E=E_Le^{-i\omega_Lt}$，由电场感生的电偶极矩 $\boldsymbol{P}$ 可写为

$$\boldsymbol{P}=\boldsymbol{\chi}\cdot\boldsymbol{E} \tag{3.9.1}$$

$\boldsymbol{\chi}$ 为极化张量（susceptibility tensor）．它一般为频率 ω 及晶格振动的声子坐标 u 的函数．如按 u 展开，则有

$$\chi(u,\omega)=\chi(0,\omega)+\frac{d\chi}{du}u+\frac{1}{2}\frac{d^2\chi}{du^2}u^2+\cdots。 \tag{3.9.2}$$

设晶格振动频率为 Ω，即 $u=u_0e^{\pm i\Omega t}$，并有

$$\boldsymbol{E}=\boldsymbol{E}_Le^{-i\omega_Lt},$$

代入式(3.9.2)，(3.9.1)，得到

$$\boldsymbol{P}=\chi(0,\omega)\cdot\boldsymbol{E}_Le^{-i\omega_Lt}$$

$$
+\frac{d\chi}{du}\cdot E_L u_0 e^{-i(\omega_L\pm\Omega)t}
$$

$$
+\frac{1}{2}\frac{d^2\chi}{du^2}\cdot E_L u_0 e^{-i(\omega_L\pm 2\Omega)t}+\cdots。\qquad(3.9.3)
$$

根据电动力学，振动频率为 ω、振幅为 p 的偶极矩将发射频率为 ω、光流强度为 $I=\frac{4\omega^4}{3c^3}|P|^2$ 的光，因此，式(3.9.3)第一项对应于频率为 ω_L 的瑞利散射光，第二项对应于吸收和放出一个声子的频率为 $\omega_L\pm\Omega$ 的拉曼散射光的斯托克斯和反斯托克斯成分，第三项对应于吸收和放出两个声子的拉曼散射……。

上述给出了声子参与的拉曼散射的唯象解释，由于拉曼散射有时包含很复杂的机制，完全的量子理论的定量计算在很多场合并未给出，所以采用极化张量唯象地讨论问题往往是有效的办法[11]。

3.9.2 拉曼散射的量子力学图象

在用量子力学的微扰理论讨论拉曼散射之前，先回顾总结一下本章前面诸节讨论的光吸收和光发射，并统一地引入一些记号，这样做是有好处的，我们借助于场论方法中的费因曼（Feynman）图可以把问题描述得很简单。图 3.9.1 示出费因曼图中所用的基本符号。利用这些基本符号讨论各级微扰跃迁，将使过程清晰，计算按步就班。图 3.9.2 (a)，(b) 分别示出 § 3.2 和 § 3.7 所讨论的直接吸收和发射，图的最左端表示初态，图的最右端表示终态。图从左到右表示时间次序。

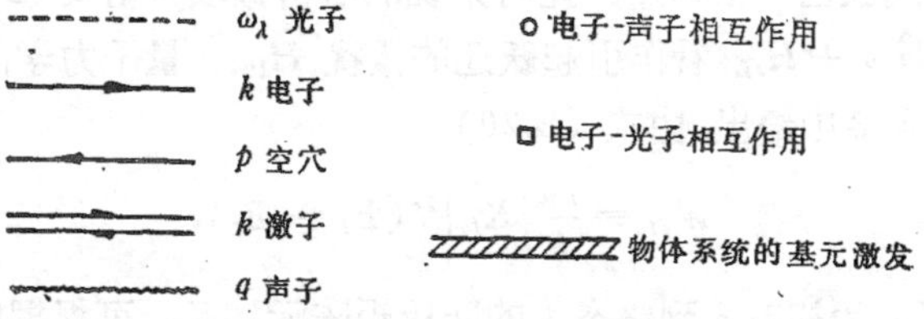

图 3.9.1 费因曼图中基本符号.

图 3.9.2　直接跃迁的光吸收和光发射. (a) 电子通过与光子相互作用,吸收一个光子, 产生一个电子-空穴对. 相当于图 3.2.1 的过程; (b) 电子空穴复合,发射一个光子,相当于图 3.8.3 所示的过程。

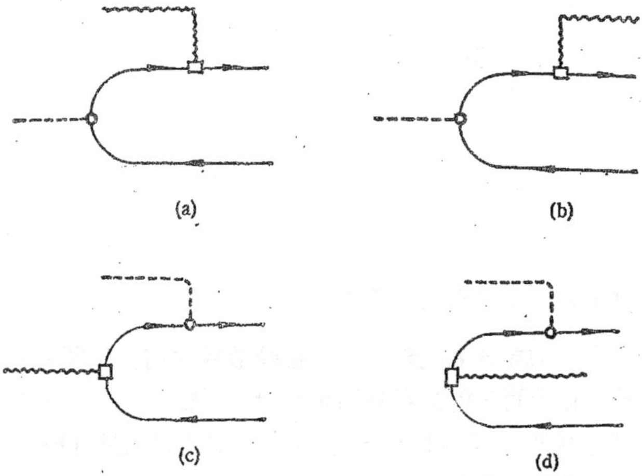

图 3.9.3　间接跃迁的光吸收,在中间态放出或吸收一个声子. (a) 相当于图3.2.3 (a),(b) 所示的吸收声子; (b) 相当于图3.2.3(a),(b) 所示的放出声子; (c)相当于图 3.2.3 (c),(d)吸收声子; (d) 相当于图 3.2.3 (c),(d) 放出声子.

图 3.9.3 (a),(b) 分别示出 § 3.2 所讨论的间接跃迁吸收，伴以吸收或放出一个声子。此时系统的哈密顿项可由式 (3.2.17) 给出，将 $\hat{H}_{eF}+\hat{H}_{eL}$ 看作引起跃迁的微扰 H_{int}，量子力学的跃迁概率由附录 B 中给出，由式 (B.20)

$$W_{if}=\frac{2\pi}{\hbar}|K_{fi}|^2\delta(E_i-E_f),\tag{3.9.4}$$

其中 K_{fi} 为初态 i 到终态 f 的跃迁矩阵元，K_{fi} 可根据图 3.9.1,

图 3.9.2 和图 3.9.3 等以及对应的规则按步就班地写下来，图从左到右表示跃迁过程的时序，把□或○所谓顶角部分左右次序顺序排列如下：

(1) 按一定初态和终态，画出所有拓扑不相关图形，每个图形按下列(2)—(5)写下有关解析式，然后把它们加起来，图中有几个顶角，相当于几阶微扰的贡献。

(2) 在 K 的最右边，按图最左边写下相应的初态 $|i\rangle$，在 K 的最左边，按图最右边写下相应终态 $\langle f|$。

(3) 对应图中的每个顶角○，在 K 中相应位置写下 $\hat{H}_{eF}$，对应图中每个顶角□，在 K 中相应位置写下 $\hat{H}_{eL}$（图的左右次序和 K 中的左右次序倒过来.）

(4) 每两个顶角中间的联线代表虚的中间态 $|\nu\rangle$，在 K 中相应位置写下 $\sum_{\nu}\frac{|\nu\rangle\langle\nu|}{E_i-E_\nu}$，其中 E_i 和 E_ν 为初态和中间态的能量。

(5) 对应每一条闭合的电子线，写下因子(—1)。

举例来说，图 3.9.3 (a)，(b) 所示的，按上述规则写出来时则为：$K_{fi}=\langle f|\hat{H}_{eF}|i\rangle$，代入式(3.9.4)即为式 (B.20)。图 3.9.3(c)，(d) 所示的按上述规则写出来时则为

$$\sum_{\nu}\frac{\langle f|\hat{H}_{eF}|\nu\rangle\langle\nu|\hat{H}_{eL}|i\rangle}{E_i-E_\nu},$$

相当于式 (3.2.20) 中等号右边第二个求和项。

下面我们讨论拉曼散射的量子力学解释[12,13]。我们先讨论式(3.2.17)给出的电子-声子-光子系统，拉曼散射对应的几种可能的物理过程如图 3.9.4 所示。

在图 3.9.4 所示的所有各种过程中，均包含初态光子频率 ω_i、终态光子频率 ω_f 这样一个拉曼散射过程，图 3.9.4 (a)，(b) 示出的为光子与电子非弹性散射，图 3.9.4(c) 示出的为放出一个声子，图 3.9.4(d) 示出的为吸收一个声子 (一阶声子) 拉曼散射，图 3.9.4 (e) 示出的为放出两个声子的(二阶声子)拉曼散射。由此可

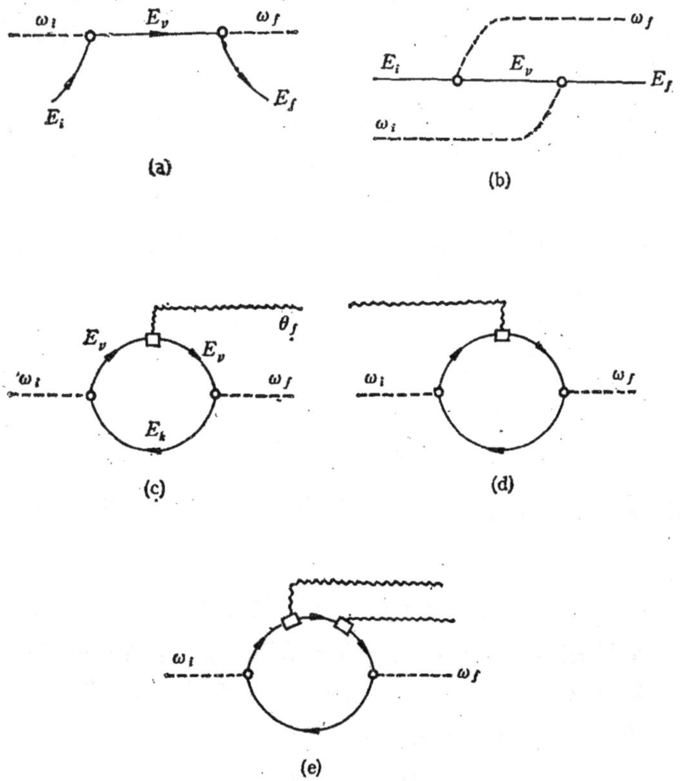

图 3.9.4 几种可能的拉曼散射过程.

看出，声子与光子之间的能量转换必须通过与电子相互作用作为媒介，放出或吸收 n 个声子的拉曼散射相当于 $n+2$ 阶微扰过程. 作为例子，(a),(b) 对应的光子与电子非弹性散射过程的跃迁矩阵元可写为

$$K_{\omega_f E_f,\omega_i E_i}=\sum_{\nu}\left\{\frac{\langle\omega_f E_f|\hat{H}_{eP}|E_\nu\rangle\langle E_\nu|\hat{H}_{eP}|\omega_i E_i\rangle}{\hbar\omega_i+E_i-E_\nu}+\frac{\langle\omega_f E_f|\hat{H}_{eP}|\omega_f\omega_i E_\nu\rangle\langle\omega_f\omega_i E_\nu|\hat{H}_{eP}|\omega_i E_i\rangle}{E_i-E_\nu-\hbar\omega_f}\right\}\tag{3.9.5}$$

其中，终态为 $|\omega_f E_f\rangle$，表示一个频率为 ω_f 的光子和一个 E_f 态电子，初态为 $|\omega_i E_i\rangle$，表示一个频率为 ω_i 的光子和一个 E_i 态的电子，式(3.9.5)中右边第一项相当于图3.9.4(a)，中间态 $|E_\nu\rangle$ 表示没有光子，电子在 E_ν 态，第二项相当于图3.9.4(b)，中间态 $|\omega_f\omega_i E_\nu\rangle$，表示频率分别为 ω_f 和 ω_i 的两个光子，电子在 E_ν 态。作为第二个例子，考虑图3.9.4(c)对应的跃迁矩阵元

$$K_{\omega_f,\omega_i}=\sum_{\mu,\nu}(-1)$$

$$\times\frac{\langle\omega_f\theta_f E_h|\hat{H}_{eF}|E_\mu\theta_f\rangle\langle E_\mu\theta_f|\hat{H}_{eL}|E_\nu\rangle\langle E_\nu|\hat{H}_{eF}|\omega_i E_h\rangle}{(E_h+\hbar\omega_i-\hbar\theta_f-E_\mu)(E_h+\hbar\omega_i-E_\nu)}. \quad (3.9.6)$$

在上面的两个例子中所对应物体的元激发，第一个例子为电子的不同态间跃迁，第二个例子为声子的吸收或发射。实际上，固体中的元激发除此之外还有其它形式，如等离子体激元(plasmon)，激子(excitons)，磁子(magnons)，极化激元等。在相应的费因曼图3.9.1至图3.9.4中，除电子线——，光子线----，声子线ʌʌʌʌʌ外，还可引用更广义的zzzzz线代表物体的某种元激发，而状态用两个指标 $|\omega, E\rangle$ 表示，第一个指标 ω 表示光子态(包括波矢 $\boldsymbol{k}$ 和极化方向 $\boldsymbol{\alpha}$)，第二个指标 E 表示固体的元激发态能量。

下面，我们来定义拉曼散射的微分散射截面 $d\sigma$：设入射光子态 $(\boldsymbol{k}_i, \boldsymbol{\alpha}_i)$，散射光频率 ω_f—$\omega_f+d\omega_f$，极化为 $\boldsymbol{\alpha}_f$，波矢为 $\boldsymbol{k}_f$，在立体角 $d\Omega$ 内，与 $\boldsymbol{k}_i$ 夹角为 θ，定义微分散射截面为

$$d\sigma(\boldsymbol{k}_i\alpha_i;\omega_f\hat{\theta}\alpha_f)=\frac{\text{单位时间内跃迁概率}}{\text{光子速度}}$$

$$=\frac{\sum\limits_{i,f}W_{if}}{v_g}.$$

将式(3.9.4)代入上式，可得到

$$d\sigma(\boldsymbol{k}_i\alpha_i;\omega_f\hat{\theta}\alpha_f)$$

$$=\frac{2\pi}{\hbar v_g}\sum_{k_f}{}'\sum_{E_i,E_f}|K_{\omega_f E_f,\omega_i E_i}|^2\delta(\hbar\omega_f+E_f-\hbar\omega_i-E_i), \quad (3.9.7)$$

其中 $\sum\limits_{k_f}{}'$ 限制在立体角 $d\Omega$ 及 $\omega_f—\omega_f+d\omega_f$ 以内，由式(3.7.1 a)，(3.7.2) 可知，限制在 $\sum\limits_{k_f}{}'$ 的终态光子态数为

$$\sum_{k_f}{}' 1 = \frac{k_f^2 dk_f d\Omega}{(2\pi)^3}$$

$$= \frac{n^3(\hbar\omega_f)^2 d(\hbar\omega_f)d\Omega}{(2\pi)^3 c^3\hbar^3}$$

代入式(3.9.7)，得到

$$d\sigma(\boldsymbol{k}_i\alpha_i;\omega_f\tilde{\theta}\alpha_f)$$

$$= \frac{n^3 d\Omega d(\hbar\omega_f)}{4\pi^2\hbar^4 v_g c^3}\sum_{E_i,E_f}{}' |K_{\omega_f E_f,\omega_i E_i}|^2(\hbar\omega_i + E_i - E_f)^2, \quad (3.9.8)$$

其中 $\sum\limits_{E_i,E_f}{}'$ 限制条件如下：

$$\hbar\omega_f < \hbar\omega_i + E_i - E_f < \hbar(\omega_f + d\omega_f).$$

进一步的计算包括：(1)根据具体的对象画出费因曼图，并写出矩阵元 K 的解析式；(2) 类似于 § 3.2 和 § 3.7，对于连续或分裂的初态和终态，具体计算式(3.9.8)中的求和号不在此详述。

3.9.3 共振拉曼散射

现在解释所谓共振拉曼散射[12]，考察式 (3.9.5)，当人射光的频率 ω_i，其能量 $\hbar\omega_i$ 正好等于或趋于某一个中间态 E_v 和初态 E_i 能量差时，式(3.9.5)中某一项

$$\frac{\langle\omega_f E_f|\hat{H}_{eP}|E_v\rangle\langle E_v|\hat{H}_{eP}|\omega_i E_i\rangle}{\hbar\omega_i - (E_v - E_i)} \quad (3.9.9)$$

趋向无穷大，因此其它项都可以忽略不计，这样就发生共振散射，无穷大当然没有物理意义，这是因为一方面我们采用微扰计算，假定了跃迁概率很小，另一方面，式(3.9.9)很大，给出很大跃迁概率这样一个矛盾的情况，Wiesskopf 和 Wigner 考虑了跃迁概率很大的情况下，微扰计算公式应给予的修正，结果相当于 E_v 再加一微小的虚部 $i\hbar\gamma_v$，量子电动力学中指出，这相当于能级 E_v 有一

展宽 $\hbar\gamma_v$，并且有一定寿命 γ_v^{-1}，代入式 (3.9.5)，并忽略所有其它项，得到

$$K_{\omega_f E_f, \omega_i E_i} \doteq \frac{\langle \omega_f E_f | \hat{H}_{eP} | E_v \rangle \langle E_v | \hat{H}_{eP} | \omega_i E_i \rangle}{\hbar\omega_i + E_i - R_e E_v - i\hbar\gamma_v}. \quad (3.9.10)$$

将上式代入式(3.9.8)便可以很好地定量计算拉曼散射微分截面。

一般来说，拉曼散射跃迁矩阵元 K 与入射极化 $\boldsymbol{\alpha}_i$ 和散射极化 $\boldsymbol{\alpha}_f$ 方向有关，而由下式联系起来：

$$K = \boldsymbol{\alpha}_i \cdot \mathbf{R} \cdot \boldsymbol{\alpha}_f, \quad (3.9.11)$$

$\mathbf{R}$ 称为拉曼张量，它由散射体的对称性决定[15]。测量拉曼张量可用以决定散射体的对称性[6]。

图 3.9.5 示出在室温下 GaP 中一阶 TO（横向光学声子）散射对应的拉曼散射光谱实验结果[16]。它对应于图 3.9.4(c) 的过程，其中电子态的中间跃迁过程如图 3.9.6 所示。

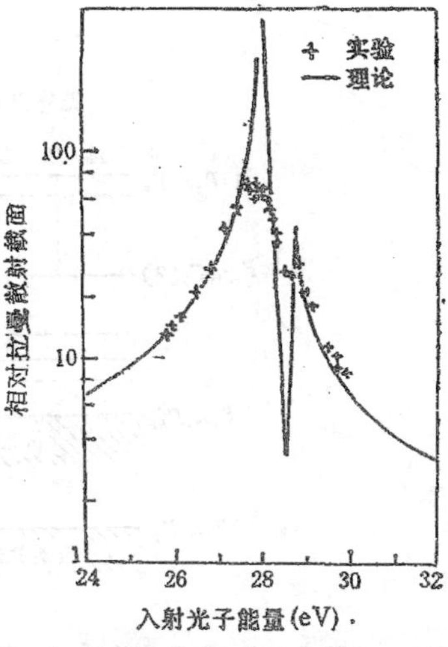

图 3.9.5 室温下 GaP 中一阶 TO 声子拉曼散射截面与入射光子能量关系。实线为理论[16]。

图 3.9.7 为 GaP 中光被 Zn 深能级电子拉曼散射光谱[13,17,18]，这相当于图 3.9.4(a) 的散射过程，具体的能级跃迁图如图 3.9.8 所示。价带结构 Γ_8, Γ_7 处两个价带顶(见§1.6)，$1sP_{3/2}$, Γ_8 能级为 Γ_8 价带顶用有效质量类氢模型得到的 Zn 受主基态，是二度简并的。由于内应力而分裂出虚线所示的另一能级，此分裂将随外加应力的加大而加大。$1sP_{1/2}$, Γ_7 是类似的，但来自 Γ_7 价带顶的类氢能级基态。此外，还有几个类氢激发态。电子在这些态之间的跃迁所引起的光的非弹性散射的拉曼谱如图 3.9.7 所示。

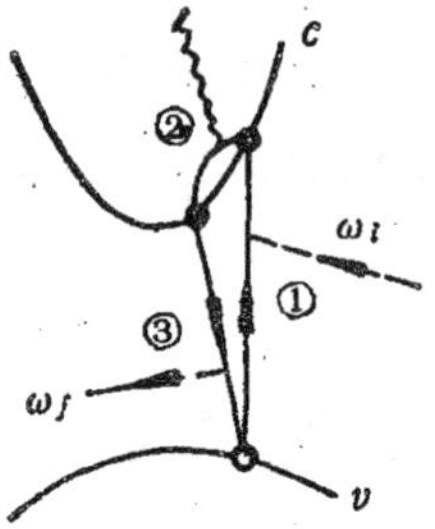

图 3.9.6 图 3.9.5 对应的拉曼散射电子跃迁图[13].

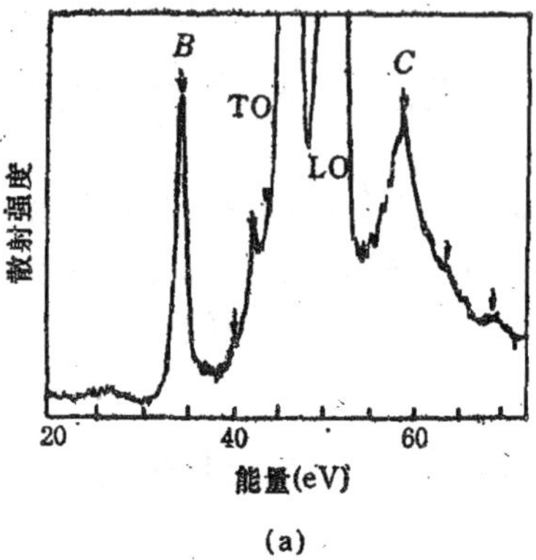

图 3.9.7 GaP 中 Zn 受主拉曼散射. Zn浓度$5\times10^{17}cm^{-3}$,[1$\bar{1}$1]方向[13].

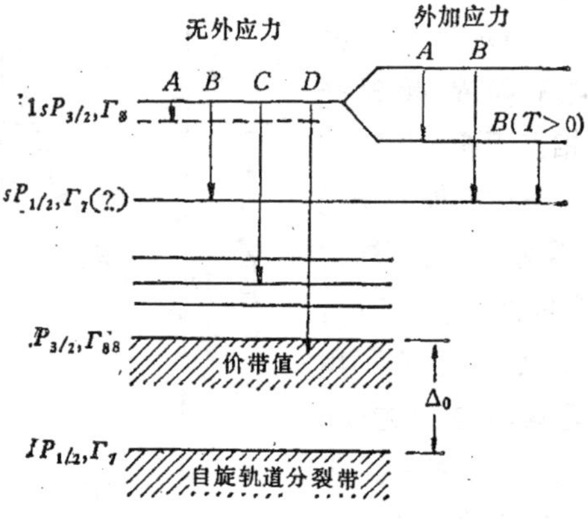

图 3.9.8 GaP 中光被 Zn 能级电子拉曼散射对应能级图[13].

3.9.4 受激拉曼散射

受激拉曼散射 (stimulated Raman scattering, SRS) 是在强的激光光源出现之后迅速发展起来的一个新兴领域[19], 从前面的讨论已知[比如式(3.9.5)]，拉曼散射过程总包含某个发射光子过程的矩阵元，从式(B.19)可知，该矩阵元与 $\sqrt{n_k+1}$ 有关，n_k 为被散射的拉曼光子数．在一般情况下，由于拉曼散射光都极其微弱，$n_k \ll 1$，可以忽略，这相当于只考虑自发辐射，但在入射光极强的情况下，有可能 $n_k \gg 1$，因此受激辐射成为散射中的主要成分，这样的情况即为受激拉曼散射，与 § 3.7 中所讨论的情况类似，有时在某种情况下，材料可能变成具有光放大作用，即在光的传播过程中，受激散射的光子 n_k 越来越大，形成激光条件，于是射出强的拉曼激光，在半导体材料中，InSb 最易形成这样的条件，目前的染料激光器，射到适当的物质而形成拉曼激光光源，其频率与入射光有很大不同，用这种方法把染料激光的范围向红外扩展是一个很有实用价值的方法，进一步推动了受激拉曼散射的研究。

3.9.5 极化激元

极化激元(polariton)的经典概念首先是由黄昆提出的，文献[3,20]主要讨论了光和极化晶体中光学声子耦合而导致一种复合振动，后来 Hopfield[21] 采用量子场论的办法讨论了同样的问题，并用于光散射。从量子场的角度出发，不但得到了光子与声子耦合所导致的一种复合子，而且还得到了光子与激子耦合而导致的复合子，这些光子与固体中元激发耦合导致的复合子，Hopfield 引入一个新名词 polariton，即极化激元。近年来，由于半导体拉曼与激子光谱的发展，由极化激元的理论推得的结果可以解释有关实验，因此极化激元的概念日益被更多的人所接受[22,10,23]。从经典角度考虑，两个振动系统，如果各自的振动频率相差很悬殊，在两者之间加入某种耦合之后，它们仍以各自原来频率振动，如果两个系统频率接近，则耦合以后产生相互影响，原来的频率受到破坏，从而重新组成两个新的振动频率，这是力学中熟知的结论。该结论可用来讨论电磁波在极化晶体中的传播，晶体中存在的两种耦合振动，一种是 § 3.1 中所描述的光波振动，它的色散关系如式(B.5)。

$$k=\frac{\sqrt{\varepsilon}\,\omega_{op}}{c},\qquad(3.9.12)$$

其中 k 为波矢，ω_{op} 为光波频率，ε 为介电常量．另一种是横向光学声子振动，记频率为常数 ω_{TO}。对于极化晶体，光学声子振动伴有偶极矩的变化，因而与光波有耦合．图 3.9.9 表明，在两种振动的色散曲线(图 3.9.9 中虚线表示的色散曲线)相交处附近，光学振动和光学声子振动的频率和波长都相近，它们由于耦合而重新组合成两个与原来不同的频率，相当于图中实线表示的色散关系．这种实线代表的振动为波长相同的光学振动和 TO 声学振动耦合的产物，即极化激元．从图中还可以看出，在远离相交点，即波矢很大的地方，实线和虚线趋于重合，这是由于光振动和 TO 声学振动的频率相差很悬殊，因此虽有耦合但仍互不影响，极化激元重新还原为纯的光子和 TO 声子，值得指出的是，图中 ω_{TO} 和 ω_{LO} 之间存在一频率禁区，在禁区之内的频率没有波的传播解。

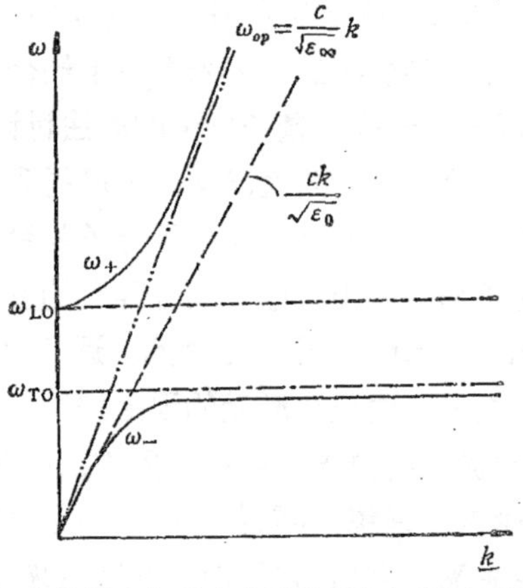

图 3.9.9　极化晶体中，光与光学声子耦合形成极化激元．

下面，我们来定量地讨论这个问题，以原胞中包含两个质量为 M_+，M_-的离子的极化晶体为例，引入

$$W=\sqrt{\frac{M_+M_-}{M_++M_-}}\,X\ \ (X\text{为相对位移矢量}),$$

离子运动的牛顿方程可写成

$$\ddot{\boldsymbol{W}} = b_{11}\boldsymbol{W} + b_{12}\boldsymbol{E}, \tag{3.9.13}$$

右边第二项来自电场 $\boldsymbol{E}$ 对离子的作用力，第一项来自晶格振动机械力（以及极化引起的宏观场 $\boldsymbol{E}$ 与有效场 $\boldsymbol{E}_{\text{eff}}$ 之间的差别，见文献[3]）。此外，极化矢量 $\boldsymbol{P}$ 与 $\boldsymbol{E},\boldsymbol{W}$ 之间存在如下关系：

$$\boldsymbol{P} = b_{21}\boldsymbol{W} + b_{22}\boldsymbol{E}, \tag{3.9.14}$$

其中式的右边第二项来自电场对离子的极化贡献，第一项来自离子相对位移对极化的贡献(以及极化引起的 $\boldsymbol{E}$ 与 $\boldsymbol{E}_{\text{eff}}$ 之间的差别引起的贡献)，对于频率为 ω 的解

$$\boldsymbol{W} = \boldsymbol{W}_0 e^{-i\omega t},$$
$$\boldsymbol{E} = \boldsymbol{E}_0 e^{-i\omega t},$$
$$\boldsymbol{P} = \boldsymbol{P}_0 e^{-i\omega t},$$

代入式(3.9.13)，得到

$$-\omega^2\boldsymbol{W} = b_{11}\boldsymbol{W} + b_{12}\boldsymbol{E}。 \tag{3.9.15}$$

由式(3.9.14)，(3.9.15)可得到

$$\boldsymbol{P} = \left[b_{22} - \frac{b_{21}b_{12}}{b_{11} + \omega^2}\right]\boldsymbol{E}。 \tag{3.9.16}$$

由电动力学可知，$\boldsymbol{E} + 4\pi\boldsymbol{P} = \varepsilon\boldsymbol{E}$，代入上式

$$\varepsilon = \varepsilon_\infty + \frac{\varepsilon_0 - \varepsilon_\infty}{1 - \left(\dfrac{\omega}{\omega_0}\right)^2}, \tag{3.9.17}$$

其中：

$$\begin{cases} b_{11} = -\omega_0^2, \\ b_{12} = b_{21} = \sqrt{\dfrac{\varepsilon_0 - \varepsilon_\infty}{4\pi}}\,\omega_0, \\ b_{22} = \dfrac{\varepsilon_\infty - 1}{4\pi}, \end{cases} \tag{3.9.18}$$

其中使用了 $b_{12} = b_{21}$ 的关系，关于它的证明可见文献[3]。此外，还可以证明[3]

$$\omega_0 = \omega_{\text{TO}}, \tag{3.9.19}$$

$$\frac{\varepsilon_0}{\varepsilon_\infty}=\frac{\omega_{LO}^2}{\omega_{TO}^2},\tag{3.9.20}$$

ω_{TO} 为光学支横向晶格振动频率，ω_{LO} 为光学支纵向晶格振动频率，式(3.9.20)称为 Lyddane-Sachs-Teller 等式，代入式(3.9.17)，得到

$$\varepsilon(\omega)=\varepsilon_\infty\frac{\omega_{LO}^2-\omega^2}{\omega_{TO}^2-\omega^2}.\tag{3.9.17 a}$$

上式关系如图 3.9.10 所示。

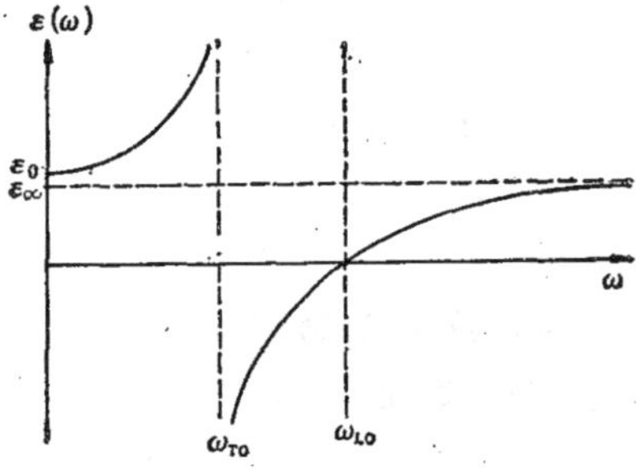

图 3.9.10 介电常数 $\varepsilon(\omega)$ 与频率的关系.

另一方面，从 Maxwell 方程可以直接导出横向波解应满足下列波矢与频率之间的关系［见式（B.5），考虑无吸收情况］:

$$\frac{c^2k^2}{\omega^2}=\varepsilon.\tag{3.9.21}$$

用式（3.9.17 a）代入上式，并求解方程，得到

$$\omega_\pm^2=\frac{1}{2}\left\{\omega_{LO}^2+\frac{c^2k^2}{\varepsilon_\infty}\pm\left[\left(\omega_{LO}^2-\frac{c^2k^2}{\varepsilon_\infty}\right)^2+\frac{4c^2k^2(\omega_{LO}^2-\omega_{TO}^2)}{\varepsilon_\infty}\right]^{\frac{1}{2}}\right\}.\tag{3.9.22}$$

上式所示的色散关系就是图 3.9.9 所示。由上式可知，$k\to 0$ 时，$\omega_+=\omega_{LO}$，$\omega_-=ck\varepsilon_0^{-\frac{1}{2}}$；当 $k\to\infty$ 时，$\omega_+=ck\varepsilon_\infty^{-\frac{1}{2}}$，相当于式(3.9.12)所表示的光学波，$\omega_-=\omega_{TO}$，相当于横向光学晶格振动。

总结以上讨论，可知，在极化晶体中，在波矢很小的范围内，不存在纯的光子的传播，而应代之以极化激元，这种极化激元是部分光子和部分 TO 声子的复合子，在讨论拉曼散射问题时，光子的波矢都比布里渊区线度小很多，即图 3.9.9 中所示出极化激元区别于光子的范围，所以前面几节讨论的光子是固体中元激发所产生非弹性散射，实际上应代之以极化激元被固体中元激发产生的非弹性散射，因而使问题的定量讨论更加复杂[24,25]. 图 3.9.11所示的原理可用来描写实际晶体的拉曼散射过程，图 3.9.12 示出用拉曼

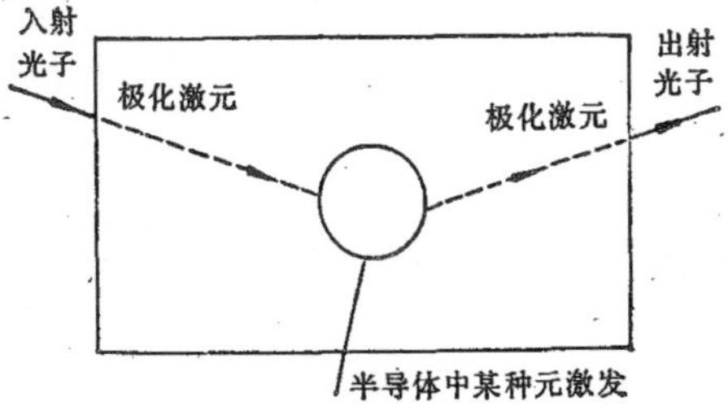

图 3.9.11 考虑极化激元以后，半导体中拉曼散射过程.

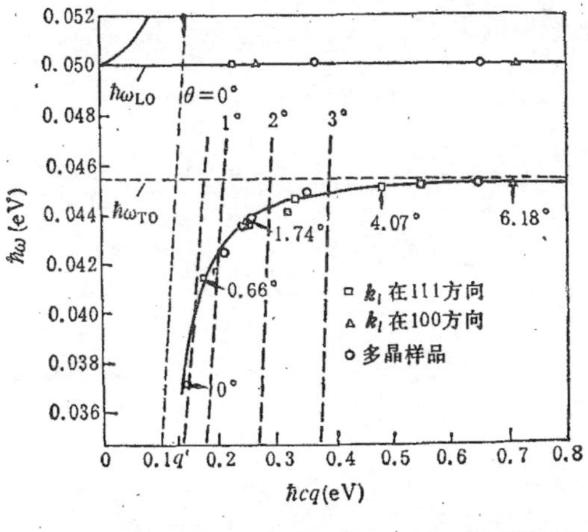

图 3.9.12 用拉曼散射测定的极化激元的一支与LO声子色散的关系曲线，实线为理论值[26]。

散射测得的 GaP 中极化激元与色散的关系[6,7]。

最后必须指出的是，图 3.9.9 示出的色散关系是在无限大晶体中所推得，对于波矢极小的波，由于对应波长可以与晶体尺寸比拟，因此还要考虑晶体的边界效应。

参 考 文 献

§3.1

[1] T. S. Moss, Optical Properties of Semiconductors, Butterworths Scientific (1959). 中译本：T.S. 莫斯，半导体光学性质，鲍友恭等译，上海科技出版社(1963).

[2] J. A. Stratton, Electromagnetic Theory, McGraw-Hill, 115 (1941).

[3] L. D. Landau and E. M. Lifshitz, Electrodynamics of Continuous Media, Pergamon (1984).

[4] J. I. Pankove, Optical Processes in Semiconductors, Prentice Hall (1971).

[5] H. Y. Fan, *Rep. Prog. Phys.*, **19**, 109 (1956).

[6] K. Seeger, Semiconductor Physics, Springer-Verlag, (1974).

[7] C. Kittel, Introduction to Solid State Physics, Wiley (1976).

[8] F. Stern, Solid State Physics, **15**, ed., F. Seitz and D. Turnbull, Academic Press (1963).

[9] W. Jones and N. H. March, Theoretical Solid State Physics, **2**, Wiley (1973).

[10] B. O. Seraphin and H. B. Bennett, Optical Constants in Semiconductors and Semimetals, **3**, Academic Press, 499 (1967).

§3.2

[1] T. P. Mclean, Progress in Semiconductors, **5**, ed., A. F. Gibson et al., Heywood & Company (1960).

[2] E. J. Johnson, Semiconductors and Semimetals, ed., R. W. Willardson and A. C. Beer, **8**, Academic Press (1972).

[3] O. Madelung, Physics of III-V Compounds, Wiley, (1964).

[4] F. Bassani, Electronic States and Optical Transitions in Solids, Pergamon, Chap. 5 (1975).

[5] J. I. Pankove, Optical Processes in Semiconductors, Prentice Hall(1971).

[6] L. H. Hall, J. Bardeen and F. J. Blatt, *Phys. Rev.*, **95**, 559 (1954); J. Bardeen, F. J. Blatt and T. H. Hall, Photo-Conductivity Conf., ed., Breckenbridge et al., Wiley (1957).

[7] O. J. Glembocki and F. H. Pollark, *Phys. Rev.*, **B25**, 1179 (1982).

[8] F. H. Pollark and O. J. Glembocki, Electronic Structure, Dynamics and Quantum Structural Properties of Condensed Matter, ed., J. T. Devreese and P. V. Camp, Plenum (1985).

§3.3

[1] J. Frankel, *Phys. Rev.*, **37**, 1226 (1931).
[2] R. E. Peierls, *Ann. Physi.*, **13**, 905 (1932).
[3] G. H. Wannier, *Phys. Rev.*, **52**, 191 (1937).
[4] N. F. Mott, *Trans. Faraday Soc.*, **34**, 500 (1938).
[5] R. S. Knox, Theory of Excitons, Solid State Physics, Supplement 5, Academic Press(1963).
[6] R. J. Elliot, Theory of Excitons in Polarons and Excitons, ed., G. G. Kuper and G. D. Whitfield, Plenum (1963).
[7] J. O. Dimmock, Semiconductors and Semimetals, ed. R. W. Willardson and A. C. Beer, **3**, AcademicPress, 259 (1963).
[8] F. Bassani and G. Pastori Parravicini, Electronic States and Optical Transitions in Solids, Pergamon, Chap.6 (1975).
[9] D. L. Dexter and R. S. Knox, Excitons, Wiley (1965).
[10] D. C. Renolds and T. C. Collins, Excitons, Their Properties and Uses, Academic Press (1981).
[11] K. Cho, Excitons, Topics in Current Physics, **14**, Springer-Verlag(1979).
[12] E. I. Rashba and M.D. Sturge, ed., Excitons, North-Holland (1982).
[13] J. J. Hopfield, *J. Phys. Chem. Solids*, **15**, 97 (1960).
[14] M. D. Sterge, *Phys. Rev.*, **127**, 768 (1962).
[15] M. Gershenzon, D.G. Thomas and R. E. Dietz, Proc. Int. Conf. Phys. Semiconductors, Exeter, Inst. Phys. and Phys. Soc., 752 (1962).

§3.4

[1] F. Bassani and G. P. Parravicini, Electronic States and Optic Transitions in Solids, Pergamon (1975).
[2] D.L. Greenaway and G. Harbeke, Optical Properties and Band Structure of Semiconductors, Pergamon (1968).
[3] J. C. Phillips, *Solid State Physics*, **18**, 55 (1966).
[4] B. O. Seraphin and R.B. Hess, *Phys. Rev. Lett.*, **14**, 138 (1968).
[5] M. Cardona, Solid State Physics, Supplement 11, Academic Press(1969).
[6] B. O. Seraphin, Optical Properties of Solids, ed., F. Abelès, 163 (1969).
[7] Y. Hamakawa and T. Nishino, Optical Properties of Solids, New developments, ed. B. O. Seraphin, North-Holland (1976).
[8] P. E. Aspnes, Handbook on Semiconductors, **2**, ed. T. S. Moss, North-Holland (1980).
[9] J. I. Pankove, Optical Process in Semiconductors, Prentice Hall(1971).
[10] A. G. Thompson, M. Cardona, K. L. Shaklee and J. C. Wooley, *Phys. Rev.*, **146**, 601 (1966).

§3.5

[1] W. Heitler, Quantum Theory of Radiation, Oxford (1954).
[2] D. L. Dexter, Solid State Physics, **6**, 353(1958).
[3] G. Lucovsky, *Solid State Communication.*, **3**, 299(1965).
[4] 黄昆,谢希德,半导体物理学(第一章),科学出版社(1956).
[5] A. S. Barker, Jr and A.J. Sievers, *Rev. mod. Phys.*, **47**, Suppl. No. 2, s1(1975).

§3.6

[1] H. Y. Fan, *Rept. Progr. Phys.*, **19**, 107 (1956); H. Y. Fan,. W. Spitzer and R. J. Collins, *Phys. Rev.*, **101**, 566 (1956).
[2] H. Y. Fan, Semiconductors and Semimetals, **3**, Academic Press, 405 (1967).
[3] J.I. Pankove, Optical Processes in Semiconductors, Prentice Hall(1971).
[4] R. Braunstein and E.O. Kane, *J. Phys. Chem. Solids*, **23**, 1423(1962).

§3.7

[1] W. G. Spitzer, Semiconductors and Semimetals, **3**, Academic Press, 17 (1967).
[2] S.S. Mitra and N.E. Massa, Handbook on Semiconductors, **1**, Ed. W. Paul, North-Holland, Chap. 3(1982).
[3] R. E. Peierls, Quantum Theory of Solids, Oxford, Chap. 3 (1954).
[4] M. Lax and E. Burstein, *Phys. Rev.*, **97**, 39(1955).
[5] J. I. Pankove, Optical Processes in Semiconductors, Prentice Hall (1971).

§3.8

[1] H. B. Bebb and E. W. Williams, Photoluminescences: I. Theory, II. Gallium Arsenide, Semiconductors and Semimetals, ed., R. K. Willardson and A.C. Beer, 8, Academic Press, 182—392 (1972).
[2] M. Voos, R. F. Leheny and J. Shah, Radiative Recombination, Handbook on Semiconductors, **2**, ed., M. Balkanski, North-Holland (1980).
[3] M. Gershenzon, Radiative Recombination in the II-V Compounds in Semiconductors and Semimetals, ed. R. K. Willardson and A. C. Beer, 8, Academic Press (1972).
[4] W. H. Loiisell, Radiation and Noise in Quantum Electronics, McGraw-Hill, New York, Chap. 5 (1964).

[5] A. Mooradion and H. Y. Fan, *Phys. Rev.*, **148**, 873(1966).
[6] W. Van Roosbroek and W. Shockley, *Phys. Rev.*, **94**, 1558 (1954).
[7] 黄昆,谢希德,半导体物理学,科学出版社(1958).
[8] M. G. A. Bernard and G. Duraffourg, *Phys. Status Solidis*, **1**, 699 (1961); *J. Phys. Radium*, **22**, 836 (1961).

§3.9

[1] C. V. Raman, *Ind. J. Phys.*, **2**, 387 (1928); C. V. Raman and K. S. Krishnan, *Nature*, **121**, 511 (1928).
[2] G. Landsberg and L. Mandelstam, *Naturwiss*, **16**, 557 (1928).
[3] M. Born and K. Huang, Dynamical Theory of Crystal Lattices, Oxford (1954).
[4] W. Heitler, Quantum Theory of Radiation, Oxford (1954).
[5] M. Cardona, Light Scattering in Solids, Topics in Applied Physics, **8**, Spring-Verlag (1975).
[6] *ibid*, **50** (1982).
[7] *ibid*, **51**(1982).
[8] *ibid*, **54**(1983).
[9] J. L. Birman et al., *Phys. Rev.*, **B1**, 1678 (1970); **B6**, 4617 (1972); **B10**, 1725 (1974).
[10] P. Y. Yu, Excitons, ed., K. Cho, Topics in Current Physics, Springer-Verlag, Chap. 5(1979).
[11] A. S. Barker, Jr. R.Loudon, *Rev. Mod. Phys.*, **44**, 18(1972).
[12] R. M. Martin and L.M. Falicov, 文献[5]的第三章.
[13] M. V. Klein, 载于文献[7].
[14] V. Weisskopf and E. Wigner, *Zs. f. Phys.*, **63**, 54 (1930); **65**, 18 (1930).
[15] R. Loudon, *Adv. Phys.*, **13**, 423 (1964); *Proc. Roy. Soc.*, **A275**, 218 (1963).
[16] M. I. Bell, R. N. Tyle, M. Cardona, *Solid State Communicatior.*, **13**, 1833 (1973).
[17] C. H. Henry, J. Hopfield and L. C. Luthes, *Phys. Rev. Lett.*, **17**, 1178 (1966).
[18] D. D. Manchon, Jr. P. J. Dean, Proc 10 th Intern. Conf. Physics of Semiconductors, ed., S. P. Keller et al., 760(1970).
[19] Y. R. Shen, Stimulated Raman scattering, 文献[5]的第七章.
[20] K. Huang, *Proc. Roy. Soc.*, **A208**, 352 (1951).
[21] J. J. Hopfield, *Phys. Rev.*, **112**, 1555 (1958); *Phys. Rev.*, **182**, 945 (1969).
[22] C. Weisbuch and R. G. Ulbrich, Resonant Light Scattering Radiated by Excitonic Polaritons in Semiconductors, 文献[7]第七章.
[23] R. F. Wallis, Interaction of Radiation with Condensed Matter, **1**, International Atomic Energy Agency (1977).

[24] B. Bendow, Polariton Theory of RRS in Solids, Springer Tracts in Modern Physics, 82, 89(1979).
[25] D. L. Mills and E.Burstein, *Rept. Prog. Phys.*, **37**, 817 (1974).
[26] C. H. Henry and J. J. Hopfield, *Phys. Rev. Lett.*, **15**, 964 (1965).
[27] S. S. Mitra and N. G. Massa, Handbook on Semiconductors, **1**, ed., W. Paul, North-Holland, Chap.3 (1982).

第四章　半导体表面

§4.1　引　　言

半导体表面的研究是当前半导体物理中极为活跃的一个分支。由于半导体器件的体积越做越小，靠近半导体表面附近的物理性质有越来越重要的实际价值，这是推动半导体表面研究的主要动力。目前，半导体表面研究可以分成下述两个不同的方面。

（一）*按表面层的厚度区分*　(1)外表面层：研究表面几个原子层内（相当于几个至几十个Å的厚度）的晶格结构和表面电子态。(2)内表面层：研究表面几十至几千原子层(相当于几十至几千个Å的厚度)内的电子态。此时仍采用体内能带的概念，但出现空间电荷和能带弯曲。

（二）*按表面界接情况区分*　(1)清洁表面：表面和真空接界，这主要作外表面层的基础研究。把晶体在高真空下按一定晶面劈开，然后进行实验研究。假定表面的气体粘附系数为1(即每一个碰到表面上的分子都被吸附)，则在 10^{-9} Torr[1] 气压下经 20 min 就会在表面形成一个气体单层。因此，只有在近十几年来高真空技术发展的情况下（10^{-9} Torr 以上）清洁表面的实验研究才得以实现，从而也推动了相应的理论研究。(2)界面：此时，表面和另一种物质（比如和 SiO_2 等）绝缘层接界，或和金属接界形成一个 Schottky 结，或两种不同的半导体接界形成一个异质结或者超晶格结构。界面的研究与半导体器件的研制有直接的关系。(3)表面吸附：研究半导体表面吸附气体原子的有关机理。

本章主要讨论外表面层的理论和实验，对于内表面层的一些最近发展起来的新问题(如异质结、超晶格等)，我们将在下一章中

1) 1Torr = 133.332Pa.

进行讨论。大学课程中所涉及的有关内表面层的一些问题，我们就不再讨论。

§4.2 表面晶格结构

4.2.1 二维周期性

具有表面的晶体和无限晶体不同，不具有三维周期性。如果表面是某个原子平面，则具有沿平面方向的二维周期性。研究三维周期性的方法可对应地用于讨论二维周期性。二维周期性具有下列平移对称操作：

$$T = n_1\boldsymbol{a}_1 + n_2\boldsymbol{a}_2, \tag{4.2.1}$$

其中 $\boldsymbol{a}_i(i = 1,2)$ 为基矢，n_i 为任意整数，$\boldsymbol{T}$ 的全体构成二维布喇非点阵。

二维周期结构亦具有一定的对称空间群。除上述的平移对称操作外，还有一定的旋转和反映对称操作，以及它们和平移的结合对称操作（glide line），其中的旋转或反映操作构成一点群。对于二维晶格，一共有 10 种点群，由 $n = 1,2,3,4,6$ 度旋转（旋转 $\frac{2\pi}{n}$ 角度）和反映线组成。一共可组成 5 种不同的布喇非格子。一共有 17 种空间群，具体的讨论可参阅文献[1—3]。

仿照三维情况，可引入二维布喇非格子的倒格，引入 $\boldsymbol{a}_1,\boldsymbol{a}_2$ 对应平面的法向单位矢量 $\boldsymbol{n}$（见图 4.2.1），倒格基矢定义为

$$\boldsymbol{b}_1^* = \frac{2\pi\, \boldsymbol{a}_2 \times \boldsymbol{n}}{\boldsymbol{a}_1 \cdot (\boldsymbol{a}_2 \times \boldsymbol{n})},$$

$$\boldsymbol{b}_2^* = \frac{2\pi \boldsymbol{n} \times \boldsymbol{a}_1}{\boldsymbol{a}_1 \cdot (\boldsymbol{a}_2 \times \boldsymbol{n})}, \tag{4.2.2}$$

其中 $|\boldsymbol{a}_1 \cdot (\boldsymbol{a}_2 \times \boldsymbol{n})|$ 为三矢组成原胞体积，其数值等于二维格子原胞面积 S，利用三矢积的轮换性质可证下列正交关系：

$$\boldsymbol{a}_i \cdot \boldsymbol{b}_j^* = 2\pi\delta_{ij} \quad (i,j = 1,2), \tag{4.2.3}$$

而下列操作的全体：

$$G^{/\!/} = n_1 b_1^* + n_2 b_2^*, \qquad (4.2.4)$$

n_1, n_2 为任意整数，形成倒格矢和倒布喇菲格子。显然，正格和倒格在同一平面中，并可证它们互为倒格。

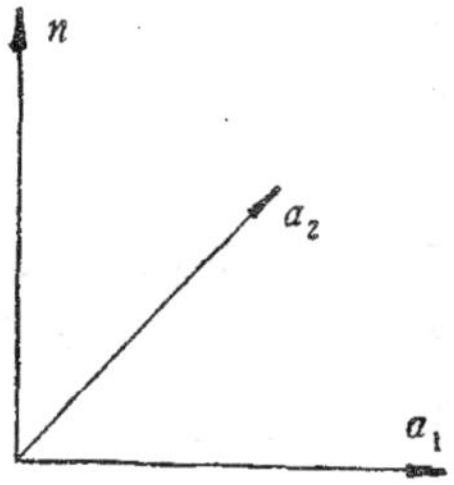

图 4.2.1 二维布喇菲格子的基矢 a_1, a_2，以及其组成平面的法向单位矢量 n。

现在，我们来说明二维基矢和三维基矢关系。对比 § 1.1 可知，二维正格基矢只要取三维正格基矢中的两个 a_1, a_2。它们组成待讨论的平面。将式（1.1.1）所定义的三维倒格基矢 b_1, b_2, b_3 各分解成平行于平面部分 $b_i^{/\!/}$ 和垂直于平面部分 $b_i^{\perp}$

$$b_i = b_i^{/\!/} + b_i^{\perp} \quad (i = 1, 2), \qquad (4.2.5)$$

$$b_3 = b_3^{\perp}.$$

利用式（4.2.5）可证，将 $b_i^{/\!/}$ 代替 b_i^* 时也能满足式（4.2.3）。因此

$$b_i^{/\!/} = b_i^* \quad (i = 1, 2), \qquad (4.2.6)$$

即二维倒格矢为三维倒格矢在二维基矢所组成的平面上的投影。式(4.2.4)还可写为

$$G^{/\!/} = n_1 b_1^{/\!/} + n_2 b_2^{/\!/}. \qquad (4.2.4\,a)$$

二维倒格的布里渊区（surface Brillouin zone，简写为 S.B.Z.）是原点与近邻倒格点中垂线所包围的最小区域，组成一个倒格原胞，其面积为 $\dfrac{(2\pi)^2}{s}$。图 4.2.2 和图 4.2.3 示出了一些最重要情况的二维布喇非格子及其二维倒格布里渊区的实例。

对应 § 1.1 中第三点，对于二维周期函数

$$u(r) = u(r + T), \qquad (4.2.7)$$

其中 r 为三维位置矢量，T 为式(4.2.1)定义的二维正格矢。令 z 轴垂直该二维正格矢平面，$u(r)$ 可用二维倒格矢作傅里叶展开

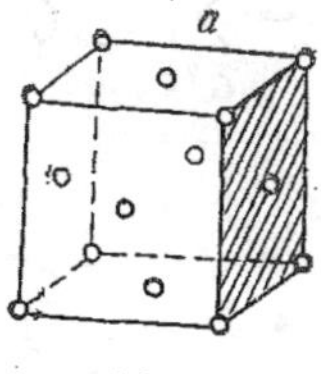

图 4.2.2 (a) 金刚石结构及 (100) 面.

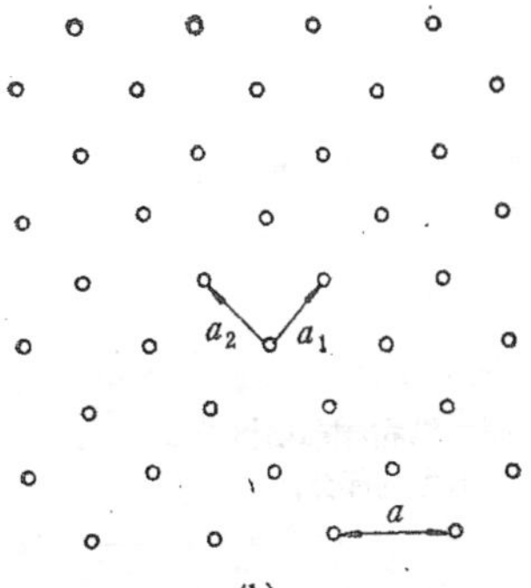

图4.2.2 (b) 金刚石结构 (100) 面的二维布喇菲正格子.

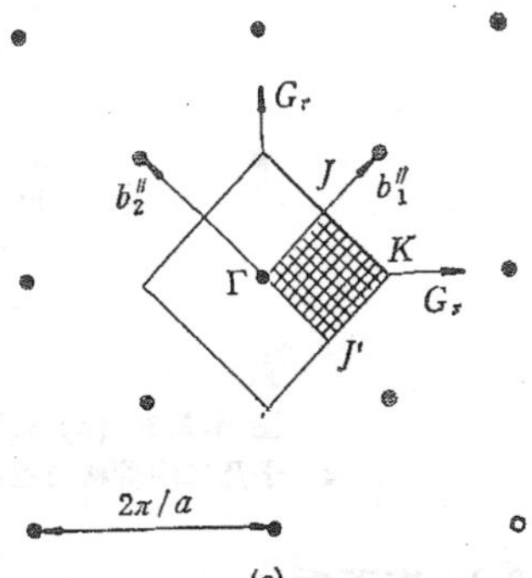

图 4.2.2 (c) 金刚石结构 (100) 面的二维布喇菲倒格子和二维倒格布里渊区具有 C_{2v} 对称，其中 Γ, J, J', K 为不同对称点. 小方格为不可约部分的面积，通过对称操作，它扩展到二维倒格布里渊区全体.

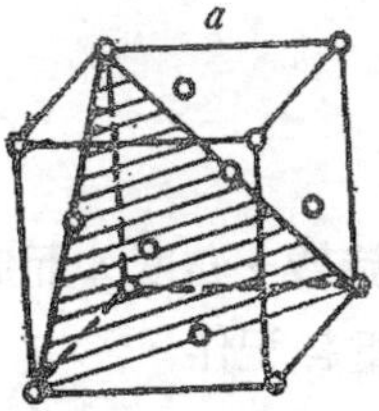

图 4.2.3 (a) 金刚石结构及 (111) 面.

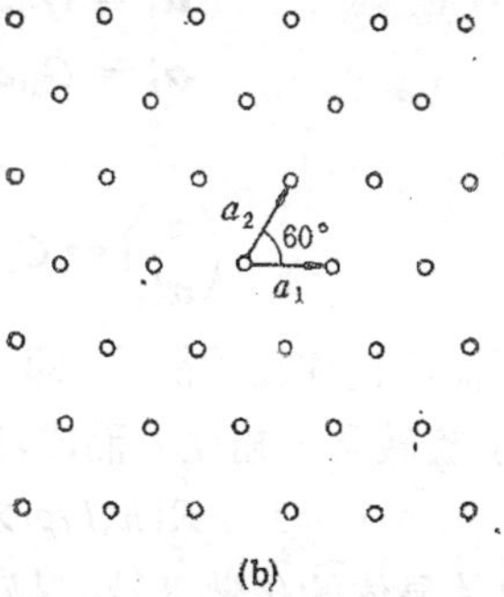

图 4.2.3 (b) 金刚石 (111) 面二维布喇菲正格子.

$$u(\boldsymbol{r}) = \sum_{\mathbf{G}^{\parallel}} u_{\mathbf{G}^{\parallel}}(z) e^{i\mathbf{G}^{\parallel}\cdot\boldsymbol{r}}. \tag{4.2.8}$$

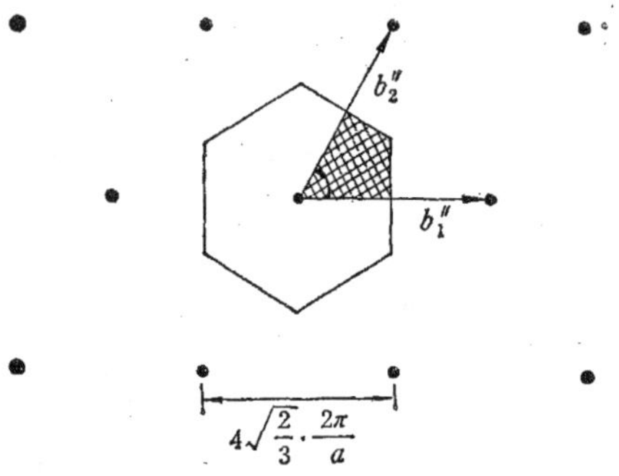

图 4.2.3 (c) 金刚石 (111) 面二维布喇菲倒格子及二维倒格布里渊区.小方格为不可约部分.

4.2.2 表面重构

如前所述,对于存在表面的晶体,具有二维周期性,其基矢为 $\boldsymbol{a}_1,\boldsymbol{a}_2$. 低能电子衍射实验表明,实际表面层原子的位置有一定的弛豫. 其二维周期性基矢不同于体内的 $\boldsymbol{a}_1,\boldsymbol{a}_2$, 而是 $\boldsymbol{a}_1^s,\boldsymbol{a}_2^s$. 这称为表面重构 (surface reconstruction). 记

$$\boldsymbol{a}_1^s = G_{11}\boldsymbol{a}_1 + G_{12}\boldsymbol{a}_2,$$

$$\boldsymbol{a}_2^s = G_{21}\boldsymbol{a}_1 + G_{22}\boldsymbol{a}_2,$$

或记

$$\begin{pmatrix}\boldsymbol{a}_1^s\\ \boldsymbol{a}_2^s\end{pmatrix} = G\begin{pmatrix}\boldsymbol{a}_1\\ \boldsymbol{a}_2\end{pmatrix}, \tag{4.2.9}$$

但实际情况往往较为简单,即 $\boldsymbol{a}_1^s$ 由 $p\boldsymbol{a}_1$ 旋转一角度 L 而成, $\boldsymbol{a}_2^s$ 由 $q\boldsymbol{a}_2$ 旋转同一角度 L 而成,这样的表面重构记作

$$R\{hkl\}p \times q—L—D, \tag{4.2.10}$$

其中 R 为晶体的化学符号, $\{hkl\}$ 为晶面密勒指数, D 为表面吸

附元素化学符号。如旋转角为零，或没有化学吸附，后两者可不写出，这称 Wood 记号。常见情况如下：

$$S_i\{111\}7\times 7,$$

$$N_i\{001\}\sqrt{2}\times\sqrt{2}—45°—S.$$

关于表面重构的具体讨论，将在 § 4.4 中给出。

§ 4.3 表面电子态

4.3.1 一般讨论

关于表面电子态的一般讨论，早期的工作可参阅文献[1,2]，近期的工作可参阅文献[3]以及下面诸节所引文献。

我们知道，晶体体内的能带电子态（即 Bloch 态）是扩展于整个体内的，而所谓表面电子态是局域于表面附近的电子态。电子波函数在表面向内、向外都是衰减的。

量子力学中，求电子定态的问题归结为寻找满足薛定谔方程并满足合乎物理意义的边界条件所对应的能量和波函数. 对于具有周期性势场的晶体，满足薛定谔方程的解必为下列 Bloch 函数：

$$\psi(\boldsymbol{r})=e^{i\boldsymbol{k}\cdot\boldsymbol{r}}u(\boldsymbol{r}), \tag{4.3.1}$$

其中 $u(\boldsymbol{r})$ 为晶体周期函数。原则上，$\boldsymbol{k}$ 可以是复数，仅当晶体为无限时，为了满足趋向正或负无穷远处波函数都有限，$\boldsymbol{k}$ 才必须是实数. 对应的能量形成能带，并存在禁止能量，即禁带. 对于具有表面的半无限晶体，我们暂且假定体内的晶体势并无改变，仅在界面处突然中断(如图 4.3.1 所示)，此时求电子态能级步骤如下：在晶体占有的半无限空间 I，寻找满足晶体势 $V(x)$ 的薛定谔方程的解 ψ_{I}，在真空的半无限空间 II，寻找常数势 V_0 的薛定谔方程的解 ψ_{II}，边界条件为交界处 ψ_{I} 和 ψ_{II} 的值和微商值相等. 由此定出能量和波函数。显然，ψ_{I} 仍为式 (4.3.1) 定出的 Bloch 函数。不过，由于现在是半无限空间，若将 $\boldsymbol{k}$ 分解成平行和垂直于表面的两部分，即

$$\boldsymbol{k} = \boldsymbol{k}_{\parallel} + \boldsymbol{k}_z. \tag{4.3.2}$$

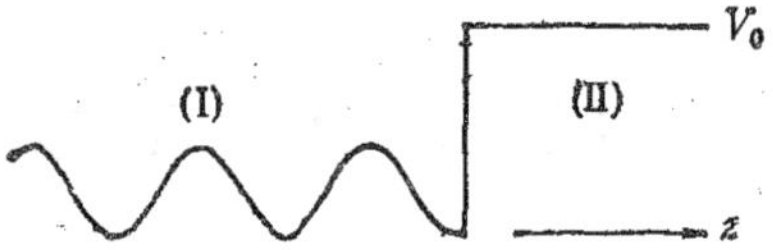

图 4.3.1 近似地认为晶体中周期势一直延伸到表面.
(a) 无限晶体中周期势场 $V(x)$; (b) 半无限晶体.

$\boldsymbol{k}_z$ 可以是复数波矢，相当于晶体体内衰减解，这样的波函数英文名为 evanescent bloch waves. Tamm 在 1932 年就根据上述想法指出，由于表面的存在，故可能引入附加的表面态，它局域在表面附近而向体内衰减. 表面态能量可以在无限晶体的禁带以内[4]. 由上面的讨论还知道，通常对于三维无限晶体，只要求实数波矢 $\boldsymbol{k}$ 所对应的能量和波函数，而对具有表面的晶体，复数波矢所对应的能量和波函数也可能是有意义的，我们称之为复数能带结构，而表面电子态归结为寻找复波矢波函数中能和真空波函数衔接起来的那些波函数和对应的能量. 图 4.3.2 给出一个最近用 LCAO 方法（§1.4 中所述的 LCAO 方法）算得的 Si 中复波矢能带结构的实例[5]. 早期工作的评论可阅文献[6,2].

现在，我们再来介绍 Shockley 关于表面态形成的分析[1]. 他考虑具有两个终端的一维有限链晶体的电子态，并根据原子间距大小提出表面态存在条件. 从图 4.3.3 中看到，有两个能态从体内能带中分裂出来. 对应两个终端有两个表面态. Shockley 的研究表明，只有较低态是 s 态时才产生这样的表面态. 这种表面态称 Shockley 态. 它是由表面原子出现悬挂键而产生的本征表面态.

最后，我们引入供讨论表面电子态时有用的定域态密度

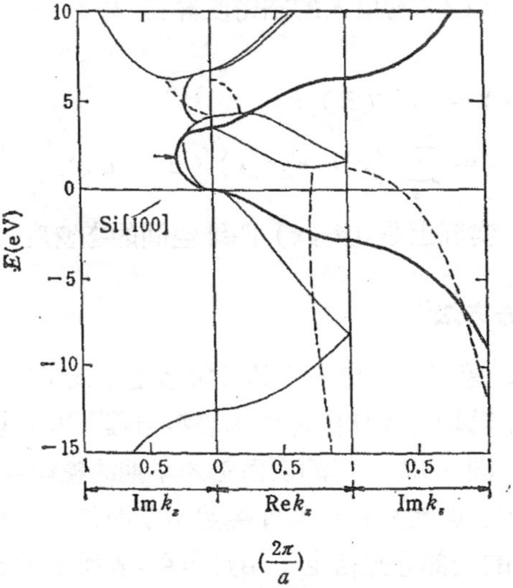

图4.3.2 Si [100] 方向复能带结构. 图中一共分三个竖条部分，中间竖条实线为通常的实波矢 k_z 对应的能带结构(对照图 1.2.1 中 Γ 到X). 左竖条实线为虚波矢 k_z(Re $k_z=0$) 对应能带结构. 右竖条实线为 Re $k_z=k_{z\max}=\frac{2\pi}{a}$ 的复波矢的能带随 Imk_z 变化关系. 除此之外，还可能有这样的复波矢，其 Re$k_z\neq 0$，Re$k_z\neq\frac{2\pi}{a}$，而是与Imk_z 有一定关系. 此时对应的能带如图中虚线所示[5].

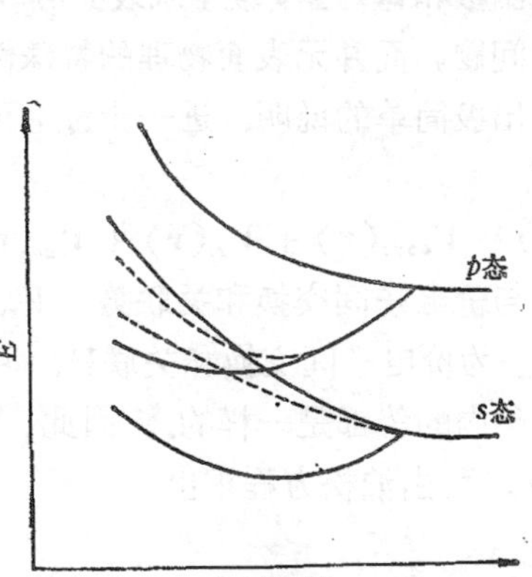

图 4.3.3 表面态的形成过程。

$\rho(E,r)$. 它为式(2.2.7)引入的态密度算符 $\hat{\rho}(E)$ 在坐标空间 $\boldsymbol{r}$ 处的平均值

$$\begin{aligned}\rho(E,\boldsymbol{r}) &= \langle \boldsymbol{r}|\hat{\rho}(E)|\boldsymbol{r}\rangle \\ &= \sum_m \langle \boldsymbol{r}|m\rangle\langle m|\boldsymbol{r}\rangle\delta(E-E_m).\end{aligned} \tag{4.3.3}$$

因此，$\rho(E,\boldsymbol{r})$ 实际上是 $(E,\boldsymbol{r})$ 四维空间的态密度。

4.3.2 自洽赝势方法[1)]

Appelbaum 等对表面电子态的计算迈出了很重要的一步．他们采用了能很成功地计算体内能带的赝势方程[8-9]，而且对表面势作了自洽计算。图 4.3.1 示出的表面势为早期的模型，相当于体内的晶体势延伸到表面然后在界面处突然中断而代之以真空中的常数势．既然势 V 的一部分来自电子相互作用，表面电子态与体内的不同必然引起表面势与体内的也有所不同。表面部分的势 V 和电子波函数 ψ 通过薛定谔方程和泊松方程联立自洽地求解出来。通常采用自洽迭代的办法求出。这只有在现代大型计算机的条件下才可能实现。

因此，求解表面电子态的问题归结为两个方面：一是从已知近似的表面电子波函数和体内晶体势，求表面势 $V(\boldsymbol{r})$. 这是一个量子力学的基本问题，而并无表面物理的特殊性。因此我们不作详细介绍而仅给出极简单的说明。进一步讨论可参阅文献[8]．势 $V(\boldsymbol{r})$ 可以写成

$$V(\boldsymbol{r}) = V_{\text{core}}(\boldsymbol{r}) + V_{es}(\boldsymbol{r}) + V_{xc}(\boldsymbol{r}), \tag{4.3.4}$$

其中 V_{core} 为内层与价电子间交换和关联势，V_{es} 为核离子和价电子的库仑势，V_{xc} 为价电子间交换和关联势。可以认为内层电子和核在表面和在体内的势都是一样的。因此，V_{core} 可沿用体内赝势的 V_{core}，V_{es} 可由泊松方程求出

---

1) 本节采用 ryd 单位。$\hbar=1$，电子质量 $m=\frac{1}{2}$，$e^2=2$，e 为电子电荷值。

$$\nabla^2 V_{es}(\boldsymbol{r}) = -4\pi\rho_T(\boldsymbol{r}), \tag{4.3.5}$$

$$\rho_T(\boldsymbol{r}) = \sum_n \rho_{ic}(\boldsymbol{r} - \boldsymbol{R}_n) + \rho_V(\boldsymbol{r}), \tag{4.3.6}$$

其中 ρ_{ic} 是核和内层电子的电荷密度，可以沿用体内计算值，$\rho_V(\boldsymbol{r})$ 为价电子和导带电子电荷密度，只要知道了波函数就可求出。根据多体问题的研究，V_{xc} 可近似写成

$$V_{xc}(\boldsymbol{r}) = \alpha[\rho_V(\boldsymbol{r})]^{1/3}, \tag{4.3.7}$$

其中 α 为一参数，称 Slater x-α 参数[10,11]。由式 (4.3.7) 知道了波函数，也直接求出 $V_{xc}(\boldsymbol{r})$。图 4.3.4 示出由 Appelbaum 等[8] 自洽计算得出的表面势和电荷密度的结果。

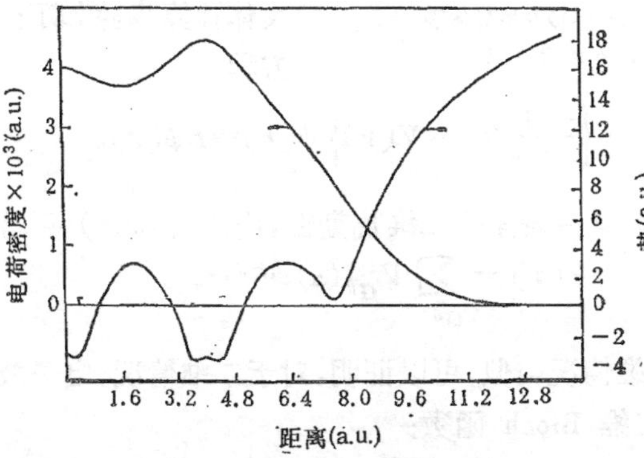

图 4.3.4 对 Na(100) 面所作自洽计算得出的电荷密度和势的面平均值随表面深度的变化[8]. 表面处出现所谓 Friedel 振荡.

表面电子态问题的第二个方面为：已知表面势 $V(\boldsymbol{r})$，求表面电子波函数。根据 4.3.1 节中的一般讨论，考虑到表面势不同于体内势，很自然地就把求表面电子波函数问题（由图 4.3.1）改为（图 4.3.5 的）边界划分，即由两个界面分成三个区。将 z 轴垂直表面，真空与半导体分界面为 $z = V$. 半导体内分成两部分，一部分为体内 (I)，其势场与三维无穷晶体的势完全一样。一部分为表面 (II)，其势场与体内的不同，并通过自洽计算求出。在 (I) 区的全部波函数和能量相当于对体内复数能带结构的研究，这是已知的。在 (III) 区的波函数和能量相当于真空中的电子态，这

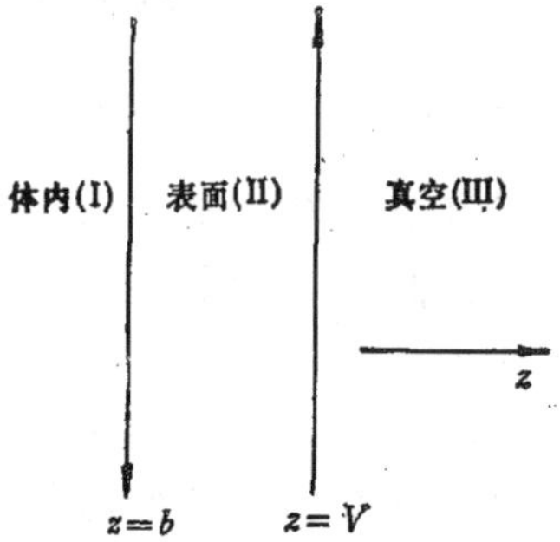

图 4.3.5 计算半导体表面电子态时将表面附近分成三个区.(I)为半导体体内，(II)为半导体表面，(III) 为体外真空.

也是已知的，由于功函数的存在，(III)区的势常数高于体内电子能量，所以(III)区对应的是“负能量”的态，即具有虚波矢的体外衰减电子态. 最后，问题归结为求解 (II) 区的薛定谔方程，其波函数在 $z=V$ 和 $z=b$ 处要分别与(III)和(I)的波函数接得起来. 由此可定出最后的能量和波函数. 具体计算步骤如下：由薛定谔方程

$$\left\{\frac{-1}{2}\nabla^2 + V(\boldsymbol{r})\right\}\psi(\boldsymbol{r}) = E\psi(\boldsymbol{r}),$$

由于 $V(\boldsymbol{r})$ 具有表面的二维周期性，由式 (4.2.8) 可写成

$$V(\boldsymbol{r}) = \sum_{\boldsymbol{G}_{/\!/}} V_{\boldsymbol{G}_{/\!/}}(z)e^{i\boldsymbol{G}_{/\!/}\cdot\boldsymbol{r}}. \tag{4.3.8}$$

另外，与三维情况类似，可以证明，对于二维情况，电子波函数必可写成下列二维 Bloch 函数：

$$\psi(\boldsymbol{r}) = e^{i\boldsymbol{k}_{/\!/}\cdot\boldsymbol{r}}u_{\boldsymbol{k}_{/\!/}}(\boldsymbol{r}), \tag{4.3.9}$$

其中 $u_{\boldsymbol{k}_{/\!/}}(\boldsymbol{r})$ 为满足式(4.2.7)的二维周期函数. 式(4.3.9)说明，由于存在二维周期性，波函数具有平行于表面的二维准动量 $\boldsymbol{k}_{/\!/}$.

将 $u_{\boldsymbol{k}_{/\!/}}(\boldsymbol{r})$ 作傅里叶展开

$$u_{\boldsymbol{k}_{/\!/}}(\boldsymbol{r}) = \sum_{\boldsymbol{G}_{/\!/}} u^{\boldsymbol{k}_{/\!/}}_{\boldsymbol{G}_{/\!/}}(z)e^{i\boldsymbol{G}_{/\!/}\cdot\boldsymbol{r}}, \tag{4.3.10}$$

并将式 (4.3.8)—(4.3.10) 代入薛定谔方程，得到

$$\left[-\frac{1}{2}\frac{d^2}{dz^2} + V_0(z) - E_{\boldsymbol{k}_{/\!/}} + \frac{|\boldsymbol{k}_{/\!/} + \boldsymbol{G}_{/\!/}|^2}{2}\right]u^{\boldsymbol{k}_{/\!/}}_{\boldsymbol{G}_{/\!/}}(z)$$

$$+\sum_{\boldsymbol{G}'_{/\!/}} V_{\boldsymbol{G}_{/\!/}-\boldsymbol{G}'_{/\!/}}(z)u_{\boldsymbol{G}'_{/\!/}}(z) = 0, \tag{4.3.11}$$

其中 $E_{k_{\parallel}}$ 即所求能量. 由于用赝势,由 § 1.2 讨论可知,式(4.3.8)和式(4.3.10)只要用较少数目平面波展开. 设式(4.3.10)中$u_{k_{\parallel}}(\boldsymbol{r})$可用$N$个波矢 $\boldsymbol{G}$ 的平面波展开. 而式 (4.3.8) 中 $V(\boldsymbol{r})$ 用相应有限个波矢的平面波展开(见式(4.3.16)). 于是薛定谔方程变成N个耦合的微分方程组,即式(4.3.11).

进一步在 (II) 区以 d 为间距,将 z 等分成N分,并用差分代替微分

$$\frac{d^2u(z_n)}{dz^2}=\frac{1}{d^2}[u(z_{n+1})+u(z_{n-1})-2u(z_n)]$$

$$=\frac{2}{d^2}\left[u(z_n+1)-u(z_n)-d\frac{du(z_n)}{dz}\right], \quad (4.3.12)$$

以及

$$\frac{d^2u(z_n)}{dz^2}=\frac{1}{d}\left[\frac{du(z_{n+1})}{dz}-\frac{du(z_n)}{dz}\right]. \quad (4.3.13)$$

引入 $2N$ 维向量

$$\begin{bmatrix} u_{G_1^{\parallel}}(z_n) \\ u_{G_2^{\parallel}}(z_n) \\ \vdots \\ u_{G_N^{\parallel}}(z_n) \\ \dfrac{du_{G_1^{\parallel}}(z_n)}{dz} \\ \vdots \\ \dfrac{du_{G_N^{\parallel}}(z_n)}{dz} \end{bmatrix}, \quad (4.3.14)$$

代入式(4.3.11),经过冗长而按部就班的计算变成矩阵代数方程

$$u(z+d)=S_d u(z), \quad (4.3.15)$$

其中, S_d 为下列 $2N\times 2N$ 矩阵:

$$S_d=\left|\begin{array}{cccc|cccc} 1+\frac{d^2}{2}K^2_{G_1^{/\!/}}, & V_{G_1^{/\!/}-G_2^{/\!/}} & \cdots\cdots & V_{G_1^{/\!/}-G_N^{/\!/}} & d & & & \mathbf{0} \\ V^*_{G_1^{/\!/}-G_2^{/\!/}}, & 1+\frac{d^2}{2}K^2_{G_2^{/\!/}} & \cdots\cdots & V_{G_2^{/\!/}-G_N^{/\!/}} & & d & & \\ & & \ddots & & & & \ddots & \\ V^*_{G_1^{/\!/}-G_N^{/\!/}}, & V^*_{G_2^{/\!/}-G_N^{/\!/}} & \cdots\cdots & 1+\frac{d^2}{2}K^2_{G_N^{/\!/}} & \mathbf{0} & & & d \\ \hline dK^2_{G_1^{/\!/}} & 2V_{G_1^{/\!/}-G_2^{/\!/}} & \cdots\cdots & 2V_{G_1^{/\!/}-G_N^{/\!/}} & 1 & & & \mathbf{0} \\ 2V^*_{G_1^{/\!/}-G_2^{/\!/}} & dK^2_{G_2^{/\!/}} & \cdots\cdots & 2V_{G_2^{/\!/}-G_N^{/\!/}} & & 1 & & \\ & & \ddots & & & & \ddots & \\ 2V^*_{G_1^{/\!/}-G_N^{/\!/}} & 2V^*_{G_2^{/\!/}-G_N^{/\!/}} & \cdots\cdots & dK^2_{G_N^{/\!/}} & \mathbf{0} & & & 1 \end{array}\right| \Bigg\} N . \tag{4.3.16}$$

式(4.3.16)中的 $K^2_{G^{/\!/}}$ 为

$$K^2_{G^{/\!/}} = 2(V_0(z) - E_{k_{/\!/}}) + |\boldsymbol{k}_{/\!/} - \boldsymbol{G}^{/\!/}|^2. \tag{4.3.17}$$

连续使用式(4.3.15)，可得下列转移矩阵方程：

$$u_{z_2} = T_{1\to 2}u_{z_1}. \tag{4.3.18}$$

式(4.3.15)—(4.3.18)为薛定谔方程(4.3.11)的数值积分解法。我们要找出满足边界条件的解和对应的本征值 E. 对于真空区(III)，式(4.3.8)中只有常数项，$V(\boldsymbol{r}) = V_0$，因此，式(4.3.11)为N个独立可解的方程，等号左边最后一项耦合项消失而成为

$$\left(-\frac{1}{2}\frac{d^2}{d_z^2} + K^2_{G^{/\!/}}\right)u_{G^{/\!/}} = 0,$$

其解为

$$u_{G^{/\!/}}(z) = A_{G^{/\!/}}e^{\pm|K_{G^{/\!/}}|z}, \tag{4.3.19}$$

$A_{G_{/\!/}}$ 为N个任意待定常数。当 $z\to\infty$ 时，$u(z)$ 必须有限，所以式(4.3.19)中只能取负号。如取图 4.3.5 中 $z=V$ 处为 $z=0$，则由式(4.3.19)，(4.3.14)可得到

$$u(0) = \begin{bmatrix} A_{G_1^{/\!/}} \\ A_{G_2^{/\!/}} \\ \vdots \\ A_{G_N^{/\!/}} \\ -K_{G_1^{/\!/}}A_{G_1^{/\!/}} \\ \vdots \\ -K_{G_N^{/\!/}}A_{G_N^{/\!/}} \end{bmatrix}. \tag{4.3.20}$$

在 (I) 区，波函数和能量由已知的体内复数能带结构 $E(\boldsymbol{k})$ 决定。利用式(4.3.2)，可将 $E(\boldsymbol{k})$ 写成

$$E(\boldsymbol{k}) = E_{\boldsymbol{k}_{//}}(k_z), \tag{4.3.21}$$

其中，k_z 可以是复数

$$k_z = k_z^R + ik_z^I. \tag{4.3.22}$$

对应的 Bloch 函数式(4.3.1)可写成

$$\psi_{\boldsymbol{k}}(\boldsymbol{r}) = e^{i\boldsymbol{k}_{//}\cdot\boldsymbol{r}} e^{ik_z^R z} e^{-k_z^I z} u_{\boldsymbol{k}}(\boldsymbol{r}). \tag{4.3.23}$$

可以证明，对于一定的能量 E，由式(4.3.21)决定的 k_z 可以有无限多个，也就是说，式 (4.3.21) 中 k_z 是E 的多值函数。我们记作 $k_{zl}, l = 1,2,3,\cdots$。(I) 区 薛定谔方程的一般解可写成不同 k_{zl} 的 Bloch 函数的线性组合，即

$$\psi(\boldsymbol{r}) = e^{i\boldsymbol{k}_{//}\cdot\boldsymbol{r}} \sum_l B_l e^{ik_{zl}z} u_{kl}(\boldsymbol{r}), \tag{4.3.24}$$

B_l 为待定的任意常数。由 (I) 区和 (II) 区的波函数在图 4.3.5 中 $z = b$ 处接合的边界条件来定 B_l。分如下两种情况进行讨论:

（一）能量E 落入体能带的范围，式 (4.3.21) 具有对应的实数 k_z 解，该 k_z 记作 k_{z_0}。此时，由于体内远离表面处，波函数应该趋于三维传播 Bloch 函数，所以式(4.3.24)应包含这样一个传播解，以及很多衰减的 Evanescent Bloch 函数之和

$$\psi(\boldsymbol{r}) = e^{i\boldsymbol{k}_{//}\cdot\boldsymbol{r}} \left[B_0 e^{ik_{z0}z} u_{k_0}(\boldsymbol{r}) + \sum_{l=1}^{\infty} B_l e^{ik_{zl}z} u_{kl}(\boldsymbol{r}) \right], \tag{4.3.25}$$

作为近似，我们在 $\sum\limits_{l=1}^{\infty}$ 中只取 $\sum\limits_{l=1}^{N}$ 项，于是一共有$N+1$ 个参数 B_l。取 $z = b$，并对比式 (4.3.25) 和式 (4.3.9)，(4.3.10) 和式 (4.3.14)，得到

$$u(b)=B_0\chi_0(b)+\sum_{l=1}^{N}B_l\chi_l(b),\tag{4.3.26}$$

其中

$$\chi_l(z)=\begin{bmatrix} e^{ik_{zl}z}u_{k_lG_1^{\parallel}}(z)\\ \vdots\\ e^{ik_{zl}z}u_{k_lG_N^{\parallel}}(z)\\ \dfrac{d}{dz}[e^{ik_{zl}z}u_{k_lG_1^{\parallel}}(z)]\\ \vdots\\ \dfrac{d}{dz}[e^{ik_{zl}z}u_{k_lG_N^{\parallel}}(z)]\end{bmatrix}(l=0,1,2,3,\cdots,N)。\tag{4.3.27}$$

联合式(4.3.18),(4.3.20)和式(4.3.26),在边界 $z=b$ 处,(II)和(I)区的 $u(b)$ 连续导致

$$B_0\chi_0+\sum_{l=1}^{N}B_l\chi_l=T_{b\to 0}u(0)。\tag{4.3.28}$$

上式为 $2N$ 个联立线性方程组．一共有 $2N+1$ 个变量 B_l,$l=0,\cdots,N,A_{G_i^{\parallel}},i=1,\cdots,N$. 再加上归一化条件,一共有 $2N+1$ 个方程,并唯一地决定了 $2N+1$ 个变量。由以上讨论可知,对于三维无限晶体中的传播形 Bloch 波函数,由于引入了表面,其结果在表面附加了许多同样能量的 Evanescent Bloch 波。但在体内,由于 Evanescent 波都已衰减,得到与三维 Bloch 函数一致的结果。必须注意的是,以上所有讨论都是对一定的 $\boldsymbol{k}_{\parallel}$ 而言。

最后,我们必须说明,由于表面处波函数偏离了体内传播的 Bloch 波,因此表面处的电荷密度 $n(z)$ 以及由式(4.3.3)定义的定域态密度$\rho(E,z)$在表面处也与体内的不同,如图 4.3.4 所示. 在表面处出现振荡,称为 Friedel 振荡,这是 Friedel[12] 在早年研究自由电子层在表面的行为时所发现的。

(二) 能量 E 对应于式(4.3.21)没有实数 k_z 解,即相当于 E 处于禁带,这里的禁带是对一定 $\boldsymbol{k}_{\parallel}$ 而言的,相当于某一条 k_z 线

上的能量禁带。所以通常比全部三维 k 空间的禁带往往要宽。此时在体内 (I) 区没有传播形的 Bloch 函数解，即式 (4.3.28) 中，$B_0=0$。于是满足边界条件的式 (4.3.28) 应改为

$$\sum_{l=1}^{N} B_l \chi_l = T_{b\to v} u(0), \tag{4.3.29}$$

此时，式 (4.3.29) 加上归一化条件仍有 $2N+1$ 个方程，但只有 $2N$ 个变量。改变能量 E，在禁带范围中可能找到某个能量存在解。此能量即表面能级，并由式(4.3.29)决定表面态波函数. Appelbaum 和 Hamann[8,9] 对 Si (111) 面计算了表面态。他们针对两种情况进行了计算，一种是针对表面晶格与体内完全一样的情况进行计算。另一种是最表面层晶格具有一定弛豫的情况进行计算. Si 的(111) 面的表面几个晶层距离如图 4.3.6 所示。从图中可看出，第 2 至 3 晶层距离较之 1 至 2或 3 至 4 晶层距离要大很多. 因此，通常沿图中虚线处晶面劈裂，而一般取第二层和第三层原子面的中间位置作为体内与表面区的分界 (见图 4.3.6)。

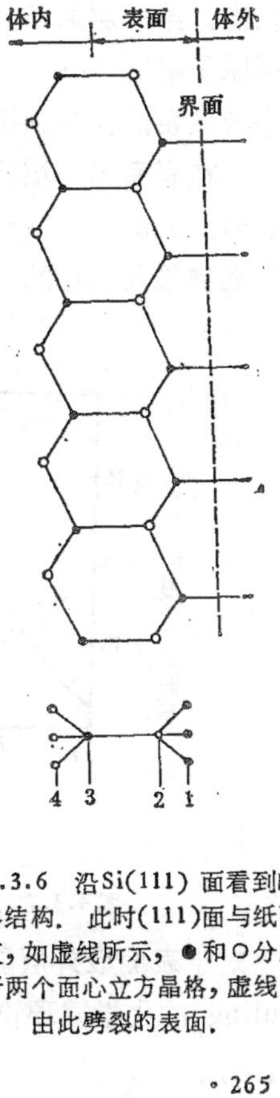

图 4.3.6 沿 Si(111) 面看到的晶格结构。此时(111)面与纸面垂直，如虚线所示，●和○分别属于两个面心立方晶格，虚线为由此劈裂的表面.

在表面处，对于表面势 $V(\boldsymbol{r})$ 可作如下处理：设表面处电荷密度 $\rho_s(\boldsymbol{r})$ 写作

$$\rho_s(\boldsymbol{r}) = \rho(\boldsymbol{r}) \cdot f(z), \tag{4.3.30}$$

其中 $\rho(\boldsymbol{r})$ 为体内电荷密度。$f(z)$ 为在体内→1，在体外→0 的连续函数。选择 $f(z)$ 的具体形式，使表面区保持电中性，而且根据这种电荷分布所算出的功函数和实验相

符。

对于以上的模型，Appelbaum 等用式（4.3.29）中，$N=30$ 个表面倒格矢 G''，计算了 $k_{//}$ 为二维倒格布里渊区中 Γ 和 J 点的表面态对应的能带和波函数．结果如下：对于表面没有晶格弛豫情况，有一个表面能带．若以价带顶为 $E=0$，则这个表面带的能量为 $E_{\Gamma}=0.61$ eV，$E=0.03$ eV，故位于 Si 的导带底之下的禁带中． 根据波函数还算出了表面电荷密度 $\rho(z)$（对 x，y 已求平均），如图 4.3.7 所示．图中，$z=0$，原点取在如图 4.3.6 中所示第二、三层的中点处．图中 A，B 分别代表图 4.3.6 中第一、第二层晶格点位置．从图中可看出，表面态的电荷密度限止在表面区以内．第一层原子处电荷密度几乎为零．有一较小的峰位于第二层原子附近，而较大的电荷密度集中在晶体与真空的界面上．这正好与从表面存在悬键概念所得到的结果一致，如图 4.3.7 的下方所示．在表面第一层原子中，价电子的 s 和 p 波函数形成四个杂化轨道．成键的一头位于界面外侧，相应于悬键．这个悬键是由于表面劈裂使 Si 的一个键断开而形成的．

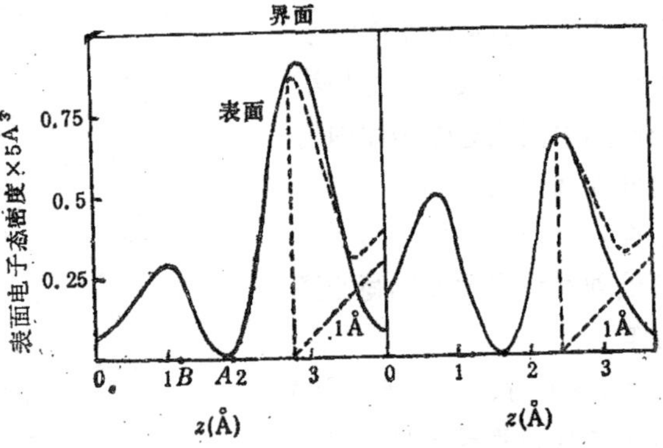

图 4.3.7 Si(111) 面表面电荷密度的分布[8,10]．

对于表面最外层晶格有一定的弛豫的情况也作了计算．根据 Pauling 的化学键理论，最外一层原子，由于键序从 1 增加到 4/3，由此推断出最外层原子面内缩 0.33 Å，使第一层与第二层原子间距缩小（原来为 0.8 Å）。根据这个表面模型计算得到三个表面能带，列于表 4.3.1 之中，能量零点也取在价带顶处。由此可知，第一个能带位于禁带之中，对应于悬键带，第二个带位于价带内，第三个带位于价带底附近（价带底为 −12.5 eV，见图 1.2.1）。

表 4.3.1

表面带	E_Γ(eV)	E_J(eV)
1（悬键带）	0.88	0.04
2（背键带）	−1.95	−3.55
3（背键带）	−12.87	−10.67

计算得出的表面电荷密度的分布情况如图 4.3.8 所示．对于第一个表面能带（即悬键形成的带），与理想表面结果有明显差别，它基本是 p_z 态轨道。至于第二、第三表面带，电荷主要分布在如图 4.3.6 所示出的第二、第三层原子间．这两个表面带称为背键带（back bonking band），这是由于表面原子弛豫后增加了第一和第二层间原子势能场（负值场）的缘故。

用自洽赝势方法计算表面能带，除了上面介绍的 Appelbaum 等人的工作外，还有 Cohen 等[13]从另一角度所做的具有代表性的工作。他们用无穷个十二层格点组成的薄片和 4 Å 厚真空薄片交替排列，这样组成的结构具有三维周期性，可以沿用计算三维晶体能带结构的方法．因已知表面态十分局域于表面，所以有十几层的厚度就足已用来模拟半无限的表面。这种方法的一个优点是比较容易把表面的晶格重构考虑进去。后来，人们利用这种方法做了许多工作，并计算出各种表面重构的情况下系统的总能。从总能的极小值求出稳定的重构结构，并和实验结果进行比较[14]，有关这方面内容在 § 4.4 中还要进行介绍。

自洽赝势方法用于表面态计算的一个最新发展是 Hybertsen 和 Louie 用 § 1.3 中所介绍的准粒子方法来计算表面态。他们计算得到的 As 在 Ge(111) 面上形成的表面态与最近的角分辨光

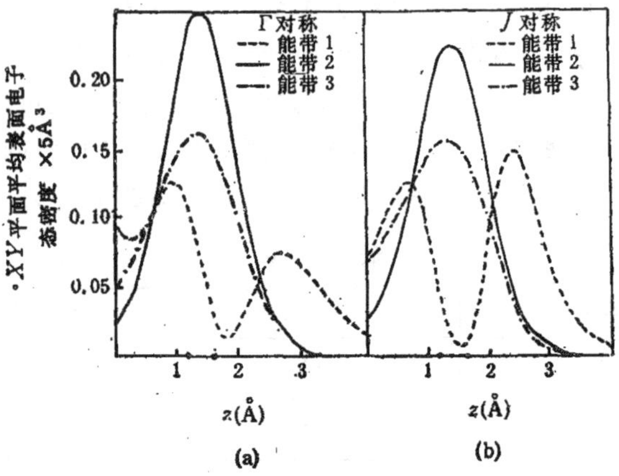

图 4.3.8 计及表面晶格弛豫以后，算出的 Si(111) 面表面电荷密度分布[8].

电子谱实验结果符合得十分好[15]，而采用 LDA 近似做的计算(见§1.3)却与实验结果不符。说明准粒子方法不但可用于体内能带的计算，而且在表面态能量计算方面，也带来了很大的改进。

对于自洽赝势方法来说，虽然方法本身比较严密，但是计算量却十分大。下面我们介绍计算量小得多的 LCAO 方法。利用这种方法来计算，得出了一些有价值的结果。

4.3.3 LCAO 方法[16]

Pandey 和 Phillips 用 LCAO 方法对 Si(111) 表面态进行了计算，得到与前面 Appelbaum 等用自洽赝势计算大致相符的结果.由于 LCAO 方法要简单得多，所以这是很有价值的一项工作。

采用二十层原子的 Si(111) 面代替半无穷大晶体，用这样一个薄层 (slab) 代替半无穷大晶体，在表面计算中具有典型性．所用 LCAO 方法与§1.3 中所介绍的几乎完全一样。现在仅考虑二维周期系统，对于具有表面波矢 $\boldsymbol{k}_{/\!/}$ 的二维 Bloch 函数，用 LCAO 可写成

$$\psi_{k_{/\!/}}(r)=\sum_{m,\tau}C_m^\tau(k_{/\!/})\sum_j e^{ik_{/\!/}\cdot(r_j+r_\tau)}\phi_m^\tau(r-r_j-r_\tau),\tag{4.3.31}$$

其中所用记号与§1.4的一样，m表示同一格点但不同原子的轨道，为正交化的 Lowdin s 或 p^3 轨道. j 表示不同的二维布喇菲格点。τ 表示一个二维布喇菲原胞中不同的格点位，实际上即不同的层次。所以 τ 一共具有20个不同的值。再考虑到每一格点，具有一个 s 和三个 p 轨道，因此一共具有 80 个原子轨道。

对于不同轨道之间的哈密顿矩阵元，完全照§1.4中所讨论的方法，可归结为有限的几个参数。如果不考虑表面的弛豫，则这些参数可沿用已知的体内 LCAO 能带参数。Pandey 和 Phillips 对体内能带 LCAO 计算，利用了次近邻近似，并凑得对应的 Si 的 8 个能带参数(这套参数被广泛引用)。他们假定，表面晶格发生弛豫时，哈密顿矩阵元与原子间距 R_{ij} 间具有下列关系：

$$H_{kl}(R_{ij})=H_{kl}(R_{ij}^0)e^{\beta(R_{ij}^0-R_{ij})},\tag{4.3.32}$$

$\beta=\dfrac{3.5}{4a}$，a 为晶格常数。

用上述方法对 Si(111) 面、并考虑表面键长缩短 0.33 Å 的计算结果列于表 4.3.2 之中，从表中可见，其计算结果与表 4.3.1 所列出的自洽赝势计算结果符合得相当好，而且 LCAO 方法更易于与价键的概念结合。计算结果表明，第一个带主要是第 1 层原子的 s 和 p_z 轨道组成悬键。第二带主要由第 1 层和第 2 层原子的 s，p_x 和 p_y 轨道组成，故又称横背键。第三带主要由第 1 层和第 2 层原子的 s 和 p_z 轨道组成，故又称纵背键。第 τ 层局域态密度可写成

$$\rho_\tau(E)=\sum_{k_{/\!/},n,m}|C_m^\tau(n,k_{/\!/})|^2\delta(E(n,k_{/\!/})-E),\tag{4.3.33}$$

其中，n 为不同表面能带指数。为了求得 $\rho_\tau(E)$，式 (4.3.33) 中必须对整个 S.B.Z. 的 $k_{/\!/}$ 求和。实际上一共才算了 53 个不同的 $k_{/\!/}$ 点。再用内插法把 $k_{/\!/}$ 点扩大 200 倍，得到的 $\rho_\tau(E)$ 如图 4.3.9 所示，图中示出 Si(111) 第 1 层弛豫表面的局域态密度。为

表 4.3.2

表面带	E_Γ(eV)	E_J(eV)
1（悬键带）	1.04	0.17
2（背键带）	−1.71	−3.78
3（背键带）	−12.90	—
4（背键带）	—	−10.46

了进行比较，图中同时示出体内的态密度。

关于表面弛豫对表面态密度影响的进一步讨论见 § 4.4。

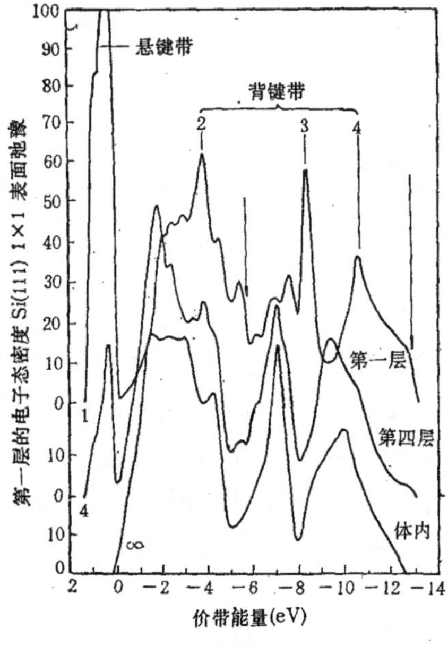

图 4.3.9 用 LCAO 方法算出的 Si(111)1×1 面弛豫以后的表面层态密度[16]。

4.3.4 格林函数方法

关于用格林函数方法来讨论表面电子结构的问题，许多人已经作了很多工作[17−23]。早期的工作都是用简化的晶体模型。这里介绍 Pollman 和 Pantelides 的方法。它是由第二章中利用格林函数讨论深能级的方法借鉴过来的。对于具体的 Si 或 GaAs 等半导体作出可与实验结果进行定量比较的计算。

在第二章中讨论点缺陷时，Si 中一个空位（vacancy）相当于某个格点上拿掉一个 Si 原子，从而在完整晶体哈密顿 H_0 引入一缺陷势 U。该缺陷势是短程的，几乎仅仅局域于空格点所在位置。因此，式（2.4.12）中定义的缺陷势 U 所在的 A 空间实际上仅为空格点对应的一个原胞处，这就使得用 K-S 格林函数方程来讨论缺陷态能量和波函数时变得十分易于计算. Pollman 等人认为，半导体表面的形成可以这样考虑：将一块三维理想晶体沿某个晶面抽去 1 层或 2 层晶面所包含的原子，即相当于形成一个面空位. 如果限于最近邻或次近邻，这样的一个面空位便将晶体切成两个互不相关的部分，即相当于两块独立的、具有表面的晶体。此时，求表面态能级和波函数的问题和第二章中讨论短程势缺陷的缺陷态能级和波函数的问题可以联系起来. 将 § 2.4 中将 LCAO 基函数空间的K-S 格林函数方法中的式（2.4.10）—（2.4.19）几乎原封不动地搬过来。在 § 2.4 已经讨论过，式(2.4.10)中的 $|i\rangle$ 是原子轨道函数线性组成的某种正交归一的基函数，它是哈密顿 $H=H_0+U$ 对称群的某种不可约表示的基函数。对于点缺陷问题，H 的对称群是某个点群。$|i\rangle$ 是围绕着缺陷点的逐个格点壳层上的原子轨道组合起来的。对于面空位，哈密顿 H 具有二维周期格子所对应的二维空间群。对应的不可约表示基函数为二维 Bloch 函数。其实，在前面 Pandey 和 Phillips 讨论表面问题时的式(4.3.31)已引入。对于一定的表面波矢 $\boldsymbol{k}_{\parallel}$（相当于一定的不可约表示)可写出如下的 Bloch 函数基函数：

$$\chi_{\boldsymbol{k}_{\parallel}}^{m,\tau}(\boldsymbol{r})=\frac{1}{\sqrt{N_2}}\sum_{i} e^{i\boldsymbol{k}_{\parallel}\cdot(\boldsymbol{r}_j+\boldsymbol{r}_\tau)}\phi_m^{\tau}(\boldsymbol{r}-\boldsymbol{r}_j-\boldsymbol{r}_\tau),\quad (4.3.34)$$

其中 N_2 为二维晶体中原胞数，$\sqrt{N_2}^{-1}$ 为归一化常数，j 表示不同的二维布喇菲格点，m 表示同一格点不同原子轨道。τ 为不同层次。将基函数 $\chi_{\boldsymbol{k}_{\parallel}}^{m,\tau}$ 记作 $|m,\tau\rangle_{\boldsymbol{k}_{\parallel}}$。波函数 ψ 用 $|m,\tau\rangle_{\boldsymbol{k}_{\parallel}}$ 线性组合[相当 § 2.4 或式(4.3.31)]

$$\psi = \sum_{m,\tau} C_{m,\tau}(\boldsymbol{k}_{/\!/})|m,\tau\rangle_{\boldsymbol{k}_{/\!/}}。\tag{4.3.35}$$

如果在表面处抽去两层格点原子，对应的 $|m,\tau\rangle$ 空间记作 A. 它是 8 维的，因为 τ 取两个相邻层次，而 m 取 s 和 p^3 四种原子轨道. 对应的面空位缺陷势 U 仅在 A 空间中才不为零，所以 U 在 $|m,\tau\rangle$ 空间的表示与式(2.4.12)在形式上是一样的

$$U_{矩阵} = \begin{bmatrix} U_{AA} & 0 \\ 0 & 0 \end{bmatrix}。\tag{4.3.36}$$

求表面能级相当于求面空位引入的束缚能级，与式(2.4.13)一样，即

$$\det|I - G^0_{AA}(\boldsymbol{k}_{/\!/}, E)U_{AA}| = 0。\tag{4.3.37}$$

$G^0(E)$ 为三维完整晶体 H_0 对应的格林函数，这是已知的. U_{AA} 可以把讨论点空位时的结果搬过来，也是已知的. 由上式 8×8 行列式为零求出对应的能量 E，即为表面态能量. 求表面态波函数同样可套用式(2.4.14),(2.4.15)

$$C_A(\boldsymbol{k}_{/\!/}) = G^0_{AA}(\boldsymbol{k}_{/\!/}, E)U_{AA}C_A(\boldsymbol{k}_{/\!/}),\tag{4.3.38}$$

$$C_B(\boldsymbol{k}_{/\!/}) = G^0_{BA}(\boldsymbol{k}_{/\!/}, E)U_{AA}C_A(\boldsymbol{k}_{/\!/}),\tag{4.3.39}$$

其中 B 为 $|m,\tau\rangle$ 中 A 以外的空间，即二层面空位以外的其它层次。

在 § 2.2 中，曾经讨论过缺陷势的引入，不但可能在禁带引入束缚态，也可能在原来的能带引入共振态或反共振态，相当于能带中态密度的增加或减少，而且有一定能量宽度. 在表面问题中，可用并行的方法来讨论. 上述的 K-S 格林函数方法可并行地用来计算表面在能带中引起的共振或反共振.

图 4.3.10 至图 4.3.12 示出了 Pollman 等对于 Si(100) 面的计算结果. 图 4.3.10 示出式(4.3.21),(4.3.22)对应的能量 E 与波矢 $\boldsymbol{k}$ 的关系，其中 $\boldsymbol{k}_{/\!/}$ 沿图 4.2.2 (c) 中二维倒格布里渊区的不同对称点之间的联线上行走，相当于图 4.3.10 的横轴. 因为 k_z 还可以取不同的值，所以相对应的图 4.3.10 中的能带结构便形成一个面. Pollman 等把能量不占据的区域分成两种. 一种是价带顶（能量

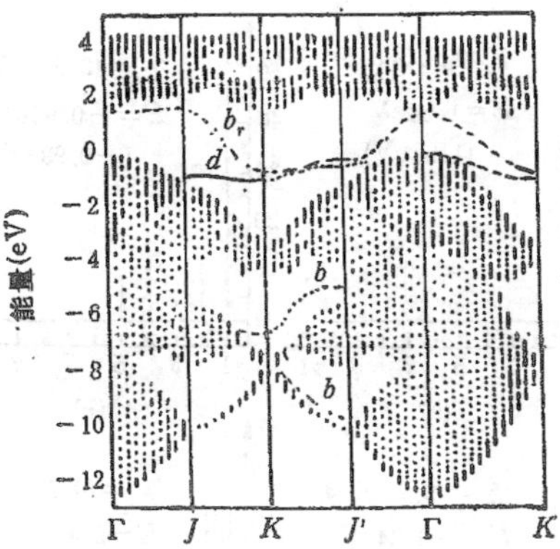

图 4.3.10 Si(100) 面表面带和体能带，字母 b，d 和 b_r 分别表示背键，悬键和桥键所对应的带.

零点）以上一片相联的能量空白区称带隙（gap)，它包括了通常三维晶体的真正的禁带。另一种是一个一个相互隔开的能量空白区，称做口袋（pockets)。图 4.3.10 中示出带隙和口袋区中几条线，标以 b_r, d, b等，这相当于局域于表面的表面态.因为是LCAO，所以从原子轨道系数可以看出原子轨道成键的情况。d 表示悬键态，b 表示背键态，b_r 表示桥键态（bridge bond)。关于三种键态的意义将在下面加以讨论。

图 4.3.11 所示图表的意义如下：引入能量 E_s 对应的表面态 $\boldsymbol{\psi}_{\boldsymbol{k}_{//}}(E_s)$ 在表面第 τ 层的占据概率 $f^{\tau}_{\boldsymbol{k}_{//}}(E_s)$。由式（4.3.34)，(4.3.35)的记号，可写出

$$f^{\tau}_{\boldsymbol{k}_{//}}(E_s)=\sum_m |C_{m,\tau}(\boldsymbol{k}_{//},E_s)|^2。\qquad (4.3.40)$$

图 4.3.11 示出四个不同的表面能级 E_s，以及对应的四个 $\boldsymbol{k}_{//}$ 波矢、f^{τ} 在各 τ 层的分布情况。在括弧中还给出利用 20 层薄层的 Pandey-Phillips 方法用同一 H_0 算出的表面能级值. 结合图 4.3.10，图 4.3.11，可以清楚地看到，图 4.3.11 (a)，在 1.54 eV 处有一个 $\boldsymbol{k}_{//}$ 在二维倒格布里渊区中 J 点的桥键态。它完全由第 1 层格点上 50% p_x 和 50% p_y 轨道组成相邻格点间的桥键。图 4.3.11

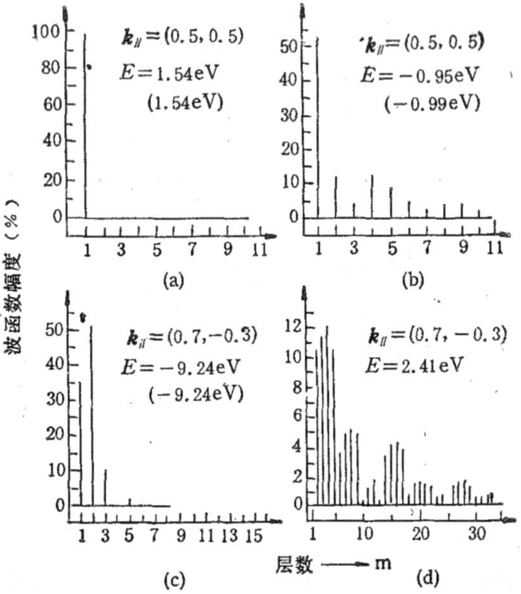

图 4.3.11 Si(100) 表面四个表面态的波函数幅度和表面层次的关系，用 20 层的 LCAO 计算[16]得出的能量表示在括弧内.

(b) 示出在 −0.95 eV 以及 $\boldsymbol{k}_{//}$ 为 J 点有一悬键态. 它具有 50% 由第 1 层格点上的 p_z 和 s 轨道所组成头朝表面外的悬键. 但还有 50% 的分布在第 2 至第 11 层. 图 4.3.11 (c) 示出在 −9.24 eV 以及某个 $\boldsymbol{k}_{//}$ 处对应的背键态. 其概率最大处在第 2 、第 1 层. 相当于联结第 1、第 2 层的背键. 图 4.3.11 (d) 示出在 2.41 eV 以及某个 $\boldsymbol{k}_{//}$ 处对应的一个表面态. 该点落于图 4.3.10 中示出的导带中的一个口袋区，它与其他连续的能带区很接近. 它在层间分布并不像前面几个态那样局域于最表面几层，而一直扩展到第 30 多层. 由图 4.3.11 括弧中能量值还可表现出这样一个事实：对局域于表面 n 层的表面态，用 Pollman-Pantelides (PoPa) 方法算出和用 Pandey-Phillips (PaPh) 方法算出的能量是完全一致的，如图 4.3.11 (a), (c) 所示. 对于略为扩展的态(如图 4.3.11 (b) 所示),

采用两种方法算出的能量却有所差别。显然，应更相信用 K-S 方法所算得的结果.对于扩展到三、四十层的那种态(如图 4.3.11 (d) 所示)，显然用二十层方法就不能得到合理的结果。图 4.3.12示出了根据式(2.2.28),(2.2.29)计算得到的对于表面引入的态密度的改变量 $\Delta D(E)$。结合图 4.3.10 可以清楚地看到，在禁带中增加的态密度主要是桥键表面态。在 -0.8 eV 处，增加的态密度峰主要是悬键态贡献。在 -6 eV 处也有增加的态密度，相当于图 4.3.10 中 K 到 J 的背键态。从图 4.3.12 中也看出，表面还在能带的一些区引入反共振，导致态密度减小。根据 § 2.2 的 Levinson 定理，在整个能量区，增加的态数和减少的态数应恰好相等。

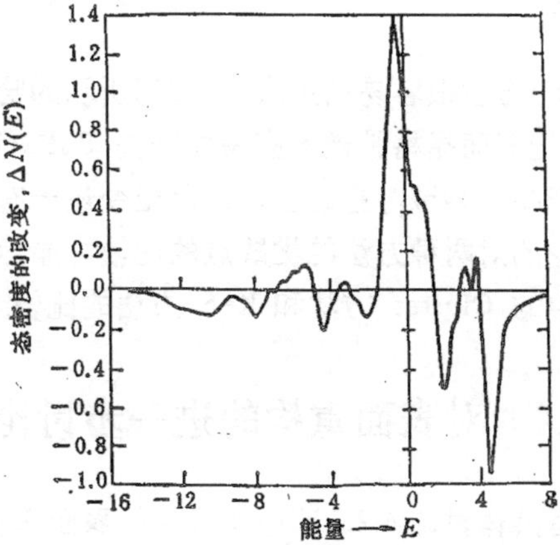

图 4.3.12　Si(100) 面总的态密度改变量
(整个 S.B.Z. 累计).

最后，我们对比一下 4.3.3 节和 4.3.4 节所介绍的 PaPh 方法和 PoPa 方法在处理表面电子结构，以及 § 2.4 中用 Cluster 和 (K-S) 方法处理深能级电子结构时的有关情况。可以看出，两种处理方法是完全一致的。区别仅仅在于所考虑的哈密顿 H 有不同的对称性。对于点缺陷问题，H 具有点群对称性，基函数的 LCAO 应按点群的不可约表示、组合成围绕缺陷的逐个壳层轨道。对于表面问题，H 具有二维空间群对称性。基函数的 LCAO 应按二维空间群的不可约表示组合成有一定平面波矢 $\boldsymbol{k}_{\parallel}$ 的二维 Bloch 函数。从这样的意义上来说，表面问题中的 PaPh 方法相当于深能级问题中的 Cluster 方法。不过，现在的 Cluster 演变为一个 Slab。

关于 PaPh 方法与 PoPa 方法，它们的优缺点如下：

（一）PoPa 方法求能量的行列式维数决定于势 U 在空间的扩展性，目前为 8×8。 PaPh 方法求能量的行列式维数决定于波函数在空间的扩展性，采用 80×80。对于短程势而波函数比较扩展的情况，显然是使用 PoPa 方法好得多。

（二）PoPa 方法需要计算对应每一能量 E 的完整晶体的格林函数矩阵元，这是比较费机时的，而 PaPh 方法则不存在这个麻烦。

（三）PaPh 方法很容易利用式(4.3.32)所示的哈密顿矩阵元与键长的关系，把表面晶格弛豫效应考虑进去。PoPa 所用格林函数方法则很难把晶格弛豫考虑进去，对此至今还未有人尝试过。

以上所讨论的对两种方法的优缺点的比较，显然也完全适用于深能级问题中的 Cluster 方法和 K-S 方法的比较。

§4.4 对表面重构的进一步讨论

本节我们将具体讨论 4.2.2 节中所介绍的表面重构。它是当前研究清洁外表面最重要的课题之一。本节内容主要取材于 Schluter 所写的一个评论和文献[2]。

从根本上来说，表面重构相当于表面一个新的相。形成这样一个相的原因是由于能量降低的缘故。如上节所述，理想的表面上存在许多悬键，比如在 Si 中，形成一个悬键大约需要 2eV 的能量，它比一般应变能要大很多，所以从能量的角度来看，表面重构的结果是企图尽量减少悬键，而代之以一些应变，即原子位置的改变。目前，理论上正是从这个观点出发去寻找一些特殊的重构结构以降低系统的能量。这里的能量是指的 1.3.4 节中所讨论的系统总能量。它包括电子和离子相互作用以后的总能量。而在实验上主要用 LEED（低能电子衍射），STM（扫描隧道显微镜），光电子能谱等方法，这些实验方法将在 § 4.5 中进行讨论。这一节我们限于讨论研究最多的 Si{100} 表面和{111}表面的一些结果。

4.4.1 Si{100}2 × 1 表面

Si{100} 表面是研究得最多的表面之一。根据大量的 LEED 实验结果，曾经提出过各种表面重构的基本结构。这些基本结构大致可分为图 4.4.1 所示的几种。其中图 4.4.1(b) 所示的称为 dimer 模型[3,4]。图 4.4.1(c) 所示的称为空位模型（或 missing row）[3,5]，图 4.4.1(d) 所示的称共轭键模型(conjugated chain)。到底如何判断属于哪一种表面重构，这可从下列途径来判断：(1) 根据 STM 和 LEED 实验可能推测的图形。(2) 根据理论计算所得系统的总能量，那一种能量低来判断。(3) 根据理论计算电子表面态密度，并与光电子谱等作比较来判断。根据目前的研究可知道，实际的表面重构并不是如图 4.4.1 所示的任何一种结构，而是更复杂的结构。但是图 4.4.1 所示的基本结构对于了解重构仍旧是重要的。比如 dimer 结构虽有其正确的一面，但可能是非对称的[1,7-9]。根据目前的大量实验结果可得出，基本上可肯定 dimer 结构是了解 {100} 面再构的重要基本结构，而空位和共轭键结构是不存在的[10-12]。

4.4.2 Si{111}2 × 1 表面

{111} 面是 Si 单晶的最易劈开的自然劈裂面。当在高真空中劈开时，呈 2×1 重构。在 600℃退火以后不可逆地转变为 7×7 重构。说明 2×1 重构是一种亚稳结构。本节讨论 2×1 重构，下一小节讨论 7×7 重构。在 1981 年以前，普遍承认 Haneman[13] 提出的 buekling 模型是 2×1 重构的一种主要结构，它示出在图 4.4.2(a) 中。一个没有重构的 Si(111) 表面，在每一个表面 Si 原子有一垂直于表面的悬键，如图 4.4.2 所示。这些悬键相互交

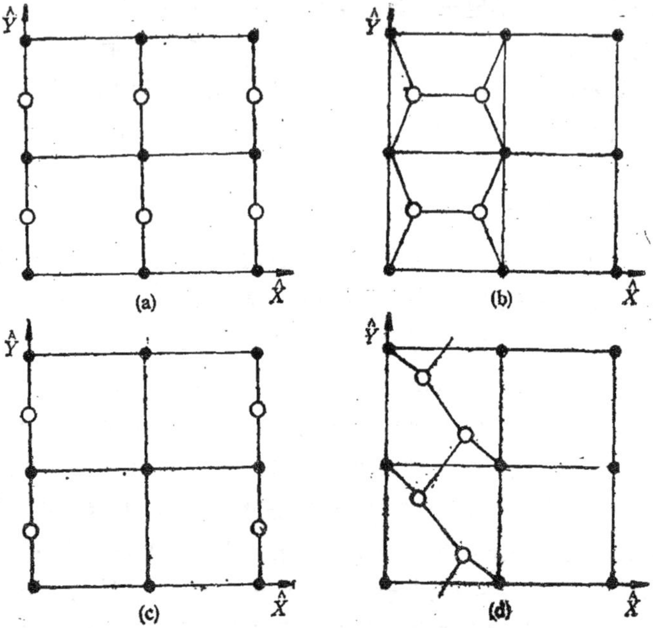

图 4.4.1　Si(100) 表面的几种重构图形[1]. 黑、白球属于两个相邻的不同表面层. (a) 没有重构的理想结构; (b) dimer 结构重构; (c) 空位模型重构; (d) 共轭键模型重构.

叠很少，在 Si 的禁带引入一个窄的表面态能带，(见 4.3.2 节和 4.3.3 节)。因为每个原子只提供一个电子，所以这个窄带是半满的。因此应呈表面的金属导电性，这与实验不符。Haneman 提出的 buckling 结构，将表面原子位置有的提高，有的降低，这相当于对称性的破坏。根据过去 Peierls 提出的理论，这种对称性破坏将使二维金属系统变成半导体系统，这种转变称为 Peierls 相变[14]，从而可以解释表面不呈金属性的实验事实。但是进一步的研究发现，这种 buckling 模型算出的电子表面能带结构[15-18]不符合光电子谱实验结果[19,20]。Pandey[21] 根据以上事实，提出一个新的表面结构，即 π 键链结构[如图 4.4.2 (b)]。后来的能量计算[21-23]证明，buckling 结构确实不是稳定态。而 π 键链结构的能量较

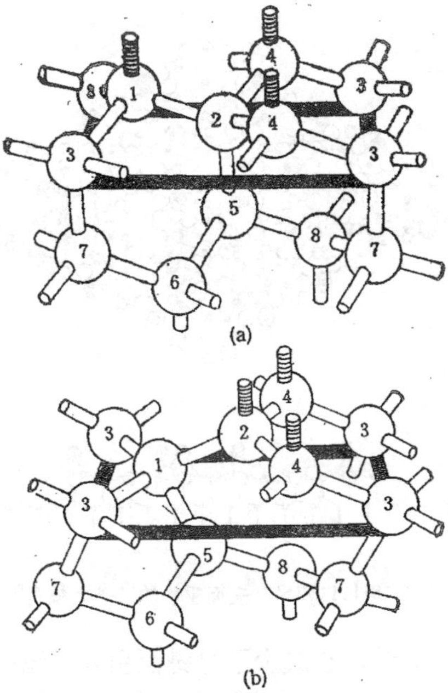

图4.4.2 Si{111}2×1 表面重构[1].
(a) buckling 模型; (b) π 键链模型.

低，而且角分辨光电子谱[24]所测得的表面能带与理论的符合得也较好. 另外，π 链模型预言，当光的极化平行于链方向或垂直于链方向时，光的反射或吸收呈强烈的各向异性[25]. 这种反射[26]和吸收[27]实验都已证实了这个预言. 最近做的 STM 实验[28]也支持 π 链模型. 可以这么说，目前人们都已接受了 π 链结构是 Si(111) 2 × 1 面的基本重构结构这个结论，但是其细节的问题仍在争论之中.

4.4.3 Si{111}7 × 7 表面

早在 1959 年，Si {111} 7 × 7 结构就由 LEED 实验所确定了[29]. 最早的模型是空位模型[30]，空位周期排列成 7×7 图案. 但它产生很多悬键，因此从能量上说是不利的，所以后来提出吸附

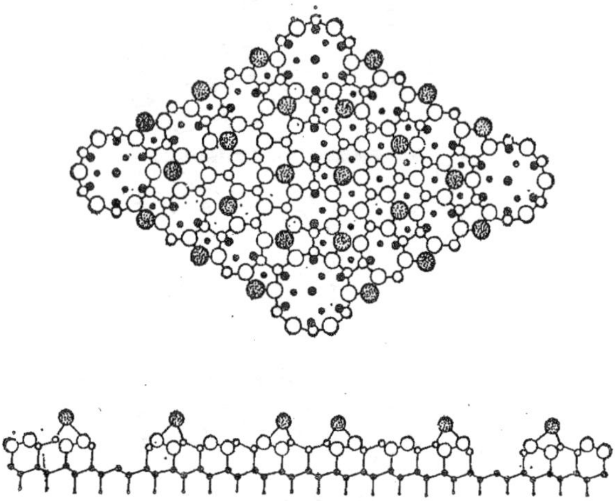

图 4.4.3 Si{111}7×7 表面重构的 DAS 模型[1,33].

原子模型 adatom[6,31]，它减少了悬键而引入了表面应变. 另外一个有用的想法是 Bennett 等[32]提出的表面层错 (stacking falt)，后来被 LEED, STM 等实验所证实.在这些工作的基础上，Takayanagi 等[33]提出了 DAS (dimer-adatom-stacking fault) 模型，这个模型目前已被人们普遍接受. DAS 模型相当复杂，它的顶视图如图 4.4.3 所示，一共有三层. 最上一层是吸附原子，下面还有二层. 图的下半部为侧视图，沿 7×7 原胞的长对角线方向看过去，可以看出层错结构. 最上一层吸附原子有 12 个，每一吸附原子和下一层的 3 个原子成键，这样减少悬键. 这样一个复杂的结构，被后来许多实验所证实. 如 X 线衍射实验[34]证实了 DAS 中的层错岛以及 dimers 结构.中能离子散射实验的结果[35]也支持 DAS 模型和其他层错模型. 用 STM[36] 所作的分析也支持与 DAS 结构有关的图象. 总之，DAS 模型似乎已被大量实验所证实，但结构的细节仍有待进一步进行实验和理论的研究.

对表面重构问题的深入了解，对于改进外延生长的质量和人工控制各种生长表面结构无疑都是十分重要的。

§4.5 表面的实验研究方法

4.5.1 综述

表面物理是当前极为活跃的一个领域。用于表面研究的实验方法日新月异，不胜枚举。这一节仅对当前比较重要的方法作一极简单的综述，而且主要介绍有关外表面层的研究情况。通常，关于外表面层的研究往往需要使用大型昂贵的仪器，并且要在高真空中进行，以避免表面沾污。这方面的评述性文章，较早的可参阅文献[1—3]，近期的可参阅文献[5]，以及本节中所介绍的文献。

表面研究的方法，绝大部分是采用下列方式进行的：某种粒子入射到表面，与半导体相互作用后，产生某种出射粒子，根据出射粒子和入射粒子的特征参数之间的关系可获得有关表面的信息。粒子的种类大致可分为光子、电子、离子、中子等。它们的特征参量为能量、动量、极化方向、强度(密度)、粒子束面积等，由不同的入射、出射粒子和考虑不同的特征参数，就发展出名目繁多的方法。下面举出几种比较重要的方法：

(一) *用于研究表面原子几何结构的方法* 电子显微镜 (electron microscopy, EM)[6] 的入射电子和出射电子为电子被固体弹性散射，用于观察表面几何结构，相当于用电子波代替光波的显微镜，其派生物是扫描电镜 (scanning electron microscopy, SEM)，电子束细聚焦、且可扫描；透射电镜 (transmission electron microscopy, TEM)，在样品的背面出射电子。电镜的分辨率可达到几个 Å，可观察单个原子。

低能电子衍射 (low energy electron diffraction, LEED)，反射高能电子衍射 (reflection high energy electron diffraction, RHEED)，中能电子衍射 (medium energy electron diffraction, MEED)，它们的入射电子和出射电子为相干电子源被固体相干

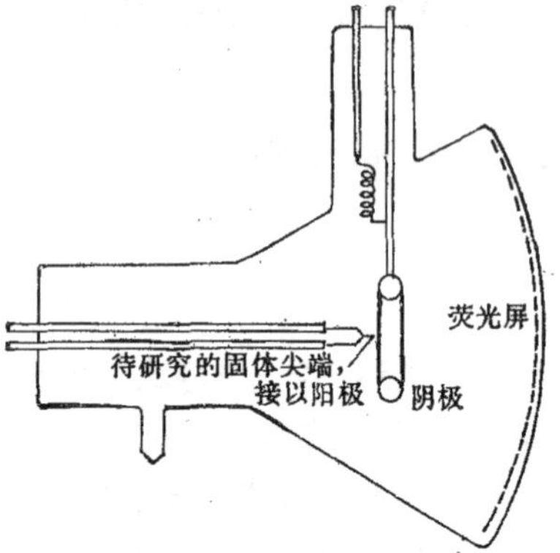

图 4.5.1　场离子显微镜（FIM）示意图.

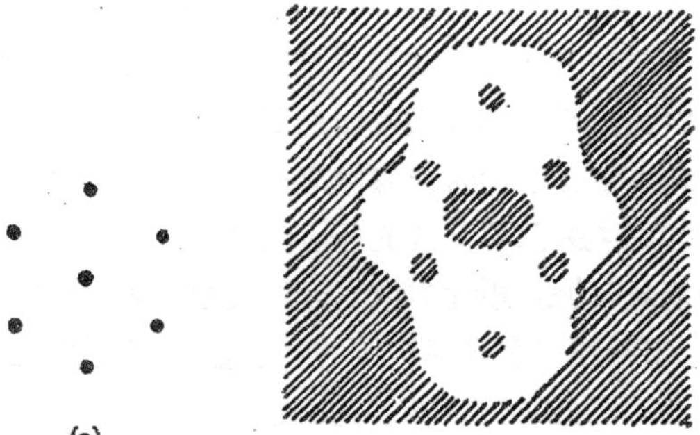

(a)　(b)

图 4.5.2　(a) 理论计算的立方晶体 FIM 图案；(b) 钨尖 $r=2.5\times10^{-5}$cm，$V=3500$V，$i=10^{-4}$ Å所获得的实验 FIM图案.

弹性散射而产生的衍射图案，我们将在 4.5.3 节中再进行讨论.

场离子显微镜（field ion microscopy, FIM）[7.1]，将待研究的固体做成半径为 500—2000 Å 的尖端密封在真空泡中当做阳极，并施加以强电场(如图 4.5.1)，真空泡内充以低压的氦气，吸附在固体表面的氦原子在强电场下电离，其电子通过隧道效应穿透到固体.如图 4.5.1 所示，氦离子经电场加速被射到荧光屏而发光，由于氦吸附于固体表面时相对固体表面原子位置的不同而有不同的电离率，它射到荧光屏上形成的几何图案在一定程度上就反映了固体表面的几何排列，目前，这样的 FIM 可放大 10^7 倍，分辨率达到 2—3 Å，但 FIM 目前主要用于对重原子金属（如 W,Pt,Rh 等）表面的研究。

图 4.5.2 (a), (b) 分别示出立方晶体的 FIM 发射的理论和实验得到的图案花样.

扫描隧道显微镜(scanning tunneling microscopy, STM,)[4,8] 是最近发展起来的一种原子量级分辨率的显微探针。由于这种显微镜在表面科学和理化、生物以及在工业上具有广阔的应用前景，SIM 的发明者 Rohren 和 Binning 获得了 1986 年的诺贝尔奖。当极尖的探针靠近表面极近处，并外加电场时，样品中的电子就会通过隧道效应穿透探针而形成可测的隧道电流，而此电流与样品至探针间隙之间的距离有密切关系. 当探针在样品表面扫描时，样品探针和晶体之间间隙的时大时小反映了晶格的原子结构，通过隧道电流的大小反映出来. 探针的扫描是通过压电晶体的伸缩控制的，可达 2 Å/V，而间隙的防振是通过特别设计的超导悬浮装置。利用此方法所获得的空间分辨率小于晶格常数，并已拍摄到 Si(111) 面 7×7 重构元胞的图片.

STM 仪器最近已进入商品化生产，供应市场，而且已经历了几代的技术改进. 现在的 STM 已不用超导悬浮防振，因而用不着在真空条件下工作，而可在液体中进行工作，体积也大大缩小。

表面敏感扩展 X 射线吸收精细结构（surface-sensitive extended X-ray absorption fine structure, SEXAFS）是近年发展起来的、用于研究表面吸附的几何结构的方法[8]. 入射光子为能量可调的 X 射线，它是由同步辐射源（synchrotron radiation）产生. 出射电子来自吸附表面的吸附原子内层的 Auger 电子，由出射电子和被相邻原子散射电子之间的相干，使得出射电子的数目受到入射光子能量的调制，对该类调制进行傅里叶分析将可获得相邻吸附原子间的距离及近邻吸附原子个数等参量，其分辨能力超过 LEED 所能达到的分辨能力。

（二）用于研究表面电子结构的方法 光电子谱（photoelectron spectroscopy, PS)，其派生物是真空紫外光电子谱（ultraviolet PS, UPS）。*X* 射线光电子谱（Xray PS, XPS），入射为光子、出射为固体中电子。光电子谱又称为化学分析电子谱（electron spectroscopy for chemical analysis, ESCA），有关这方面的内容将在下一节中进行细述。

离子中和谱[10]（ion neutralization spectroscopy, INS），其入射的是慢速 He^+ 等离子，而出射的是电子。He^+ 吸附表面电子而中和，同时放出能量被处于某个表面态的电子吸附而逸出表面。所以是二电子过程，通过检验逸出电子的信息便可分析表面电子态密度和电子结构等。INS 仅限于分析表面最外层和吸附原子的电子态。

（三）用于研究表面化学组分的方法，对于半导体表面主要是分析表面含杂的情况　二次离子质谱[2,11]（secondary ion mass spectroscopy, SIMS），或称离子探针，入射的是离子，出射的也是离子。用 1—10keV 能量的一次离子束打入样品表面，在样品表面产生二次离子射出，将二次离子引入质谱仪，经放大后记录下不同种类离子的荷质比 m/e 以及相对应的强度。

SIMS 对于表面检测是破坏性的，不过它具有极高灵敏度，可分析表面极微量的杂质成分（包括氢在内的轻元素），它可将入射离子束细聚焦，拍摄二维的二次离子扫描图象，利用一次离子对表面的刻蚀作用，还可以对表面纵向浓度分布进行测量，这只要在固定的一次离子刻蚀速度下，测量二次离子强度随时间的变化便可达到目的。由于 SIMS 具有上述优点，在半导体工艺中用于检测微量杂质沾污或扩散分布等，这是一个十分重要的手段。图 4.5.3 示出半导体工艺中蒸发铝膜中的杂质分析的 SIMS 谱。

Auger 电子能谱[1,2,4,12]（Auger electron spectroscopy, AES），入射的是电子或光子，出射的是电子，过程如图 4.5.4 所示。其中，E_1 是原子内壳层电子能量，用入射的电子或X线光子把 E_1 的电子打出后留下一个空穴。此时固体中的其它能级 E_2 可能发生 Auger 碰撞，一个电子落入 E_1 的空穴，同时释放的能量将另一电

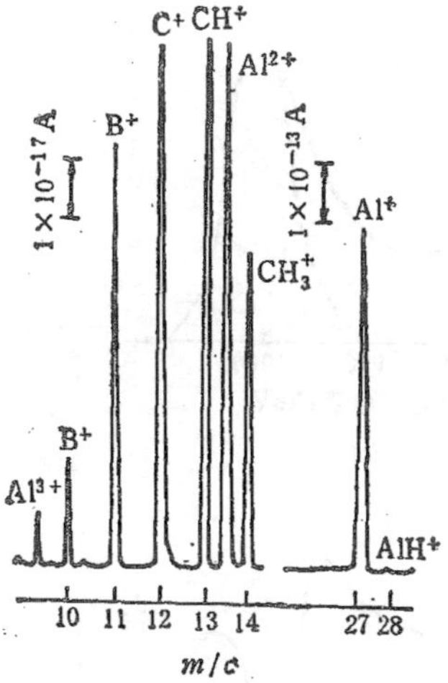

图 4.5.3 铝蒸发膜的 SIMS 谱. 一次离子：Ar^+ 8keV。真空：2×10^{-7} Torr（文献[2]）.

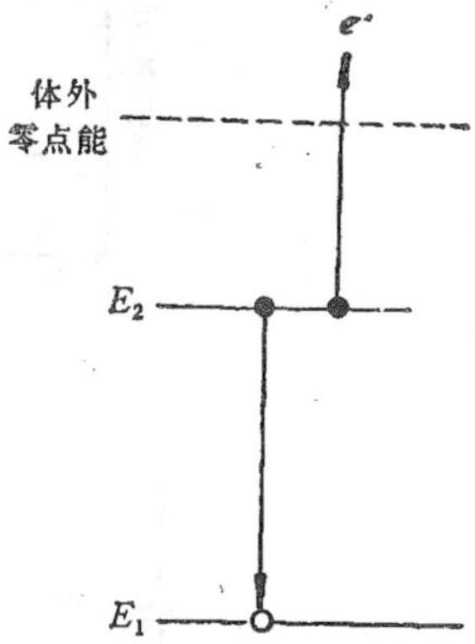

图 4.5.4 Auger 过程中的电子跃迁图.

子激发到体外。后者称为 Auger 电子。从测量 Auger 电子的能量可以推算 E_1 和 E_2 能级的能量差。固体内不同原子对应不同的 Auger 电子能谱(这相当于一个指纹图)，因此可以识别半导体中含杂质原子种类和浓度，又因为这种 Auger 电子在逸出体外前，在体内可能被非弹性散射，因此只有在表面层几十个 Å 以内产生的 Auger 电子可能真正逸出体外。与 SIMS 相比，Auger 分析可以不破坏分析样品。

图 4.5.5 (a) 示出一定杂质原子对应的逸出体外的 Auger 电子能量分布曲线，图中 $N(E)$ 为单位能量 Auger 电子数。由于 Auger 电子在逸出深度范围内有一定概率。经过非弹性散射损失能量，所以 Auger 能谱峰的低能端存在一个尾巴，如图 4.5.5 所示。图中峰的面积正比于该类杂质的浓度。此类 Auger 能谱可以直接由 Auger 谱仪测出。目前更常用的是所谓微分 Auger 谱 $\left(\frac{dN}{dE}\sim E\text{ 的关系}\right)$，如图 4.5.5 (b) 所示。它具有很多优点。例

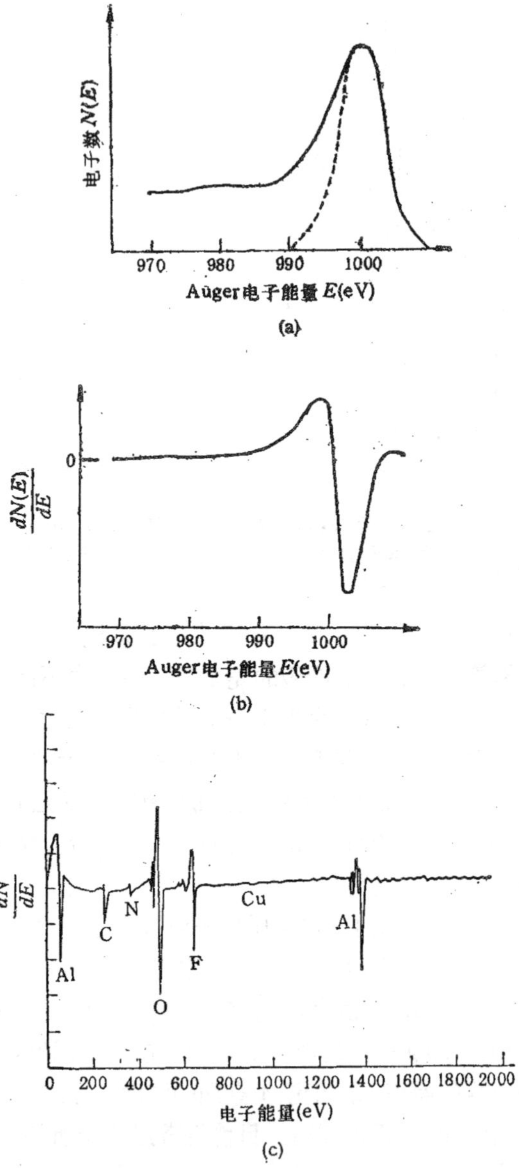

图 4.5.5 (a) 某种杂质在半导体中对应的 Auger 电子能谱；(b) Auger 电子微分谱；(c) Si 器件上蒸铝后测到的 Auger 微分谱[12]。

如由各种原因造成的 $N(E)$ 背景值在微分谱中并不反映出来，因而可以扩大仪器的灵敏度，把很弱的 Auger 峰显现出来，等等．图 4.5.5(c) 示出 Si 器件上蒸铝后所测得的 Auger 微分谱．在谱中测到 F（氟）表示在 Al 面上的沾污．

将 Auger 能谱与离子刻蚀联合用于表面，可进行杂质浓度深度分布的测量，而且具有很高的分辨率，此时离子入射，将表面以一定的速度刻蚀，而 Auger 能谱则监视暴露的表面层含杂浓度．

由于 LEED，PS，AES 等都必须在高真空室中进行，实验技术上有共容之处，所以近年来出现所谓联合谱仪，在一台谱仪中，设置多种不同的入射粒子激励源和相应的出射粒子检测装置，使一台仪器具有多种用途．

4.5.2 光电子谱（PS）

在这一节中，我们要进一步讨论光电子谱（photoelectron spectroscopy，PS）这一重要的实验技术．根据光的不同波长范围，又派生出X射线光电子谱 XPS 和紫外光电子谱 UPS（近年来采用同步辐射加速器作为光源，可产生红外至X线范围连续可调的光子源，且具有很高的强度、聚焦、偏振、脉冲等性能，这促进了 PS 研究），PS 技术不但对表面，而且对固体体内的电子能级以及有机、无机化合物电子结构分析都十分有用，文献[13,14]对 PS 作了很简洁的描述．有关 PS 的其它内容可参阅文献［12—23］．

光电子实验安排如图 4.5.6 所示． 一定能量的光子入射到样品以后，样品电子处于某初态 E_i，吸收光子后逸出体外，且具有一定的动能 E_k，它们之间的关系如图4.5.7所示．由费米统计，原被电子占据的 E_i 应在费米能级 E_F 以下，其电子吸收光子 $h\nu$ 后，克服功函数逸出体外，且具动能 E_k

$$E_b = (E_F - E_i) = h\nu - \phi - E_k. \qquad (4.5.1)$$

实验测得的光电子数目随光电子能量 E_k 的分布曲线称为 EDC (energy distribution curve)，通常，取 $E_b = E_F - E_i$，即初态的

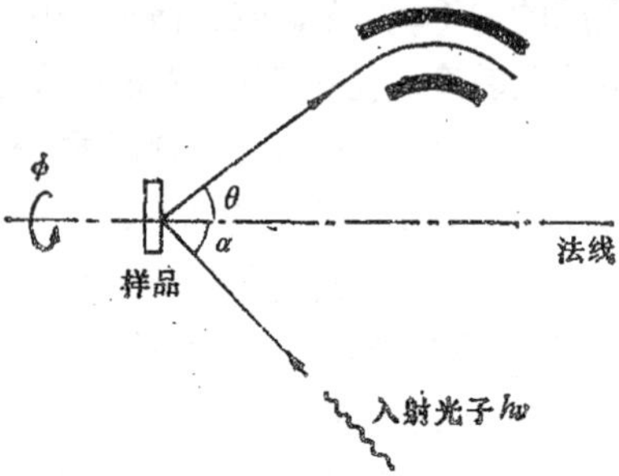

图 4.5.6 角分辨光电子谱仪。

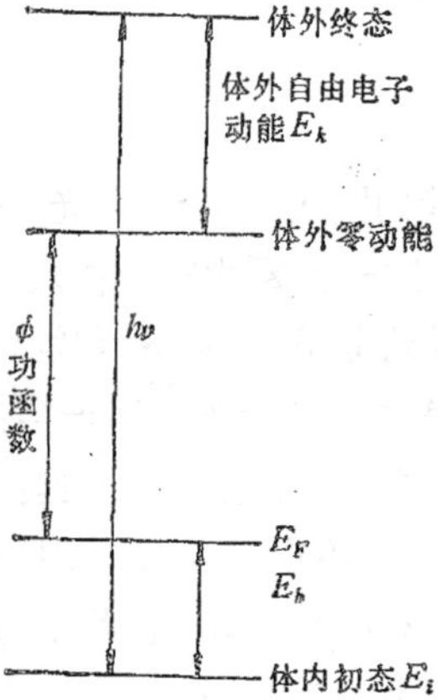

图 4.5.7 光电子实验中，电子跃迁能量图。

电子束缚能作为 EDC 的横坐标。

现在，一般用 Spicer[24] 的三阶段模型来解释光电子过程(如图 4.5.8 所示)：(1) 固体体内电子吸收光子，从初态 E_i 激发到导带中终态 E_f。(2) 被激发的电子向表面运动。(3) 电子克服表面势垒而逸出体外，成为具有一定动能的光电子。

现在，我们先来说明 (2) 的影响，由于被激发的电子在向表面移动过程中可能出现非弹性散射。这可能是声子的散射，也可

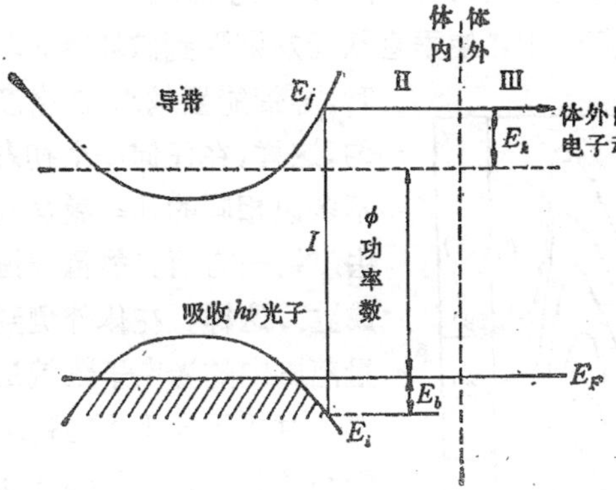

图 4.5.8　光电子过程中，Spicer 提出的三阶段模型.

能是其他电子的散射，如引入自由程 l，则平均来说，只有离开表面 l 以内的电子才有可能不受散射而逸出体外.同时，l 也是电子能量的函数。我们可以选择合适的入射光子能量来调整自由程 l，使得光电子效应的体内作用区限制在表面层一定的厚度内.另外，由于这种非弹性使一部分逸出的光电子动能比式(4.5.1)所决定的要低，这使 EDC 的低能部分逐渐地升高起来，不过这样的一个背景并不会影响真正的光电子谱峰的位置。

关于（3）的影响，对于不同固体表面的功函数 ϕ 值，仅仅使得 EDC 在横轴上有一个平移，而不改变其形状。实际上，往往可根据 EDC 在能量横轴的绝对位置来决定功函数 ϕ 值。因为在 EDC 的能量最大值处，相当于最大的逸出动能 $E_{k\max}$。从图 4.5.8 中可看出，对于金属，这相当于初态就在 E_F 处，根据式(4.5.1)，有

$$\phi = h\nu - E_{k\max}。\tag{4.5.2}$$

因此对于金属，只要知道了入射光子能量 $h\nu$ 和 EDC 中的最大能量 $E_{k\max}$，便可定出功函数 ϕ。

最后，我们来说明(1)的作用，这相当于电子在体内吸收光子而激发到高的导带态。下面分两种截然不同的实验条件来讨论:

（一）光子能量足够大使体内的电子激发到极高的导带态，此时多电子效应起作用，使垂直跃迁规则受到破坏(§3.2)。与此同时，导带能量越高，态密度越大且均匀，这样，在任何一个初态的电子差不多以相同的几率激发到高导带态去。另一方面，能量守恒规则仍旧成立。这样，在体外测到的一定能量范围内的光电子数就是 EDC 强度，直接正比于体内初态的态密度 DOS (density of states)。图 4.5.9 示出了用同步辐射加速器作为光源的金的光电子谱 EDC. 在光子能量低时，价带电子激发到较低导带，根据动量守恒，EDC 反映了导带和价带能带结构的细节［见(二)的讨论］。当光子能量高时，价带电子激发到高导带态，动量守恒被破坏. EDC 直接给出价带态密度 DOS 的形状[14]。用能带理论计算金的价带态密度与用光电子谱测出的形状也可以较好地符合[2](见图 4.4.9 的虚线)。

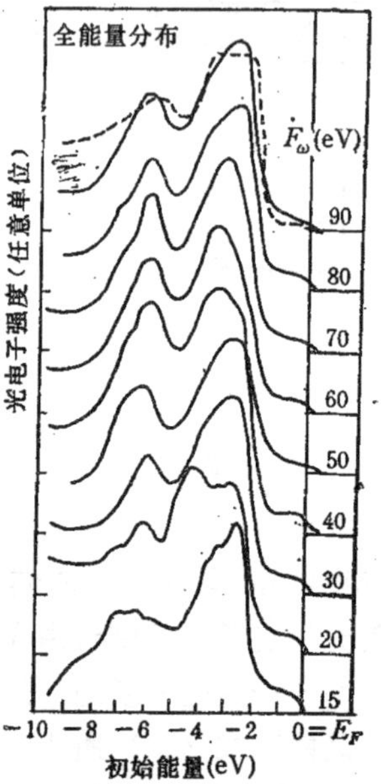

图 4.5.9 金的 EDC. 虚线为文献［25］中所记载金价带态密度的理论计算值.

对于半导体，用 PS 测得的 DOS 包括体内和表面态密度部分，可以用各种办法来区别这两部分的贡献. 一个办法是利用表面吸附，当表面吸附少量吸附物时，表面态引起的 PS 峰就明显降低，而体峰基本不变. 用清洁表面的 EDC 和有吸附时的 EDC 相减，所得差谱能反映表面态情况。图 4.5.10 示出 Si(111) 面测得的结果[26]，图中实线为刚劈开的清洁表面测得的 DOS，包括体内的 DOS 和表面态的 DOS 之和. 虚线表示体内的价带 DOS. 图 4.5.10 (a) 示出的是未经热处理的 (2×1) 表面重构，此时，有一个表面态对应的峰。图 4.5.10 (b)示出 850℃ 热退火后的结果，对应

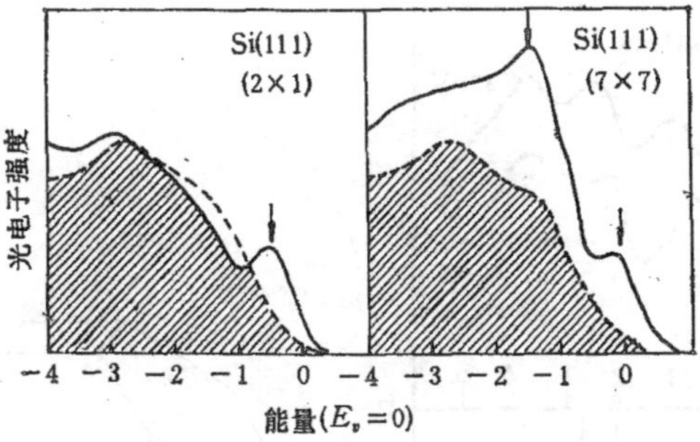

图 4.5.10 用 PS 测得的 Si (111) 光电子谱. 虚线对应体内的谱密度,实线包括表面态. (a) 为 2×1 重构;(b) 为退火以后的 7×7 重构.

(7×7)重构,此时有两个表面态对应的峰.

(二) 光子能量只能使电子在体内激发到较低的导带态 E_f. 此时,根据 § 3.2, 激发过程中遵守能量守恒和动量守恒,电子在从价带跃迁到导带时作 $\boldsymbol{k}$ 不变的垂直跃迁. 这样,光电子 EDC 反映了价带以及导带两者的联合信息. 下面我们举例说明.

图 4.5.11 (a) 示出用角分辨光电子谱仪对 Cu 测得的 $\theta=0$ (图 4.5.6) 时的 EDC[27]. 可以看到几个明显的峰,而且峰的位置随入射光子能量$h\nu$而变动. 峰值处对应被电子占据的带到空带的跃迁符合能量守恒和动量守恒的条件, 我们可定量地来讨论这个问题. 由于光电子在逸出表面时动量 $\boldsymbol{k}^{\prime\prime}$ 守恒. 现在,电子限于在体内 $\boldsymbol{k}^{\prime\prime}=0$, 当表面为 (110) 面时, 即图 4.5.11 (c) 中 Cu 的布里渊区中沿 $\Gamma\rightarrow K$ 的一条线 k_z 上的情况. 图 4.5.11 (b)示出由 Burdick[28] 所算得的、在此条线上 Cu 的能带的理论曲线, 图中只画出了费米面以下的部分, 对于费米面以上, 根据 Burdick 的理论,可以用自由电子近似描写

$$E_f=E_0+\frac{\hbar^2q^2}{2m},\tag{4.5.3}$$

其中 E_0 和质量 m 都已知. 从图 4.5.11 (a) 中可看出, 对于一定的光子能量 (比如 45 eV) 所得 EDC 三个峰 1,2,3 对应的三个 E_b 值, 由图 4.5.8 得到相应的 $E_f=h\nu-E_b$, 再由式(4.5.3)算

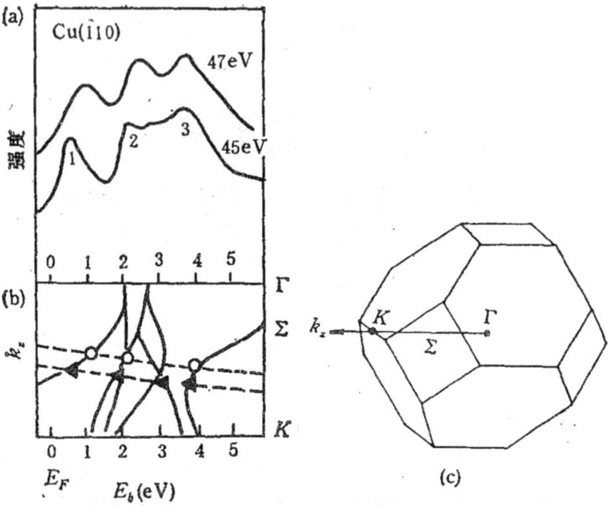

图 4.5.11 (a) Cu 的角分辨光电子谱. 在 $\theta=0$ 时测得的 EDC; (b)通过计算得到的 Cu 能带 $E(k)$ 的实验点▲(45eV), ○(47eV) 和理论曲线的比较, 正好落在理论曲线能带上; (c) Cu 的布里渊区.

得相应的q. 将 q 扣去一定的倒格矢G约化到布里渊区上去, 得到布里渊区中对应的 k_z。于是, $k_z=q-G$ 得到的三个 $E_b\sim E_z$ 的实验点用▲画在图 4.5.11 (b)上, 发现这正好落在 Cu 的三支理论给出的能带处. 对 47eV 光子入射所得到的结果示出在图 4.5.11 (b) 中 (用○标出), 从图中可看出, 这些值亦落在三支能带上. Chiang 等人采用同样的方法, 他们假定 GaAs 的导带电子也可采用式(4.5.3)进行近似计算, 并用了一定的E_0和m值, 用不同的光子$h\nu$测得了相应的 EDC 峰, 得到 GaAs 的能带结构如图 4.5.12 中的实验点所示, 由此可看出, 这与用第一章所介绍的采用赝势法算得的理论能带结构符合得很好. 采用角分辨光电子谱已经对好几种半导体的体内能带结构进行了实验测量. 最近的评论可见Smith 和 Larson 发表在文献 [1] 中的文章。

最后, 我们介绍最近 Spicer 等[30]用角分辨 UPS 谱研究 Schottky 势垒形成机制的工作。

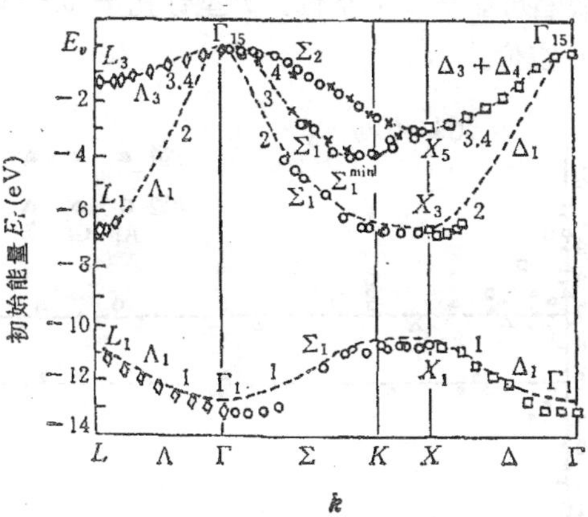

图 4.5.12 GaAs 价带。◇□○×为用角分辨 PS 实验测得的值[29]。虚线为用赝势方法计算得出的。

早期 Bardeen 对半导体表面蒸发金属形成表面势垒的解释是：由于半导体禁带某处高浓度本征表面态的存在，表面处自动形成能带弯曲而将费米能级 E_F 钉扎在本征表面态能级上。这种解释成功地说明一种半导体构成的 Schottky 势垒不随金属功函数的变化而变化的现象。Spicer 等在 GaAs (110) 表面逐步蒸上金属，从亚单原子层到多原子层，并观察 PS 谱的改变，势垒的形成就是表面能带的弯曲，导致光电子谱峰在能量轴的移动，根据移动情况就可以判断能带弯曲的程度，其结果如图 4.5.13 所示。此图说明：(1) 对于蒸上不同的金属，饱和势垒高度近似地与金属种类无关。除 Al 以外，n 型 GaAs 的 E_F 都钉扎在 E_V 以上 0.75 eV，而 p 型钉扎在 E_V 以上 0.5eV 处。

(2) 当金属覆盖度为 0.1 单原子层左右，能带弯曲就达到饱和，也就是 E_F 已被钉扎。

从理论计算中已经知道，清洁的 GaAs (110) 面在禁带中不存在表面态，结合以上实验，对研究 Schottky 势垒形成机理提供了重要的资料。Spicer 等认为，以上的界面态形成是蒸发过程中形成的表面缺陷态，不包含金属原子。具体说，n 型钉扎于 0.75

eV，受主型缺陷可能是 As 空位，p 型钉扎于 0.5 eV，施主型缺陷可能是 Ga 空位。

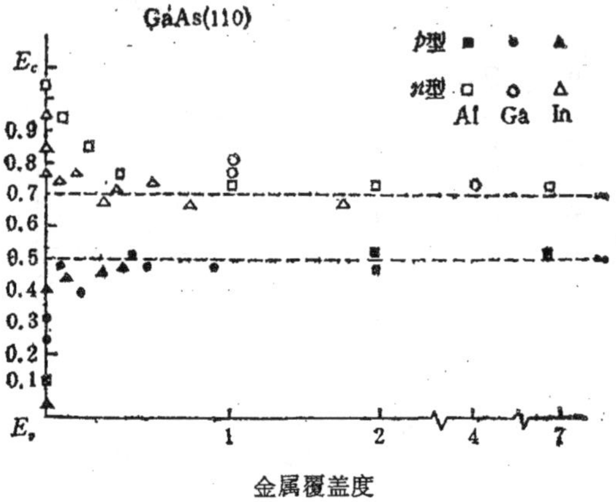

图 4.5.13 不同金属覆盖 GaAs(110) 表面所对应的费米能级位置(见文献[30]).

4.5.3 低能电子衍射（LEED）

低能电子衍射是研究清洁表面原子几何结构最重要的实验技术。低能电子(30—500eV)的穿透能力很小。它在表面的头几层晶格就受到强烈的散射,因此适合于表面研究.入射到表面的电子源是单色性和平行性都好的相干源。电子波长小于或接近于晶格常数 3—5 Å.电子被表面晶格原子相干散射而产生一定的 Bragg 衍射图形，根据图形可判断晶格的二维周期性结构。LEED 的装置示意图如图 4.5.14 所示。有关LEED 更深入的内容可参阅文献[3,31,36]。

下面,我们简单地解释 Bragg 衍射图样的形成。要了解电子被固体表面散射的问题,相当于求解薛定谔方程,其波函数 ψ 满足入射波和散射波相加这样的边界条件,即

$$\psi(\boldsymbol{r}) = Ae^{i\boldsymbol{k}\cdot\boldsymbol{r}} + \psi_s(\boldsymbol{r}), \qquad (4.5.4)$$

其中 $\boldsymbol{k}$ 为入射波矢，ψ_s 为散射波。由于哈密顿满足二维平移对称,所以 $\psi(\boldsymbol{r})$ 应具有式(4.3.9)的二维 Bloch 波形式,即

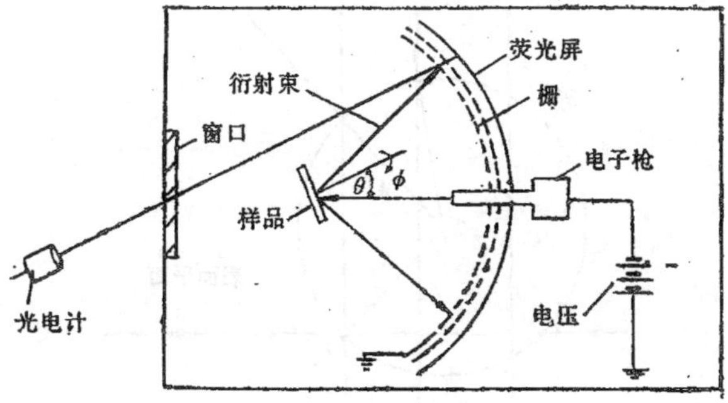

图 4.5.14 样品和外栅为地电位，电子枪射出的电子被电场加速后，以一定能量到达样品，并被弹性散射．在无电场情况下，射到外栅、内栅为负几伏．用以截止非弹性散射电子。发光屏载有高的正电压，电子穿过外栅后加速到达发光屏而发光．

$$\psi(\boldsymbol{r}) = e^{i\boldsymbol{k}_{/\!/}\cdot\boldsymbol{r}}(Ae^{ik_z\cdot z} + u_s(\boldsymbol{r})), \tag{4.5.5}$$

其中 z 轴垂直表面，而 $\boldsymbol{k}$ 按式 (4.3.2) 分解成 $\boldsymbol{k}_{/\!/}$ 和 $\boldsymbol{k}_z$，$u_s(\boldsymbol{r})$ 为二维周期函数，根据式(4.2.8)，可写成

$$u_s(\boldsymbol{r}) = \sum_{\mathbf{G}^{/\!/}} u^s_{\mathbf{G}^{/\!/}}(z)e^{i\mathbf{G}^{/\!/}\cdot\boldsymbol{r}}。 \tag{4.5.6}$$

又由于式(4.5.5)要满足表面以外真空中薛定谔方程所代表散射波的解，故 $u^S_{\mathbf{G}^{/\!/}}(z)$ 必须满足下列波动形式：

$$u^S_{\mathbf{G}^{/\!/}}(z) = B_{\mathbf{G}^{/\!/}}e^{ik^S_{\mathbf{G}^{/\!/}}z},$$

代入式(4.5.5)，(4.5.6)，得到

$$\psi(\boldsymbol{r}) = Ae^{i\mathbf{k}\cdot\boldsymbol{r}} + \sum_{\mathbf{G}^{/\!/}} B_{\mathbf{G}^{/\!/}}e^{ik^S_{\mathbf{G}^{/\!/}}\cdot\boldsymbol{r}}, \tag{4.5.7}$$

其中

$$\boldsymbol{k}^S_{\mathbf{G}^{/\!/}} = \boldsymbol{k}_{/\!/} + \mathbf{G}^{/\!/} + \boldsymbol{k}^S_{z\mathbf{G}^{/\!/}}。 \tag{4.5.8}$$

式(4.5.7)说明，入射波矢 $\boldsymbol{k}$ 的电子，经表面反射以后产生许多反射波，波矢为 $\boldsymbol{k}^S_{G^{/\!/}}$，幅度为 $B_{G^{/\!/}}$．式 (4.5.8) 说明反射波矢 $\boldsymbol{k}^S_{\mathbf{G}^{/\!/}}$ 的表面分量为入射波矢表面分量 $\boldsymbol{k}_{/\!/}$ 加上不同的二维倒格矢 $\mathbf{G}$ 而成．另外，由于 LEED 只发生电子弹性散射，所以 $\boldsymbol{k}$ 和所有 $\boldsymbol{k}^S_{\mathbf{G}^{/\!/}}$ 的长度应该相同．这就可用图 4.5.15 的二维衍射 Bragg 图来定出反射波的方向．作图过程如下：

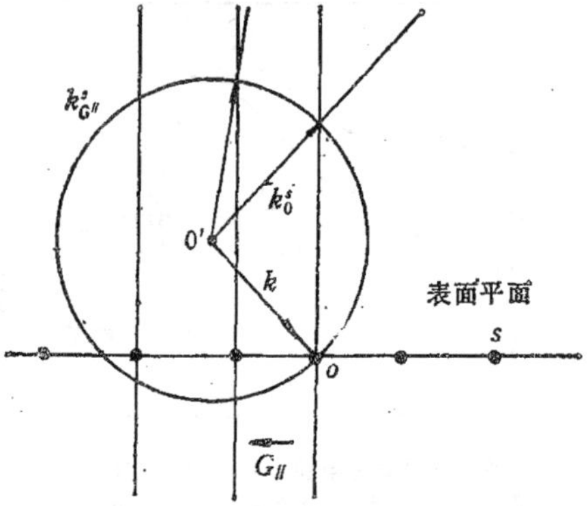

图 4.5.15　用于二维周期格点 LEED 衍射分析的 Ewald 图. S 面垂直于纸面. 图上的圆实际为一球面.

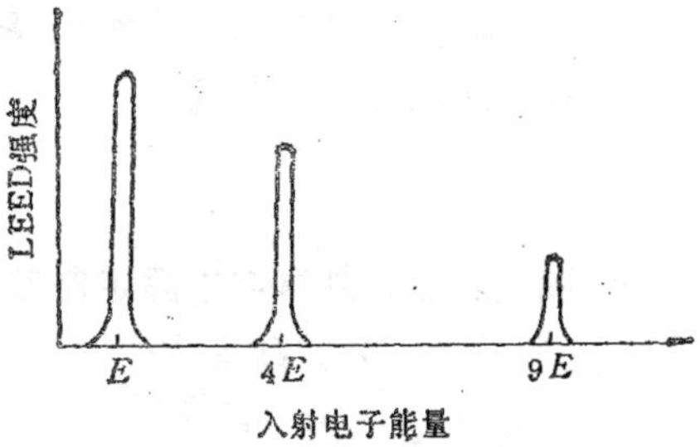

图 4.5.16　保持入射和反射检测方向不变，连续改变能量 E 时所出现的周期性的峰.

(1) 在表面 S 画出倒格点阵，其零格点在零处。

(2) 画出入射波矢 $\boldsymbol{k}$, 其终端在零处。

(3) 以波矢 $\boldsymbol{k}$ 起端零为球心，$|\boldsymbol{k}|$ 为半径，作球面。

(4) 在 S 面上每个倒格点处作垂直于 S 面的直线. 直线与球面的交点在球面上形成一系列点纲。

(5) 从球心到每个网点联直线，即定出每个反射波矢 $\boldsymbol{k}^s_{G//}$. 显然，这样作出的波矢 $\boldsymbol{k}^s_{G//}$ 满足式(4.5.8)以及能量守恒。

由以上 Ewald 图可得 LEED 衍射斑点图样。从图 4.5.15

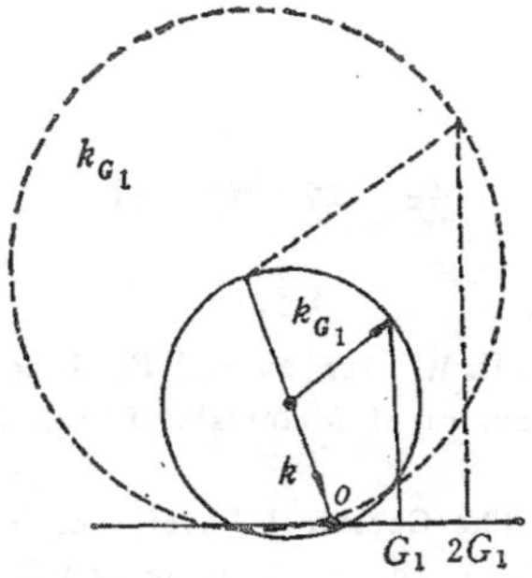

图 4.5.17　入射 $\boldsymbol{k}$ 电子对应G_1 倒格矢的衍射斑点方向和入射 $2\boldsymbol{k}$ 电子对应 $2\,G_1$ 倒格点的衍射斑点方向是一样的.

可立刻看到，如果入射电子垂直样品表面，而照像底板平行样品表面，则拍得的衍射图样即为二维倒格点阵的无畸变放大图。

从另一途径来安排实验，如果入射电子波矢 $\boldsymbol{k}$，能量为 $E=\frac{(\hbar k)^2}{2m}$，且在某一方向测得衍射极大值。由以上讨论可知，此方向正好满足 Ewald 图对应某倒格矢 $\boldsymbol{G}$ 的衍射。现在，如果保持入射和反射检测方向不变，连续改变能量 E，则衍射强度作为能量函数将在 $E, 4E, 9E, \cdots$ 处出现周期性的峰，如图 4.5.16 所示，这可从图 4.5.17 的 Ewald 图立刻看出。不过，$4E$ 时出现的衍射峰相当于 $2\,\boldsymbol{G}_1$ 倒格矢对 $2\boldsymbol{k}$ 入射波的衍射，等等。

实际上的 LEED 强度随能量的关系比图 4.5.16 中所示的还要复杂.这是因为低能电子在固体表面实际上经受多次散射，而且具有一定的非弹性等等复杂因素。目前，经过很多人的努力，已经可以把上述各种复杂因素考虑进去，并从理论上算出可以与实验大致相符的曲线。已经用 LEED 对很多金属和半导体表面进行了结构分析[3,35]。

参 考 文 献

§4.1

[1] J. A. Strozier, Jr. D. W. Jepsen and F. Jona, Surface Crystallography, in Surface Physics of Materials, **1**, ed., J. M. Blakely, Academic Press, 1 (1975).

[2] D. P. Woodruff, The Chemical Physics of Solid surfaces and Heterogeneous catalysis, **1**, ed., D. A. King and D. P. Woodruff, Elsevier, Amsterdam, 81 (1981).

[3] 王迅,蒋平,物理,**10**,45(1981).

§4.3

[1] S. G. Davison and J. D. Levin, Solid State Physics, ed., F. Seitz and D. Turnbull, Academic Press, New York, **25**, 1(1970).

[2] R. O. Jones, Surface Physics of Phosphors and semiconductors, ed., C. G. Set Scott and C. E. Reed, AcademicPress, New York (1975). 中译本:磷光体和半导体中的表面物理,廖显伯等译,科学出版社(1982).

[3] 谢希德,物理学进展,**1**(1),36 (1981). F. Forstmann, Photoemission and the Electron properties of surfaces, ed., B. Feuerbacher, B. Fitton and R.F. Willis, Wiley, Chichester (1978).

[4] Tamm, *Z. Physik*, **76**, 849 (1932).

[5] Y. C. Chang, *Phys. Rev.*, **B25**, 605(1982).

[6] V. Heine, *Surface Science*, **2**, 1(1964).

[7] W. Shockley, *Phys. Rev.*, **56**, 317(1939).

[8] J. A. Appelbaum, Surface Physics of Materials, **1**, ed., J. M. Blakely, Academic Press, New York, **1**, 79(1975).

[9] J. A. Appelbaum and D. R. Hamann, *Phys. Rev.*, **B6**, 2166(1972); **B8**, 1777(1972); *Phys. Rev. Lett.*, **31**, 106(1973); **32**, 225, 1433(1974); **36**, 168(1976); *Rev. Mod. Phys.*, **48**, 479(1976).

[10] J. C. Slater, *Phys. Rev.*, **81**,385(1951).

[11] 李俊清,量子化学中的X_α方法及其应用,安徽科学技术出版社(1984).

[12] J. Friedel, *Advan. Phys.*, **3**, 446 (1954).

[13] M. Schluter, J. R. Chelikowsky, S. G. Louie and M. L. Cohen, *Phys. Rev. Lett.*, **31**, 106 (1973); **32**, 1433 (1974); **32**, 225 (1974); **34**, 1385 (1975); *Phys. Rev.*,**B12**, 4200(1975).

[14] G. P. Kerker, S. G. Louie and M. L. Cohen, *Phys. Rev.*, **B17**, 706 (1978); M. T. Yin and M. L. Cohen, *Phys. Rev.*, **B24**. 2309 (1981); J. E. Northrup, J. Ihm and M. L. Cohen, *Phys. Rev. Lett.*, **47**, 1910 (1981); J. E. Northrup, and M. L. Cohen, *Phys. Rev. Lett.*, **49**, 1349

(1982); J. E. Northrup, *Phys. Rev. Lett.*, **54**, 815 (1985).
[15] M. S. Hybertsen and S.G. Louie, *Phys. Rev. Lett.*, **58**, 1551 (1987).
[16] K. C. Pandey and J. C. Phillips, *Solid State Communication.*, **14**, 439 (1974); *Phys. Rev. Lett.*, **32**, 1433 (1974); *Phys. Rev.*, **B13**, 750 (1976).
[17] J. Pollman, Advances in Solid State Physics, Festkorper Probleme, ed., J. Treusch, Vieweh, Braunschwig, **20**, 117(1980).
[18] J. Pollman and S. T. Pantelides, *Phys. Rev.*, **B18**, 5524(1978).
[19] L. M. Falicov and F. Yundurin, *J. Phys. C: Solid State Phys.*, **8**, 147, 1563(1975).
[20] D. Kalkstein and P. Solvén, *Surface Science*, **26**, 85(1971).
[21] M. V. Dandekar, A. Madhukar and D. N. Lowy, *Phys. Rev.*, **B21**. 5687 (1980).
[22] M. Lanoo, Handbook of Surfaces and Interfaces, ed., E. Dobrzynski, Gerland, New York, **1**(1978).
[23] R. E. Allen, *Phys. Rev.*, **B19**, 917(1979); **B20**, 1454(1979).

§4.4

[1] J. A. Appelbaum, G. A. Baraff and D. R. Hamann, *Phys. Rev. Lett.*, **B15**, 2408 (1977),
[2] 谢希德,物理学进展,**1**,86(1981).
[3] R. E. Schlier and H.E. Farnsworth, *J. Chem. Phys.*, **30**, 917(1959).
[4] J. D. Levine, *Surf. Sci.*, **34**, 90(1973).
[5] T. D. Poppendieck, T.C. Ngoc and M. B. Webb, *Surf. Science*, **75**, 287 (1978).
[6] W. A. Harrison, *Surf. Sci.*, **55**,1(1976).
[7] J. A. Appelbaum, G. A. Baraff and D. R. Hamann, *Phys. Rev. Lett.*, **35**, 729 (1975); *Phys. Rev.*, **B11**, 3822(1975); **B12**, 5749 (1975); **B14**, 588 (1976).
[8] D. J. Chadi, *Phys. Rev. Lett.*, **43**, 43(1979).
[9] W.S. Yang, F. Jona and P. M. Marcus, *Phys. Rev.*, **B28**, 2049(1983).
[10] R. Seiwatz, *Surf. Science*, **2**, 473(1963).
[11] J. E. Northrup, *Phys. Rev. Lett.*, **54**, 815(1985).
[12] T. D. Poppendieck, T. C. Ngoc and M. B. Webb, *Surf. Science*, **75**, 287 (1978).
[13] D. Haneman, *Phys.Rev.*, **121**, 1093(1961).
[14] 孙鑫,统计物理学进展(第三章,郝柏林,于渌等编著),科学出版社(1981).
[15] K. C. Pandey and J. C. Phillips, *Phys.Rev. Lett.*, **34**, 1450(1975).
[16] S. Ciraci and I. Batra, *Solid State Communication*, **18**, 1149 (1976).
[17] J. A. Appelbaum and D. R. Hamann, *Phys. Rev.*, **B12**, 1410(1975).
[18] C. T. White and K. L. Ngai, *Phys. Rev. Lett.*, **41**, 885(1978).
[19] F. J. Himpsel, P.Heimann and D. E. Eastman, *Phys.Rev.*, **B24**, 2003 (1981).

[20] G. V. Hanson, R. Z. Bacharach, R. S. Bauer, D. J. Chadi and W. Gopel, *Surf. Science*, **99**,13(1980).
[21] K. C. Pandey, *Phys. Rev.Lett.*, **49**, 1349(1982).
[22] J. E. Northrup and M. L. Cohen *Phys.Rev. Lett.*, **49**, 1349(1982).
[23] O. H. Nielson, R. M. Martin, D. J. Chadi and K. Kunc, *J. Vac. Sci. Technol.*, **B1**, 714(1983).
[24] R. I. G. Uhrberg, G. V. Hanson, J. M. Nicholls and S. A. Flodstrom, *Phys.Rev.Lett.*, **48**, 1032(1982).
[25] A. Selloni and R. Del Sole, *Surf. Science*, **168**,35(1986).
[26] P. Chiaradia, A. Cricenti, S. Selciand and G. Chiarotti, *Phys. Rev. Lett.*, **52**, 1145 (1984); *Phys. Rev.*, **B31**, 4096 (1985).
[27] M. A. Olmstead and N. M. Amer, *Phys. Rev. Lett.*, **52**, 1148(1984).
[28] R. M. Feenstra, W.A. Thompson and A.P. Fein, *Phys. Rev. Lett.*, **56**, 608(1986).
[29] R. E. Schlier and H. E. Farnsworth, *J. Chem. Phys.*, **30**, 729(1962).
[30] J. J. Lander and J. Morrison, *J. Chem. Phys.*, **37**, 729(1962).
[31] J. E. Northrup and M. L. Cohen, *Phys. Rev.*, **B29**, 1966(1984).
[32] P. A. Bennett, L. C. Feldman, Y. Kuk, E. G. McRae and J. E. Rowe, *Phys. Rev.*, **B28**, 3656(1983).
[33] K. Takayanagi, Y, Tanishiro, M. Takahashi and S. Takahashi, *J. Vac. Sci. Technol.*, **A3**, 1502(1985).
[34] I. K. Robinson, W. K. Washkiewiez, P. H. Fuose, J. B. Stark and P. A. Bennet, *Phys. Rev.*, **B33**, 7013(1986).
[35] R. M. Tromp and E. J. avn Loenen, *Surf. Science*, **155**, 441(1985).
[36] R. J. Hamers, R. M. Trompand J. E. Demuth, *Phys. Rev. Lett.*, **56**, 1972(1986).

§4.5

[1] P. E. Kane and G. B. Larrabee, Characterization of Solid Surfaces, Plenum, New York(1974).
[2] 梁野檀，安盛岩雄，表面分析，郑伟谋译，科学出版社(1980).
[3] C. G. Scott and C. E. Reed, Surface Physics of phosphors and semiconductors, Academic Press (1975). 中译本：磷光体和半导体的表面物理，廖显伯等译，科学出版社(1982).
[4] 戴道宜，物理，14，235(1985).
[5] G. A.Sormorjai and M. A. Van Hove, Structure and Bonding, Springer-Verlag (1979).
[6] A. V. Crew, J. Wall and J. Langmore, *Science*, **168**, 133 (1970); J. M. Cowley, Diffraction Physics, North-Holland, Amsterdam, (1975);M. S. Isaacson, J. Langmore, N. W. Parker, D.Kopf and M. Utlant, *Utramicroscopy*, **1**, 359(1976); K. Yagi et al., Electron microscopy, Proc. 9th Intern. Conf. on EL Micr., Toronto, J. M. Sturgess, ed., Microscopical society of Canada, Toronto, **1** (1978).

[7] E. W. Muller and T. T. Tsong, Field Ion Microscopy, Elsevier, New York(1969); E. W. Plummer et al., *Vacuum Tunneling Spectroscopy, Physics Today*,28, 63(1975).
[8] G. Binning, H. Rohrer, Ch. Gerber and E. Weibel, *Phys. Rev. Lett.*, **49**, 57(1982); **50**, 120 (1983); P.K. Hansma and J. Tersoff, *J. Appl. Phys.*, **61**, R1(1987);C.F. Quate, *Physics Today*, August, 26(1986).
[9] P. A. Lee, *Phys. Rev.*, **B13**, 5261(1976); P.H. Citrin, P. Eisenberger, R. C. Hewitt, *J. Vac. Sci. Tech.*, **15**, 449(1978).
[10] H. D. Hagstrum, *Science*, **178**,275(1972); *J. Vac. Sci. Tech.*, **12**,7(1975); H. D. Hagstrum and G. E. Becker, *J.Vac.Sci. Tech.*, **14**, 369 (1977).
[11] A. Benninghoven, *Surface Science*, **35**, 427 (1973). B.J. Garrison, N. Winograd and D. E. Harrison, Jr., *Phys. Rev.*, **B18**, 6000(1978).
[12] C. R. Brundle, A. D. Baker, Electron Spectroscopy, Academic Pres 4(1981).
[13] 徐亚伯,光电子谱与表面电子结构,载于文献[4]所列讲义第二册.
[14] B. Feuerbacher and B. Fitton, Electron Spectroscopy of Surface Analysis, ed., H. Ibach, Springer-Verlag, Berlin (1977).
[15] W.E. Spicer, Bulk and Surface Ultraviolet Photoemission Spectroscopy, in Optical Properties of Solids, New developments, ed., B. O. Seraphin, North-Holland, Amsterdam (1976).
[16] D. Briggs and M. P. Seah, Practicle Surface Analysis, Wiley (1983).
[17] B. Feuerbacher, B. Fitton, R. F. Willis, Photoemission and the Electronic Properties of Surfaces, Wiley, Chichester (1978).
[18] M. Cardona et al., Photoemission in Solids, I,II, Topics in Applied Physics, Springer, Berlin, **26**, 27(1978).
[19] H. Ibach, Electron Spectroscopy for Surface Analysis, Springer-Verlag, Berlin (1977).
[20] L. L. Fiermans, J. Vennick and W. Dekeyser, Electron and Ion Spectroscopy of Solids, Plenum (1978).
[21] T. A. Carlson, Photoelectron and Auger Spectroscopy, Plenum (1975).
[22] P. Briggs, Handbook of X Ray and Ultraviolet Photoelectron Spectroscopy, Heyden and Son (1977).
[23] 专门杂志: Journal of Electron Spectroscopy.
[24] W. E. Spicer, *Phys. Rev.*, **112**, 114(1958).
[25] E. C. Snow, *Phys. Rev.*, **172**, 708(1968).
[26] J. E. Rowe, J. C. Phillips, *Phys. Rev. Lett.*, **32**, 1315 (1974).
[27] J. Stohr et al., *Phys. Rev.*, **B17**, 587 (1978).
[28] G. A. Burdick, *Phys. Rev.*, **129**, 138(1963).
[29] T. C. Chiang et al., *Phys. Rev.*, **B21**, 3513(1980).
[30] I. Lindau and W. E. Spicer, 请阅文献[12].
[31] J. A. Strozier, Jr. D.W. Jepson and F. Jona, Surface Crystallography , in Surface Physics of Materials, ed., J. M. Blakely, Academic Press, New York, **1**(1975).
[32] D. P. Woodruff, The Chemical Physics of Solid Surfaces and Hetero-

geneous Catalysis, ed., D. A. King and D. P. Woodruff, Clena Solid Surfaces, Elsevier, Amsterdam, 1(1981).
[33] M.A. Van Hove and S. Y. Tong, Surface Crystallography by LEED, Springer Series in Chemical physics 2, Springer-Verlag, Berlin (1979).
[34] S. Y. Tong, Progress in Surface Science, ed. S. G. Davison, Pergamon, Oxford, 7, 1(1975).
[35] S. Y. Tong, Modern problem of Surface Physics, ed., I. J. Lalov, Bulgaria Academy of Science, Sofia, 726 (1981).
[36] J. B. Pendry, Low Energy Electron Diffraction, Academic Press, London (1974).

第五章 异质结，量子阱，超晶格和量子 Hall 效应

§5.1 异质结的能带失调

由两种不同的半导体材料所组成的结，称为异质结（heterojunctions）。异质结在现代半导体器件（特别是激光器和其它光电器件方面）中有极其重要的应用。最近发展十分活跃的超晶格材料，其中的一种实际上是许多异质结的周期性重复。因此，异质结的物理问题受到人们的更多的重视。关于异质结及有关器件物理方面的内容在本节文献[1]中已作了初步介绍。有关异质结问题的专著可参阅文献[2,3]，有关异质结光电器件的专著可参阅文献[4,5]，有关异质结和超晶格的专著可参阅文献[6,7]。本节主要介绍异质结中一个重要的物理问题，即能带失调（band offset）的问题，这个问题在量子阱和超晶格中关系到阱的深度，所以受到人们很大重视。文献[8]中给出很多最近实验和理论方面的评论文章。

当前对于很多半导体材料的禁带宽度 E_g 已经积累了许多相当可靠的实验数据和理论数据。当两种禁带宽度分别为 E_{g1} 和 E_{g2} 的半导体相接形成异质结后，其禁带失调 $\Delta E_g = E_{g2} - E_{g1}$。现在，人们会问异质结两边的导带失调 $\Delta E_c = E_{c2} - E_{c1}$ 应该由什么来决定？或者等价地说，价带失调 $\Delta E_v = E_{v2} - E_{v1}$ 应该由什么来决定？显然，有

$$\Delta E_c = \Delta E_g + \Delta E_v, \tag{5.1.1}$$

所以只要定出 ΔE_c 或者 ΔE_v 之一便可全部决定失调。这个问题在理论上和实验上都是一个当前正在研究的课题。我们首先指出，原则上有如下三种很不同的可能的失调情况：

（一）半导体 1 的禁带包含在半导体 2 的禁带以内［如图

5.1.1(a)所示]，称为 straddling。如 GaAs 和 $Ga_{1-x}Al_xAs$ 异质结属于此类情况。

（二）半导体 1 和 2 的禁带相互错开[如图 5.1.1(b) 所示]，称为 staggered。如 $Ga_{1-x}In_xAs$ 和 $GaAs_{1-x}Sb_x$ 异质结属于此类情况。

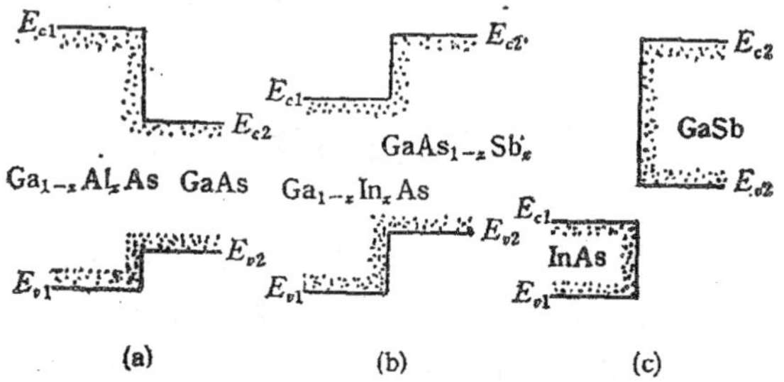

图 5.1.1 对于一定的禁带失调，存在着三种不同的导带和价带失调情况[9]。

（三）半导体 1 和 2 的禁带没有相共的能量[如图 5.1.1(c) 所示]，称为断折隙 (broken gap)。如 InAs 和 GaSb 异质结属于此类情况。

用第一章能带论计算出的半导体的体能带结构，其能量 $E_n(\boldsymbol{k})$ 原则上可以附加一个任意常数，只要在晶体哈密顿的势能部分附加一个任意的势常数即可。当两种半导体接起来形成一个异质结，能带失调的问题实质上就是如何合理地选取两种半导体各自的势常数。

下面我们介绍目前几种不同的理论。

（一）*LCAO 方法* Harrison 用 LCAO 方法讨论了异质结价带失调问题[10,11]。根据式(1.4.30)，闪锌矿结构半导体价带顶 Γ 处的能带值由下式决定：

$$\det\begin{vmatrix} E_{pA}-E, & V_{xx} \\ V_{xx}, & E_{pB}-E \end{vmatrix}=0.$$

上式对应价带顶的根为

$$E_v=\frac{E_{pA}+E_{pB}}{2}-\left[\left(\frac{E_{pA}-E_{pB}}{2}\right)^2+V_{xx}{}^2\right]^{1/2}. \quad (5.1.2)$$

在 Harrison 的计算中，E_{pA} 和 E_{pB} 分别取闪锌矿晶体 A 格点和 B 格点原子(见图 1.1.1)的 p 态价电子的电离能，相当于该态电子走向无穷远的真空所需能量。此电离能可在标准的原子结构数据表中查到[12]。V_{xx} 为最近邻原子相互作用矩阵元。Harrison 用一个普适的关系[11]，V_{xx} 正比于 d^{-2}，d 为近邻原子间键的长度

$$V_{xx} = 2.16\hbar^2/md^2, \tag{5.1.3}$$

其中 m 为电子质量。用了这些参数，便可以由式(5.1.2)算出每一种半导体价带顶的能量，且以一定方式与无穷远真空处的能量相联系。Harrison 认为两块不同半导体相接形成异质结，其价带顶的失调即 $\Delta E_v = E_{v2} - E_{v1}$，其中 E_{v2}，E_{v1} 分别可用式(5.1.2)算出。知道了 ΔE_g，可由式(5.1.1)算出导带失调 ΔE_c。Harrison 的计算虽然很简单，而且用了一些不很清楚的假定，但是得到的结果却很成功地与实验数据的趋势大致相符。Harrison 与实验比较的方法如下述。考察图 5.1.2 所示的半导体表面与体外真空的能量关系。其中 ϕ 为电子从表面的价带顶逸出体外真空且动能为零所需克服的能量，称为电离能，它可以用 4.4.2 节所描述的光电子谱等方法从实验上进行测定。体外动能为零相当于某个光子能量

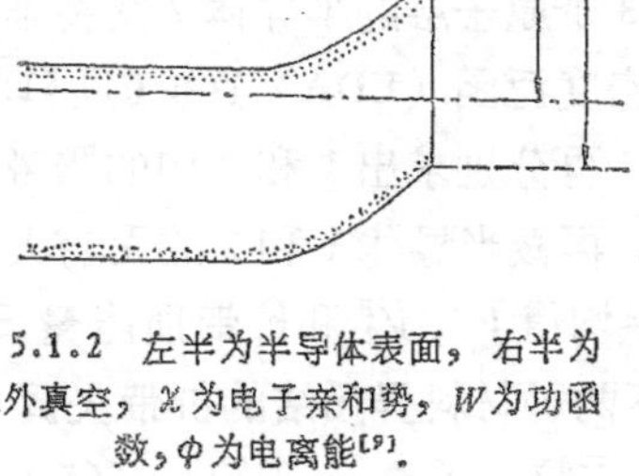

图 5.1.2 左半为半导体表面，右半为体外真空，χ 为电子亲和势，W 为功函数，ϕ 为电离能[9]。

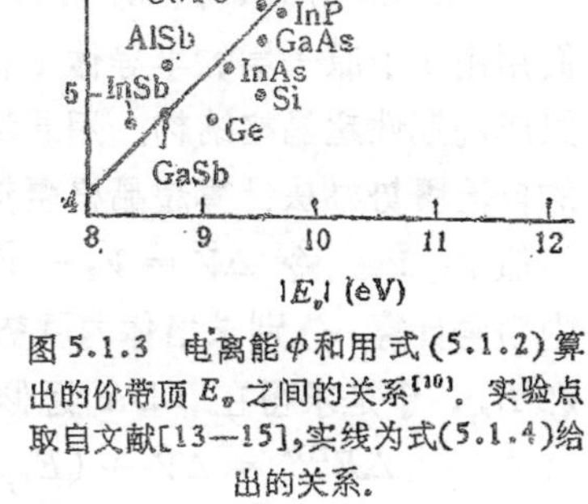

图 5.1.3 电离能 ϕ 和用式(5.1.2)算出的价带顶 E_v 之间的关系[10]。实验点取自文献[13—15]，实线为式(5.1.4)给出的关系。

阈值．由本节的讨论知道，由式(5.1.2)算出的价带顶，其能量零点为体外无穷远处真空能，所以$|E_v|$应该就是ϕ的值，但由于表面偶极层以及镜象力等因素的影响，可以差一个普遍常数，Harrison用

$$\phi = |E_v| - 3.8\mathrm{eV} \tag{5.1.4}$$

这样一个关系与各种半导体材料的实验ϕ值进行比较，结果表示在图 5.1.3 中，说明 Harrison 的理论相当成功．从图 5.1.2 中还可以看出，异质结导带的失调相当于两种半导体电子亲和势χ之差，即

$$\Delta E_c = \chi_1 - \chi_2. \tag{5.1.5}$$

这个关系式早就由 Kroemer[8] 所指出，不过χ并不是一个直接实验可测的量，所以还不如 Harrison 用的

$$\Delta E_v = \phi_1 - \phi_2 \tag{5.1.6}$$

来得直截了当。

(二) *赝势接合方法* Frensley 和 Kroemer 在处理异质结能带失调问题时[9,16]，先用第一章中自洽赝势的类似办法算出两种半导体的体能带结构和相应的赝势，已经知道，体内的两个相邻原子的中间地区，赝势是相当平缓的，在所谓 Muffin-Tin 的近似中，这中间地区的势看作一个常数，对两种半导体，分别用V_1和V_2表示。F-K 假定当 1，2 两块半导体相接形成异质结后，V_1应等于V_2，于是用这个原则调整常数，算出两块半导体能带的相对位置便可知道导带和价带的失调值。

Van de Walle 和 Martin 用另一种办法来作赝势接合[17]。他们用由 8 个原子层的半导体 1 和 8 个原子层的半导体 2 交替排列组成周期性超晶格结构．用局域密度泛函（LDA）近似(见§1.3)的自洽赝势办法计算超晶格赝势．再分别求出 1 和 2 中的赝势平均值$\bar{V}_1$，$\bar{V}_2$。令$\Delta\bar{V} = \bar{V}_2 - \bar{V}_1$，再做半导体 1 和 2 的无穷大体内赝势计算，分别求出体内赝势平均值$\bar{V}_1^B$，$\bar{V}_2^B$和价带顶能量E_{v_1}和E_{v_2}，于是求得在 LDA 近似下两种材料异质结的价带失调

$$\Delta E_v^{\mathrm{LDA}} = \Delta\bar{V} + (E_{v_2} - \bar{V}_2^B) - (E_{v_1} - \bar{V}_1^B). \tag{5.1.6}$$

张绳伯等人[18]对以上方法进一步讨论了多体作用的准粒子理论所引入的修正。由 1.3.3 节的讨论可知道，准粒子（QP）理论形式和 LDA 的差别在于用电子自能 Σ 代替了 LDA 中的交换关联势 V_{xc}，因此考虑了准粒子理论以后异质结的价带失调 ΔE_V^{QP} 可写作

$$\Delta E_v^{QP} = \Delta E_v^{\mathrm{LDA}} + (\Sigma - V_{xc})_2^{\mathrm{VBM}} - (\Sigma - V_{xc})_1^{\mathrm{VBM}}, \quad (5.1.7)$$

其中

$$(\Sigma - V_{xc})^{\mathrm{VBM}} = \langle VBM | \Sigma - V_{xc} | VBM \rangle,$$

$|VBM\rangle$ 为价带顶波函数。

用式(5.1.7)对 AlAs-GaAs (001) 面异质结作了计算，发现 $\Delta E_v^{QP} = 0.53 \pm 0.05\mathrm{eV}$。这与最近被认为比较可靠的实验值 0.53—0.56eV[19,20] 吻合得相当好. 与此比较，用 LDA 算出的 $\Delta E_v^{\mathrm{LDA}} = 0.41\mathrm{eV}$。由此可见，多体效应的修正在这里相当重要。

§5.2 量 子 阱

在上节所述的异质结中，当两个同样的异质结背对背接起来时便成为一个量子阱（quantum well）。图 5.2.1 示出 GaAs-$Al_xGa_{1-x}As$ 异质结形成的量子阱。它相当于图 5.1.1(a) 的情况。此时在 GaAs 区中不仅形成一个导带的电子量子阱，而且也形成一个价带的空穴量子阱. 由于近代薄膜材料技术的发展，用分子束外延（molecular beam epitaxy, MBE）或金属有机物化学蒸汽淀积（metal-organic compound chemical vapor deposition, MOCVD）方法可以接近完善地交替生长不同的材料薄层，因此本节所述的量子阱和下节要讲的超晶格得以实现高质量的制备，其中出现的许多新的物理问题是十分有趣，而且对新的器件有重要的影响，并成为近年来一个活跃的研究方向。GaAs-$Al_xGa_{1-x}As$ 形成的异质结和量子阱是当前最为重要的一种，我们将在本节中进行具体讨论. 为此我们先给出 $Al_xGa_{1-x}As$ 的能带结构和 Al 组分 x 的关系，如图 5.2.2 所示。该图为 Dinger 等人用光吸收和光发射的实验

定出的禁带宽度随 Al 组分 x 的变化情况[1]。当 $x \sim 0.43$ 左右时，禁带由直接变到间接。在图 5.2.1 中，为便于确定起见，如取 Al 组分 $x=0.2$，对应图 5.2.2 中 $Al_{0.2}Ga_{0.8}As$ 的禁带宽度大约为 1.77 eV，而 GaAs 的禁带宽度大约为 1.52eV，所以图 5.2.1 中导带阱深和空穴阱深加起来大约为 0.25 eV.这一节我们将讨论量子阱中最重要的物理问题以及有关的光学实验[2]。

5.2.1 量子阱中的束缚量子态

我们先讨论导带量子阱。采用 § 2.3 所讨论的有效质量近似方法，此时导带电子在量子阱中的运动可简单地归结为下列波动方程：

$$\left[\frac{P_x^2+P_y^2}{2m^*}+\frac{P_z^2}{2m^*}+E_c(z)\right]\psi=E\psi, \qquad (5.2.1)$$

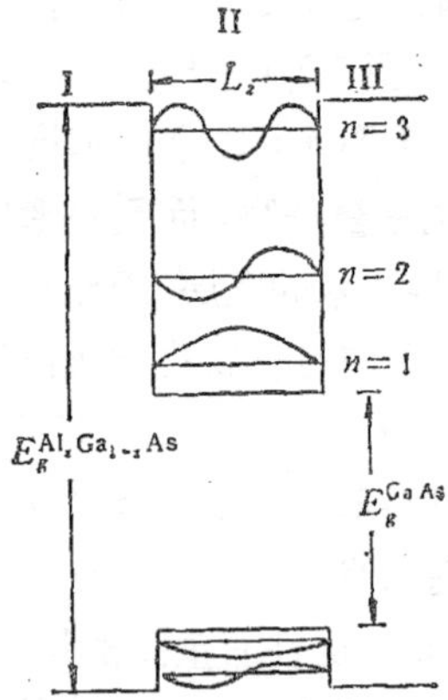

图 5.2.1 由 GaAs 和 $Al_{0.2}Ga_{0.8}As$ 形成的一个量子阱。图中还示出在无限深阱近似下、电子和空穴的束缚量子态及波函数。

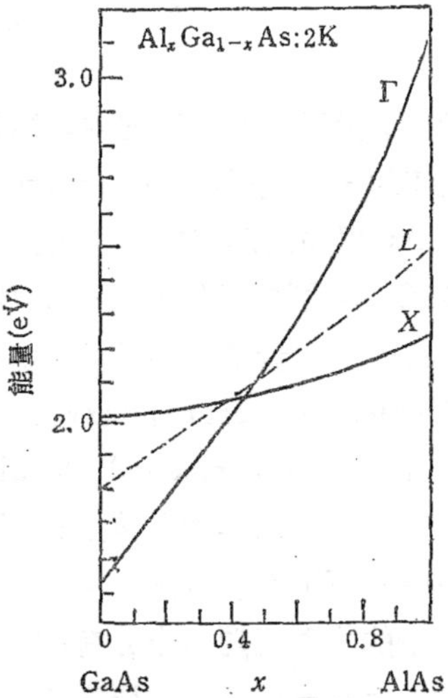

图 5.2.2 $Al_xGa_{1-x}As$ 中导带的 Γ, L, X 谷相对于价带顶的能量与组分 x 的关系。当 $x \approx 0.43$ 时禁带由直接变成间接[1]。

这里我们取 z 垂直于异质结界面，m^* 为平均的电子有效质量。$E_c(z)$ 在 GaAs 区内形成一个宽度为 l 的电子势阱。需要指出的是，§2.3 已经说明，有效质量近似的一个前提是势 $E_c(z)$ 在空间缓变，以致它的傅里叶展开集中在布里渊区的中心，在这里至少要求阱的宽度 l 比晶体原胞的线度大很多，即 l 中包含很多层原子的厚势阱情况。将 ϕ 写成

$$\phi = e^{i(k_x x + k_y y)}\Psi(z), \tag{5.2.2}$$

代入式(5.2.1)，得到

$$\left[\frac{P_z^2}{2m^*} + E_c(z)\right]\Psi = E_z\Psi, \tag{5.2.3}$$

而

$$E = \frac{\hbar^2(k_x^2 + k_y^2)}{2m^*} + E_z. \tag{5.2.4}$$

由此可见，x，y 平面中的运动是有效质量为 m^* 的自由电子运动，而 z 方向上的运动是在一维量子阱中的运动，通常具有量子化的束缚态，对应能量为 E_z。先假定在图 5.2.1 中势阱区 II 内，$E_c = 0$，而在势垒区 I 和 III 中，$E_c = \infty$（无限深势阱的近似）。在 II 区，式(5.2.3)的通解为

$$\Psi = Ae^{ik_z z} + Be^{ik_z z}, \tag{5.2.5}$$

$$k_z = \frac{\sqrt{2m^* E_z}}{\hbar}. \tag{5.2.6}$$

由 $z = 0$ 和 $z = l$ 时 $\Psi = 0$ 的边条件以及归一化条件，可得到

$$E_{zn} = \frac{\hbar^2}{2m^*}\left(\frac{n\pi}{l}\right)^2 \quad (n = 1, 2, 3, \cdots),$$

$$\Psi_n = \sqrt{\frac{2}{l}} \sin \frac{n\pi z}{l}.$$

接着考虑在势垒区 I 和 III，$E_c = V_0$ 的有限势阱情况。考察势垒区、且能量 $E_z < V_0$ 的情况，此时，Ψ 的通解为

$$\Psi = A'e^{k_1 z} + B'e^{-k_1 z},$$

$$k_1 = \frac{\sqrt{2m^*(V_0 - E_z)}}{\hbar}.$$

根据波函数在无穷远处有限的边条件，有

$$\Psi_{\rm I} = A' e^{k_1 z},$$

$$\Psi_{\rm III} = B' e^{-k_1 z}.$$

在II区，仍由式(5.2.5)，(5.2.6)决定．根据这些波函数的表达式，以及波函数及其一级微商在 $z=0$ 和 $z=l$ 连续的边界条件，可以得到量子化的能量 $E_{nz} < V_0$ 的值和相应波函数．但没有简单的解析关系，要用计算机作数值计算．图 5.2.3 示出 Dingle 等人的计算结果．从图中可看出，束缚态能量以及诸能量间间距随阱深 V_0 减小而减小． 值得指出的是，不管 V_0 多小，至少存在一个束缚态． 另外，量子化的能量间距大致正比于 l^{-2}，当 l 很大时，量子化现象逐渐消失而过渡到自由空间的连续谱．所以这是一种量子尺寸效应．

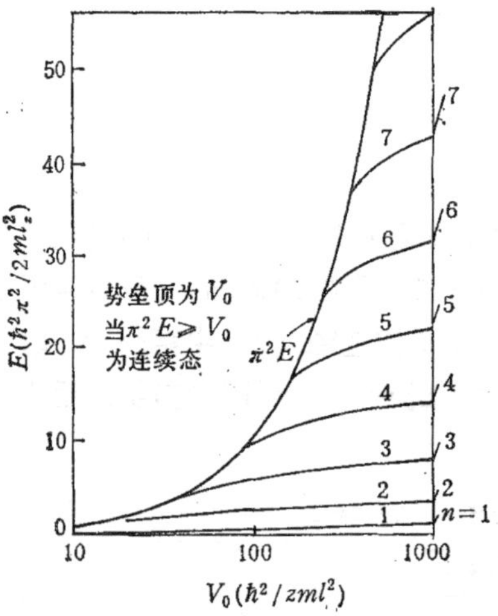

图 5.2.3　有限量子阱中束缚量子态能量与阱宽的关系(阱深 V_0 为常数)[2]．

对于价带的空穴量子阱，我们暂且也用同样的方法来讨论，所得结果也类似，只要把所有公式中的有效质量代之以空穴有效质量，所得量子化的能量和波函数已同时示在图 5.2.1 中．实际上，由于价带顶的简并性，情况要比这复杂，我们将在 5.3.2 节中再加以讨论．

5.2.2　量子阱中的能态密度

前面讲的量子阱中 E_z 能量的量子化并不意味着电子能量 E

是量子化的。正确理解这个问题具有极其重要的意义。为此，我们重新写出式(5.2.4)

$$E = E_{xy} + E_z, \tag{5.2.4a}$$

$$E_{xy} = \frac{\hbar^2(k_x^2 + k_y^2)}{2m^*} = \frac{\hbar^2 k_{//}^2}{2m^*}. \tag{5.2.4b}$$

可见三维空间电子能量 E 可以分解为独立的两部分。E_z 那一部分由于量子阱的限制是量子化的，对应在 z 方向上，波函数局域于阱内。而 E_{xy} 那一部分是连续的，对应在 xy 平面内电子的自由运动，波矢为 $\boldsymbol{k}_{//} = (k_x, k_y)$。由一个 E_z 的分裂值，对应一个由各种不同 E_{xy} 造成的子能带。该子能带对应的态密度估算如下。由 §1.1 可知，$\boldsymbol{k}_{//}$ 在平面上的态密度为 $A/(2\pi)^2$，其中 A 为异质结界面面积。考虑自旋以后，态密度为 $2A/(2\pi)^2$，半径为 $k_{//}$ 的圆以内的状态数为 $(\pi k_{//}^2)\left[\frac{2A}{(2\pi)^2}\right] = Ak_{//}^2/2\pi$（图 5.2.4）。另一方面，由式(5.2.4b)可知，这些状态的能量均在 0 至 $\hbar^2 k_{//}^2/2m^*$ 范围以内。记这些态的总数为 $N(E_{xy})$，于是

$$N(E_{xy}) = Ak_{//}^2/2\pi = \frac{Am^*}{\pi\hbar^2} E_{xy},$$

对应的态密度为

$$\rho(E_{xy}) = \frac{\partial N(E_{xy})}{\partial E_{xy}} = \frac{Am^*}{\pi\hbar^2}. \tag{5.2.7}$$

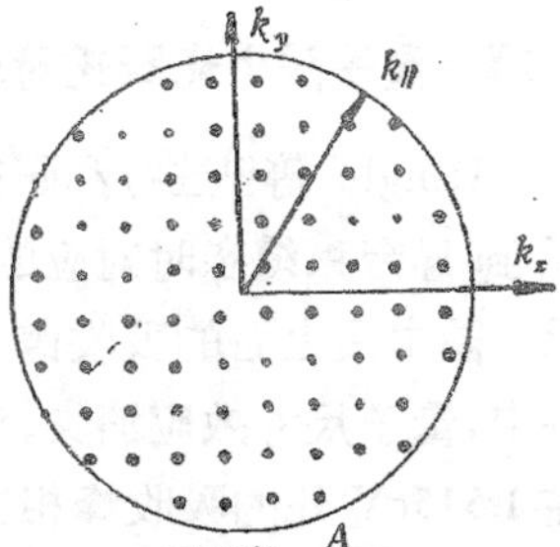

图 5.2.4 二维 $\boldsymbol{k}$ 空间的态密度(考虑自旋以后，每一点代表两个态).

它说明在式(5.2.4a)，(5.2.4b)近似下，电子在 x，y 平面运动所对应的子带能态密度是一个常数。如果取面积 $A = 1$，则态密度为 $\frac{m^*}{\pi\hbar^2}$。这个结论很重要。结合式(5.2.4a)，(5.2.4b)及式(5.2.7)，并考虑到 E_z 取量子化的值 $E_{1z}, E_{2z}, \cdots$，三

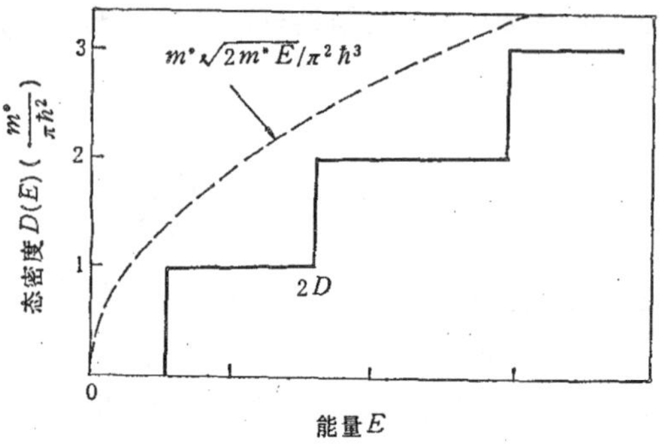

图 5.2.5 量子阱中的能态密度. 图中虚线为三维自由电子态密度,正比于 $\sqrt{E}$.

维能量 E 的态密度 $D(E)$ 如图 5.2.5 所示. 能量每过一个 E_{iz} 值,就多一个子带的贡献,所以是台阶状,台阶高度为 $m^*/\pi\hbar^2$。或者写出关系

$$D(E)=\sum_n \rho_n(E), \tag{5.2.8}$$

其中第 n 个子带态密度为

$$\rho_n(E)=\begin{cases} m^*/\pi\hbar^2 & E \geqslant E_{nz}, \\ 0 & E < E_{nz}. \end{cases} \tag{5.2.9}$$

5.2.3 量子阱中光跃迁对应的光吸收和发射

Dingle 等[2]进行和研究了上述量子阱中电子从价带束缚态跃迁到导带束缚态时对应的光吸收实验,其吸收光谱如图 5.2.6 所示。图中最上面的吸收谱,相当于阱宽 $l=4000$ Å。在这样宽的阱中,量子尺寸效应消失,对应于 GaAs 体的本征吸收光谱。其中在 1.515eV 处的吸收峰相当于体内激子吸收(见 §3.3)。下面两条吸收谱相当于阱宽 $l=210$ Å 和 140 Å 时的情况。此时量子尺寸效应已显示出来。Dingle 等人解释这些峰为电子从价带量子数为 n_h 的束缚态跃迁到导带量子数 n_e 的束缚态所对应的吸收,而且:(1) 跃迁满足 $\Delta n=n_h-n_e=0$ (如图 5.2.7),因为相同 n 的量

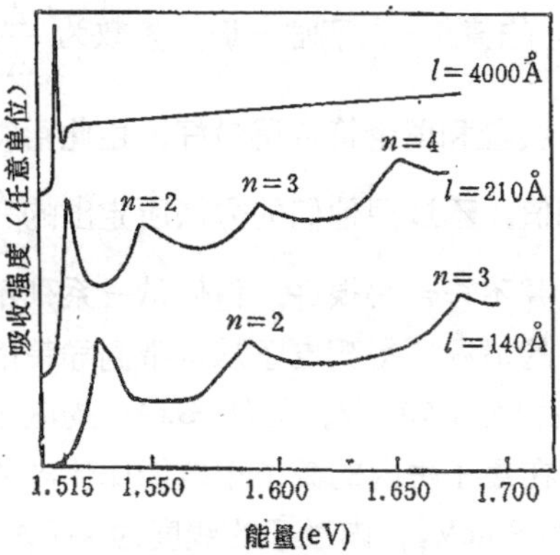

图 5.2.6 GaAs-$Al_{0.2}Ga_{0.8}As$ 量子阱中激子吸收光谱. 图中 l 表示 GaAs 阱宽. 温度为 2K[2].

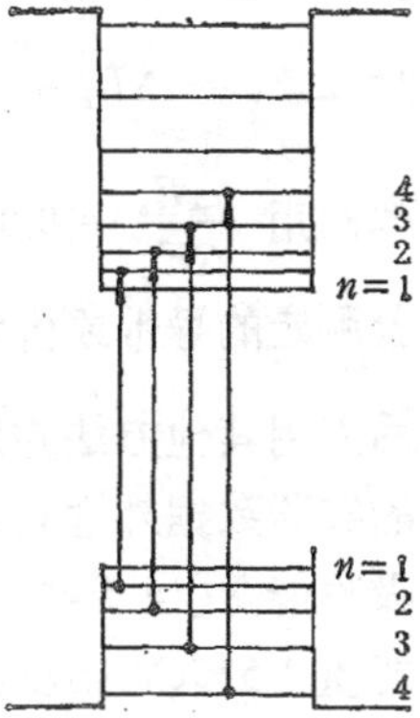

图 5.2.7 量子阱中的光跃迁, 满足 $\Delta n=0$ 的选择定则.

子态具有相同的波函数节点,对应的波函数有最大的交叠,从而出现大的跃迁概率. (2) 考虑电子和空穴的库仑相互作用，跃迁以后的电子和空穴形成激子态，所以跃迁的吸收光子能量应为图 5.2.7 示出的导带和价带第 n 个束缚态的能量之差，再扣除激子的束缚能。我们在 § 3.3 中曾经指出，体内的激子基态束缚能为 $\frac{m^*e^4}{2\hbar^2\varepsilon^2}$，对于 GaAs，大约为 4meV。在量子阱内，由于 z 方向失去自由而被局域于区域 l 内,如果 l 比三维激子的线度小,电子和空穴库仑相互作用增强,导致束缚能增加. (3) 对于价带顶,有轻重两种空穴（见 §1.6），在量子阱中相当于两种不同能量的束缚态.对应在吸收谱中，对于每一个 n，有两个峰。实际上图 5.2.6 中只在最薄的阱 $l=140$ Å，且 $n=1$ 时才看到可分辨的两个峰，对于 $n=2, 3$ 时均只有一个峰，这可能是因为价带的量子阱很浅，对于轻空穴只有 $n=1$ 一个束缚态。

Dingle 等人用已知的 GaAs 导带有效质量 $m^*=0.067m_0$，m_0 为自由电子质量，轻空穴有效质量 $0.08m_0$，重空穴有效质量 $0.45m_0$，已知的量子阱宽度 l，用图 5.2.3 的数据计算电子和空穴

的量子态能量，然后和吸收光谱比较，由图 5.2.2 可得到在一定 x 值时 $\Delta E_g = \Delta E_c + |\Delta E_v|$ 的值。 剩下唯一调整参数为 $\frac{\Delta E_c}{\Delta E_g}$，当他们用 $\frac{\Delta E_c}{\Delta E_g} = 0.85$ 时，实验和理论符合得最好。由此可得到实验测定的导带或价带失调值。不过用他们的方法所定出的 $\frac{\Delta E_c}{\Delta E_g}$ 和后来用其他方法定出的值并不符合得很好。他们从一系列不同 n 的实验数据外推到 $n = 0$ 的情况，得到电子从价带到导带的激子吸收能量(当 $l < 100$ Å 后)为 1.509eV。与体 GaAs 的激子吸收能量 1.515eV 相比，说明在量子阱内的激子束缚能比体内的激子束缚能增加了 5meV，约为 9meV，体内激子的线度为 270 Å，所以在 $l < 100$ Å 的量子阱内，激子束缚能的增加是合理的。最近，有人已进行了几个量子阱内激子束缚能的理论计算工作，见文献[3—10]。

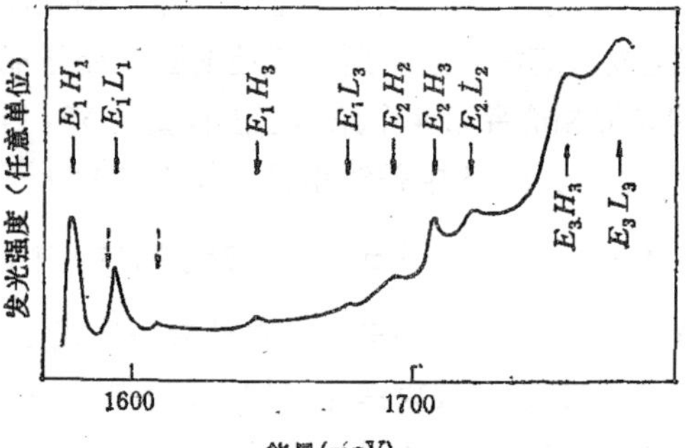

图 5.2.8 50 Å 阱宽的 GaAs-$Ga_{0.87}Al_{0.13}As$ 量子阱中的激发发光光谱[11]. 其中虚线箭头表示 E_1H_1 和 E_1L_1 的激子 2S 态.

图 5.2.8 示出 GaAs-$Ga_{0.87}Al_{0.13}As$ 量子阱中的激发发光光谱. 量子阱的宽度为 50 Å[11]。 图中谱线采用如下标记：E_n 表示电子第 n 个束缚能级，H_m 表示重空穴第 m 个束缚能级，而 L_m 表示轻空穴第 m 个束缚能级。与图 5.2.6 的吸收光谱相比，图 5.2.8 有如下特点：(1) 电子 E_n 到空穴 H_m 或 L_m 的发光跃迁，量子数 n 可

以不等于 m，如图中 E_2H_3 跃迁有相当的强度。(2) 轻空穴束缚能级 L_m 不止一个能级，这与 Dingle 等的分析不一样。(3) 在图 5.2.8 中，轻、重空穴对应的不同谱线能更好地区分开来。此外，甚至还可看到 E_1H_1 和 E_1L_1 的激子激发态 $2S$ 对应的谱线，这比吸收谱具有更高的分辨率。

关于量子阱中最近的光学实验，可以参看文献[10]中 Delalande（荧光谱），Voisin（磁光吸收），Gornik 等人（远红外谱）和 Abstreiter（自由载流子拉曼谱）的文章。

由上述可得出如下结论：在沿 z 方向的电子量子阱中，能量可写为

$$E = E_{xy} + E_z,$$

其中 $E_{xy} = \frac{\hbar^2(k_x^2 + k_y^2)}{2m^*}$ 对应 x，y 平面上的自由运动，对应态密度为常数 $\frac{Am^*}{\pi\hbar^2}$。E_z 对应沿 z 方向的量子态，具有量子化能量 E_{zn}，因此三维电子能量 E 的态密度呈图 5.2.5 所示的阶梯状。E_{nz} 的能量间隔随阱宽 l 增大而减小，这是一种量子尺寸效应。在电子和空穴的量子阱中，量子态的光跃迁满足 $\Delta n = 0$ 选择定则。量子阱中电子和空穴形成的激子态，当阱宽小于三维激子线度时，库仑作用增强，激子束缚能增大。当考虑价带顶的简并性之后，本节的结论应作相应的修改。

§5.3 超 晶 格

5.3.1 一般概念

（一）超晶格（super lattices）中的电子能带和布里渊区约化　两种以上不同材料的薄片周期性地交替生长，构成所谓超晶格。超晶格是 Esaki 和 Tsu 在 1969 年提出的[1]。近年来由于分子束外延（MBE）和 MOCVD 技术的发展，得以制造各种按人们"设计"的超晶格材料，在此基础上再研制出各种电子和光学器件。超晶格物理和材料的研究已成为当前很重要的一个领域，并逐渐

形成“能带工程”这样一门新的学科．有关超晶格的评论性文章可参阅文献[2,3]．

当初，Esaki 等提出的超晶格有两类．一类是在一种半导体中调制掺杂，如图 5.3.1(a) 所示．另一类是两种不同的半导体交替相接，相当于一列周期排列的异质结，如图 5.3.1(b) 所示．可以看到，在超晶格结构中，导带电子(或价带空穴)在一个交替的势垒(barrier) 和势阱中运动．回顾 §5.2 中所讨论的孤立量子阱，在进行光吸收或发射实验时，因为只有很弱的一层量子阱的效应，实际上也是做成很多量子阱层的重复排列以加强效应，不过那时每个量子阱层以很厚的势垒层隔开，以致可以看成诸量子阱是相互独立的．在这里的超晶格结构中，通常势垒层很薄，诸量子阱间有相互的耦合．因此，超晶格中有一些物理效应可以借用上节的分析方法来处理，当然它又具有独特之处．

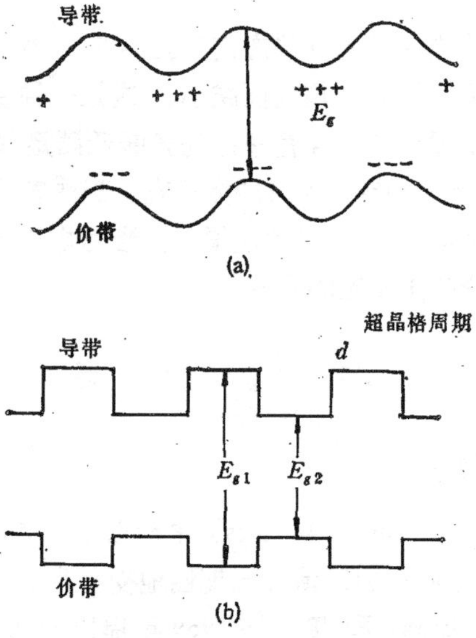

图 5.3.1　两种可能的超晶格结构．
(a) 调制掺杂超晶格；(b) 两种半导体交替生长超晶格．

我们同样可用 § 5.2 中的式 (5.2.1)—(5.2.4) 来讨论超晶格中

的电子运动。此时 z 轴垂直于超晶格层的平面，而 $E_c(z)$ 成为图 5.3.1 中的周期函数，如超晶格周期厚度为 d，则有

$$E_c(z + md) = E_c(z), \tag{5.3.1}$$

m 为任意整数。我们如取 E_c 为图 5.3.1(b) 所示的方形周期势场，则 § 5.2 中式(5.2.3)相当于一维的 Kroning-Penny 模型[4]。此时能量 E_z 与动量 k_z 的关系如图 5.3.2(a) 所示[2,4]。图中虚线是自由电子质量为 m^* 时的色散关系，实线为超晶格厚度 d 为 4 个原子层时的色散关系(更确切地说，假定面心立方晶体，由 1.1.1 节定义的立方体边长为晶格常数 a，当超晶格界面为(001)面时，原子

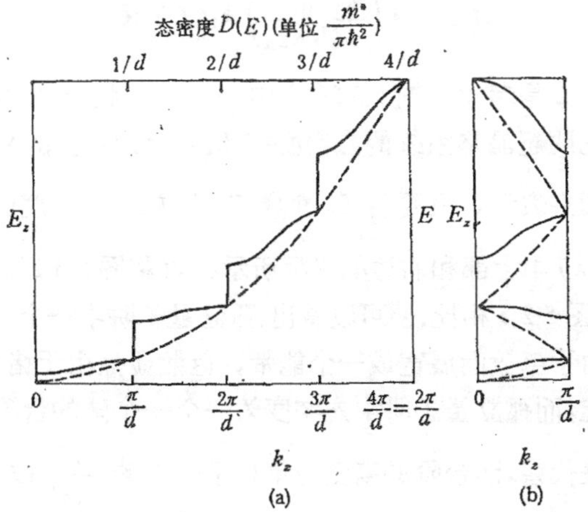

图 5.3.2 超晶格周期 d 为 4 个原子层厚时的能量 E_z 与动量 k_z 的色散关系。a 为晶格常数，同一个图也表示了超晶格的态密度，见该图上标和右标。

层厚度为 $\frac{a}{2}$，$d = 4 \times \frac{a}{2} = 2a$)。此时可分成 4 个小布里渊区(一维)，每个小布里渊区长度为原来布里渊区的 1/4。在每个小布里渊区边上存在能量不连续性。这种特性完全由于空间周期性的改变而引起，而不限于方势阱的 Kroning-Penny 模型所述的。为了便于对照，我们还把这个图按通常的做法约化到小布里渊区中去表示，如图 5.3.2(b) 所示。

（二）超晶格中能态密度　设晶体体积为1的立方体，沿用§5.2的讨论方法，对于一个固定的k_z态，对应一个能量E_z，而x，y平面的自由运动形成一个连续态密度为$\frac{m^*}{\pi\hbar^2}$的子带。总的态密度仍由式(5.2.8)，(5.2.9)表示。它们的意义如下：如果能量E以下有M个E_z的能级，则系统的态密度$D(E)=\frac{m^*}{\pi\hbar^2}M$。对如图5.3.2(a)所示的情况来说，如$k_z\geqslant 0$，且$E_z$为$k_z$单调函数，记作$k_z(E_z)$，并考虑到$k_z$一维空间的态密度为$\frac{1}{2\pi}$(见§1.1)，则有

$$D(E)=\left(\frac{m^*}{\pi\hbar^2}\right)\left(\frac{1}{2\pi}\right)k_z(E)\times 2 \tag{5.3.2}$$

最后的因子2是考虑到图5.3.2(a)中一个E_z对应$\pm k_z$两个值。式(5.3.2)说明超晶格系统的态密度和$E_z\sim k_z$的色散关系可以用同一个图来表示，只要将E_z换成E，k_z轴改变标度因子$\frac{m^*}{\pi^2\hbar^2}$，如图5.3.2(a)中上部和右边的坐标所示。再将图5.3.2(a)，(b)与图5.2.1和图5.2.5相比，便可以看出，孤立量子阱中一个E_z能级在超晶格中由于色散而展宽成一个能带，色散显然由于诸量子阱间的作用引起，而孤立量子阱中态密度为一个一个陡的台阶，现在由色散曲线来代替，而台阶的高度由单量子阱中的$\frac{m^*}{\pi\hbar^2}$改为这里的$\frac{m^*}{\pi\hbar^2}\frac{1}{d}$，其中$\frac{1}{d}$恰好就是超晶格中量子阱个数。如果超晶格的势垒宽度加大，诸势垒相互作用消失，色散关系因而消失，就过渡到孤立量子阱的情况。图5.3.2(a)过渡到图5.2.5，图5.3.2(b)过渡到图5.2.1。

（三）电场效应　由于电子在电场F_z中的速度V_z和加速度$\frac{dV_z}{dt}$满足

$$V_z=\frac{1}{\hbar}\frac{\partial E}{\partial k_z}, \tag{5.3.3}$$

$$\hbar \frac{dk_z}{dt} = eF_z, \tag{5.3.4}$$

$$\hbar^2 \left(\frac{\partial^2 E_z}{\partial k_z^2}\right)^{-1} \frac{dV_z}{dt} = eF_z。 \tag{5.3.5}$$

电子在没有电场加速时聚集在 $k_z = 0$ 处。 如果没有散射，电场将电子加速到小布里渊区边 π/d 处时，从图 5.3.2 中可看出，$\left(\frac{\partial^2 E_z}{\partial k_z^2}\right)^{-1}$ 是负的(负有效质量)，这相当于在实空间的加速方向与电场反方向，此时将出现负阻。实际上，电子将散射而回到 $k_z = 0$ 处。设平均散射时间为 τ，只有当电场足够强，在 τ 时间内已经把电子从 $k_z = 0$ 加速到 $k_z = \frac{\pi}{d}$ 时，电子才可能达到 $k_z = \frac{\pi}{d}$ 处。从式(5.3.4)中可看出，这相当于 $eF_z\tau = \hbar\pi/d$。对于电子在导带中的平均散射时间 $\tau = 10^{-12}$s，当 F_z 在 10^3V/cm 数量级时，将出现负阻。这种负阻效应已经在 GaAs-GaAlAs 超晶格实验中观察到[5]，如图 5.3.3 所示。

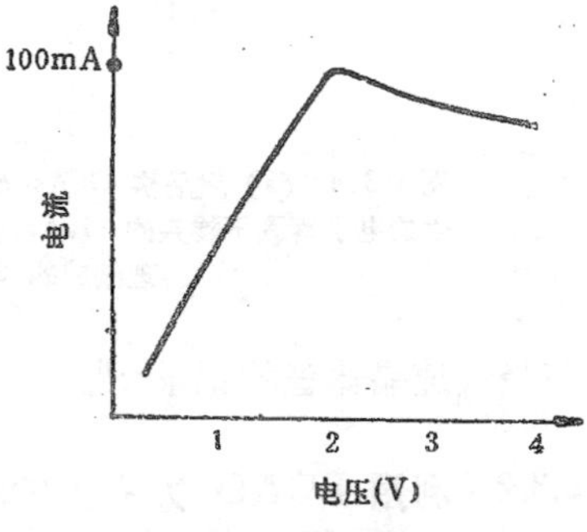

图 5.3.3 $d = 70$Å 超晶格 GaAs-GaAlAs 结构中，电流与电压的关系[5]. 在电压大于 2V 后出现负阻.

最后我们必须指出，超晶格中一系列有趣的效应，不仅为半导体物理研究开辟了新的方向，而且对各种新型器件有广阔的前景。可以说，通过人造各种超晶格，使得材料研究和器件研究更密切地结合起来。 举例来说，Dingle 等人提出如图 5.3.4 所示的超晶格结构所提供的高迁移率材料[6]，目前已有很大的发展。图 5.3.4 中示出的 I 区为 $Ga_xAl_{1-x}As$ 高掺杂材料，提供了大量载流子；II 区为 GaAs 材料，几乎没有杂质. I 区提供的电子都落到 II 区导带上，因此 II 区有很高的载流子浓度，且又没有杂质散射中心，因此，II 区可用来制造高迁移率材料器件. 利用这种结构制成的场效应晶体管称作 MODFET。 它保持了当

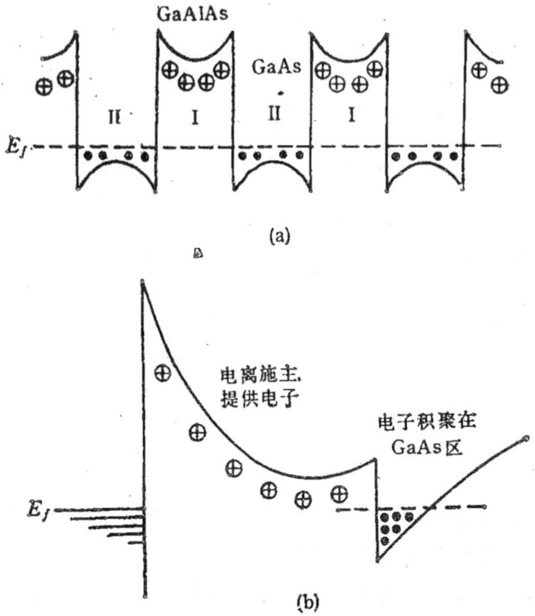

图 5.3.4 (a) 超晶格 GaAs-$Al_xGa_{1-x}As$ 中，$Al_xGa_{1-x}As$ 区提供的电子落到不掺杂的 GaAs 区，形成高迁移率；(b) 利用此原理制成的 Schottky 结。

前最快速晶体管的记录[1,8]。

5.3.2 利用 LCAO 方法、有效质量方法和赝势方法对超晶格能带结构作进一步讨论

在 § 5.2 以及 5.3.1 节中，我们根据有效质量方程，讨论了量子阱和超晶格中的能量状态和波函数。如 § 5.2 中所指出，有效质量理论可以使用的前提是外势场在空间变化缓慢，势的傅里叶分量集中在布里渊区中心附近。一个必要的条件是势垒区的宽度 l 比晶格常数 a 要大很多，即厚层量子阱和超晶格情况。对于薄层超晶格，需要抛开有效质量理论，采用更直接的方法来讨论。前面分析的另一方面问题是，在有效质量近似成立的条件下，对于空穴的

讨论，由于价带顶的简并性引起有效质量方程的复杂化，不能再沿用式(5.2.1)。目前，已经有了各种具体计算超晶格能带结构的方法。大致可以归结为：LCAO 方法[9-11]，赝势方法[12-15]，有效质量方法[16-22]。下面我们分别作讨论。

(一) LCAO 方法[9,10]　利用 LCAO 方法计算超晶格能带结构，其基本思想与 4.3.3 节利用 LCAO 方法讨论表面态的做法很相似。设界面为 (001) 方向的 1 和 2 两种半导体薄层相间周期排列组成超晶格，沿薄层垂直方向 z 取出一个大的原胞，它在 z 方向包含了超晶格一个周期内所有 1 和 2 的体原胞。在与 z 垂直的平面内仅包含一个体元胞。这样的大原胞向三个方向无限重复就组成超晶格。如果这个大原胞中包含 M 个 1 类体原胞和 N 个 2 类体原胞，对于每一个体原胞，对于金刚石或闪锌矿结构，根据 §1.4，则有 8 个原子轨道，其中每个原子分别用一个 s 轨道和三个 p 轨道。这样，在超晶格大原胞中一共用了 $(M+N)\times 8$ 个轨道，求能量的行列式就相当于 $(M+N)\times 8$ 阶(在文献[10]中所记载的，他们为了简化工作量，在一个体原胞中只用 4 个轨道)。由此可见，只有对于薄层的超晶格结构，即 $M+N$ 不太大的情况，这种方法才有实际计算价值，这正好与有效质量方法有相反的适用条件。后者适用于厚层超晶格，所以两者互为相辅。图 5.3.5 示出 Sai-Halasz 等人[10]对 InAs-GaSb 超晶格在 $M=N=12$ 时所做的计算结果。此时 k_z 方向的小布里渊区长度为体布里渊区长度的 $\frac{1}{12}=0.0833\cdots$。在图 5.3.5 中间的图中给出了小布里渊区内超晶格的能带结构。图 5.3.5 的左右两方还分别给出用 LCAO 法算出的 InAs 和 GaSb 的体能带结构，为了便于比较，也表示在约化的小布里渊区中。比较图 5.3.5 和图 5.3.2(b) 便可看出，虽然用完全不同的方法分别讨论厚层超晶格(有效质量近似)和薄层超晶格 (LCAO 方法)，其结果有一致的特征，即体内一个连续的能带(比如导带或价带，或自由电子)在超晶格中变成一个一个分开的子带。每一个子带有一定的色散，这种色散是由不同势阱间的耦

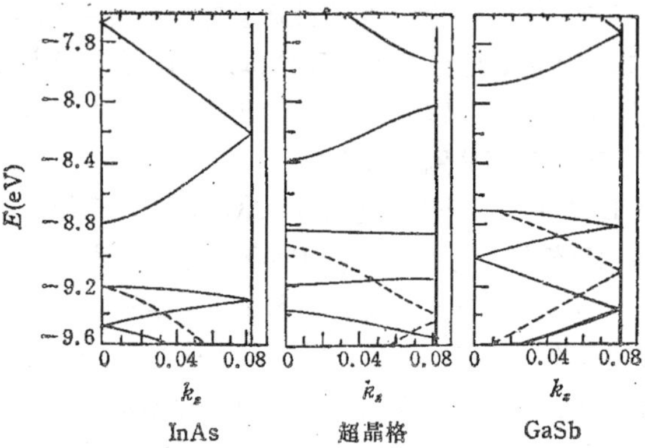

图 5.3.5 由交替的 12 原子层构成的 GaSb-InAs 超晶格，用 LCAO 算出的能带结构．右图为 GaSb 体能带，左图为 InAs 体能带，中间的图为 GaSb-InAs 超晶格能带图．虚线为轻空穴带．

合引起的。如果势垒比较高和宽，可以想象，对于比较低的子带，色散将很小，而且趋向于孤立量子阱中一个能级的情况。另外，我们也要指出，图 5.3.5 示出的 LCAO 结果和图 5.3.2 示出的有效质量近似的结果中存在一个不同的方面，在有效质量近似下，根据式(5.2.4)，能量 E 可分为独立的 E_{xy} 和 E_z 两部分，而在 LCAO 的计算中，$E = E(k_x, k_y, k_z)$，一般来说不再能分成与 k_z 独立的部分 E_z。而图 5.3.5 示出 $\boldsymbol{k}$ 沿 $(0, 0, k_z)$ 对应的能量 E。因此，关于 E 的态密度就不能简单搬用与图 5.3.2 中相类似的讨论方法。

参阅文献[10]，可使我们对于组成超晶格的两种半导体体能带和超晶格能带之间的转化关系有更深的认识。回到 § 5.1，由图 5.1.1(c) 可知，InAs-GaSb 异质结属于断折隙的情况，即 GaSb 的价带顶能量高于 InAs 的导带底能量。这在图 5.3.5 的左右两个图中也可以看出。图 5.3.6 示出了当超晶格层比较厚时（图中画出 $M = N = 46, 66, 76$ 三种情况），超晶格能带沿 $(0,0,k_z)$ 方向在小布里渊区的结构。当 $M = 46$ 时，在 $k_z = 0$ 处，导带 E_1 在价带 HH_1 之上，当 $M = 76$ 时，E_1 下降到 HH_1 之下，逐渐过渡到如图 5.1.1(c) 中所示体能级的断折隙。此时，超晶格的禁带消失，半导

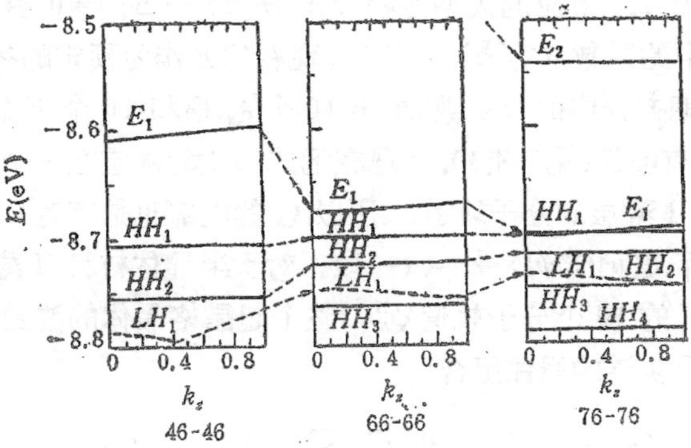

图 5.3.6 超晶格能带和层厚的关系. E_m, LH_m, HH_m 分别为第 m 个电子,轻空穴,重空穴带,图中 k_z 单位为 $4\pi/(N+M)a$。

体过渡到半金属。

上述的 LCAO 方法,显然只适用于薄层超晶格。对于厚层超晶格,即 $M+N$ 很大时,所用原子轨道数目太大,所以没有实际应用价值。Schulman 和 Chang[11] 发展了另一种 LCAO 方法,可以同时适用于 $M+N$ 大或者小的情况。他们的办法实质上是先将上述的大原胞中的原子轨道组成大原胞的分子轨道,再将这些分子轨道作 Bloch 组合成超晶格轨道。具体来说,比如先对半导体材料 I,根据 §1.4,一个体原胞中用 10 个原子轨道 ϕ^I_m, $m=1$—10(对每个原子取 3 个 p 轨道和 2 个 s 轨道,所以比 §1.4 中多一个 s 轨道,这个轨道代表 s 激发态,以改进体能带的导带结构,见 §1.4 中的文献[10]),按 §1.4 算能带的办法,写出 10 个 Bloch 函数

$$\psi^I(\boldsymbol{r})=\sum_{m=1}^{10}C_m(\boldsymbol{k})\Psi_m(\boldsymbol{r}), \tag{5.3.6}$$

其中

$$\Psi_m(\boldsymbol{r})=(\text{归一常数})\sum_j e^{i\boldsymbol{k}\cdot\boldsymbol{r}_j}\phi^I_m(\boldsymbol{r}-\boldsymbol{r}_j)$$

所用记号与 §1.4 一样,仅仅那边的 m, τ 两个脚标现在只用一个

脚标 m 来代替. 对应的久期方程 $\det|H(\boldsymbol{k})-E|=0$ 并可求出式(5.3.6)中的系数 $C_m(\boldsymbol{k})$. 不过,现在的 E 作为预定的参数,而 k_z 作为久期方程中的未知数,求出 10 个 k_z 根和 10 个 ψ^l 轨道,其中有的 k_z 有虚部(见 § 4.3). 现在把式(5.3.6)限定在一个 I 薄层内,相当于 I 薄层的分子轨道. 所以 k_z 的虚部也是有意义的. 这 10 个分子轨道记作 ψ_n^I, $n=1$—10, 对于半导体材料 II 薄层, 也可作出同样的 10 个分子轨道 ψ_n^{II}, 整个超晶格晶体的波函数 ψ 写作这些分子轨道的线性组合

$$\psi_q(\boldsymbol{r})=\sum_l e^{i(qld)}\sum_{\sigma=\mathrm{I},\mathrm{II}}\sum_{n=1}^{10}a_n^\sigma\psi_n^\sigma(\boldsymbol{r}-ld\boldsymbol{z}_0),\qquad(5.3.7)$$

其中 $\boldsymbol{z}_0$ 为 z 方向单位矢量,整数 l 取的数目等于超晶格的重复周期数, q 为超晶格波函数在 z 方向的波矢, 系数 a_n^σ 即为分子轨道表象中的波函数. 解超晶格的能量 E_s 和波函数 a_n^σ 相当于处理 20 阶矩阵方程, 而与薄层厚度无关. 解出的 E_s 与原来预定的 E 会有所偏离, 应将 E_s 作为下一次预定的能量 E 重做上面的步骤, 直到 E 和 E_s 自洽为止. 他们的计算与 Sai Halasz 等的 LCAO 计算作了比较,在大体上是相似. 当层厚 $M=N>10$ 时,他们的结果与 Kroning-Penney 模型的结果也趋于一致. 进一步的讨论可参阅有关专著和文章.

(二) *有效质量方法* 目前已发展了几种基于有效质量理论的方法计算超晶格能带[16-22]. 他们的共同点是考虑了价带顶的复杂性. 这里介绍汤蕙、黄昆方法[21]. 它的出发点很简单,设想材料 I 和 II 组成的超晶格,其晶格势分别为 $V_{\mathrm{I}}(\boldsymbol{r})$ 和 $V_{\mathrm{II}}(\boldsymbol{r})$, 考虑其某种平均势 $\overline{V}(\boldsymbol{r})$, 具有完整晶体的周期性,这种完整晶体对应的哈密顿为

$$H_0=\frac{p^2}{2m}+\overline{V}(\boldsymbol{r}),\qquad(5.3.8)$$

H_0 的本征矢为 Bloch 函数 $\psi_{n\boldsymbol{k}}^0=e^{i\boldsymbol{k}\cdot\boldsymbol{r}}u_{n\boldsymbol{k}}^0$, $u_{n\boldsymbol{k}}^0$ 具有完整晶体周期性, 对应能量 $E_{n\boldsymbol{k}}^0$. 求 $\psi_{n\boldsymbol{k}}^0$ 和 $E_{n\boldsymbol{k}}^0$ 的问题已经在第一章中完满地解决了. 现在把超晶格对应的哈密顿 H 看作 H_0 加上一个扰

动 $\Delta V(\boldsymbol{r})$，即

$$H = H_0 + \Delta V(\boldsymbol{r}), \tag{5.3.9}$$

$\Delta V(\boldsymbol{r})$ 具有超晶格的周期性. H 对应的波函数可写成

$$\psi_{\boldsymbol{k}}(\boldsymbol{r}) = e^{i\boldsymbol{k}\cdot\boldsymbol{r}} u_{\boldsymbol{k}}(\boldsymbol{r}), \tag{5.3.10}$$

$u_{\boldsymbol{k}}(\boldsymbol{r})$ 具有超晶格周期性. 现将 $\psi_{\boldsymbol{k}}(\boldsymbol{r})$ 在 $\psi^0_{n\boldsymbol{k}}$ 表象中展开

$$\psi_{\boldsymbol{k}}(\boldsymbol{r}) = \sum_{n',\boldsymbol{k}'} a_{n'\boldsymbol{k}'} \psi^0_{n'\boldsymbol{k}'}(\boldsymbol{r})$$

$$= \sum_{n',\boldsymbol{k}'} e^{i\boldsymbol{k}'\cdot\boldsymbol{r}} a_{n'\boldsymbol{k}'} u^0_{n'\boldsymbol{k}'}(\boldsymbol{r}). \tag{5.3.11}$$

对比式(5.3.10),(5.3.11)可知，式(5.3.11)中对 $\boldsymbol{k}'$ 求和，实际上其 $\boldsymbol{k}'_{/\!/}$ 部分只有一个,即 $\boldsymbol{k}_{/\!/}$. 对 k'_z 求和,仅限于

$$k'_z = k_z + \frac{2\pi m}{d} \ (m = 0,\ \pm 1,\ \pm 2, \cdots). \tag{5.3.12}$$

另外,设 $\psi_{\boldsymbol{k}}(\boldsymbol{r})$ 对应的能量为 $\boldsymbol{E}$，如果微扰 ΔV 不是太大,那么式(5.3.11)中只需取 $E^0_{n\boldsymbol{k}}$ 接近于 E 的那些 $\psi^0_{n\boldsymbol{k}'}$. 在所有上述限制条件下,实际上式(5.3.11)中只要取很少几个 $\psi^0_{n'\boldsymbol{k}'}(\boldsymbol{r})$ 就可得到收敛的结果. 对 H 求能量 E 归结为

$$\det|(E^0_{n\boldsymbol{k}} - E)\delta_{nn',\boldsymbol{k}\boldsymbol{k}'} + \Delta V_{n\boldsymbol{k},n'\boldsymbol{k}'}| = 0, \tag{5.3.13}$$

其阶数由所取的 $n'\boldsymbol{k}'$ 数决定.

汤、黄方法实际上是在以上框架下用 § 5.2 中所介绍的有效质量理论来讨论超晶格价带顶处电子能带的问题. 由于完整晶体的价带顶简并性,使得问题在数学形式上较为复杂,难以直截了当地求解. 此时超晶格哈密顿在有效质量近似下不能表示为式(5.2.1)的一维方程形式,而要采用式(2.3.35)的矩阵方程.下面,我们具体来讨论如何用式(5.3.12)—(5.3.13)的步骤具体求解超晶格价带有效质量方程. 重新写出式(2.3.35)所对应的价带顶有效质量方程

$$[\boldsymbol{D}(-i\nabla) + \Delta V(\boldsymbol{r})\boldsymbol{I}]\boldsymbol{F}(\boldsymbol{r}) = E\boldsymbol{F}(\boldsymbol{r}), \tag{5.3.14}$$

其中 $\boldsymbol{D}(-i\nabla)$ 为六维矩阵算符，由式(1.6.12)给出，而且将该式的 $\boldsymbol{k}$ 换以 $-i\nabla$. 对于 GaAs，AlGaAs 等材料，价带顶的轨道自旋分裂比较大,可忽略分裂下降的两个带,而只考虑价带顶的四个

带。这时 $\boldsymbol{D}$ 可理解为式(1.6.12)虚线划出的左上角 4 维矩阵。式(5.3.14)中 $\boldsymbol{F}$ 为四分量波函数 $\boldsymbol{F}(\boldsymbol{r})=\{F_1(\boldsymbol{r}), F_2(\boldsymbol{r}), F_3(\boldsymbol{r}), F_4(\boldsymbol{r})\}$，$\boldsymbol{I}$ 为 4 维么矩阵。由式(2.3.33)可知，超晶格的波函数 $\psi(\boldsymbol{r})$ 与 $\boldsymbol{F}(\boldsymbol{r})$ 的关系为

$$\psi(\boldsymbol{r})=\sum_{\mu=1}^{4} F_{\mu}(\boldsymbol{r})u_{\mu 0}(\boldsymbol{r}), \qquad (5.3.15)$$

其中 $\mu_{\mu 0}(\boldsymbol{r})$ 为价带顶 Γ 处的四个 Bloch 函数，式(5.3.15)说明 $\psi(\boldsymbol{r})$ 为四个调制的 Bloch 函数的叠加，而 $F_{\mu}(\boldsymbol{r})$ 为调制的包络。式(5.3.14)相当于包络空间的四分量波动方程。同样，式(5.3.8) H_0 所对应的有效质量方程为

$$\boldsymbol{D}(-i\nabla)F_{\boldsymbol{k}}^{0j}(\boldsymbol{r})=E^{0j}(\boldsymbol{k})F_{\boldsymbol{k}}^{0j}(\boldsymbol{r})。 \qquad (5.3.16)$$

式(5.3.16)对应的解 $F_{\boldsymbol{k}}^{0j}(\boldsymbol{r})$ 为动量 $\boldsymbol{k}$ 的平面波

$$F_{\boldsymbol{k}}^{0j}(\boldsymbol{r})=\boldsymbol{C}^{0j}(\boldsymbol{k})e^{i\boldsymbol{k}\cdot\boldsymbol{r}} \quad (j=1, 2, 3, 4), \qquad (5.3.17)$$

对于 $j=1, 2, 3, 4$ 四个带 $\boldsymbol{C}^{0j}$ 一般不等于零。所以这是一种轻重空穴混合的平面波解。另外，$\boldsymbol{F}^0$ 和 $\boldsymbol{C}^0$ 满足下列正交归一条件：

$$\sum_{\mu}\int F_{\boldsymbol{k}\mu}^{0j*}(\boldsymbol{r})F_{\boldsymbol{k}'\mu}^{0j'}(\boldsymbol{r})d\boldsymbol{r}=\delta_{\boldsymbol{k}\boldsymbol{k}'}\delta_{jj'}, \qquad (5.3.18)$$

或者

$$\sum_{\mu} c_{\mu}^{0j*}(\boldsymbol{k})c_{\mu}^{0j'}(\boldsymbol{k}')=\delta_{\boldsymbol{k}\boldsymbol{k}'}\delta_{jj'}。 \qquad (5.3.18a)$$

现在，把 $\boldsymbol{F}(\boldsymbol{r})$ 按 $\boldsymbol{F}_{\boldsymbol{k}'}^{0j'}(\boldsymbol{r})$ 展开

$$\boldsymbol{F}(\boldsymbol{r})=\sum_{j',\boldsymbol{k}'} a_{j'\boldsymbol{k}'}\boldsymbol{F}_{\boldsymbol{k}'}^{0j'}(\boldsymbol{r}) \qquad (5.3.19)$$

根据类似于式(5.3.11)，(5.3.12)的讨论以及运用式(5.3.17)，可将式(5.3.19)写成

$$\boldsymbol{F}(\boldsymbol{r})=e^{i\boldsymbol{k}\cdot\boldsymbol{r}}\sum_{j',m} a_{j',m}(\boldsymbol{k})\boldsymbol{C}^{0j'}\left(\boldsymbol{k}+\frac{2\pi m}{d}\boldsymbol{z}_0\right)e^{i\left(\frac{2\pi m}{d}\right)z}$$

$$(m=0, \pm 1, \pm 2, \cdots, \pm M), \qquad (5.3.19a)$$

其中 $\boldsymbol{z}_0$ 为 z 方向单位矢量。$\boldsymbol{k}$ 限在小布里渊区。将式(5.3.19)代入式(5.3.14)，并在等式两边左乘 $\sum_{\mu}\int d\boldsymbol{r}F_{\boldsymbol{k}\mu}^{0j}(\boldsymbol{r})$，并考虑到式

(5.3.18)，有

$$\sum_{j',m'}\left\{\left[E^{0j}\left(\boldsymbol{k}+\frac{2\pi m}{d}\boldsymbol{z}_0\right)-E(\boldsymbol{k})\right]\delta_{j,j'}\delta_{m,m'}-\Delta V_{j,m;j',m'}\right\}a_{j'm}$$

$$=0, \tag{5.3.20}$$

$$\Delta V_{j,m;j',m'}=\sum_{\mu}\int F^{0j*}_{\boldsymbol{k}+\frac{2\pi m}{d}\boldsymbol{z}_0,\mu}(\boldsymbol{r})\Delta V(\boldsymbol{r})F^{0j'}_{\boldsymbol{k}+\frac{2\pi m'}{d}\boldsymbol{z}_0,\mu}(\boldsymbol{r})d\boldsymbol{r}$$

$$=\sum_{\mu}c^{0j*}_{\mu}\left(\boldsymbol{k}+\frac{2\pi m}{d}\boldsymbol{z}_0\right)c^{0j'}_{\mu}\left(\boldsymbol{k}+\frac{2\pi m}{d}\ \boldsymbol{z}_0\right)$$

$$\times\int\ \Delta V(\boldsymbol{r})e^{-i\boldsymbol{r}\cdot\frac{(m-m')2\pi}{d}\boldsymbol{z}_0}d\boldsymbol{r}. \tag{5.3.21}$$

能量 $E(\boldsymbol{k})$ 由下式求得:

$$\det\left|\left[E^{0j}\left(\boldsymbol{k}+\frac{2\pi m}{d}\boldsymbol{z}_0\right)-E(\boldsymbol{k})\right]\delta_{j,j'}\delta_{m,m'}-\Delta V_{j,m;j',m'}\right|$$

$$=0。 \tag{5.3.22}$$

式(5.3.20)，(5.3.22)为 $4(2m+1)$ 阶矩阵运算。对于低能量态，式(5.3.19)中一般取 $m=4$ 左右便很好收敛。由于有效质量近似本身要求式(5.3.19)中 $\boldsymbol{k}'$ 局域于布里渊区中心附近，相当于要求超晶格周期 d

$$d\gg(m+1)a, \tag{5.3.23}$$

其中 a 为晶格常数。如取 $m=4$, $a=5$ Å，说明这种方法适用于周期远厚于 25 Å 的超晶格。

值得指出的是，考虑了价带顶的复杂结构，算出的超晶格或量子阱空穴能带 $E(\boldsymbol{k})$ 不再像简单有效质量方程所得到的式(5.2.4a)和式(5.2.4b)，也就是说，x, y 方向的运动与 z 方向的运动有关。所以能量不再能分成两部分，一部分仅与 k_x, k_y 有关，另一部分仅与 z 方向运动有关。图 5.3.7 示出的是文献[21]中根据式(5.3.22)算得的 GaAs-Al_xGa_{1-x}As 超晶格的空穴能带图，在对式(5.3.14)的计算中，$\Delta V(\boldsymbol{r})$ 取图 5.3.1(b) 中价带顶的形状，两种材料 I 和 II 的厚度各为 $d/2=80$ Å，势垒高度取 $V_0=36$meV，图 5.3.7 中三个图表示不同的 $\boldsymbol{k}_{/\!/}$ 方向的色散关系，而 k_z 取两个固定值．从图中可看出：

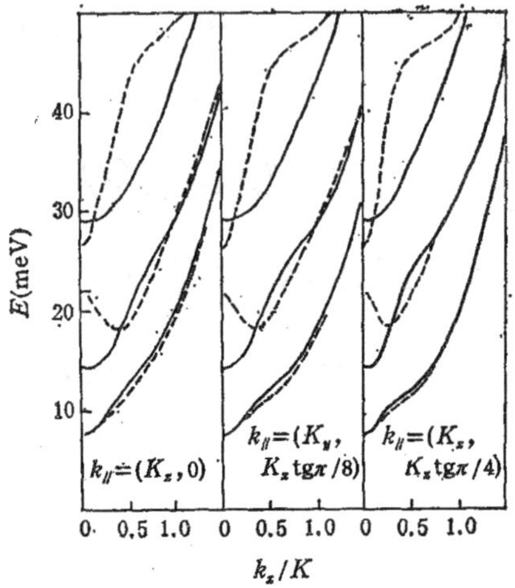

图 5.3.7 GaAs-$Al_xGa_{1-x}As$ 空穴子带色散关系．实线为 k_z 取 $0.01K$，虚线为 k_z 取 $0.5K$，$K=\frac{2\pi}{d}$．$d=160$ Å．三个图表示 $k_{/\!/}^z$ 取三个不同的方向．

（1）对于一定的 $\boldsymbol{k}_{/\!/}$，不同的 k_z 对应的能带并不相互平行，说明 x，y 方向的运动与 z 方向的运动并不相互独立．对于能量越高的带，这一特点就越显著．

（2）不同的 $\boldsymbol{k}_{/\!/}$ 方向，有不同的色散关系，表现了各向异性，而且色散关系也远远偏离抛物线形式。

由以上讨论可知，式(5.2.7)和图 5.2.5 以及图 5.3.2(a) 关于超晶格态密度的说明，已不能简单地搬用到空穴带的情况。

基于以上方法，黄昆及其合作者还讨论了量子阱和超晶格中的激子问题[23]及光跃迁、电场的影响[25]等。

（三）*赝势方法* 用 § 1.2 所介绍的经验赝势方法，原则上可以毫无困难地计算超晶格的能带．由于赝势的可转移性特点，可以把已经知道的完整晶体中的原子赝势形状因子搬用过来．问题在于当超晶格周期 d 包含 s 原子层时，倒格矢在 z 方向密度比完整晶体倒格矢增加 s 倍，在 § 1.2 所用平面波展开时，一定能量球内的倒格矢数目大大增多，使计算难以实现．所以过去仅限于薄层超晶格的赝势计算[12,26]．最近，夏建白等人发展了一种适合于厚层超晶格的赝势计算方法[13]．这个方法的出发点与汤蕙、黄昆的方法完全一样，可以重新搬用式(5.3.8)—(5.3.13)的讨论．差别在于，现在是用赝势方法来具体实现式(5.3.8)—(5.3.13)的计算．式

(5.3.8)中的 $\bar{V}(\boldsymbol{r})$ 用半导体 I 和 II 赝势形式因子的某种平均，而 $V=\bar{V}+\Delta V$ 是超晶格真正的赝势。这都可以搬用过去体材料中原子赝势的形式因子。ϕ^0_{nk} 用平面波展开，并用§1.2的 EPM 方法求出。由于这种方法与汤、黄的方法在实质上是一样的，所以可以期望两者所用的 ϕ^0_{nk} 数目与收敛速度也应大致一样。与有效质量方法相比，它不需要有效质量方法成立的前提条件，所以该方法的适用性更广，而且由于 EPM 方法的可靠性，可以期望这样算出的结果应该比较可靠，这是一种很好的方法。它的缺点是，结果都是数值的，而没有解析的形式，另外，搬用体的经验赝势形式因子相当于忽略了界面附近的电荷转移效应。

由上述可小结如下：在沿 z 方向的超晶格结构中，由于超晶格使晶体沿 z 方向周期性变化，如周期比完整晶体周期长度扩大了 s 倍，则布里渊区沿 z 方向约化成 s 个小布里渊区。在小布里渊区中的 $E(k_z)$ 形成一个一个有能隙的子能带，子能带的色散是由相邻势阱的相互作用引起的。当势垒增宽，势阱间相互作用越来越小时，子能带的色散消失而变成一个能级，过渡到孤立量子阱情况。此外，还讨论了计算超晶格能带的各种方法，以及由于价带顶的简并引起的空穴子带的复杂情况等。

§5.4 量子 Hall 效应

量子 Hall 效应是 von Klitzing 等人于1980年首先提出[1]，用于精确测量基本常数 $\alpha=2\pi\hbar/e^2$。后来引起极广泛的兴趣，并产生了一些深入的基本理论问题。本节简单地给出 Hall 效应的基本物理图象，并指出其困难所在。关于量子 Hall 效应的专著，可参考文献[3,4]。

量子 Hall 效应最初是在 MOS 结构的表面反型层上观察的[1]，后来有人在图 5.4.1(a) 所示的异质结界面处来进行实验观察[5]。我们讨论后者的情况。由于 $Ga_{0.7}Al_{0.3}As$ 端的电子落入 GaAs 区，从而形成界面的偶极层，因而能带产生弯曲[如图 5.4.1(b) 所示]。

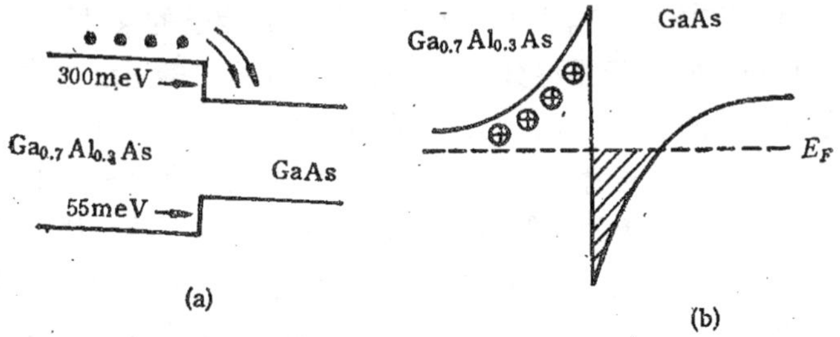

图 5.4.1 GaAlAs-GaAs 异质结界面处的能带弯曲.

界面的 GaAs 一边有强的电场以及很陡的势阱，势阱形状如图 5.4.2 所示。仍以 z 轴垂直界面方向，电子的薛定谔方程仍可用式 (5.2.1)—(5.2.4) 表示，不过此时 $E_c(z)$ 为图 5.4.2 的势阱，因此发生典型的势阱中量子化现象。E_z 取一系列量子能级 E_{z_1}, E_{z_2}, $\cdots$。可以证明，E_{z_i} 为 $\frac{\hbar^2}{2m^* z_0^2}$ 的量级，其中

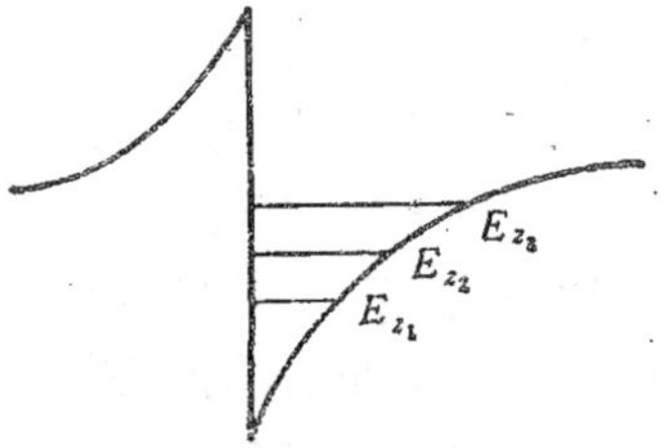

图 5.4.2 GaAs-AlGaAs 异质结，GaAs 表面区的势阱引起量子化能级.

$$z_0 = \left(\frac{\hbar^2}{2m^* e \varepsilon}\right)^{1/3},$$

ε 为势阱处电场。对于每一个量子能级 E_{z_i}，在 xy 平面的自由运动所对应平面波矢 $\boldsymbol{k}_{/\!/}(k_x, k_y)$ 中，由式(5.2.4b)构成一个子能带。每个子能带的态密度为式(5.2.9)所示。为简单起见，在进行量子 Hall 效应实验时，可控制载流子浓度使费米能级 E_F 在 E_{z_2} 以下，即电子只填充在第一个子带内。具体的估计说明，对于 $Ga_{0.7}Al_{0.3}As$ 材料，这相当于要求电子面密度 N_s 在 $10^{11}/cm^2$ 以下。以下假定此条件成立。

现在在 z 方向施加磁场 B，于是在 xy 平面的电子将以角频率为 $\omega_L = eB/m^*c$ 作回旋运动，而对应的 $E_{/\!/}$ 能量将不再是连续

的，而产生分裂的朗道能级

$$E_n = \left(n + \frac{1}{2}\right)\hbar\omega_L \quad (n = 0, 1, 2, \cdots)。\tag{5.4.1}$$

每一朗道能级的简并度可证明为(单位面积 $A = 1$)[1)]

$$\hbar\omega_L \frac{m^*}{2\pi\hbar^2} = \frac{eB}{2\pi\hbar c}。\tag{5.4.2}$$

上式可用图 5.4.3 来说明。从图中可看出，在没有磁场情况下，二维电子能量 $E_{\parallel}$ 为均匀分布，且具有态密度 $m^*/2\pi\hbar^2$（未计入自旋），在磁场 B 的作用下，这些态改组，并聚集在一个一个等距分裂的朗道能级，但态的总数不变。

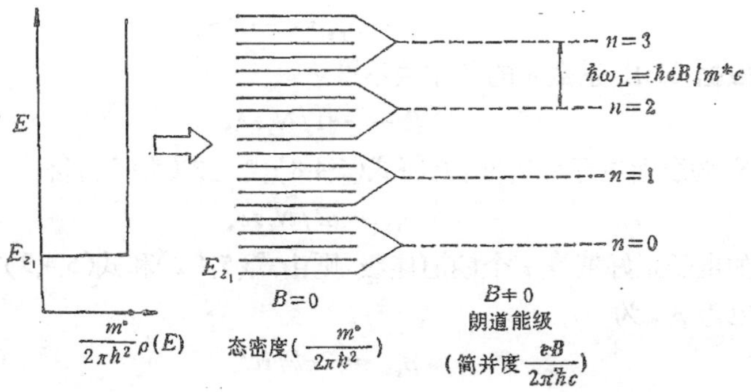

图 5.4.3 一个二维电子气能带在磁场下的改组，形成朗道能级。

现在，我们进一步地来考虑 Hall 效应。设磁场沿 z 方向，样品为 xy 平面上的薄层样品，考虑该平面内的电流输运，在线性范围内的普遍表示式为

$$\begin{aligned} E_x &= \rho_{xx}J_x + \rho_{xy}J_y, \\ E_y &= \rho_{yx}J_x + \rho_{yy}J_y, \end{aligned}\tag{5.4.3}$$

其中 E_x, E_y 为电场分量，J_x, J_y 为线电流密度分量，而 $\rho_{xy}, \cdots$ 为电阻张量，它们是磁场的函数，电阻具有各向同性，因此绕 z 轴

1) 式(5.4.2)以及图 5.4.3 均未考虑电子自旋，关于考虑电子自旋后的情况见下文。

旋转样品90°，可证

$$\rho_{xx}=\rho_{yy}, \quad \rho_{xy}=-\rho_{yx}。\tag{5.4.4}$$

现设电流沿 x 方向，即 $J_y=0$，由式(5.4.3)可得

$$E_y=\rho_{yx}J_x。$$

如样品在 y 方向的宽度为 W，则 y 方向上的 Hall 电压 V_H 与电流 I 的关系为

$$V_H=\rho_{yx}I, \tag{5.4.5}$$

$\rho_{yx}=V_H/I$ 称为 Hall 电阻。另外，我们知道通常 Hall 系数 R 定义为[2,7]

$$R=V_H/IB。\tag{5.4.6}$$

结合式(5.4.4)—(5.4.6)，有

$$\rho_{xy}=-\rho_{yx}=-RB。\tag{5.4.7}$$

根据 Hall 系数 R 的基本关系[7]

$$R=-1/N_sec, \tag{5.4.8}$$

N_s 为表面电子面密度，并将式(5.4.8)代入式(5.4.7)，得

$$\rho_{xy}=B/N_sec。\tag{5.4.9}$$

如电子正好填满 i 个朗道能级，则由式(5.4.2)和式(5.4.9)得 Hall 电阻 ρ_{xy} 为

$$\rho_{xy}=2\pi\hbar/ie^2。\tag{5.4.10}$$

因为量子 Hall 效应实验是在极低的温度下进行的，此时可认为低于 E_F 的能级全满，高于 E_F 的能级全空. 实际做实验时，改变磁场 B，并测量 ρ_{xy}-B 关系(如图 5.4.4 所示)，出现一个一个 ρ_{xy} 的平台. 平台的 ρ_{xy} 值可由式(5.4.10)决定. 当磁场改变时(比如开始时大的磁场逐渐减小)，随着磁场的减小，从电子填满一个朗道能级，到开始填更高的一个朗道能级，对应 E_F 一个跳跃，所以量子 Hall 效应出现一个一个平台.

上述仅仅大致指出出现 Hall 平台的可能的物理机制，定量的量子 Hall 效应的理论相当复杂. 它离开本书的讨论范围较远，有兴趣的读者可以参阅有关专著[3]，在这里我们仅作如下几点说明:

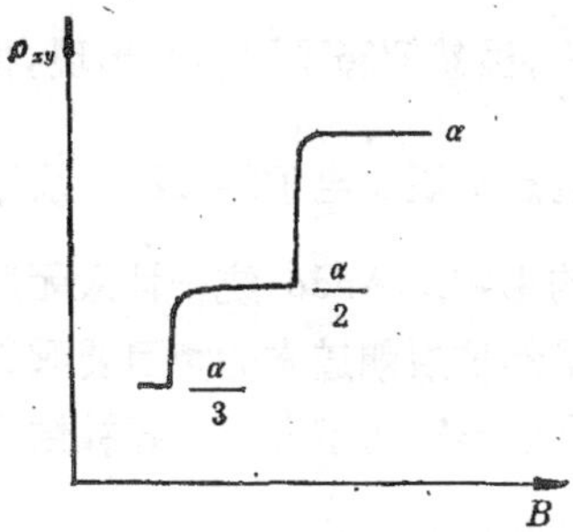

图 5.4.4 量子 Hall 效应导致电阻张量 ρ_{xy} 随磁场变化时出现一个一个的平台.

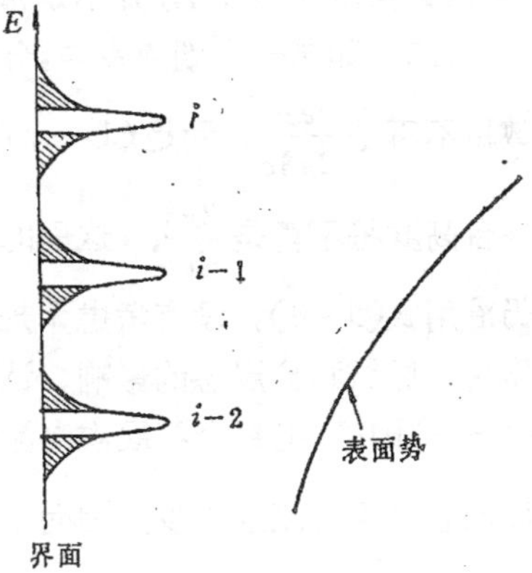

图 5.4.5 GaAlAs-GaAs 异质结，GaAs 表面势阱中在垂直于结面的磁场存在时产生的朗道能级，由于界面无序势的存在，使能级展成一狭带． 带的上下边形成局域态（如图中斜线的阴影区所示），不参加导电．

（一）目前认为，解释量子 Hall 效应平台的一个主要考虑的问题是，由于存在界面的无序势，使朗道能级展成一个窄带，在带的上下边形成局域态，不参加导电，因而参加导电的有效朗道能级并不是式(5.4.2)给出的 $\frac{eB}{2\pi\hbar c}$，而是 $(1-f)\frac{eB}{2\pi\hbar c}$，其中 f 表示局域态在全部朗道能级中所占的分数．由于这个分数很大，通常 $(1-f)$ 比 1 小很多．图 5.4.5 示意地表示了朗道能级的展宽和局域化． 对 Hall 效应平台的分析如下： 如忽略 GaAs 势阱区电子 N_s 与 AlGaAs 区的交换，并认为是不随磁场变化的常数，则当磁场 B 增到某值时，电子正好填满到第 i 个朗道带的导电态与下半个局域态区域的交界能量处，从这时开始再增加 B，由于第 $1,2,\ldots,i-1$ 个朗道带的能级容量增加，先由 i 能带的下带尾电子逐渐撤空，然后 $i-1$ 带的上带尾电子逐渐撤空，直到 $i-1$ 带的上带尾全部撤空为止．在这个过程中，只有局域态电子变化，不影响 Hall 电阻，因此表现为 ΔB 的平台．实际上的情况还要复杂一些．还要考虑 GaAs 势阱区电子与 AlGaAs 区的交换，如前面分析那样，因此势阱区电子 N_s 并不是常数而是随磁场有所变化。

（二）如果一个朗道带中，分数 f 的态成为局域的，扩展态的数目不再是 $\frac{eB}{2\pi\hbar c}$，而是 $(1-f)\frac{eB}{2\pi\hbar c}$，虽然解释了平台的出现，但平台高度将不再是 $\frac{2\pi\hbar}{ie^2}$。这里的漏洞是扩展态电子的 Hall 系数仍沿用式(5.4.8)，没有考虑无规势的影响。Ando 统一计入无序作用、局域和扩展态的影响，认为虽然扩展朗道态的数目要乘以 $(1-f)$ 因子，但每个扩展态电流受无序影响而增大，正好补偿了局域态电子电流的减少。因而平台高度仍是 $\frac{2\pi\hbar}{ie^2}$。

（三）考虑电子自旋后，每个状态对应两个自旋态，且有自旋分裂值 $2g\beta B$，其中 $\beta=\frac{e\hbar}{2m_0c}$为玻尔磁子(见 §2.7)，$m_0$ 为自由电子质量。GaAs 的 g 因子为 0.52，这样，图 5.4.5 势阱中的状态应改为图 5.4.6 所示的状态。自旋分裂与朗道分裂之间的比为

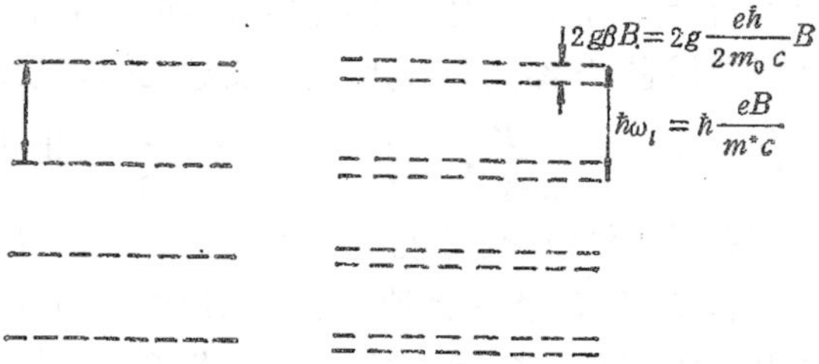

图 5.4.6 考虑电子自旋后的朗道能级.
(a) 不考虑自旋的朗道能级；(b) 考虑自旋后的朗道能级.

$$\frac{2g\beta B}{\hbar\omega_l}=g\frac{m^*}{m_0}\underset{\text{对 GaAs}}{=\!=\!=}3.5\%。\qquad (5.4.11)$$

（四）电子面密度 N_s 除 E_F 以下朗道能级贡献以外，还有界面态的贡献。它的作用与朗道能级局域态的作用相似。由于实际界面态的面密度较小，这种作用估计不是主要的。

经过上述所有考虑，特别是第(一)、(二)点被认为是量子

Hall 效应的主要贡献来源，目前平台宽 ΔB_i 和平台高的理论值与实验已相符合。

但后来进一步的实验发现，在 0.51K 极低温度下，磁场增强时还出现 α/i 的平台，$i=\frac{1}{3}$[8]。后来又发现相当于

$i=1/3, 2/3, 4/3, 5/3, 8/3;$

$i=1/5, 2/5, 3/5, 4/5, 6/5, 7/5, 8/5;$

$i=2/7, 3/7, 4/7;$

$i=4/9, 5/9,$

等分数对应的 Hall 效应平台[9]，见图 5.4.7。这种分数填充数 i 的 Hall 效应平台引起很多理论家的兴趣。分子数量子 Hall 效应（fractional quantum hall effect, FQHE）与 Von Klitzing 当初提出的整数量子 Hall 效应（integral quantum hall effect, IQHE）出于不同的物理机制，后者可以如本节所述在单粒子近似基础上来解释，而前者则必须从多体问题考虑粒子间相互作用来解释。到目前为止，被认为最成功的是 Laughlin 提出的不可压缩量子液体的解释[11]。关于 FQHE 的最新专著可参阅文献[3,4,9]。

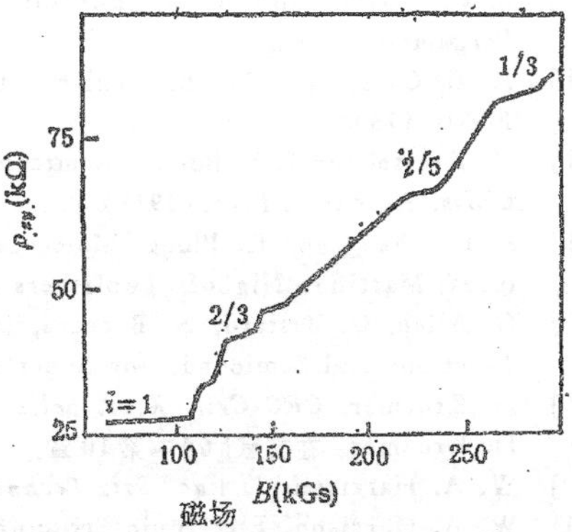

图 5.4.7 不同 i 分数值相对应的 Hall 效应平台。

由上述，我们可小结如下：在垂直于 z 方向的 MOS 结构表面反型层或者异质结表面上，由于表面电场引起的表面势阱，引起 z 方向电子运动的能量量子化。如再加以 z 方向的磁场，则将进一步引起 x，y 方向运动的能量量子化，即朗道能级。由此电子的能量 E 实现了完全量子化，如图 5.4.3 所示。在极低温度和强磁场下，随着磁场的变化，电子将量子化地逐个填满 i 个能级，引起对应的 Hall 电阻随磁场呈台阶状的变化，即所谓量子 Hall 效应。

参 考 文 献

§5.1

[1] 刘恩科,朱秉升,半导体物理学,国防工业出版社(1979).

[2] A. G. Milnes and D. L. Feucht, Heterojunctions and Metal Semiconductor Junctions, Academic Press (1972).

[3] B. L. Sharma and R. K. Purohit, Semiconductor Heterojunctions, Pergamon (1974).

[4] H. C. Casey and M. B. Penish, Heterostructure Lasers, Academic Press(1978).

[5] H. Kressel and J. K. Butler, Semiconductor Lasers and Heterojunction LEDs, Academic Press (1977).

[6] L. L. Chang and K. Ploog, Molecular Beam Epitaxy and Heterostructures, Martinus Nighoff Publishers (1985).

[7] G. Allen, G. Bastard, N. Boccara, M. Lannoo and M. Voos, Hetero Junctions and Semiconductor Superlattices, Springer-Verlag (1986).

[8] H. Kroemer, *CRC Crit. Revs. Solid State Sciences*, **5**, 555(1975).

[9] H. Kroemer, 在文献[6]中第10章.

[10] W. A. Harrison, *J. Vac. Sci. Technol.*, **14**, 1016 (1977).

[11] W. A. Harrison, Electronic Structure and the Properties of Solids, W. H. Freeman and Company (1980).

[12] F. Herman and S. Skillman, Atomic Structure Calculations, Prentice Hall, New Jersey (1963).

[13] G. W. Gobeli, G. Allen, *Phys. Rev.*, **127**, 141, 150(1562); **137**, A24 (1965).

[14] R. K. Swank, *Phys. Rev.*, **153**, 884 (1967).

[15] T. E. Fisher, *Phys. Rev.*, **139**, A1228 (1965); **142**, 519(1966).

[16] W. R. Frensley and H. Kroemer, *J. Vac. Sci. Technol.*, **13**, 810(1976); *Phys. Rev.*, **B16**, 2642(1977).

[17] C. G. Van de Walle and R. M. Martin, *J. Vac. Sci. Technol*, **B3**, 1256 (1985).

[18] S. B. Zhang, D. Tomanek, S. G. Louie, M. L. Cohen and M. S. Hybertsen, *Solid State Communication*, **66**, 585 (1988).

[19] P. Dawson, K. J. Moore and C. T. Foxon, Quantum Well and Superlattice Physics, Proc. SPIE, 792, ed., G. H. Dohler and J. N. Schulman, SPIE, Washington, 208 (1987).

[20] D. J. Wolford, Proc. 18th International Conf. Phys. of Semiconductors, Stockholm, 1115 (1986).

§5.2

[1] R. Dingle, L. A. Logan, J. R. Arthur, Jr., Inst. Phys. Conf. Ser., No. 33a, 210(1977).

[2] R. Dingle, and W. Wiegmann, and C. H. Henry, *Phys. Rev. Lett.*, **33**, 827(1974); R. Dingle, Festkorperprobleme XV, ed., H.J. Queisser, Vieweg (1975).

[3] G. Bastard, E. E. Mendez. L. L. Chang, and L. Esaki, *Phys. Rev.*, **B26**, 1974(1982).

[4] R. L. Greene and K. K. Bajaj, *Solid State Communication*, **45**, 831(1983).

[5] R. L. Greene, K. K. Bajaj and D. E. Phelps, *Phys. Rev.*, **B29**, 1807 (1984).

[6] R. C. Miller, D. A. Kleinman, W. T. Tsang and A. C. Gossard, *Phys. Rev.*, **B24**, 1134(1981).

[7] Banfen Zhu and Kun Huang, *Phys. Rev.*, **B36**, 8102(1987).

[8] G. D. Sanders and Y. C. Chang, *Phys. Rev.*, **B32**, 5517 (1985).

[9] D. A. Broido and L. J. Sham, *Phys. Rev.*, **B34**, 3917(1986).

[10] G. Allen, G. Bastard, N. Boccara, M. Lannoo and M. Voos, Heterojunctions and Semiconductor Supperlattices, Springer-Verlag (1986).

[11] M. Megnadier, C. Delalande, G. Bastard, M. Voos, F. Alexandre and J. L. Lievin, *Phys. Rev.*, **B31**, 5539(1985).

§5.3

[1] L. Esaki and R. Tsu, *IBM J. Res. Develop.*, **14**, 61(1970).

[2] L. L. Chang and K. Ploog, Molecular Beam Epitaxy and Heterostructures, Martinus Nijhoff Publishers (1985).

[3] G. Allen, G. Bastard, N. Boccara, M. Lannoo and M. Voos, Heterojunctions and Semiconductor Superlattices, Springer-Verlag (1986).

[4] C. Kittel, Introduction to Solid State Physics, Wiley (1976). 中译: C. 基泰尔,固体物理导论,杨顺华等译,科学出版社(1979)。

[5] E. Esaki 见文献[2]中文章.

[6] R. Dingle, H. L. Stormer, A. C. Grossard, and W. Wiegmann, *Appl. Phys. Lett.*, **33**, 665(1978).

[7] P. M. Solomon and H. Morkoc, *IEEE Tran.*, **ED-31**, 1015(1984).

[8] H. Morkoc, 见文献[2]中文章

[9] J. N. Schulman and T. C. McGill, *Phys. Rev. Lett.*, **26**, 1680(1977).

[10] G. A. Sai Halasz, L. Esaki and W. A. Harrison, *Phys. Rev.*, **B18**, 2812(1978).

[11] J. N. Schulman and Y. C. Chang, *Phys. Rev.*, **B24**, 4445(1981); *ibid*, **B31**, 2056 (1985).

[12] E. Caruthers and P. J. Lin-Chung, *Phys. Rev.*, **B17**, 2705 (1978).

[13] 夏建白, A. Baldereschi, 半导体学报, 8,574(1987).

[14] W. E. Pickett, S. G. Louie and M. L. Cohen, *Phys. Rev.* **B17**, 815

(1978).
[15] T. Nakayama and H. Kamimura, *Phys. Soc. Japan*, **54**, (1985).
[16] G. Bastard, *Phys. Rev.*, **B24**, 5693(1981); *ibid*, **B25**, 7584(1982); 以及 Bastard 在文献[2]中的文章.
[17] S. R. White, L. J. Sham, *Phys. Rev. Lett.*, **47**, 879(1981).
[18] L. J. Sham, The 2nd Int. Conf. on MSS-II (Japan), 573(1985).
[19] M. Altarali, *Phys. Rev.*, **B28**, 842(1983).
[20] M. Altareli, Heterojunctions and Semiconductor Superlattices, ed.,G. Allen, G. Bastard, N. Boccara, M. Lannoo and M. Voos, Springer-Verlag (1986).
[21] 汤蕙、黄昆，半导体学报，**8**, 1(1987).
[22] K. Huang, J. B. Xia, B. F. Zhu and H. Tang, *J. Luminescence*, **40** &**41**, 88(1988).
[23] B. F. Zhu and K. Huang, *Phys. Rev.*, **36**, 8102(1987).
[24] B. F. Zhu, *Phys. Rev.*, **37**, 4689(1988).
[25] 夏建白、黄昆，半导体学报，**37**,2(1988).
[26] W. Andreoni and R. Car, *Phys. Rev.*, **B21**, 3334(1980).

§5.4

[1] K. Von Klitzing, G. Dorda, M. Pepper, *Phys. Rev. Lett.*, **45**, 494 (1980).
[2] 黄昆，谢希德，半导体物理学(第三章)，科学出版社(1956).
[3] R. E. Prange and S. M. Girvin, The Quantum Hall Effect, Springer-Verlag (1987).
[4] G. Allen, G. Bastard, N. Baccara, M. Lannoo and M. Voos, Heterojunctions and Semiconductor Superlattices, Springer-Verlag (1986).
[5] D. C. Tsui and A. C. Gossard, *Appl. Phys. Lett.*, **38**, 550(1981).
[6] L. D. Landau and E. M. Lifshitz, Quantum Mechanics, Pergamon,125 (1958).
[7] 刘恩科，朱秉升，半导体物理学(12章)，国防工业出版社(1979).
[8] D. C. Tsui, H. L. Sturmer and A. C. Gosard, *Phys. Rev. Lett.*, **48**, 1559 (1982).
[9] H. L. Stormer, Festkorperprobleme XXIV-Advances in Solid State Physics, ed., P. Grosse, Vieweg, 25(1984); H. L. Stormer 在文献[4]中的文章。
[10] A. M. Chang 在文献[3]中的文章。
[11] R. B. Laughlin, *Phys. Rev. Lett.*, **50**, 1395(1983).

附录 A　群论知识备忘录

这个附录并不是一个群论的入门介绍，也不是群论的系统叙述，它仅仅作为已学过群论基础的学生为学习高等半导体物理所需群论知识列出一个备忘录。系统的群论知识可参阅文献[1—7]。群表示的有用表格可在文献[4,8—16]中找到。特别是文献[15]给出了固体能带按群表示分类的十分有用的讨论。

(I) 定义

群；
阶；
共轭元素；
类；
同构；
准同构；
子群；
直接积群；
纯旋转群；
全旋转群；
点群 (point groups)；
空间群 (space groups)；
布喇菲格子 (Bravais lattices)；
布喇菲格子的系 (systems)。

(II) 群表示论

可约表示 (reducible representation)；
不可约表示 (irreducible representation)；
么正表示 (unitary representation)；
表示矩阵的迹，迹表 (trace, character tables)；
可约表示约化为不可约表示。

（III）群表示论在量子力学中某些应用

算符作用于坐标和哈密顿；
表示的基函数（partner function）；
对称化基函数的产生.

（IV）空间群的不可约表示

正格矢和倒格矢群；
波矢群（wave vector groups）.

（V）双群（double groups）

SU_2 群及其表示；
欧拉角（Euler angles）；
双群；
自旋（spin）.

（VI）时间反演对称（time inversion symmetry）及其引起的状态简并

时间反演算符（time inversion operator）和时间反演对称；
Kramers 简并；
Wigner 和 Herring 对附加简并的判据；
自旋轨道耦合引起能级分裂的群论分析，金刚石和闪锌矿结构布里渊区内波矢群的表示.

表 A.1　常用点群的符号及性质；

表 A.2　布喇菲格子的七个系，其对应点群，以及 73 种 symmorphic 空间群；

表 A.3　金刚石闪锌矿结构的群属性；

表 A.4　T_d 群迹表；

表 A.5　O_h 群迹表；

表 A.6　时间反演对称引起附加简并的判据；

表 A.7　平移群的不可约表示；

表 A.8　平移双群的不可约表示；

表 A.9　布里渊区各对称点和线对应的波矢群及其记号；

表 A.10　O_h 群，O_h 双群和 SU_2 群有关迹表(用于 S-O 耦合分析)；

表 A.11—A.17　C_2, C_{3v}, C_{4v}, D_{2d}, D_{4h}, S_4 点群迹表；

表 A.18　金刚石结构布里渊区 Γ, L, X 点和 Λ, Δ 线的相容关系。

§A.1　若干定义和符号

群　群 G 为一堆元素 g_i, $i=1,2,\cdots,h$ 集合。元素的个数称为群的阶(order)，记作 h(可以是无限的)，且

(1) 规定了两个元素 g_i 和 g_j 相乘法则，记作 g_ig_j。群中任意两个元素相乘，产生一个新元素仍在群中。

(2) 满足 $(g_ig_j)g_k = g_i(g_jg_k)$。

(3) 群元素中包含一么元素 E，对任何其他元素，有

$$Eg_i = g_i.$$

(4) 每一元素 g，存在一倒元素 g^{-1}，$g^{-1}g = E$。满足以上四点的元素集合，称为群。

共轭元素　如 g_1, g_2, x 为群的三个元素，满足

$$g_2 = xg_1x^{-1},$$

则称 g_1, g_2 为相互共轭。

类　把群中元素归成不同类，每一类中元素相互共轭。

同构　如两个群 G 和 F，它们之间元素相互一一对应，

$$f_1 \text{——} g_1,$$
$$f_2 \text{——} g_2,$$
$$f_1f_2 \text{——} g_1g_2,$$

称 G 和 F 为同构。

准同构　如两个群 G 和 F，每一群元素 g 只对应一个群元素 f，但反过来，一个群元素 f 对应 n 个 g 元素

$$g_1^1,\ g_1^2, \cdots,\ g_1^n \text{——} f_1,$$
$$g_2^1,\ g_2^2, \cdots g_2^n \text{——} f_2,$$
$$g_1^1g_2^1,\ g_1^2g_2^2, \cdots g_1^ng_2^n \text{——} f_1f_2,$$

则称群 G 准同构于群 F。

子群　如果群 G 中的一部分元素构成一个群 G_1，记作 $G_1 \subset G$，称 G_1 群为群 G 的子群。

直接积群　如果群 G 的元素为 $g_i(i=1, 2, 3,\cdots, m)$，群 F 的元素为 $f_j(j=1, 2, 3,\cdots, n)$，则所有元素 g_if_j，

$$i = 1, 2, \cdots, m,$$
$$j = 1, 2, \cdots, n,$$

也构成群，共有 $n \times m$ 个元素，称为 G 和 F 的直接积群，记作 $G \times F$。

纯旋转群 三维空间的旋转作为元素构成的群。

全旋转群 三维空间的旋转、包括原点的反射操作构成的群。全旋转群 $R_F = R_P \times C_i$，其中 R_P 为纯旋转群，C_i 为包含下列两操作元素的群，即不变操作 E 和原点反射操作 I_S。

表 A.1 常用点群的符号和性质

记号		国际记号	元素数目	类数	对称性	说明
纯旋转群子群	C_n	n	n	n	n 度轴对称（绕轴 $\frac{2\pi}{n}$ 转动）	特例：$C_1 = E$
	D_n	$n22$	$2n$	$\frac{n}{2}+3$（n 偶） $\frac{n+3}{2}$（n 奇）	n 度轴以及垂直于它的 n 个 2 度轴	
	T	23	12	4	正四面体纯转动对称	
	O	432	24	5	正方体纯转动对称	
全旋转群子群	S_{2n}	$\overline{2n}$	$2n$	$2n$	转 $\frac{\pi}{n}$ 后面反射，反射面垂直转轴	特例 $S_2 = C_i$
	C_{nh}		$2n$	$2n$	n 度旋转轴及与轴垂直的反映面	
	C_{nv}		$2n$	$\frac{n}{2}+3$（n 偶） $\frac{n+3}{2}$（n 奇）	n 度旋转及 n 个包含此轴的反映面	
	D_{nh}		$4n$	$n+10$（n 偶） $n+5$（n 奇）	D_n 和 n 个在 2 度轴内的反映面（反映面又在 n 度轴中）	
	T_d	$\bar{4}3m$	24	5	正四面体全对称群	
	T_h	$m3$	24	8	$T \times C_i$ 即 T 加上中心反映	
	O_h	$m3m$	48	12	正方体全对称群 $O \times C_i$	

点群　全旋转群的有限子群称为点群。晶体中一共有 132 种点群。表 A.1 列出常用点群的有关数据以及常用的几种记号对照表。

空间群　考虑下列操作：

$$\{L|t\}, \tag{A.1}$$

它表示先进行全旋转群中某个转动 L，继之空间平移操作一平移向量 t。如果式（A.1）某些操作的集合构成一群 $\mathscr{G}$，而且其中包含一子群 J， J 中仅含如下平移操作：

$$\{E|R_n\}$$

$$R_n = n_1t_1 + n_2t_2 + n_3t_3, \tag{A.2}$$

其中 n_1, n_2, n_3 为任意整数，则 $\mathscr{G}$ 称为空间群。向量 R_n 端点全体构成一布喇菲格子。R_n 称基本平移。

表 A.2　布喇菲格子的七个系及其对应的点群和 73 种 symmorphic 空间群[2,9]

七个晶系三斜 (Triclinic)	包含的点群 C_1, C_i	14种布喇菲格子简单三斜 Γ_t	73 种 symmorphic 空间群 C_1^1, C_i^1
单　斜 (Monoclinic)	C_2, C_s, C_{2h}	简单单斜 Γ_m	C_2^1, C_s^1, C_{2h}^1
		底心单斜 Γ_m^b	C_2^3, C_s^3, C_{2h}^3
正交(斜方) (Orthorhombic)	D_2, C_{2v}, D_{2h}	简单正交 Γ_0	$C_{2v}^1, D_2^1, D_{2h}^1$
		底心正交 Γ_0^b	$C_{2v}^{11}, C_{2v}^{14}, D_2^6, D_{2h}^{17}$
		体心正交 Γ_0^v	$C_{2v}^{20}, D_2^8, D_{2h}^{25}$
		面心正交 Γ_0^f	$C_{2v}^{18}, D_2^7, D_{2h}^{23}$
正方(四角) (Tetragonal)	$C_4, S_4, C_{4h}, D_4, C_{4v}, D_{2d}, D_{4h}$	简单四角 Γ_q	$D_{2d}^1, D_{2d}^5, S_4^1, C_4^1, C_{4h}^1, D_4^1, C_{4v}^1, D_{4h}^1$
		体心四角 Γ_q^v	$D_{2d}^9, D_{2d}^{11}, S_4^2, C_4^5, C_{4h}^5, D_4^9, C_{4v}^9, D_{4h}^{11}$
立　方 (Cubic)	T, T_h, O, T_d, O_h	简立方 Γ_c	$T^1, T_h^1, T_d^1, O^1, O_h^1$
		体心立方 Γ_c^v	$T^3, T_h^5, T_d^3, O^5, O_h^9$
		面心立方 Γ_c^f	$T^2, T_h^3, T_d^2, O^3, O_h^5$
三　角 (Rhombohedral)	$C_3, C_{3i}, D_3, C_{3v}, D_{3d}$	三角 Γ_{rh}	$C_3^4, C_{3v}^5, D_3^7, S_6^2, D_{3d}^5$
六　角 (Hexagonal)	$C_6, C_{3h}, C_{6h}, D_6, C_{6v}, D_{3h}, D_{6h}$	六角 Γ_h	$C_3^1, C_{3v}^1, C_{3v}^2, D_3^1, D_3^2, S_6^1, D_{3d}^1, D_{3d}^3, C_{3h}^1, D_{3h}^1, D_{3h}^3, C_6^1, C_{6h}^1, C_{6v}^1, D_6^1, D_{6h}^1$

注：这里仅指对应系中布喇菲格子所属点群，并不是空间群所属点群．后者比前者对称性可能低，这表示在空间群记号中。比如对 InSb 所属 T_d^2 空间群，所属点群仅到 T_d。

注意如 t 为空间群某操作式(A.1)的位移部分,对应的 $\{E|t\}$ 不一定是群元素操作,即不一定属于式(A.2)。同样,如 L 为空间群某操作的转动部分,对应的 $\{L|o\}$ 不一定是群元素操作. 可以证明,这两件事是同一回事.此时空间群称为 nonsymmorphic. 通常,属于此种空间群的晶体为复式格子(一个原胞中有两个或更多相同原子,如 Ge, Si 等).

反之,如 $\{L|t\}$ 中的 t 一定属于式(A.2)中的一个,或等价地说,$\{L|o\}$ 一定为一群操作,则称此种空间群为 symmorphic. 通常属于此种空间群的晶体为简单格子(一个原胞中只有一个相同原子, 如 III-IV 化合物 GaAs, GaP 等).

对于三维空间群,一共有 230 种,其中 73 种为 symmorphic, 157 种为 nonsymmorphic. 一个空间群,其转动部分 $\{L|o\}$ 的全体构成一点群. 对于三维空间群,一共有 32 种点群。只有对于 symmorphic 群,点群是空间群的子群。

对于布喇菲格子,根据其原胞基矢相对夹角和长度,分成 14 种. 从空间群的角度,可分成 7 个系. 每个系具有相同的点群. 表 A.2 列出了 14 种布喇菲格子所属的 7 个系以及 73 种 symmorphic 空间群的对应关系. 有关这方面内容可以在附录 A 的文献[2]的表 1.4 以及 §1.4 的文献[9]中查到.

表 A.3 列出重要半导体金刚石结构和闪锌矿结构的有关属性.

表 A.3 金刚石和闪锌矿的群属性[9]

晶体类型	特　性	所属空间群	所属点群
金刚石结构	复式格子面心立方	O_h^7	O_h
闪锌矿结构	简单格子面心立方	T_d^2	T_d

§ A.2 群表示论有关的定义和公式

设群 G 的元素为 g_i. 如果矩阵 $D(g_i)$ 与 g_i 一一对应,且与 G 同构,则称矩阵 $D(g_i)$ 为群 G 的表示或表示矩阵. 如果可以通过另一矩阵 S 把全体 $D(g_i)$ 通过相似变换, $SD(g_i)S^{-1}$ 变成

$$\begin{pmatrix} D_1(g_i) & 0 \\ 0 & D_2(g_i) \end{pmatrix}$$

的形式,其中 D_1 与 D_2 矩阵维数与 i 无关,则称 D 为可约表示,并写为

$$D = D_1 + D_2. \tag{A.3}$$

反之，则称 D 为不可约表示。

如果所有表示矩阵 $D(g_i)$ 均为么正矩阵，则称该表示矩阵为么正表示。

如果两个表示 $D_1(g_i)$，$D_2(g_i)$ 存在下列关系：

$$D_1(g_i) = SD_2(g_i)S^{-1}, \tag{A.4}$$

S 为与 i 无关的矩阵，则称 D_1 和 D_2 为等价表示（equivalent representation）。

定理一 如表示矩阵 $D(g_i)$ 行列式不等于零，则总可通过相似变换式(A.4)变成么正表示。

定理二 设 $D^{(i)}$ 和 $D^{(j)}$ 分别为不等价和不可约的么正表示，则

$$\sum_g D_{\mu\nu}^{(i)}(g) D_{\mu'\nu'}^{(j)}(g)^* = \frac{h}{l}\delta_{ij}\delta_{\mu\mu'}\delta_{\nu\nu'}, \tag{A.5}$$

其中 $\sum_g$ 为对群中全体元素求和，h 为群元素个数即群的阶，l 为 $D^{(i)}$，$D^{(j)}$ 的矩阵维数。

引入矩阵的迹 $\chi^{(i)}(g)$ (character)，即表示 $D^{(i)}(g)$ 所有对角元之和。

定理三 两个表示 $D^{(i)}$ 和 $D^{(j)}$ 等价的充要条件是对于每元素 g，$\chi^{(i)}(g)$ 和 $\chi^{(j)}(g)$ 相等。

定理四 群的不可约不等价表示方式的数目等于类的数目。

由于同一类中表示矩阵的迹相同，所以对于一个群，往往可列出一个迹表（character table），共有 $k\times k$ 个迹数，列成一个方阵，k 为类的数目。该迹表列出了群的所有元素所有不可约表示的迹。这个迹表非常有用，因为存在下列定理：

定理五 可约的群表示 D 可以按下列方式分解：

$$D = \alpha_1 D^{(1)} + \alpha_2 D^{(2)} + \cdots + \alpha_i D^{(i)} + \cdots, \tag{A.6}$$

表 A.4 T_d 群迹表[9]

表示 \ 操作	E	$8C_3$	$3C_2$	$6\sigma_d$	$6S_4$
Γ_1	1	1	1	1	1
Γ_2	1	1	1	−1	−1
Γ_{12}	2	−1	2	0	0
Γ_{15}	3	0	−1	1	−1
Γ_{25}	3	0	−1	−1	1

其中 α_i 为整数，$D^{(i)}$ 为不可约表示，则

$$\alpha_i = \frac{1}{h}\sum_g \chi(g)\chi^{(i)}(g)^*. \tag{A.7}$$

上述定理非常有用，知道了表示的迹，便可根据迹表确定其约化情况。点群和空间群的迹表可以在附录A的文献[8,9]中找到，这里仅给出 T_d 群和 O_h 群的迹表以及各种表示常用的符号，见表 A.4 和表 A.5。

表 A.5　O_h 群迹表[9]

操作 / 表示	E	$8C_3$	$3C_2$	$6C_4$	$6C'_2$	I	$8S_6$	$3\sigma_h$	$6S_4$	$6\sigma_d$
Γ_1	1	1	1	1	1	1	1	1	1	1
Γ_2	1	1	1	−1	−1	1	1	1	−1	−1
Γ_{12}	2	−1	2	0	0	2	−1	2	0	0
Γ'_{25}	3	0	−1	−1	1	3	0	−1	−1	1
Γ'_{15}	3	0	−1	1	−1	3	0	−1	1	−1
Γ'_1	1	1	1	1	1	−1	−1	−1	−1	−1
Γ'_2	1	1	1	−1	−1	−1	−1	−1	1	1
Γ'_{12}	2	−1	2	0	0	−2	1	−2	0	0
Γ_{25}	3	0	−1	−1	1	−3	0	1	1	−1
Γ_{15}	3	0	−1	1	−1	−3	0	1	−1	1

§A.3　群表示论在量子力学中某些应用

先定义坐标操作算符 $\hat{R}$，它将坐标 $(r_1, r_2, \cdots, r_n)$ 按一定规则变到 $(r'_1 r'_2 \cdots r'_n)$，记作

$$\hat{R}\boldsymbol{r} = \boldsymbol{r}'. \tag{A.8}$$

对于函数 $\psi(\boldsymbol{r})$，$\hat{R}$ 作用到 $\psi(\boldsymbol{r})$ 相当于

$$\hat{R}\psi(\boldsymbol{r}) = \psi(\hat{R}^{-1}\boldsymbol{r}). \tag{A.9}$$

下面限于讨论这样的线性算符，其全体构成一群。比如，对于量子力学中的哈密顿 $\hat{H}(\boldsymbol{r})$，凡是所有作用于 $\hat{H}(\boldsymbol{r})$ 导致不变的算符 $\hat{R}$ 的全体组成一群，称为 $\hat{H}$ 的对称群，即

$$\hat{R}(\hat{H}\psi) = \hat{H}(\hat{R}\psi), \tag{A.10}$$

这相当于 $\hat{R}$ 与 $\hat{H}$ 对易。

定义 如果存在一组函数 $\psi_\alpha(r)$, $\alpha=1,2,\cdots,l$, 对于群中任一元素 $\hat{R}$, 有

$$\hat{R}\psi_\alpha(r)=\sum_{\beta=1}^{l}\psi_\beta(r)D_{\beta\alpha}(R), \tag{A.11}$$

其中 $D_{\beta\alpha}(R)$ 为群的表示，则称 $\psi_\alpha(r)$ 为该群表示的第 α 个基或基函数(partner)。

如果 $\psi_i(r)$ 相互正交，则 D 为么正表示．反之亦是．

定理六 对于哈密顿 $\hat{H}$ 的某个本征值 E_i，它所对应的本征函数为 ψ_α^i, $\alpha=1,2,\cdots,m_i$ (m_i 为简并度)，则 ψ_α^i 构成 $\hat{H}$ 不变群的基函数，其对应的表示矩阵可能是不可约的，也可能是可约的．对于后者，称为偶然简并(accidental degeneracy)。

本定理构成群论用于讨论能带时的核心．

定理七 同一群的两个不可约么正表示 i, j 的基函数 ψ_α^i, ψ_β^j 具有下列性质：

$$\langle\psi_\alpha^i|\psi_\beta^j\rangle=\delta_{ij}\delta_{\alpha\beta}S^i, \tag{A.12}$$

其中 S^i 为常数，它与 α 无关．

最后，根据算符的线性，可直接得下列定理：

定理八 如算符 $\hat{M}$ 的对称群为 G, ψ_α^i 为该群的第 i 个么正不可约表示的基，则

$$\langle\psi_\alpha^i|\hat{M}|\psi_\beta^j\rangle=\delta_{ij}\delta_{\alpha\beta}M^i, \tag{A.13}$$

其中 M^i 为与 α 无关的常数．

定理九 如 ψ_α^1 和 ψ_α^2($\alpha=1,2,\cdots,m$) 分别为群的某表示的基函数，则 $C_1\psi_\alpha^1+C_2\psi_\alpha^2$ (其中 C_1, C_2 为任意常数)亦构成同一表示的基函数。

定理十 如 ψ_α 构成群 G 的基函数，其表示矩阵为 $D(g)$, φ_β 构成群 F 的基函数，其表示矩阵为 $D(f)$，则 $\psi_\alpha\varphi_\beta$ 构成群 $G\times F$ 的基函数，其表示矩阵为 $D(g)\times D(f)$ (矩阵直接积)，其迹为 $\chi(g)\cdot\chi(f)$。

定理七至定理十在量子力学中求跃迁矩阵元，求能量本征值以及能量简并和微扰引起分裂的讨论中是十分有用。

定理十一 对于 $\hat{R}$ 组成的群，设某种表示矩阵为 $D(R)$，可以通过下述方法产生群的基函数：对于任意可归一的函数 $\varphi(r)$ 产生一组 ψ_α

$$\psi_\alpha=\frac{1}{h}\sum_R D_{\alpha\beta}^*(R)\hat{R}\varphi. \tag{A.14}$$

对于每一个 φ，产生一组 ψ_a，为群的表示D的基函数. 如果φ为归一的，D为么正表示，则 ψ_a 相互正交归一.

§ A.4 空间群的不可约表示[9,15]

记空间群为 $\mathscr{G}$，它的基本平移操作部分式(A.2)构成一子群，记作 J. 全部基本平移操作矢量 $\boldsymbol{R}_n$ 端点构成布喇菲格点. 由于 J 中诸元素均可对易(称为阿贝尔群)，其不可约表示是一维的 $e^{i\boldsymbol{k}\cdot\boldsymbol{r}_{kn}}$，对应的基函数为 Bloch 函数

$$\psi_{\boldsymbol{k}}(\boldsymbol{r}) = e^{i\boldsymbol{k}\cdot\boldsymbol{r}}u_{\boldsymbol{k}}(\boldsymbol{r}), \tag{A.15}$$

其中 $u_{\boldsymbol{k}}(\boldsymbol{r})$ 为布喇菲格点周期函数.

定理十二 $\{L|\boldsymbol{t}\}$ 作用于波矢为 $\boldsymbol{k}$ 的 Bloch 函数，产生一波矢为 $L\boldsymbol{k}$ 的新 Bloch 函数

$$\{L|\boldsymbol{t}\}\psi_{\boldsymbol{k}}(\boldsymbol{r}) = \psi'_{\boldsymbol{k}'}(\boldsymbol{r}), \tag{A.16}$$

其中 $\boldsymbol{k}' = L\boldsymbol{k}$,

$$\psi'_{\boldsymbol{k}'}(\boldsymbol{r}) = e^{i'\boldsymbol{k}\cdot\boldsymbol{r}}u'_{\boldsymbol{k}'}(\boldsymbol{r}), \tag{A.16a}$$

$u'_{\boldsymbol{k}'}$ 为布喇菲格点周期函数.

定理十三 正格矢和其倒格矢组成的两个布喇菲格子属于同一系，即它们有相同的所属点群，但它们可以不属同一种布喇菲格子，比如面心布喇菲格子的倒格为体心布喇菲格子.

定义 波矢群：考察某空间群 $\mathscr{G}$，其元素为 $\{L|\boldsymbol{t}\}$，挑出其中一部分元素 $\{\beta|\boldsymbol{b}\}$，使其对于某波矢 $\boldsymbol{k}$ 满足

$$\beta\boldsymbol{k} = \boldsymbol{k} + \boldsymbol{K}, \tag{A.17}$$

其中 $\boldsymbol{K}$ 为任一倒格矢(包括 $\boldsymbol{o}$). 这些 $\{\beta|\boldsymbol{b}\}$ 的全体组成一个群记作 $K(\boldsymbol{k})$，称为对应于 $\boldsymbol{k}$ 的波矢空间群. 它包含了 J 子群. $K(\boldsymbol{k})$ 所对应的点群，记作 $G_0(\boldsymbol{k})$，称作波矢 $\boldsymbol{k}$ 的波矢点群，或波矢群. 波矢群 $G_0(\boldsymbol{k})$ 是 $\mathscr{G}$ 所包含的点群(记作 G) 中使 $\boldsymbol{k}$ 满足式(A.17)的那些 β 所组成的子群.

定理十四 设有一组 Bloch 函数 $\psi_{\boldsymbol{k}}^{\alpha}(\alpha = 1, 2, \cdots, l)$ 组成 $\boldsymbol{k}$ 所对应的波矢空间群 $K(\boldsymbol{k})$ 的不可约表示的基，则它们亦是空间群 $\mathscr{G}$ 的同一不可约表示的基. 寻找 $\mathscr{G}$ 的不可约表示，归结为寻找 $K(\boldsymbol{k})$ 的不可约表示. $\boldsymbol{k}$ 对于布里渊区中每一种不同的对称点取一个.

定理十五 当 $K(\boldsymbol{k})$ 为 symmorphic 群时，布里渊区中所有 $\boldsymbol{k}$ 点，或者当 $K(\boldsymbol{k})$ 为 nonsymmorphic 群时在布里渊区内部(不在面上)的 $\boldsymbol{k}$ 点，$K(\boldsymbol{k})$

的不可约表示 $D\{\beta|\boldsymbol{b}\}$ 与波矢点群 $G_0(\boldsymbol{k})$ 的不可约表示 $\Gamma(\beta)$ 有如下关系：

$$D\{\beta|\boldsymbol{b}\}=e^{i\boldsymbol{k}\cdot\boldsymbol{b}}\Gamma(\beta). \tag{A.18}$$

于是，寻找 $\mathscr{G}$ 不可约表示，归结为寻找点群 $G_0(\boldsymbol{k})$ 的不可约表示，$\boldsymbol{k}$ 对于布里渊区中每一种不同的对称点取一个。对于当 $K(\boldsymbol{k})$ 为 nonsymmorphic 空间群时，则布里渊区面上的那些 $\boldsymbol{k}$ 就不能运用以上结论，关于这一点我们不在此讨论，读者可参阅附录A的文献[15]。

定理十六 某一波矢 $\boldsymbol{k}$ 可以产生如下一组波矢：

$$\boldsymbol{k},\ \alpha_1\boldsymbol{k},\ \alpha_2\boldsymbol{k},\cdots,$$

其中 α_i 为 $\mathscr{G}$ 对应的点群G的所有操作，这些波矢组成一波矢星（star），其对应的同一能带 n 的 Bloch 函数 $\psi_{n\boldsymbol{k}}$ 的能量 $E_{n\boldsymbol{k}}$ 相同，而其对应的简并度则由波矢群 $G_0(\boldsymbol{k})$ 的不可约表示维数来决定。

§A.5 双群和其表示[3,9,12]

定义 SU_2 群：所有二维么正矩阵，其行列式为+1者，组成SU_2 群，其群元素可写成

$$u=\begin{pmatrix} a & b \\ -b^* & a^* \end{pmatrix}, \tag{A.19}$$

$$|a|^2+|b|^2=1.$$

SU_2 群准同构于全旋转群。对于纯旋转，如其欧拉角为 (ϕ,θ,ψ)，如图 A.1 所示，则对应的 u 矩阵为[9]

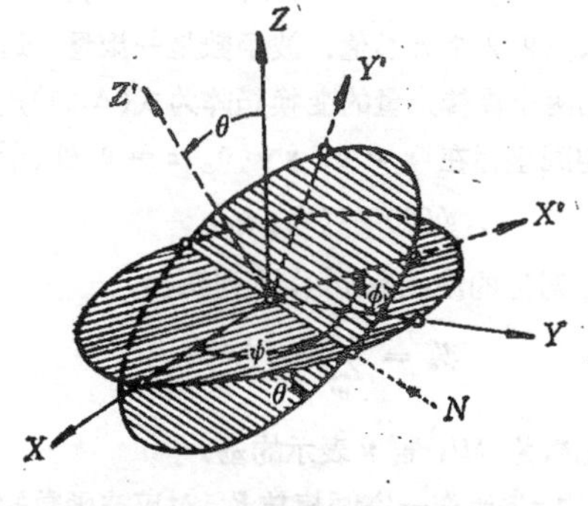

图 A.1 旋转前坐标为 XYZ，先以 Z 轴转 ϕ 角，X 转到 N，再以N轴转 θ 角，Z 转到 Z'，再以 Z' 轴转 φ。最后坐标为 $X'Y'Z'$。

$$u(\phi,\theta,\psi)=\pm\begin{pmatrix}\cos\frac{\theta}{2}e^{-i(\phi+\psi)/2} & -\sin\frac{\theta}{2}e^{-i(\phi-\psi)/2}\\ \sin\frac{\theta}{2}e^{i(\phi-\psi)/2} & \cos\frac{\theta}{2}e^{i(\phi+\psi)/2}\end{pmatrix}. \tag{A.20}$$

对于中心反演 I_s(inversion)，对应的 u 矩阵为

$$u(I_s)=\pm\begin{pmatrix}1 & 0\\ 0 & 1\end{pmatrix}. \tag{A.21}$$

于是，对应一个空间旋转，对应正、负两个 u 矩阵，而空间绕轴旋转 2π 时，则 u 矩阵元改变符号，称 SU_2 群为全旋转群的双群或双值表示。点群为全旋转群的子群，对应的 SU_2 子群称为该点群的双群或双值表示。

可以用下列办法引入双群[12]，即引入一个新的群元素 Q，它表示绕空间某轴旋转 2π，而 $Q^2=E$（么操作）。另外，中心反演操作 I_s 满足 $I_s^2=E$，平面反映 σ(reflection) 满足

$$\sigma^2=Q. \tag{A.22}$$

在全旋转群中加入这个 Q 后组成全旋转双群，与 SU_2 同构，点群加入这个 Q 后组成一个双点群，对应的 SU_2 可表示为单值表示。不过，比如 C_n（绕轴转 $2\pi/n$ 角）操作，只有在连续 $2n$ 次以后才回到么操作 E

$$(C_n)^n=Q,\ (C_n)^{2n}=E. \tag{A.23}$$

可以用此办法对 32 个点群加入 Q 以后组成对应的点群双群，对应的 SU_2 为一一对应的单值表示，于是便可采用前面一切群表示理论的结果。32 个双点群的迹表可以在附录 A 的文献[9]中找到。

量子力学中单电子波函数如果计入自旋，可以写为

$$\psi(x,y,z,\sigma)=\psi_\sigma(r)\quad(\sigma=1,2), \tag{A.24}$$

其中 σ 为自旋坐标，只取 2 个分裂值。波函数是一旋量，这意味着当坐标作一空间旋转时，ψ 的两个旋转分量的变换矩阵为式(A.20)定义的 u 矩阵。为说清问题，设轨道空间坐标在 $x=0,\ y=0,\ z=0$ 处，于是波函数为

$$\psi(\sigma)=(\psi_1,\psi_2). \tag{A.25}$$

当作一空间旋转 R，对应的波函数 ψ' 作下列变换：

$$\psi'_\sigma=\sum_{\sigma'}u_{\sigma\sigma'}(R)\psi_{\sigma'}, \tag{A.26}$$

也就是说，旋量波函数为 SU_2 群 u 表示的基。

对于不在原点的 r，当作一空间旋转 R，对应波函数的轨道部分和自旋部分分别作式(A.9)和式(A.26)变换

$$\psi'_\sigma(\boldsymbol{r}) = \sum_{\sigma'} u_{\sigma\sigma'}(R)\psi_{\sigma'}(R^{-1}\boldsymbol{r}). \qquad (A.27)$$

§ A.6 时间反演对称及其引起的状态简并[15]

时间反演算符 $\hat{T}$ 当 $\hat{T}$ 作用于算符或函数时，将时间 t 换以 $-t$，再取算符或函数的复共轭.

例 对于没有自旋的粒子，$\hat{T}$ 作用到哈密顿算符 $\hat{H}(\boldsymbol{r}, \boldsymbol{p})$ 和波函数 $\psi(\boldsymbol{r}, t)$ 后分别为

$$\hat{T}\hat{H}(\boldsymbol{r}, \boldsymbol{p}) = \hat{H}(\boldsymbol{r}, -\boldsymbol{p}), \qquad (A.28)$$

$$\hat{T}\psi(\boldsymbol{r}, t) = \psi^*(\boldsymbol{r}, -t). \qquad (A.29)$$

对于自旋 1/2 的粒子，有

$$\hat{T}\hat{H}(\boldsymbol{r}, \boldsymbol{p}, \sigma_x, \sigma_y, \sigma_z) = \hat{H}(\boldsymbol{r}, -\boldsymbol{p}, \sigma_x, -\sigma_y, \sigma_z), \qquad (A.28a)$$

$$\hat{T}\begin{pmatrix}\psi_1(\boldsymbol{r}, t)\\ \psi_2(\boldsymbol{r}, t)\end{pmatrix} = (i\sigma_y)\begin{pmatrix}\psi_1^*(\boldsymbol{r}, -t)\\ \psi_2^*(\boldsymbol{r}, -t)\end{pmatrix} = \begin{pmatrix}\psi_2^*(\boldsymbol{r}, -t)\\ -\psi_1^*(\boldsymbol{r}, -t)\end{pmatrix}, \qquad (A.29a)$$

其中 $\sigma_x, \sigma_y, \sigma_z$ 为 Pauli 自旋算符，即

$$\sigma_x = \begin{pmatrix}0 & 1\\ 1 & 0\end{pmatrix}, \quad \sigma_y = \begin{pmatrix}0 & -i\\ i & 0\end{pmatrix}, \quad \sigma_z = \begin{pmatrix}1 & 0\\ 0 & -1\end{pmatrix}. \qquad (A.30)$$

时间反演对称引起的简并 对于孤立的量子系统（如没有外磁场的系统），系统哈密顿 $\hat{H}$ 具有时间反演对称性．或者说，$\hat{H}$ 和 $\hat{T}$ 对易，由此可能引起附加的简并．先引进 Kramers 定理：当 $\hat{H}$ 具有时间反演对称时，对于 1/2 自旋粒子至少引入二度简并．因为如 ψ 为 $\hat{H}$ 的本征态，能量为 E，则 $\hat{T}\psi\dot{x}$ 也是，而 $\hat{T}\psi$ 和 ψ 为线性独立．此二度简并称为 Kramers 简并．

表 A.6 时间反演对称引起附加简并的判据[15]

情况	D和 D^* 关系	Frobenius-Schur 规则	无自旋粒子	1/2 自旋粒子
a	D和 D^* 为等价实表示	$\sum_R x(R^2) = h$	不引入附加简并	引入附加的2度简并
b	D和 D^* 不等价	$\sum_R x(R^2) = 0$	引入附加的2度简并	引入附加的2度简并
c	D和 D^* 为等价非实表示	$\sum_R x(R^2) = -h$	引入附加的2度简并	不引入附加简并

现在考虑这样的问题：设系统哈密顿 $\hat{H}$ 具有某点群或空间群对称性，其本征态组成该群不可约表示 D 的基。设为 l 个简并态 $(\psi_1, \psi_2, \cdots, \psi_l)$，如 $\hat{H}$ 具有时间反演对称时，则 $(T\psi_1, T\psi_2, \cdots, T\psi_l)$ 也是具有同样能量的本征态。可以证明，它们为该群 D^* 表示的基，其中 D^* 为 D 的复共轭。现在要问，$(T\psi_1, T\psi_2, \cdots, T\psi_l)$ 与 $(\psi_1, \psi_2, \cdots, \psi_l)$ 是否为线性独立？或者说，由于时间反演对称是否引入新的简并？这个问题已由 Wigner 研究清楚了[3,15]，其判据总结在表 A.6。

在表 A.6 中引入 Frobenius-Schur 规则，用它很容易具体检查符合哪一种附加简并的情况。其中 h 为群的阶，因此这个检查只适合于有限群。Herring 将其推广到适合于检查晶体的空间群的规则，具体讨论可参阅附录 A 的文献[15]中的表 2.17 及其说明。

现在我们用以上讨论来说明时间反演对称对晶体中能带引入的简并。先不考虑电子自旋，只考虑平移操作构成的群 J 的一维不可约表示。由式(A.15)可知平移群的不可约表示，如表 A.7 所列出的。

表 A.7 平移群的不可约表示[15]

	$\{E\|0\}$	$\{E\|\boldsymbol{R}_n\}$
$D^{(k=0)}$	1	1
$D^{(k)}$	1	$e^{-i\boldsymbol{k}\cdot\boldsymbol{R}_n}$
$D^{(k)*}=D^{(-k)}$	1	$e^{i\boldsymbol{k}\cdot\boldsymbol{R}_n}$

对照表 A.6 可知，当 $\boldsymbol{k}\neq 0$ 时，属于情况 b，因为 $D^{(k)}$ 不等价于 $D^{(k)*}$，所以引入附加的两度简并 $E(\boldsymbol{k})=E(-\boldsymbol{k})$。当 $\boldsymbol{k}=0$ 时，属于情况 a，不引入附加的简并，如图 A.2(a) 所示。若考虑电子 1/2 自旋，对应的平移操作双群 J 为平移操作加入 Q 操作，它的表示可根据式(A.15)，(A.21)得出，其结果如表 A.8 所列出。

表 A.8 平移双群的不可约表示

	$\{E\|0\}$	$\{Q\|0\}$	$\{E\|\boldsymbol{R}_n\}$	$\{Q\|\boldsymbol{R}_n\}$
$D'^{(k=0)}$	1	-1	1	-1
$D'^{(k)}$	1	-1	$e^{-i\boldsymbol{k}\cdot\boldsymbol{R}_n}$	$-e^{-i\boldsymbol{k}\cdot\boldsymbol{R}_n}$
$D'^{(k)*}=D'^{(-k)}$	1	-1	$e^{i\boldsymbol{k}\cdot\boldsymbol{R}_n}$	$-e^{i\boldsymbol{k}\cdot\boldsymbol{R}_n}$

现在根据表 A.6 和表 A.8 来考虑 Bloch 电子态的简并情况。当 $\boldsymbol{k}=0$

时，为情况 a，但此时引入附加的两度简并. 当 $\boldsymbol{k}\neq0$ 时，为情况 b，引入附加的两度简并，$E(\boldsymbol{k})=E(-\boldsymbol{k})$。图 A. 2(b)，(c) 示出满足以上条件的两种情况，其中图 A.2(b) 相当于不考虑电子的自旋-轨道耦合，而图 A.2(c) 考虑了自旋-轨道耦合作用. 注意，这两种情况都符合 Kramers 定理.

我们再对图 A.2(c) 所示情况作进一步的说明. 由式 (A. 29a) 可知，对于一个自旋向上、波矢为 $\boldsymbol{k}$ 的 Bloch 波 $\psi_{n,\boldsymbol{k}\uparrow}$，经时间反演操作后，变成一个自旋向下、波矢为 $-\boldsymbol{k}$ 的 Bloch 波 $\psi_{n,-\boldsymbol{k}\downarrow}$. 自旋取向如图 A.2(c) 中所示. 现在，如果晶体还具有空间反射操作 I_s 对称(如金刚石结构)，经过 I_s 操作，$\psi_{n,\boldsymbol{k}\uparrow}$ 变成 $\psi_{n,-\boldsymbol{k}\uparrow}$. 综合上述两点后可得知，对于具有空间反射对称性的晶体，即使考虑了自旋轨道耦合效应，对于每一个 $(n,\boldsymbol{k})$ 都具有二度简并，对应↑，↓两个自旋方向. 于是又归结为如图 A.2(b) 所示出的情况.

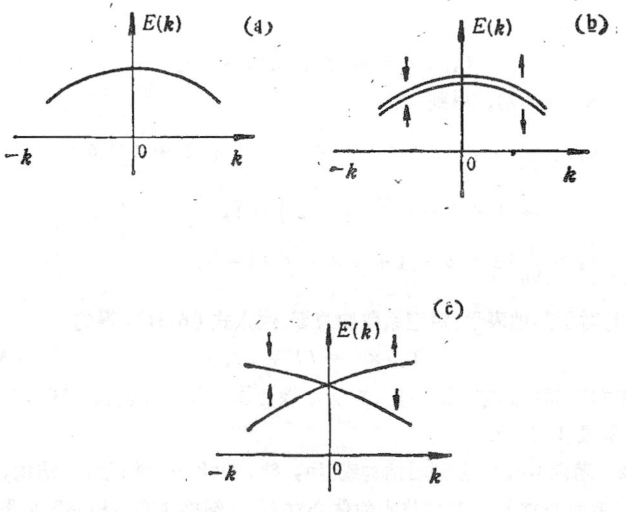

图 A.2 $\boldsymbol{k}=0$ 附近的能带结构. 由平移对称和时间反演对称引起的几种可能的简并情况: (a) 无自旋粒子，一度简并; (b) 1/2 自旋粒子，无自旋-轨道耦合，或者考虑了自旋-轨道耦合，但晶体具有空间反射对称，二度简并; (c) 1/2 自旋粒子. 考虑自旋-轨道耦合，且晶体没有空间反射对称. 除 $\boldsymbol{k}=0$ 处外，二度简并分裂.

最后，我们再举几个前文中已有所述的具体例子作为结束.

例 1 考虑 §1.6 中 Ge 或 Si 价带顶 $\boldsymbol{k}=0$ 附近的波函数. $\boldsymbol{k}=0$ 处的波矢群 $G_0(\boldsymbol{k})$ 为 O_h，当不考虑自旋轨道耦合时，轨道部分波函数 $\psi(\boldsymbol{r})$ 为

O_h 群的 $\Gamma_{25'}$表示的基，而自旋部分波函数 ϕ_σ 为 SU_2 群 u 表示的基. 波函数的全部可写成

$$\psi_\alpha(\boldsymbol{r})\phi_\sigma, \quad \begin{pmatrix}\alpha = 1,2,3\\ \sigma = 1,2\end{pmatrix}, \text{ 共 6 个.}$$

根据定理十，它构成 $O_h\times SU_2$ 群的$\Gamma_{25'}\times u$ 表示的基. 如果考虑自旋耦合项，自旋部分不能独立旋转，只有在同时作与轨道部分相同的旋转，才使 $\hat{H}$ 保持不变，此时，$\boldsymbol{k}=0$ 处波矢群的不可约表示为 O_h 双群的不可约表示. 一般来说，$\Gamma_{25'}\times u$为 O_h 双群的可约表示，可以按式（A.6)，(A.7）分解为不可约表示之和. 下面，我们进行具体的求解. 表 A.10 列出迹表，其中 O_h群 $\Gamma_{25'}$表示的迹来自表 A.5. u 表示的迹可根据（A.20)，(A.21）两式算得，对于 $\Gamma_{25'}\times u$ 表示迹，根据定理十，为表上上两行对应项之乘积. O_h 双群的有关 Γ_7^+，Γ_8^+ 的迹来自附录 A 的文献[9]，对于 O_h 双群，元素总数为 $h=96$. 根据式（A.6）有

$$\Gamma_{25'}\times u = \alpha_7\Gamma_7^+ + \alpha_8\Gamma_8^+ + \cdots. \tag{A.31}$$

由表 A.10 及式(A.7)，得到

$$\alpha_7 = \frac{1}{96}[2\times 62 + 2\times 6\times\sqrt{2}\times\sqrt{2} + 2\times 6\times 2$$
$$+ 2\times 6\times\sqrt{2}\times\sqrt{2}] = 1,$$
$$\alpha_8 = \frac{1}{96}[2\times 6\times 4 + 2\times 6\times 4] = 1.$$

可以证明，对于其他表示，对应系数均为零，代入式(A.31)，得到

$$\Gamma_{25'}\times u = \Gamma_7^+ + \Gamma_8^+. \tag{A.32}$$

原来六度简并的态，当考虑自旋轨道耦合后，便可分裂成 4 度和 2 度简并，这就是式(1.6.7).

例 2 考虑 Ge, Si 金刚石结构或 In，Sb，GaP，… 等闪锌矿结构，其布喇菲格点为面心立方，其倒格点为体心立方. 倒格中心布里渊区如图 A.3 所示，其中的对称点和对称线上的点所对应的波矢群 $G_0(\boldsymbol{k})$ 如表 A.9 所列[9,15].

与上述对称的点和线有关的点群的迹表列于表 A.4、表 A.5 及表 A.10 至表 A.16. 这里我们作两点说明，第一点：在定理十五中曾说到，对于 non-symmorphic 空间群，比如金刚石结构对应的群，在布里渊区面上的那些对称点，比如 X，L 等，其不可约表示要作特殊考虑. 一个具体的说明见附录 A 的文献[15]. 第二点：我们引入布里渊区中对称点和对称线之间的所谓

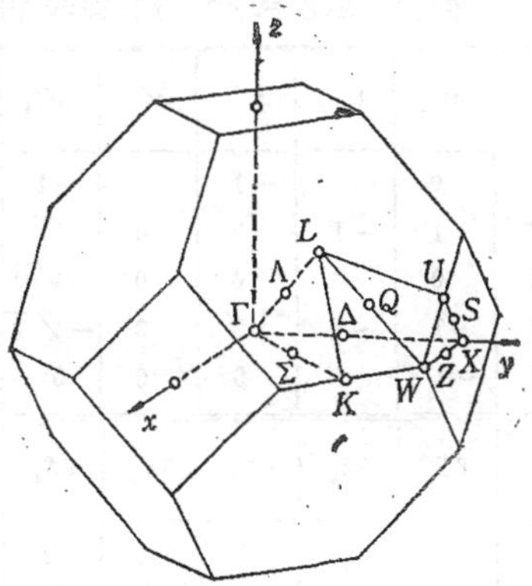

图 A.3 面心立方晶体对应的布里渊区
(倒格为体心立方中的一个元胞)的对称点和线.

表 A.9 布里渊区中各对称点和线对应的波矢群及其记号[9]

对称点 k	对应的波矢群 $G_0(k)$	
	金刚石 (O_h^7)	闪锌矿 (T_d^2)
Γ	O_h	T_d
Δ	C_{4v}	C_{2v}
Σ	C_{2v}	
Λ	C_{3v}	C_{3v}
Z	C_{2v}	C_2
W	D_{2d}	S_4
X	D_{4h}	D_{2d}

相容 compatibility 关系。举例来说，对称点 Γ 对于金刚石结构具有 O_h 点群对称,它的不可约表示可以为 Γ_1, Γ_2,…等,如表 A.5 所列. Γ 同时又是 Λ 对称线上的一个点。而 Λ 线上的点仅具有 C_{3v} 对称，是 O_h 的一个子群. O_h 的任一个不可约表示对 C_{3v} 可以分解为几个不可约表示。这样，Γ 点的不可约表示和 Λ 线的不可约表示就具有一定的关系，称为相容关系。利用 O_h 和 C_{3v} 的迹表,以及式(A.7),原则上可以找出这种关系。表 A.18 列出金刚石结构对称点 Γ, L, X 以及对称线 Λ, Δ 的相容关系。 在附录 A 的文献[15]中给出了各种晶体布里渊区按群表示分类的有用表格。 更为完整的点群和空间群各种表格可参阅附录 A 的文献[14]。

表 A.10 O_h 群、O_h 双群和 su_2 群有关表示的迹表[9]

	E	$\bar{E}$	$8C_3$	$8\bar{C}_3$	$3C_2$	$3\bar{C}_2$	$6C_4$	$6\bar{C}_4$	$6C_2'$	$6\bar{C}_2'$
$\Gamma_{25'}$	3		0		-1		-1		1	
u	2	-2	1	-1	0	0	$\sqrt{2}$	$-\sqrt{2}$	0	0
$\Gamma_{25'}\times u$	6	-6	0	0	0	0	$-\sqrt{2}$	$\sqrt{2}$	0	0
Γ_7^+	2	-2	1	-1	0	0	$-\sqrt{2}$	$\sqrt{2}$	0	0
Γ_8^+	4	-4	-1	1	0	0	0	0	0	0

	I_s	$\bar{I}_s$	$8S_6$	$8\bar{S}_6$	$3\sigma_h$	$3\bar{\sigma}_h$	$6S_4$	$6\bar{S}_4$	$6\sigma_d$	$6\bar{\sigma}_d$
$\Gamma_{25'}$	3		0		-1		-1		1	
u	2	-2	1	-1	0	0	$\sqrt{2}$	$-\sqrt{2}$	0	0
$\Gamma_{25'}\times u$	6	-6	0	0	0	0	$-\sqrt{2}$	$\sqrt{2}$	0	0
Γ_7^+	2	-2	1	-1	0	0	$-\sqrt{2}$	$\sqrt{2}$	0	0
Γ_8^+	4	-4	-1	1	0	0	0	0	0	0

表 A.11 C_2 迹表[9]

E	C_2
1	1
1	-1

表 A.12 C_{2v} 迹表[9]

	E	C_2	σ_v	$\sigma_{v'}$
Σ_1	1	1	1	1
Σ_3	1	-1	1	-1
Σ_2	1	1	-1	-1
Σ_4	1	-1	-1	1

表 A.13 C_{3v} 迹表[9]

	E	$2C_3$	$3\sigma_v$
Λ_1	1	1	1
Λ_2	1	1	-1
Λ_3	2	-1	0

表 A.14　C_{4v} 迹表[9]

	E	$2C_4$	C_2	$2\sigma_v$	$2\sigma_d$
Δ_1	1	1	1	1	1
$\Delta_{1'}$	1	1	1	−1	−1
Δ_2	1	−1	1	1	−1
$\Delta_{2'}$	1	−1	1	−1	1
Δ_5	2	0	−2	0	0

表 A.15　D_{2d} 迹表[9]

	E	C_2	$2S_4$	$2C_{2'}$	$2\sigma_{d'}$
W_1	1	1	1	1	1
$W_{2'}$	1	1	1	−1	−1
$W_{1'}$	1	1	−1	1	−1
W_2	1	1	−1	−1	1
W_3	2	−2	0	0	0

表 A.16　D_{4h} 迹表[9]

	E	$2C_4$	C_2	$2C_{2'}$	$2C_{2''}$	I_s	$2S_4$	σ_h	$2\sigma_v$	$2\sigma_d$
M_1	1	1	1	1	1	1	1	1	1	1
M_2	1	1	1	−1	−1	1	1	1	−1	−1
M_3	1	−1	1	1	−1	1	−1	1	1	−1
M_4	1	−1	1	−1	1	1	−1	1	−1	1
M_5	2	0	−2	0	0	2	0	−2	0	0
$M_{1'}$	1	1	1	1	1	−1	−1	−1	−1	−1
$M_{2'}$	1	1	1	−1	−1	−1	−1	−1	1	1
$M_{3'}$	1	−1	1	1	−1	−1	1	−1	−1	1
$M_{4'}$	1	−1	1	−1	1	−1	1	−1	1	−1
$M_{5'}$	2	0	−2	0	0	−2	0	2	0	0

表 A.17　S_4 迹表[9]

	E	S_4	C_2	S_4^3
W_1	1	1	1	1
W_3	1	-1	1	-1
W_4	1	i	-1	$-i$
W_2	1	$-i$	-1	i

表 A.18　金刚石结构布里渊区 Γ, L, X 点和 Λ, Δ 线的相容关系[15]

Γ点	Γ_1	Γ_2	Γ_{12}	$\Gamma_{25'}$	$\Gamma_{15'}$	$\Gamma_{1'}$	$\Gamma_{2'}$	$\Gamma_{12'}$	Γ_{25}	Γ_{15}
Λ线	Λ_1	Λ_2	Λ_3	$\Lambda_1+\Lambda_3$	$\Lambda_2+\Lambda_3$	Λ_2	Λ_1	Λ_3	$\Lambda_2+\Lambda_3$	$\Lambda_1+\Lambda_3$
Γ点	Γ_1	Γ_2	Γ_{12}	$\Gamma_{25'}$	$\Gamma_{15'}$	$\Gamma_{1'}$	$\Gamma_{2'}$	$\Gamma_{12'}$	Γ_{25}	Γ_{15}
Δ线	Δ_1	Δ_2	$\Delta_1+\Delta_2$	$\Delta_{2'}+\Delta_5$	$\Delta_1+\Delta_5$	$\Delta_{1'}$	$\Delta_{2'}$	$\Delta_{1'}+\Delta_{2'}$	$\Delta_2+\Delta_5$	$\Delta_1+\Delta_5$
X点	X_1	X_2	X_3	X_4						
Δ线	$\Delta_1+\Delta_{2'}$	$\Delta_{1'}+\Delta_2$	Δ_5	Δ_5						
L点	L_1	L_2	L_3	$L_{1'}$	$L_{2'}$	$L_{3'}$				
Λ线	Λ_1	Λ_2	Λ_3	Λ_1	Λ_2	Λ_3				

附录B 光和电子相互作用的量子理论[1]

单位体积非磁性无吸收固体中存在的自由电磁波可用矢量场 $\boldsymbol{A}$ 来描写. 在库仑规范下, $\boldsymbol{A}$ 与磁场 $\boldsymbol{H}$ 和电场 $\boldsymbol{E}$ 存在下列关系:

$$\begin{cases} \boldsymbol{H} = \nabla \times \boldsymbol{A}, \\ \boldsymbol{E} = -\dfrac{\dot{\boldsymbol{A}}}{c}, \\ \nabla \cdot \boldsymbol{A} = 0。\end{cases} \tag{B.1}$$

对于没有吸收的情况, Maxwell 方程可写成

$$\nabla \times \boldsymbol{H} = \frac{\varepsilon}{c}\dot{\boldsymbol{E}}。$$

两边取旋度,并用式(B.1)代入,可得 $\boldsymbol{A}$ 满足的方程为

$$\nabla^2 \boldsymbol{A} - \frac{1}{c'^2}\ddot{\boldsymbol{A}} = 0, \tag{B.2}$$

其中 $c' = c/n$, c 为真空光速,由 §3.1 可知, c' 为固体中相速, n 为固体折射率, 对于无吸收的自由电磁波,由式(3.1.7)可知, $n^2 = \varepsilon$, 写出式 (B.2) 的试解

$$\boldsymbol{A} = q_k \boldsymbol{A}_k + q_k^* \boldsymbol{A}_k^*, \tag{B.3}$$

其中

$$\boldsymbol{A}_k = \sqrt{4\pi c'^2}\,\boldsymbol{\alpha}_k e^{i\boldsymbol{k}\cdot\boldsymbol{r}}, \tag{B.3a}$$

$\boldsymbol{\alpha}_k$ 为单位矢量,代入式(B.2),可得到

$$\ddot{q}_k + \omega_k^2 q_k = 0, \tag{B.4}$$

$$\omega_k = |\boldsymbol{k}|c'。 \tag{B.5}$$

式 (B.4) 的解可写成

$$q_k = |q_k| e^{i\omega_k t}。 \tag{B.3b}$$

式 (B.3), (B.3a), (B.3b) 说明 $\boldsymbol{A}$ 为波矢 $\boldsymbol{k}$、频率 ω_k、极化方向 $\boldsymbol{\alpha}_k$ 的振动, 由式(B.1)中第三式可证明, $\boldsymbol{\alpha}_k$ 必须和 $\boldsymbol{k}$ 垂直,即横向振动,线性方程 (B.2) 的通解可以表示为各种振动模式 (B.3) 的叠加。在这里,我们仅限于讨论一

种振动模式.

式(B.4)所描写的谐振子问题从经典力学过渡到量子力学是直截了当的,引入正则坐标和动量

$$Q_k = q_k + q_k^*, \tag{B.6}$$

$$P_k = -i\omega_k(q_k - q_k^*) = \dot{Q}_k, \tag{B.7}$$

并引入场哈密顿

$$H_F = \frac{1}{2}(P_k^2 + \omega_k^2 Q_k^2) - \frac{1}{2}\hbar\omega_k, \tag{B.8}$$

以及哈密顿方程

$$\frac{\partial H_F}{\partial Q_k} = -\dot{P}_k, \quad \frac{\partial H_F}{\partial P_k} = \dot{Q}_k. \tag{B.9}$$

式(B.9)导致方程式(B.4),也可以证明 H_F 相当于电磁能量. 为过渡到用量子力学方法的描写,可将 H_F, P_k, Q_k 看作算符,并满足下述对易关系:

$$\begin{aligned}&[\hat{p}_k, \hat{Q}_k] = \hat{p}_k\hat{Q}_k - \hat{Q}_k\hat{p}_k = -i\hbar,\\&[\hat{p}_k, \hat{Q}_{k'}] = [\hat{p}_k, \hat{p}_{k'}] = [\hat{Q}_k, \hat{Q}_{k'}] = 0,\\&k \neq k'.\end{aligned} \tag{B.10}$$

可以证明,$\hat{q}_k$ 满足对易关系

$$\frac{2\omega_k}{\hbar}(\hat{q}_k\hat{q}_{k'}^* - \hat{q}_{k'}^*\hat{q}_k) = \delta_{k,k'}, \tag{B.11}$$

$\hat{H}_F$ 可写成

$$\hat{H}_F = \hat{n}_k(\hbar\omega_k), \tag{B.12}$$

其中

$$n_k = \frac{2\omega_k}{\hbar}\hat{q}_k^*\hat{q}_k. \tag{B.13}$$

在二次量子化表象理论中,式(B.11)—(B.13)是熟知的,n_k 相当于光子数算符,$\sqrt{\frac{2\omega_k}{\hbar}}\hat{q}_k^*$ 相当于光子产生算符,$\sqrt{\frac{2\omega_k}{\hbar}}\hat{q}_k$ 相当于光子消灭算符,场的能量取本征值

$$E_k = n_k(\hbar\omega_k). \tag{B.14}$$

动量取本征值

$$\mathbf{G}_k = n_k(\hbar\mathbf{k}), \tag{B.15}$$

而产生和消灭算符在不同本征态之间的矩阵元具有熟知的如下关系:

$$
\begin{cases}
\sqrt{\dfrac{2\omega_k}{\hbar}}\ \langle n_k - 1|\hat{q}_k|n_k\rangle = \sqrt{n_k}, \\
\sqrt{\dfrac{2\omega_k}{\hbar}}\ \langle n_k + 1|\hat{q}_k^*|n_k\rangle = \sqrt{n_k + 1}, \\
\langle n_k + 1|\hat{q}_k|n_k\rangle = \langle n_k|\hat{q}_k^*|n_k + 1\rangle = 0.
\end{cases}
\tag{B.16}
$$

在引入介质中自由电磁场的量子化以后，再进一步讨论电磁场与电子的相互作用，整个系统可用下列哈密顿描述：

$$
\hat{H} = \hat{H}_e + \hat{H}_F + \hat{H}_{eF}, \tag{B.17}
$$

其中 $\hat{H}_e$ 为电子哈密顿，$\hat{H}_F$ 为电磁场哈密顿，即式(B.12)，$\hat{H}_{eF}$ 表示电子和电磁场相互作用哈密顿，在量子力学中已知[2,3]，在非相对论近似下，有

$$
\hat{H}_{eF} = \frac{e}{mc}\hat{P}\cdot\hat{A} - \frac{e^2}{2mc^2}\hat{A}^2, \tag{B.18}
$$

其中 e 为电子电荷绝对值，m 为电子质量，$\hat{P} = -i\hbar\nabla$ 为电子动量算符(在式(B.1)中 $\nabla\cdot A = 0$ 的条件下，可以证明，$\hat{P}$ 和 A 对易)，对于弱的光强，忽略上式第 2 项，便可写成

$$
\hat{H}_{eF} \doteq \frac{e}{mc}\ \cdot\hat{A}, \tag{B.18a}
$$

这相当于忽略吸收或放出双光子的过程。

固体中的电子跃迁伴随光子的吸收或发射，可在下列框架下进行处理：将 $\hat{H}_e+\hat{H}_F$ 看作零级近似，它们的本征态可由电子本征态和光子数 n_k 来描述，将式(B.3)代入式(B.18a)，并利用式(B.11)，(B.13) 及式(B.16)可证

$$
\begin{aligned}
\langle a, n_k - 1|\hat{H}_{eF}|b, n_k\rangle &= +\frac{e}{mn}\sqrt{\frac{2\pi\hbar}{\omega_k}}\, n_k \int \psi_a^*(\hat{P}\cdot\alpha)e^{ik\cdot r}\psi_b d r, \\
\langle a, n_k + 1|\hat{H}_{eF}|b, n_k\rangle &= +\frac{e}{mn}\sqrt{\frac{2\pi\hbar}{\omega_k}(n_k + 1)} \int \psi_a^*(\hat{P}\cdot\alpha)e^{-ik\cdot r}\psi_b d r.
\end{aligned}
\tag{B.19}
$$

将 $\hat{H}_{eF}$ 作为微扰，记作 H_{int}，利用含时微扰理论，单位时间内本征态从初态 i 到终态 f 的跃迁概率可写为[2,3]

$$
W_{if} = \frac{2\pi}{\hbar}|K_{fi}|^2\delta(E_f - E_i), \tag{B.20}
$$

其中，$K_{fi} = \langle f|\hat{H}_{\text{int}}|i\rangle$ (如该一级微扰矩阵元不为零)，

或

$$K_{fi}=\sum_{\nu}\frac{\langle f|\hat{H}_{\text{int}}|\nu\rangle\langle\nu|\hat{H}_{\text{int}}|i\rangle}{E_i-E_\nu}$$

（如一级微扰矩阵元等于零，二级微扰矩阵元不等于零），

或

$$K_{fi}=\sum_{\nu,\mu}\frac{\langle f|\hat{H}_{\text{int}}|\nu\rangle\langle\nu|\hat{H}_{\text{int}}|\mu\rangle\langle\mu|\hat{H}_{\text{int}}|i\rangle}{(E_i-E_\nu)(E_i-E_\mu)}$$

（如一、二级微扰矩阵元等于零，三级微扰矩阵元不等零，等等）.

式(B.19)，(B.20)可用来讨论电子因吸收或发射一个光子而从初态到终态的跃迁，对于吸收光子的情况，设电子初态为 b，终态为 a [如图B.1(a)所示]，

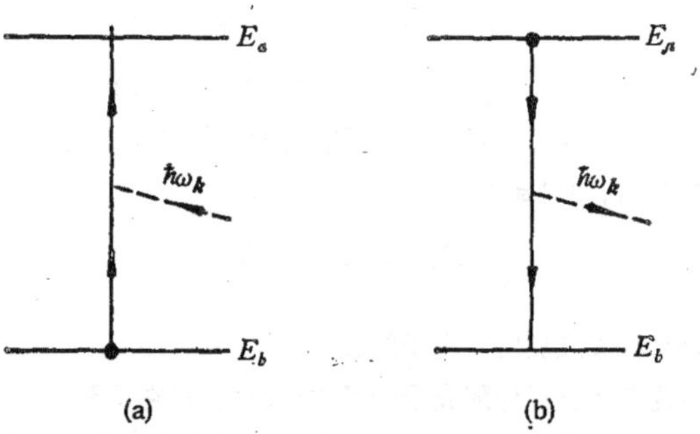

图 B.1 电子在不同能量间跃迁对应的光吸收和光发射过程。
(a) 光吸收；(b) 光发射.

将式 (B.19) 的第一式代入式(B.20)，得到单位时间光吸收跃迁概率为

$$w_{b\to a}^{ab}=B_{b\to a}n_k\delta(E_b+\hbar\omega_k-E_a),\tag{B.20a}$$

$$B_{b\to a}=\frac{4\pi^2e^2}{m^2n^2\omega_k}\langle a|\hat{\boldsymbol{P}}\cdot\boldsymbol{\alpha}e^{i\boldsymbol{k}\cdot\boldsymbol{r}}|b\rangle|^2.$$

对于发射光子的情况(如图 B.1(b) 所示)，单位时间发射跃迁概率为

$$w_{a\to b}^{em}=B_{a\to b}(n_k+1)\delta(E_b+\hbar\omega_k-E_a),$$

$$B_{a\to b}=\frac{4\pi^2e^2}{m^2n^2\omega_k}\langle b|\hat{\boldsymbol{P}}\cdot\boldsymbol{\alpha}e^{-i\boldsymbol{k}\cdot\boldsymbol{r}}|a\rangle|^2=B_{b\to a}.\tag{B.20b}$$

式 (B.20b) 中的第一式包含 (n_k+1) 因子，因此可把 $w_{a\to b}^{em}$ 分成两项，第一项与 n_k 成正比，称为受激发射 (stimulated emission)，第二项与 n_k 无关，称为自发发射 (spontaneous emission)。于是有

$$w_{a\to b}^{em}=w_{a\to b}^{st.em}+w_{a\to b}^{sp}$$

$$= B_{a\to b}n_k\delta(E_b + \hbar\omega_k - E_a) + B_{a\to b}\delta(E_b + \hbar\omega_k - E_a)。$$

由式（B.20a），(B.20b）可得

$$\begin{cases} w_{a\to b}^{st.em} = w_{b\to a}^{ab}, \\ w_{a\to b}^{st.em} = n_k w_{a\to b}^{sp}。\end{cases} \tag{B.21}$$

式（B.21）为著名的爱因斯坦关系式。

关于含时微扰的跃迁的进一步讨论已在§3.2的光吸收和§3.8的拉曼散射中作过论述。

附录C 半导体物理研究中常用数据和图表

(1) 物理常数(或常量)

电子电荷量 (e),	1.60219×10^{-19}, C;
自由电子静止质量 (m_0),	9.10956×10^{-31}, kg;
电子伏 (eV),	1.60219×10^{-19}, J;
真空中光速 (c),	2.997925×10^{8}, m/s;
Planck 常量 (h),	6.62620×10^{-34} J·s;
$\hbar=h/2\pi$,	1.05459×10^{-34}, J·s;
Boltzman 常量 (k_B),	1.38062×10^{-23} J/K;
质子质量/电子质量,	1836.1;
精细结构常数倒数 ($1/\alpha$), ($\hbar c/e^2$)	137.035993
Bohr 半径 ($a_0=\hbar^2/m_0e^2$),	0.529177, Å;
Rydberg 常量 ($m_0e^4/2\hbar^2$),	13.6058, eV;
真空介电常量 (ε_0),	8.8543×10^{-16}, F/m;
真空磁导率 (μ_0),	1.2566×10^{-10}, H/m;
阿伏加德罗常量 (N_{AV}),	6.0247×10^{23}, /mol;
水冰点,	273.16, K;
液氮温度(1大气压),	77.348, K;
液氦温度(1大气压),	4.216, K;
室温 (300K) 时 k_BT 值,	25.85, meV;
氦氖激光线,	6328(1.959), Å(eV);
红宝石激光线,	6943(1.786), Å(eV);
氩离子激光线,	4880(2.541), Å(eV);
	5145(2.410), Å(eV);
	7500(1.653), Å(eV);
可见光波长范围,	4000(3)紫, Å(eV);

8000(1.55)红，Å(eV)。

(2) 常用单位换算和记号

$1J = 1kg \cdot m^2/s^2 = 1N \cdot m = 10^7 erg$,

$1F = 1s/\Omega = 1(A \cdot s)/V = 1\ C^2/J = 1\frac{A^2 \cdot s}{W} = 1C/V$,

$1H = 1(\Omega \cdot s)$,

$1V = 1J/C = 1(N \cdot m)/C$,

$1C = 1(A \cdot s) = 6.2414 \times 10^{18} e$,

$1\text{Å} = 10^{-4}\mu m = 10^{-8} cm = 10^{-10} m$,

$1dyn = 1/980.665\ gf = 10^{-5} N$,

$1dyn/mm^2 = 10^{-4} bar$,

$1kbar = 0.1GPa = 10^8 Pa = 10^8 N/m^2$,

$= 10.1972\ kgf/mm^2$,

$1PSI = 0.07031 kgf/cm^2$

$= 6894.76\ N/m^2 = 6.89476 \times 10^{-2} bar$

$1kgf = 9.80665\ N = 9.80665 \times 10^5 dyn$

(3) 真空中光学常数

波长 $\lambda(\mu m) = 1.2398/$能量 $E(eV)$,

波数 $\bar{\nu}$ (1cm 内波周期数) $= \frac{1}{\lambda(cm)}$,

能量 (meV) $= \bar{\nu} \cdot 0.12398$

(4) 原子单位 (atomic units)

有如下两种不同的原子单位：

(a) ryd 单位：$\hbar = 1$, $m_0 = \frac{1}{2}$, $e^2 = 2$。由此得到长度单位为 a_0 (Bohr 半径)，能量单位为 ryd。时间单位为 $4.83777 \times 10^{-17}s$

(b) Hartree 引入的原子单位：$\hbar = 1$, $m_0 = 1$, $e^2 = 1$。由此得到长度单位为 a_0，能量单位为 2ryd。时间单位为 $2.41889 \times 10^{-17}s$。

(5) 常用标度缩写

所表示的因数	词头名称	词头符号
10^{18}	艾[可萨]	E
10^{15}	拍[它]	P
10^{12}	太[拉]	T (tera)
10^{9}	吉[咖]	G (giga)
10^{6}	兆	M (mega)
10^{3}	千	k (kilo)
10^{2}	百	h
10^{1}	十	da
10^{-1}	分	d
10^{-2}	厘	c
10^{-3}	毫	m (milli)
10^{-6}	微	μ (micro)
10^{-9}	纳[诺]	n (nano)
10^{-12}	皮[可]	p (pico)
10^{-15}	飞[母托]	f (femto)
10^{-18}	阿[托]	a

注 1.周、月、年(年的符号为 a)为一般常用时间单位.
2.[ ]内的字,是在不致混淆的情况下,可以省略的字.
3.( )内的字为前者的同义语.
4.角度单位度分秒的符号不处于数字后时,用括弧.
5.升的符号中,小写字母 l 为备用符号.
6. r 为"转"的符号.
7.人民生活和贸易中,质量习惯称为重量.
8.公里为千米的俗称,符号为 km.
9. 10^4 称为万, 10^8 称为亿, 10^{12} 称为万亿,这类数词的使用不受词头名称的影响,但不应与词头混淆.

表 C.2　在原子中电子的排列表

元素		K	L		M			N		基项	电离电压 (eV)
		1.0 1s	2.0 2s	2.1 2p	3.0 3s	3.1 3p	3.2 3d	4.0 4s	4.1 4p		
H	1	1	—	—	—	—	—	—	—	$^2S_{1/2}$	13.539
He	2	2	—	—	—	—	—	—	—	$^1S_0$	24.45
Li	3	2	1	—	—	—	—	—	—	$^2S_{1/2}$	5.37
Be	4	2	2	—	—	—	—	—	—	$^1S_0$	9.48
B	5	2	2	1	—	—	—	—	—	$^2P_{1/2}$	8.4
C	6	2	2	2	—	—	—	—	—	$^3P_0$	11.217
N	7	2	2	3	—	—	—	—	—	$^4S_{3/2}$	14.47
O	8	2	2	4	—	—	—	—	—	$^3P_2$	13.56
F	9	2	2	5	—	—	—	—	—	$^2P_{3/2}$	18.6
Ne	10	2	2	6	—	—	—	—	—	$^1S_0$	21.5
Na	11				1	—	—	—	—	$^2S_{1/2}$	5.12
Mg	12				2	—	—	—	—	$^1S_0$	7.61
Al	13				2	1	—	—	—	$^2P_{1/2}$	5.96
Si	14	氖的组态			2	2	—	—	—	$^3P_0$	7.39
P	15				2	3	—	—	—	$^4S_{3/2}$	10.3
S	16				2	4	—	—	—	$^3P_2$	10.31
Cl	17				2	5	—	—	—	$^2P_{3/2}$	12.96
Ar	18				2	6	—	—	—	$^1S_0$	15.69
K	19						—	1	—	$^2S_{1/2}$	4.32
Ca	20						—	2	—	$^1S_0$	6.09
Sc	21						1	2	—	$^2D_{3/2}$	6.57
Ti	22						2	2	—	$^3F_2$	6.80
V	23	氩的组态					3	2	—	$^4F_{3/2}$	6.76
Cr	24						5	1	—	$^7F_3$	6.74
Mn	25						5	2	—	$^6S_{5/2}$	7.40
Fe	26						6	2	—	$^5D_4$	7.83
Co	27						7	2	—	$^4F_{9/2}$	7.81
Ed	28						8	2	—	$^3F_4$	7.606
Cu	29						10	1	—	$^2S_{1/2}$	7.69
Zn	30						10	2	—	$^1S_0$	9.35
Ga	31						10	2	1	$^2P_{1/2}$	5.97
Ga	32						10	2	2	$^3P_0$	7.85
As	33						10	2	3	$^4S_{3/2}$	9.4
Se	34						10	2	4	$^3P_2$	
Br	35						10	2	5	$^2P_{3/2}$	11.80
Kr	36						10	2	6	$^1S_0$	13.940

注：这个表是另一种形式的原子周期排列表，该表摘自 Д. И. 布洛采夫，量子力学原理，高等教育出版社(1959)。

(续)

元素		内层组态	N		O			P	基项	电离电压 (eV)
			4.2 4d	4.3 4f	5.0 5s	5.1 5p	5.2 5d	6.0 6s		
Rb	37		—	—	1	—	—	—	$^2S_{1/2}$	4.16
Sr	38		—	—	2	—	—	—	$^1S_0$	5.67
Y	39		1	—	2	—	—	—	$^2D_{3/2}$	6.5
Zr	40		2	—	2	—	—	—	$^3F_2$	
Nb	41		4	—	1	—	—	—	$^6D_{1/2}$	
Mo	42	氪的组态	5	—	1	—	—	—	$^7S_3$	7.35
Tc	43		6	—	1	—	—	—	$^6S_{5/2}$	
Ru	44		7	—	1	—	—	—	$^5F_5$	7.7
Rh	45		8	—	1	—	—	—	$^4F_{9/2}$	7.7
Pd	46		10	—	—	—	—	—	$^1S_0$	8.5
Ag	47			—	1	—	—	—	$^2S_{1/2}$	7.54
Cd	48			—	2	—	—	—	$^1S_0$	8.95
In	49			—	2	1	—	—	$^2P_{1/2}$	5.76
Sn	50			—	2	2	—	—	$^3P_0$	7.37
Sb	51	钯的组态		—	2	3	—	—	$^4S_{3/2}$	8.5
Te	52			—	2	4	—	—	$^3P_2$	
J	53			—	2	5	—	—	$^2P_{3/2}$	10.44
Xe	54			—	2	6	—	—	$^1S_0$	12.078
Cs	55			—			—	1	$^2S_{1/2}$	3.88
Ba	56			—			—	2	$^1S_0$	5.19
La	57			—			1	2	$^2D_{3/2}$	
Ce	58			2			—	2	^3H	
Pr	59			3			—	2	^4I	
Nd	60			4			—	2	^5I	
Pm	61			5			—	2	^6H	
Sm	62	从1s到4d层共含46电子		6	5s和5p含有8电子		—	2	^7F	
Eu	63			7			—	2	^8S	
Gd	64			7			1	2	^9D	
Tb	65			9			—	2	^6H	
Dy	66			10			—	2	^5I	
Ho	67			11			—	2	^4I	
Er	68			12			—	2	^3H	
Tu	69			13			—	2	^2F	
Yb	70			14			—	2	^1S	
Lu	71			14			1	2	$^2D_{3/2}$	

（续）

元素		内层组态	O		P			Q	基项	电离电压(eV)
			5.2 5d	5.3 5f	6.0 6s	6.1 6p	6.2 6d	7.0 7s		
Hf	72		2	—	2	—	—	—	$^3F_2$	
Ta	73		3	—	2	—	—	—	$^4F_{3/2}$	
W	74	从 1s 到	4	—	2	—	—	—	$^5D_0$	
Re	75	5p 层共	5	—	2	—	—	—	$^6S_{5/2}$	
Os	76	含68电子	6	—	2	—	—	—	$^5D_4$	
Ir	77		7	—	2	—	—	—	$^4F_{3/2}$	
Pt	78		8	—	2	—	—	—	$^3D_3$	
Au	79			—	1	—	—	—	$^2S_{1/2}$	9.20
Hg	80			—	2	—	—	—	$^1S_0$	10.39
Tl	81			—	2	1	—	—	$^2P_{1/2}$	6.08
Pb	82	从 1s 到 5d 层		—	2	2	—	—	$^3P_0$	7.39
Bi	83	共含 78 电子		—	2	3	—	—	$^4S_{3/2}$	8.0
Po	84			—	2	4	—	—	$^3P_2$	
At	85			—	2	5	—	—	$^2P_{3/2}$	
Rn	86			—	2	6	—	—	$^1S_0$	10.689
Fr	87			—	2	6	—	1	$^2S_{1/2}$	
Ra	88			—	2	6	—	2	$^1S_0$	
Ac	89			—	2	6	1	2	$^2D_{3/2}$	
Th	90			—	—	—	2	2	^3F	
Pa	91	从 1s 到 5d 层		2	2	6	1	2	^4K	
U	92	共含 78 电子		3	2	6	1	2	^5L	
Np	93			4	2	6	1	2	^6M	
Pu	94			5	2	6	1	2	^7K	
Am	95			6	2	6	1	2	^8H	
Cm	96			7	2	6	1	2	^9D	

注：表 C.2 中 K, L, M, N, O, P, Q 表示诸不同主量子数的电子壳层. 表中基项，亦用大写字母 S, P, D, F 标记，相当于电子总轨道角动量 $L = 0, 1, 2, 3$ 等. 字母右下角的数为总角动量 J（轨道＋自旋）. 字母左上角为项的多重性 $2s+1$，其中 s 是总自旋（为 1/2 的整数倍）. 所以基项表示为 $^{2s+1}L_J$. 例如 Li 所对应的电子占据情况为 $(1s)^2 2s$，所以总轨道角动量 $L=0$，总角动量为 1/2（外层一电子自旋）. 总自旋 $s=1/2$. 因此，Li 的基项表示为 $^2S_{1/2}$.

(7) 几种重要半导体晶体的物理性质

下面的表 C.3 列出了几种重要半导体晶体的物理参数. 最完整的数据可查阅下列文献:

Landolt-Bornstein, Numerical Data and Functional Relationships in Science and Technology, III/17 (1982); III/22(1986); III/22b (1989), Springer-Verlag, Berlin.

表 C.3 几种重要半导体晶体的物理参数

(如不特别注明,一般指 $T=300$K)

半导体材料	Si	Ge	GaAs	GaP	InSb	InP
晶格结构	金刚石	金刚石	闪锌矿	闪锌矿	闪锌矿	闪锌矿
晶格常数(Å)	5.431	5.658	5.653	5.450	6.479	5.869
热胀系数 (10^{-6}/K)	4	5.7	5.7	5.8	5.0	4.5
热导率[W/(cm·K)] 300K	1.4	0.6	0.5	0.8	0.2	0.7
77K	15	3	3	5	1	—
熔点(℃)	1412	937	1238	1467	536	1070
德拜温度 (K)(0K)	650	370	30	450	200	321
体压缩系数 (10^{10}Pa)	9.8	7.4	7.5	9.0	4.7	
劈裂晶面	111	111	110	110	110	110
电子亲和势 (eV)	4.0	4.1	4.1	4.0	4.6	4.4
功函数 (eV)	4.6	4.8	4.7	—	4.8	4.7
介电常量 光学	11.7	16.0	11.0	9.0	15.7	9.6
静态	11.7	16.0	13.0	11.1	17.7	12.4
光学声子能量 TO	63	37	33	45	22.3	9.1
(在 $q=0$),(eV) LO	63	37	36	50	23.7	10.3
电子迁移率 (cm^2/V·s)	1500	3900	9200	150	10^5	5900
空穴迁移率 (cm^2/V·s)	505	1800	400	120	1700	150
价带顶参数:						
价带顶能量 (eV)	0	0	0	0	0	0
对称性	Γ_8^+	Γ_8^+	Γ_8	Γ_8	Γ_8	Γ_8
S.O. 分裂带能量(eV)	−0.044	−0.30	−0.34	−0.08	−0.8	−0.11
对称性	Γ_7^+	Γ_7^+	Γ_7	Γ_7	Γ_7	Γ_7
价带有效态密度 N_V(cm^{-3})	1.02×10^{19}	6.1×10^{18}	7.0×10^{18}	—	—	—

（续）

半导体材料	Si	Ge	GaAs	GaP	InSb	InP
态密度空穴质量 m_0	0.591 (4K)	0.37 (4K)	0.53	0.8	0.45	—
重空穴有效质量 m_0	0.54	0.28	0.51	0.67	0.44	0.60
轻空穴有效质量 m_0	0.16	0.044	0.08	0.16	0.016	0.12
S. O. 分裂带空穴有效质量 m_0	0.24	0.095 (30K)	0.15	0.47	0.11	0.12
导带底参数:						
导带谷数目	6	4	1	3	1	1
谷底能量 (eV)	1.12	0.66	1.43	2.26	0.17	1.34
对称性	X_6	L_6^+	Γ_6	X_6	Γ_6	Γ_6
$m_t(m_0)$	0.19	0.08	0.067	0.25	0.014	0.077
$m_l(m_0)$	0.92	1.6	0.067	0.87	0.014	0.077
导带有效态密度 $N_c(cm^{-3})$	2.8×10^{19}	1.04×10^{19}	4.7×10^{17}			
态密度有效质量 (m_0)	1.06 (4K)	0.56 (4K)	0.067	0.8	0.014	0.077
本征载流子浓度 (cm^{-3})	1.02×10^{10}	2×10^{13}	2×10^{6}	—	2×10^{16}	1.2×10^{8}
本征电阻率 $(\Omega\cdot cm)$	2.3×10^{5}	50	—	—	4.06	
带边激子束缚能 (meV)	15	3.1,4.2	4.2	13	0.6	5.1

附录的参考文献

附　录　A

[1] V. Heine, Group Theory in Quantum Mechanics, Pergamon Press (1960).

[2] J. F. Cornwell, Group Theory and Electronic Energy Bands in Solids, North-Holland (1969); J. F. Cornwell, Group Theory in Physics, **1**, **2**, Academic Press (1984).

[3] E. Wigner, Group Theory and it's Applications to Quantum Mechanics of Atomic Spectra, Academic Press (1959).

[4] 陶瑞宝，物理学中的群论，上海科学技术出版社(1986).

[5] M. Lax, Symmetry Principles in Solid State and Molecular Physics, Wiley (1974).

[6] M. Tinkham, Group Theory and Quantum Mechanics, McGraw-Hill (1964).

[7] 柳巴尔斯基，群论及其在物理学中的应用，数学研究所译，科学出版社(1958).

[8] J. C. Slater, Quantum Theory of Molecules and Solids, **1**,**2**, McGraw-Hill (1965).

[9] G. F. Koster, Solid State Physics, **5**, 174 (1957).

[10] G. F. Koster, J. O. Dimmock, R. G. Wheeler and H. Statz, Properties of the Thirty two point groups, M. I. T. Press (1963).

[11] R. H. Parmental, *Phys. Rev.*, **100**, 573 (1955).

[12] L. D. Landau and E. M. Lifshitz, Quantum Mechanics, Pergamon Press, Chap. 8, 12 (1958).

[13] L. Bouckaert, R. Smoluchowski and E. Wigner, *Phys. Rev.*, **50**, 58 (1936).

[14] J. C. Bradley and A. Bracknell, The Mathematical Theory of Symmetry in Solid, Representation Theory for Point Groups and Space Groups, Oxford, Clarendon (1972).

[15] F. Bassani and G. Pastori Parravicini, Electronic States and Optical Transitions in Solids, Pergamon Press (1975).

[16] O. V. Kovalev, Irreducible representations of the Space Groups, Gordon and Breach (1965).

附　录　B

[1] W. Heitler, Quantum Theory of Radiation, Oxford, Clarendon (1954).

[2] L. D. Landau and E. M. Lifshitz, Quantum Mechanics, Pergamon Press (1958).

[3] 周世勋，量子力学，上海科学技术出版社(1961)。

附 录 C

[1] Landolt-Bornstein, Numerical Data and Functional Relationships in Science and Technology, Group III: Crystal and Solid State Pyhsics, Springer-Verlag, 17(1982); 22(1986).
[2] H. Ehrenreich, F. Seitz and D. Turnbull, Solid State Physics, Advances in Research and Applications, Academic Press (多卷业书).
[3] R. K. Willardson and A. C. Beer, Semiconductors and Semimetals, Academic Press (多卷业书).
[4] T. S. Moss, Handbook on Semiconductors, 1—4, North-Holland, (1982).
[5] Advances in Solid State Physics, (德文名 Festkōper Probleme) Springer-Verlag (多卷业书).

后　　记

本书是作者自1982年以来在中国科学院中国科技大学研究生院为研究生讲授"高等半导体物理"时所编写的讲义经整理扩充而成。我国在半导体物理方面的课本，适合于大学程度的，除50年代黄昆、谢希德教授合著的《半导体物理学》这样一本优秀教材之外，后来又出版过几本很好的书。但至今缺乏适合于研究生程度、充分反映当代半导体物理新面貌的教材。奇怪的是，虽然国际上半导体物理发展日新月异，已成为固体物理领域最为庞大和内容最为丰富的一个分支，但是也缺少适合于研究生全面了解这个领域新成就的教科书。而一些专著和评论，又往往过于专门，使学生难于入门。因此，作者感到有必要写一部教科书来弥补这个缺陷。作者希望本书能成为一把钥匙，帮助我国有志于研究半导体物理或相近领域的学生通过本书的学习，打开通向研究前沿的大门。也希望对于其他领域有经验的科学家，包括实验和理论的，能从本书找到了解半导体物理的有用知识。

阅读本书假定读者已具有大学固体物理专业的基础知识，即熟悉量子力学、固体物理和大学半导体物理。个别章节的阅读需要了解研究生第一年课程的内容，即群论、固体理论等，但并非必需不可。不熟悉这些内容的读者可以跳过个别章节，如本书带"*"号的章节在第一次阅读时可以跳过不看。 此外，还要说明的是，本书并不追求理论的完整和严密，许多公式并未完全推导，仅作力图简洁的解释，把来龙去脉讲清楚。许多细节的了解，留给读者在需要的时候自己进一步钻研。按这样的方针，得以用不大的篇幅讨论相当广泛的问题。

本书在内容取舍方面不求面面俱到，特别是大学半导体物理课程中已经讲过的内容，本书不再重复．在此前提下，虽力求挑选当前比较活跃、重要而又有代表性的课题加以讨论，但仍带有作者本人学识的限制和兴趣的偏见．各章篇幅的幅度比例，并不代表内容的相对重要程度．具体来说，表面一章篇幅较短，没有充分反映这个领域的全貌．量子阱超晶格等问题，本书只介绍初步知识．有关晶格的结构和振动方面的内容，本书未能包含进去，也没有反映输运过程中的新问题(如热电子问题)．另外一个重要方面，非晶态半导体在本书中完全没有论及．

作为阅读本书所需基础半导体物理知识，可参考如下专著：

黄昆，谢希德，半导体物理学，高等教育出版社(1958)．

刘恩科，朱秉升等，半导体物理学，国防工业出版社(1979)．

叶良修，半导体物理学(上、下册)，高等教育出版社(1986)．

刘文明，半导体物理学，吉林科学技术出版社(1982)．

本书末还附有三个附录．这些附录对于要深入了解半导体物理和群论知识的读者来说是必须具备的知识．附录A假定读者已学过群论基础，罗列了有关的结论，以备查考，并列出参考书籍．附录B从电磁场量子化基础上介绍电磁场与电子相互作用的理论．这样使第三章半导体的光学性质能用深入而简洁的方式进行介绍．附录C给出常用的数据和图表．想要进一步了解的可查阅附录C的参考文献．

最后，作者要感谢很多老师、朋友和学生的帮助．我特别感谢黄昆教授对我的热情鼓励和支持．没有他的鼓励和支持，我是不太可能完成本书的编写任务，更不会出版．本书有些章节是作者在学习了他的著作以后写下的．黄昆教授花了大量宝贵时间对本书逐章作审阅，提出大量极有价值的意见，对提高本书的质量至关重要，他在百忙中还为本书撰毕序言．此外，我还要感谢谢希德教授引导我进入半导体物理这一生气勃勃的领域，使我献身于该领域的教学与研究工作．具体到本书来说，我感谢谢希德教授和王迅教授对表面一章提供的许多素材，这使我很快了解有关的内容．对第三章，感谢Berkeley 加州大学于鑫教授提出的许多宝贵意见．

对第二章缺陷态，我感谢 Illinois 大学萨支唐教授对我这方面的指导，并相信他对我的指导会反映在该章内容中．游志朴和吴恩同志对磁共振一节提出了宝贵意见．孙璟兰和韩一琴两同志在本书繁重的手稿整理中给了我极大的帮助．贾英波、王化龙同学帮助抄写了部分手稿．

李名復　于北京